Instrumental Analysis Experiments

# 仪器分析实验

庄会荣 韩 婧 王爱香 主编

化学工业出版社

·北京·

## 内 容 简 介

本书共有19章67个实验项目，主要介绍了化学、医药学、材料、环境科学与工程等领域常用的现代仪器分析方法和技术。全书内容包括仪器分析实验的基本知识、样品前处理技术、原子发射光谱法、原子吸收与原子荧光光谱法、紫外-可见分光光度法、红外吸收光谱法、分子荧光光谱法、激光拉曼光谱法、X射线衍射分析法、质谱分析法、电位分析法、库仑分析法、伏安分析法、气相色谱法、高效液相色谱法、毛细管电泳法、核磁共振波谱法、热分析法、扫描电子显微镜和联用技术；各章先简要介绍了每种仪器分析方法的原理、特点及应用、仪器结构、实验技术和分析条件，然后介绍了相关的实验内容和具体操作。实验项目包括基础性实验、综合性实验和设计性实验，旨在有效培养学生的实验操作能力和科学探究能力，提高分析和解决实际问题的能力等。

本书反映了学科发展前沿，具有较强的系统性和参考性，可作为高等学校化学化工、医药学、材料科学与工程、环境科学与工程及相关专业本科生的专业教材，也可作为相关科研人员、分析测试人员和管理人员的参考用书。

**图书在版编目（CIP）数据**

仪器分析实验/庄会荣，韩婧，王爱香主编．—北京：化学工业出版社，2022.12（2025. 2重印）
ISBN 978-7-122-42422-8

Ⅰ．①仪⋯　Ⅱ．①庄⋯　②韩⋯　③王⋯　Ⅲ．①仪器分析-实验-高等学校-教材　Ⅳ．①O657-33

中国版本图书馆CIP数据核字（2022）第199998号

责任编辑：刘　婧　刘兴春　　装帧设计：刘丽华
责任校对：田睿涵

出版发行：化学工业出版社（北京市东城区青年湖南街13号　邮政编码100011）
印　　装：北京科印技术咨询服务有限公司数码印刷分部
787mm×1092mm　1/16　印张16¾　字数412千字　2025年2月北京第1版第2次印刷

购书咨询：010-64518888　　售后服务：010-64518899
网　　址：http：//www.cip.com.cn
凡购买本书，如有缺损质量问题，本社销售中心负责调换。

**定　　价：68.00元**

# 《仪器分析实验》
# 编写人员名单


**主　编：**庄会荣　韩　婧　王爱香

**副主编：**密丛丛　田　露

**编写成员**（排名不分先后）：

庄会荣　韩　婧　王爱香　密丛丛　田　露　李雪梅
夏其英　宋兴良　王晓蒙　张　伟　徐守芳　孙爱德
徐庆彩　刘晓泓　颜　峰　胡雪萍　庄　园　郭英姝

# 前　言

随着科学技术的突飞猛进，新仪器、新方法不断涌现，现代仪器分析已成为科学研究和解决工农业生产、食品药品安全、检验检疫、环境监测等各个领域实际问题不可缺少的重要手段。仪器分析实验是化学、应用化学专业的核心课程，也是材料化学、药学、中药学、制药工程、医学检验、环境工程、生物工程、食品工程等专业的重要基础课程。

本书在临沂大学自编且已使用多年的仪器分析实验讲义的基础上进一步补充完善而成。为了满足单独开课的需要，便于学生学习，本书第3章~第18章的前半部分主要介绍方法原理、仪器结构及原理、方法特点及应用、实验技术和分析条件，后半部分是实验项目。全书共有67个实验项目，以综合性实验为主，第19章为设计性实验。

本书主要有以下几个特点。

（1）理论与实验结合，便于自主学习

本书系统介绍了仪器分析实验的一般知识和常用的样品前处理技术，简明扼要地介绍了各类常用仪器分析方法的原理、特点、应用范围、仪器结构和工作原理、定性分析与定量分析方法、结构分析方法以及分析条件的选择。每种分析方法后面都附有相应的实验项目，并指出实验注意事项，提供了相应的思考题。学习能力强、喜欢科学探究的同学，可通过设计性实验进一步提升自己的能力。

（2）密切联系实际，内容全面先进

在实验方法和内容上，既结合生活、生产和科研实际，又面向未来，兼顾定性分析、定量分析、结构分析、形态分析、化学反应过程研究和化学平衡常数的测定等方面，内容涵盖了光学分析、电分析、色谱分析、质谱分析和热分析。分析对象涉及化工产品、食品、药品、化妆品、材料、饲料、生物样品、土壤、矿物、水体、体液等方面，兼顾各个专业的特点和需要。既选用了一些物质的国家标准分析方法、药典分析方法，又选用了一些典型的分析方法，并将部分教师或其他科研人员的科研成果融于教材中。

本书以学生实验能力和创新能力培养为切入点，构建了由基础性实验、综合性实验和设计性实验组成的“三层次”体系，能有效培养学生的动手操作能力，提高分析和解决实际问题的能力，开阔视野，满足个性化发展和不同层次学生的需要。

（3）强化样品处理，注重条件选择

仪器分析主要用于微量或痕量、超痕量物质的分析，许多仪器对分析试样有一定的要求。采用合适的样品前处理技术，为有效提取或富集样品中的待测组分，消除干扰物质，准确测定待测组分提供了保障。同时，每种仪器分析方法因为分析原理和所用仪器类型不同，影响分析结果准确度的因素也不相同，仪器操作参数对实验结果的影响很大。作为分析工作者，在实验过程中要学会选择合适的分析条件，优化仪器操作参数，并精心维护好仪器，才能保证分析结果的准确度。

（4）挖掘思政元素，强化思政教育

结合实验内容，进行科普宣传，认识测定意义，增加生活常识，树立健康观念、关注社会发展，增强环保意识、质量保障意识、标准规范意识，体会仪器分析方法的价值，增强使命感和责任心，激发学习兴趣和动力，养成严谨的科学态度，培养团队精神。

编写本书旨在使学生通过本书的学习和实践，能够加深对有关仪器分析方法原理的理解，进一步熟悉其特点和应用范围，掌握常用分析仪器的基本结构与操作方法，学会常用的样品前处理技术，能够正确使用分析仪器对物质进行定性分析、含量测定和结构解析，认识仪器分析在保护和谐生态、保障人类生命健康、促进工农业生产与科学研究中的重要作用。

本书由庄会荣、韩婧、王爱香担任主编，密丛丛、田露担任副主编，具体图书编写分工如下：第1章、第2章、第16章由庄会荣编写；第6章、第8章、第17章由山东交通技师学院的韩婧、庄园编写；第19章由王爱香编写；第4章、第5章、第7章由田露、密丛丛、夏其英编写；第11章、第12章由王晓蒙编写；第14章、第15章由徐守芳、刘晓泓编写；第18章由宋兴良、李雪梅、胡雪萍编写；第10章由孙爱德编写；第13章由张伟、齐鲁工业大学的郭英姝编写；第3章由徐庆彩编写；第9章由颜峰编写；全书插图由韩婧制作；全书最后由庄会荣、王爱香统稿并定稿。鲁东大学的刘希光、曲阜师范大学的张淑芬、山东农业大学的周杰对本书的出版给予了很多指导和帮助，在此表示由衷的感谢。

限于编者水平及编写时间，书中不足和疏漏之处在所难免，敬请读者提出修改建议。

**编　者**

**2022年6月**

# 目　　录

# 第1章 仪器分析实验的基本知识

## 1.1 仪器分析及仪器分析实验的地位和作用

仪器分析是分析化学的重要组成部分，是化学、物理学、电子学、数学和计算机科学等多学科交叉与融合的一门综合性学科，它以物质的物理或物理化学性质为基础，利用较特殊的仪器对物质进行定性分析、定量分析、结构分析和形态分析。随着科学技术的突飞猛进，新仪器、新方法不断涌现，现代仪器分析在分析化学中已居于主导地位。

仪器分析具有试样用量少、检测灵敏度高、重现性好、分析速度快、应用范围广、自动化和智能化程度高、操作简便，可实现复杂混合物的分离与分析、实时在线分析、无损分析、生命过程分析、微区和薄层分析、遥测等优点，是人类认识客观物质世界的眼睛。它既是分析测试方法又是化学研究手段，在学科研究和国民经济各领域中的应用极为广泛，很多物质在国家标准分析方法、行业标准分析方法以及药典中的检测都采用仪器分析方法，仪器分析对于保障现代工农业生产高质量发展、保护和谐生态和人类健康生活起着非常重要的作用。

仪器分析实验是整个仪器分析教学的重要组成部分，要学好仪器分析，必须做好仪器分析实验，这是一个合格的化学工作者及相关科技人员应具备的条件。

## 1.2 仪器分析实验课程的目标和要求

### 1.2.1 课程目标

仪器分析实验是一门实践性、应用性和技术性很强的综合性实验课程，是化学、应用化学、化工、材料化学、药学、制药工程、医学检验、环境工程、食品工程等专业的核心课程或基础课程。本课程兼顾成分分析、含量分析、结构分析、形态分析、无机分析、有机分析、化学反应过程研究和化学平衡常数的测定，内容涵盖了光学分析、电分析、色谱分析、质谱分析和热分析等方面。

学生通过仪器分析实验课程的学习要达到以下目标：

① 能够熟练解释常用分析仪器的测定原理、分析方法，恰当描述分析仪器的基本结构、特点和应用范围，学会仪器分析实验相关技能。能够正确使用分析仪器对目标物进行定性分析、含量测定和结构解析。

② 能够合理地解释影响分析结果的因素，能根据样品的性质和分析要求设计合理的实验方案，优化分析条件，完成样品测试，对分析结果做出科学评判，提高分析和解决实际问题的能力。

③ 自觉养成严谨求实的科学态度、强烈的责任意识和环保意识，树立严格的标准和规范观念，提高科学思维能力、自主学习能力与创新意识，塑造较强的团队精神。

## 1.2.2 仪器分析实验的基本要求

要做好仪器分析实验，既要有认真、积极的学习态度，还要有正确的学习方法，并且在实验的各个环节上都要严格要求自己，有意识地培养发现问题、分析问题和解决问题的能力。同时，要形成科学思维，养成良好的实验习惯，提升科学素养。具体要求包括如下几点。

(1) 树立安全意识

要注意化学试剂、电、气、分析仪器等各方面的使用安全。

(2) 学会实验室一般事故的预防和处理方法

在教师指导下熟悉实验室安全设施、注意事项和突发事件的应急措施，了解通风设备、灭火器材、沙箱、洗眼器和急救药箱的放置地点、使用方法等，以确保实验能安全、有效地进行。

(3) 做好预习和实验前的准备工作

实验前，必须做好预习并写出合格的预习报告方可进入实验室进行实验。

每次实验都要穿好实验服，提前到达实验室，先提交预习报告给老师审阅，并检查、准备好实验所用的仪器、试剂和水。

(4) 认真听讲和思考

上课时要集中精力，认真听讲和思考，积极回答老师提出的问题，认真观看老师对仪器的演示，学会仪器的正确操作。未经教师允许，不得随意开关仪器和改变仪器工作参数等，以免影响实验或损坏仪器。

(5) 积极参与实验

实验过程中，要积极参与小组实验，团结协作，态度认真。要先想好每一步操作的目的和实验的关键步骤及注意事项，思考如何减小误差和提高分析结果的准确度。要严格按照仪器操作规程进行测试，学会样品处理、相关溶液的配制、仪器参数的设置及实验条件的优化。善于思考，科学分析，认真研究和解决实验中出现的各种问题。

(6) 做好实验记录

实验过程中，要认真仔细地观察实验现象并实事求是地记录，要正确采集实验数据和图谱。

(7) 自觉遵守实验室各项规章制度

要注意自身安全，爱护仪器设备，节约使用化学试剂、材料和水电。取用试剂和溶液要仔细，以免浪费或造成实验失败。洗涤仪器要遵循“少量多次”的原则，注意废液及有毒有害物质的处理或回收。

对实验中不明白的问题，要虚心请教指导老师，不能想当然地操作。要保持实验室内干净，台面仪器、试剂、材料等摆放整齐、有序。

实验完毕，要及时拔掉电源插头，洗净相关仪器，整理好仪器、试剂，填写仪器使用记录。将室内卫生打扫干净。离开实验室时，要告知指导老师，经指导老师检查实验结果和相关事项、允许后方可离开。

注意实验室所有的仪器和药品、材料，都不得随意带出室外，用毕要放回原处。

(8) 按时完成实验报告

实验结束后，要及时整理实验记录，用统计学方法处理实验数据，对图谱进行合理解析，得出分析结果，对实验结果进行科学分析和评价，得出合理的结论，写出符合要求的实验报告并按时上交给指导老师批阅。要注意培养对各种误差的分析与判断能力。

# 1.3　预习、实验记录和实验报告的书写要求

## 1.3.1　预习

### 1.3.1.1　课前预习

仪器分析实验包含的知识较多，不仅有实验的方法原理、具体测定步骤，还会用到大型分析仪器。大型分析仪器精密、昂贵，涉及操作软件或工作站的使用，在实际中通过短时间的课堂教学，很难保证学生学会各种大型仪器的操作方法。同时由于仪器数量有限，实验一般分小组轮流进行，在实际教学中，往往理论课还未学习就已经开始实验。为保证教学质量，达到较好的实验效果，学生必须提前做好预习，对实验原理、内容和仪器操作有较为清晰的认识。

实验前，学生要根据实验任务认真阅读教材或讲义，查阅相关文献，并通过网络课程资源的学习和观看实验教学录像（教师可以提前录制好每个仪器分析实验的操作录像；进行线上教学的，还要求学生完成线上相关实验测试），明确本次实验的目的和要求，了解所用仪器设备和试剂材料，了解溶液配制和样品前处理方法，熟悉实验所用仪器分析方法的原理、应用范围，了解仪器的基本结构、工作原理、特点和使用方法，明确实验中要测定的量、应设置的仪器参数和应控制的测试条件，了解实验注意事项，做到心中有数。在此基础上，做好实验方案，写出预习报告。

### 1.3.1.2　撰写实验预习报告

预习报告要认真、工整地书写在专门的实验预习报告本上，内容包括以下几项。

（1）实验名称

（2）实验目的

要简要写出本次实验要达到的主要目的和要求。

（3）实验原理

用文字、反应式、示意图等简要地写出实验原理和方法。

（4）仪器与试剂

简要列出实验所用仪器、试剂及其规格和纯度或浓度。

（5）实验步骤

根据个人对实验的理解，用流程或文字写出详细的实验步骤。包括样品前处理方法、标准溶液的配制、样品溶液的制备、分析条件、仪器操作、标准溶液和样品溶液的测定方法等，既简洁、条理，又有较强的可操作性，必须包含操作步骤的关键点。

（6）数据记录

做好表格，以备记录原始实验数据用。

（7）注意事项

（8）参考文献

## 1.3.2 做好原始实验记录

原始实验记录作为实验的第一手资料，是撰写实验报告的依据，是进行科学研究的生命线，也是培养科学作风及实事求是精神的重要环节。

### 1.3.2.1 书写仪器分析实验记录的原则

(1) 客观、真实

实验中观察到的现象和测量到的结果是什么就如实记录什么，不得随意改动或取舍，也不要做任何评论和解释，更不允许伪造。重复实验而获得的新数据要重新记录，不能对上次的实验结果进行修改。如果有笔误需要修改，要用单画线划去，但必须保证能够辨认，并附以说明，杜绝随意涂改或完全涂黑。

(2) 及时、准确

实验过程中，现象一旦发生，数据、图谱一旦测出，就应立即进行准确记录，不能过几天之后再凭记忆书写记录，以免发生错记、漏记，影响分析结果。

(3) 系统、完整

① 系统性：对于内容多、时间跨度较长的实验研究，需要连续观察和记录才能获得正确的结论。这就需要按照时间顺序进行系统记录，以防出现混乱和差错。

② 完整性：要求对所有的实验结果（成功或失败的）都进行详细记录，同时要记录好相对应的实验方法、实验条件和过程等，以便于正确地进行实验分析，保证实验的重现性。

总之，客观真实、准确、及时、完整的实验记录是保证仪器分析实验结果准确可靠的基础。在实验过程中，要认真仔细地观察实验现象，正确读取实验数据，及时采集相应的图谱，将所有实验现象和数据用钢笔或中性笔及时、如实、详细、工整、清楚、规范地书写在实验预习报告本上，并注意有效数字位数和单位。不能临时记录在草稿本或纸片上，也不准用铅笔记录。

### 1.3.2.2 实验记录的内容

原始实验记录要具有可溯源性，其内容包括以下几项。

(1) 实验名称

(2) 实验日期、时间

(3) 要研究的内容和要解决的问题

(4) 实验方法

(5) 仪器与试剂

包括仪器设备名称和型号（大型仪器还要写出生产厂家）、试剂、样品及其来源、标准品或对照品的纯度、批号及来源等内容。对有温度和湿度要求的实验项目应记录实验过程的温度和湿度。

(6) 实验步骤

包括标准品或对照品溶液的配制、试样的处理、供试品溶液的制备、仪器操作参数、测定过程等具体实验步骤。

(7) 实验现象、数据、图谱

包括观察到的实验现象、测量到的数据、图谱等。

以上原始实验记录的内容，在预习报告本上完成。

### 1.3.3　及时完成和上交实验报告

一个实验成功与否，通过报告形式可以清晰地体现。撰写仪器分析实验报告是进行仪器分析实验不可缺少的重要环节，应足够重视。它既能有效提高学生对仪器分析实验内容、方法原理、仪器与试剂材料、仪器操作参数的设置、实验过程、实验现象、实验数据与图谱的处理和结果计算、误差分析、结论等的科学表达能力，又能培养和训练学生的逻辑思维能力、归纳总结能力、分析和解决问题能力，培养勤于思考、善于质疑、勇于创新的精神。每次实验完成后，参加实验的学生都要及时认真地撰写实验报告。

实验报告书写内容及要求如下。

（1）实验名称

（2）实验日期、地点、姓名

（3）实验目的

（4）实验原理

（5）仪器与试剂

要写明仪器名称、型号，大型仪器还要写出生产厂家；试剂要写出名称及其纯度或浓度。

（6）实验步骤

包括主要仪器的工作参数、具体操作步骤等。

（7）数据处理与结果

张贴原始实验图谱，用表格形式列出原始实验数据。用统计学方法对实验数据进行处理，给出计算方法或公式，正确计算分析结果（注意法定单位和有效数字），并对实验结果进行科学分析和评价，得出合理的结论。在定性分析和结构分析中，要有分析依据和分析过程、结论。

（8）实验总结

对实验中出现的异常现象、异常数据、产生的误差等问题进行分析和讨论，找出可能的原因，提出解决的办法或改进措施。写出本次实验的关键、失败的教训和个人收获与体会。

（9）思考题

结合仪器分析理论和实验知识完成课后思考题。

撰写仪器分析实验报告时，要求内容完整，实事求是，文字简练通顺，条理清楚、整洁，图表清晰，分析全面具体，结论明确。实验报告必须个人独立完成，严禁相互抄袭，实验报告中的数据必须与预习报告中的原始数据一致。

**附：《仪器分析实验》实验报告参考格式**

**实验名称：胶束电动毛细管色谱法测定葛根中的葛根素**

学号___×××___姓名___×××___院系___×××___专业___×××___班级___×××___

实验日期___×××___实验地点___×××___实验教师___×××___得分______

**一、实验目的**

1. 能够描述毛细管电泳仪的基本结构和工作原理，能熟练进行仪器操作。
2. 能够解释胶束电动毛细管色谱法的原理和定性、定量分析方法。
3. 能够概述葛根的用途和毛细管电泳法在药物分析中的应用，增强质量保证意识。

## 二、实验原理

葛根为豆科植物野葛的干燥根，药食同源，具有解表退热、生津止渴、止泻、降血压、降血糖、抗癌、提高免疫力、改善血液循环、防治心脑血管疾病等作用，其主要有效成分为葛根素、大豆苷和大豆苷元等异黄酮类化合物。2020年版《中华人民共和国药典》（后简称《中国药典》）规定，葛根（按干燥品计算）中的葛根素不得少于2.4%。

葛根素易溶于甲醇，略溶于乙醇，微溶于水。本实验以甲醇作溶剂配制标准溶液和制备样品溶液，利用超声波的空化效应、机械效应和热效应强化提取葛根中的葛根素，并用胶束电动毛细管色谱法测定葛根中葛根素的含量。

在$Na_2B_4O_7$-$H_3BO_3$缓冲溶液中，加入超过临界胶束浓度的阴离子表面活性剂十二烷基硫酸钠（SDS），则形成一个疏水内核、外部带负电的胶束（准固定相），以此溶液作为电泳介质，在直流高压电场作用下，于石英毛细管中进行电泳。在电渗流作用下，带负电的胶束以较低速度向阴极方向移动，依据样品各组分在水相中的淌度和在水相与胶束相中分配系数的差异实现分离。根据分离后测得的葛根素的峰面积，用外标法定量，计算出葛根中葛根素的含量。

## 三、仪器与试剂

1. 仪器

P/ACE™ MDQ型高效毛细管电泳仪（压力进样，二极管阵列检测器）（美国贝克曼公司）；未涂层石英毛细管（60cm×75μm，有效长度50cm）；KQ-200KDE数控超声波清洗器；LD-1000型超速粉碎机；XP6型电子天平（感量为0.001mg）；LE204型电子天平（感量为0.1mg）；pHS-3C型pH计（上海精密科学仪器有限公司）；866A型电热恒温鼓风干燥箱（上海双旭电子有限公司）；容量瓶。

2. 试剂

硼砂（$Na_2B_4O_7 \cdot 10H_2O$）；硼酸；十二烷基硫酸钠；甲醇；氢氧化钠溶液（0.1mol/L）。以上试剂为优级纯。葛根素标准品（批号：3681-99-0，纯度>98%，天津马克生物技术有限公司）；超纯水；0.45μm有机系滤膜；0.45μm水系滤膜。

电泳缓冲溶液：30mmol/L $Na_2B_4O_7$-30mmol/L $H_3BO_3$-15mmol/L SDS（pH=8.65）。

葛根样品：市售葛根，粉碎，过60目筛，在60℃干燥5h后，置于干燥器中备用。

## 四、实验步骤

1. 配制葛根素标准溶液

葛根素标准贮备液（500mg/L）：精密称取葛根素标准品5.000mg，用甲醇溶解并定容到10mL容量瓶中，摇匀。

准确移取0.40mL、0.80mL、1.20mL、1.60mL、2.00mL葛根素标准贮备液于5个10mL容量瓶中，皆用甲醇稀释至刻度，摇匀，得到浓度为20mg/L、40mg/L、60mg/L、80mg/L、100mg/L 的葛根素标准工作溶液。

2. 制备葛根样品溶液

准确称取葛根粉末约0.1g（精确至±0.0001g），置于50mL具塞锥形瓶中，加入50.00mL甲醇，称重。在50℃、40kHz、200W功率时超声50min，取出，冷却至室温，再次称量，用甲醇补足失去的质量，摇匀。静置分层。

3. 检查电泳仪冷却液在黑线以上

打开主机电源开关，预热仪器半小时，打开仪器操作软件。将0.1mol/L氢氧化钠、水用0.45μm水系针头滤膜过滤后分别注入2个样品瓶中，将缓冲溶液、葛根素标准工作溶液、葛根样品溶液用0.45μm有机系针头滤膜过滤后注入不同样品瓶中，盖好瓶盖，分别放入仪器内部托盘的适当位置上，其中，缓冲溶液在左右托盘中各放一瓶，做好记录。依次用0.1mol/L氢氧化钠、水、缓冲溶液冲洗毛细管10min、2min、10min。

4. 设置电泳条件

电泳缓冲溶液：30mmol/L $Na_2B_4O_7$-30mmol/L $H_3BO_3$-15mmol/L SDS（pH=8.65）；进样压力：0.5psi（1psi=6895Pa），进样时间：5s，分离温度：19℃，分离电压：19kV，检测波长：254nm。每分析一个样品前，依次用0.1mol/L氢氧化钠、水、缓冲溶液冲洗毛细管3min、2min、3min。

5. 定量分析

在设置的电泳条件下，将浓度按由低到高的顺序分析葛根素标准工作溶液，然后再分析葛根样品溶液。记录电泳图上葛根素峰的迁移时间和峰面积。

6. 实验结束

先关闭氘灯，再依次用0.1mol/L氢氧化钠、水冲洗毛细管5min、5min。点控制界面中的Load，打开仪器盖子，让冷却液回流后关闭主机电源。取出样品瓶，盖好仪器盖子，做好仪器使用记录。将样品瓶等玻璃仪器清洗干净，放回原处。

**五、数据处理与结果**

1. 葛根中葛根素的定性分析

葛根素标准溶液和葛根样品溶液的电泳图见图1和图2。

对比葛根素标准溶液的电泳图中葛根素的迁移时间，确定样品溶液的电泳图中迁移时间约为5.68s的峰为葛根素的峰。

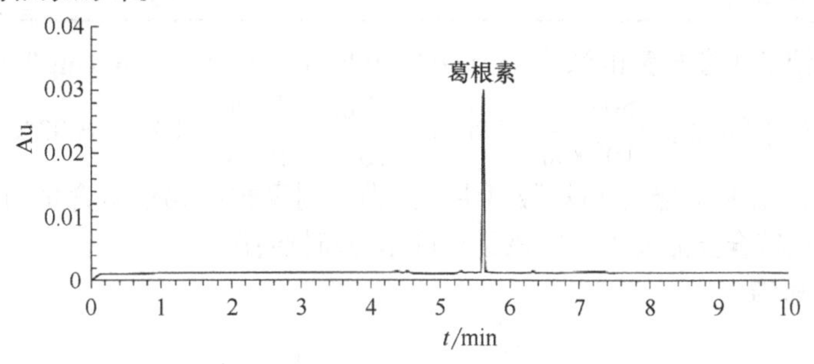


**图1　葛根素标准溶液的电泳图**

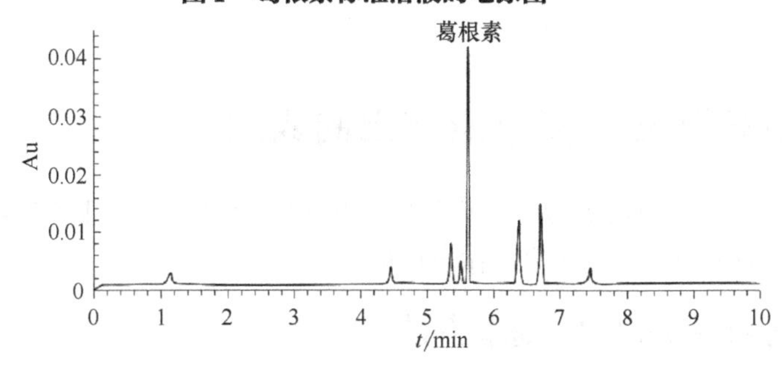


**图2　葛根样品溶液的电泳图**

2. 拟合标准曲线方程

记录葛根素标准溶液的浓度和峰面积，通过计算机上的Excel绘制标准曲线，求出标准曲线方程和线性相关系数$r$，见图3。

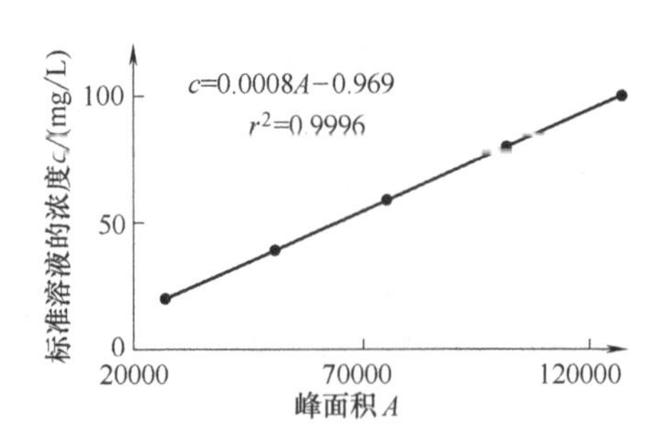


**图3　葛根素的标准曲线**

3. 计算葛根药材中葛根素的含量

根据葛根样品溶液中葛根素的峰面积及标准曲线方程计算葛根素的浓度，再根据所称取的葛根药材的质量，计算葛根中葛根素的含量。将实验数据和结果填入表1中。

**表1　实验数据及分析结果**

| 编号 | 1 | 2 | 3 | 4 | 5 |
|---|---|---|---|---|---|
| 葛根素标准溶液的浓度 $c$/(mg/L) | 20 | 40 | 60 | 80 | 100 |
| 葛根素的峰面积 $A$ | 27203 | 50988 | 75285 | 101886 | 127189 |
| 标准曲线方程及线性相关系数 $r$ | $c$(mg/L)=0.0008$A$−0.969　　$r^2$=0.9996 | | | | |
| 葛根质量 $m$/g | 0.1018 | | | | |
| 样品溶液中葛根素的峰面积 $A$ | 98661 | | | | |
| 样品溶液中葛根素的浓度 $c_x$/(mg/L) | 77.96 | | | | |
| 葛根中葛根素的含量/% | 3.83 | | | | |

葛根样品溶液中葛根素的浓度$c_x$=0.0008×98661−0.969=77.96（mg/L）

葛根中葛根素的含量$=\dfrac{50.00c_x}{10^6\times m}\times 100\%=\dfrac{50.00\times 77.96}{10^6\times 0.1018}\times 100\%=3.83\%$

结论：测定结果符合2020年版《中国药典》对葛根中葛根素含量的规定，如果所测葛根在其他方面也符合药品要求，则该葛根可作为药材使用。

**六、实验总结**

（略）

**七、思考题**

（略）

# 1.4　实验数据处理和分析结果的表达

实验结束后，需要对实验数据进行整理，并用统计学方法处理实验数据，弃去异常值，计算分析结果，对分析结果的可靠性做出评价。

## 1.4.1　实验数据处理的基本方法

常用的实验数据的处理方法主要有列表法和图示法。

### 1.4.1.1　列表法

即用钢笔或中性笔将有关实验数据工整、清晰地列入表格中。列表法能简单而又明确地表示出物理量之间的关系，有助于找出物理量之间规律性的联系。要求：

① 写明表格的标题或加上必要的说明。

② 表中各栏目要写出具体名称或各符号所表示的物理量的意义，并写明法定计量单位。

③ 栏目的顺序应充分注意数据间的联系和计算顺序，不能颠倒。

④ 表中的数据要正确反映有效数字位数，且不能随意涂改。

⑤ 对于函数关系的数据表格，应按自变量由小到大的顺序排列，以便于判断和处理。

在对物质进行定量分析时，一般采用列表法。将样品的质量、溶液的体积、标准溶液的浓度、测量到的仪器信号值、标准曲线方程、测量结果等列入表格中，并在表格下方列出分析结果的计算式和计算过程。

#### 1.4.1.2 图示法

图示法处理数据直观、简便。由曲线的斜率、截距、所包围的面积和交点等可以研究物理量之间的变化及其关系，找出规律。

一般图形可通过Microsoft Office Excel（Excel）或XLSX、Origin等操作软件处理后得到。作图时，要标明坐标轴的名称和单位，并在轴上每隔一定相等的间距按有效数字位数标明数值。

化合物的结构式、简单的实验装置图等常用的平面图形，可通过化学结构式画图软件ChemDraw Std、InDraw（Integle chemical draw）等处理得到。

在对物质进行定性分析、结构分析时，需要绘制相关物质的谱图或者由仪器工作站自动给出谱图，如紫外吸收光谱、红外吸收光谱、色谱图、质谱图、核磁共振波谱图等。

在定量分析中，确定测量吸光度、峰电流、绘制标准曲线时，可采用图示法。

在优化实验条件时，可采用列表法，也可以采用更为直观的图示法。

### 1.4.2 仪器分析方法的主要评价指标

当采用某种仪器分析方法或建立一种新的仪器分析方法测定物质的含量时，对该分析方法的评价指标主要有准确度、精密度、线性范围、灵敏度、检出限和选择性等。

#### 1.4.2.1 准确度

准确度是指测量值$x$与真实值$x_T$相符合的程度。准确度一般用相对误差$E_r$表示，相对误差越小，则准确度越高；真实值一般用标准值或理论值表示。

$$E_r = \frac{E}{x_T} \times 100\% = \frac{x - x_T}{x_T} \times 100\% \tag{1-1}$$

式中，$E$为绝对误差。

在实际分析中，需要对试样进行多次平行测定，用平均值$\bar{x}$表示分析结果。则：

$$\bar{x} = \frac{x_1 + x_2 + \cdots + x_n}{n} = \frac{1}{n}\sum_{i=1}^{n} x_i \tag{1-2a}$$

$$E_r = \frac{\bar{x} - x_T}{x_T} \times 100\% \tag{1-2b}$$

当误差为正值时，表示测定结果偏高；当误差为负值时，表示测定结果偏低。

### 1.4.2.2 精密度

精密度表示几次平行测定的结果相互靠近的程度。精密度用偏差表示，偏差越小，则精密度越高。

在一般实验中，用相对平均偏差Rd（%）表示精密度。

$$\mathrm{Rd}=\frac{\bar{d}}{\bar{x}}\times 100\% \tag{1-3a}$$

$$\bar{d}=\frac{1}{n}\sum_{i=1}^{n}\left|d_i\right|=\frac{1}{n}\sum_{i=1}^{n}\left|x_i-\bar{x}\right| \tag{1-3b}$$

在精密实验中，用相对标准偏差（变异系数）RSD表示精密度。

$$\mathrm{RSD}=\frac{s}{\bar{x}}\times 100\% \tag{1-4a}$$

$$s=\sqrt{\frac{\sum_{i=1}^{n}(x_i-\bar{x})^2}{n-1}} \tag{1-4b}$$

误差及偏差的计算、有效数字、可疑值的取舍方法、分析方法和分析过程中是否存在系统误差的检查以及如何提高分析结果的准确度等知识，在分析化学课程中已详细学习。

### 1.4.2.3 线性范围

在定量分析中，常采用标准曲线法测定试样中待测物质的浓度或含量。即先用待测物质的纯物质配制一定浓度范围的系列标准溶液，在一定条件下，按浓度由小到大的顺序进行分析，通过计算机上的Excel或Origin软件绘制仪器响应信号与浓度之间的标准曲线，求出一元线性回归方程和线性相关系数$r$。然后在相同条件下分析试样，记录待测物质的响应信号值，根据标准曲线方程求出试样中待测物质的浓度或含量。$r$越接近1，线性关系越好，对定量分析越有利。

线性范围是指利用一种方法精确测量时与仪器响应信号值呈线性关系的待测物质浓度或含量的变化范围。也即标准曲线的直线部分所对应的浓度或含量的范围，如图1-1所示。线性范围越宽，试样测定的浓度适用性越强。

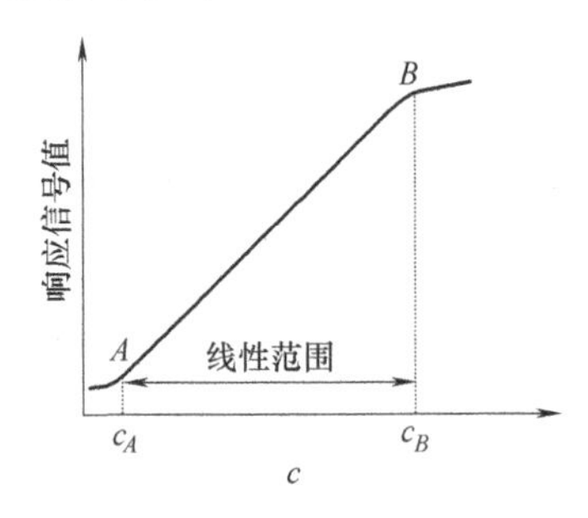


**图1-1　线性范围示意图**

### 1.4.2.4 灵敏度

灵敏度$S$是指待测物质单位浓度d$c$或单位质量d$m$的变化引起测定信号的变化程度。即在浓度线性范围内标准曲线的斜率，斜率越大，方法的灵敏度越高。

$$S=\frac{\mathrm{d}x}{\mathrm{d}c}\text{或}S=\frac{\mathrm{d}x}{\mathrm{d}m} \tag{1-5}$$

#### 1.4.2.5 检出限

检出限$D_L$是指某一分析方法在给定的置信度下能够被仪器检测出的待测物质的最低浓度或质量。

IUPAC（国际纯粹与应用化学联合会）建议检出限为 3 倍空白信号时的标准偏差$s_b$（$s_b$可通过足够多次的空白实验求出，一般为20~30次）与灵敏度$S$的比值。

$$D_L = \frac{ks_b}{S} = \frac{3s_b}{S} \tag{1-6}$$

分析方法的检出限与分析方法和仪器的灵敏度有关。方法的灵敏度越高，精密度越好，检出限就越低。

#### 1.4.2.6 选择性

通过干扰试验，检验试样中可能存在的干扰物的最大允许浓度。试样中的共存组分影响愈小，则方法的选择性愈高，适用的测定领域也越宽。

## 1.5 仪器分析实验室安全常识

仪器分析实验所用的仪器设备多为精密贵重的大型分析仪器，实验中经常会使用到有毒有害、易燃易爆、腐蚀性较强的化学试剂，也会使用玻璃仪器以及水、电、气等，为确保人身安全及实验室仪器设备的安全，必须了解实验室的安全知识，严格遵守实验室的规则。

### 1.5.1 安全用电

进入实验室后，首先应了解电源开关的位置，并掌握其使用方法。通常实验室交流电电压为220V。人体通过1~10mA的交流电就会产生麻木感；25mA以上会感觉呼吸困难，甚至窒息；100mA以上则使心脏心室发生纤维性颤动、甚至致人死亡。直流电对人体也有相似的危害。为保障人身安全，需注意以下问题。

#### 1.5.1.1 防止触电

① 操作电器时，手必须干燥，不得直接接触绝缘不好的通电设备。

② 修理或安装电器设备时，必须先切断电源。

③ 当遇到有人触电时，应先切断电源，再进行抢救。

#### 1.5.1.2 防止火灾

在称量、对样品进行前处理（消解、超声、加热等）和利用分析仪器进行测定等过程中，若多台仪器同时运行，实验用电负荷就会增高，造成电线发热。特别是当实验操作不当、用电线路老化、高压设备产生火花或静电放电时，都易引起火灾。为防止用电引起的火灾，要求：

① 电器内外要保持干燥，不要使电线、电器淋水或浸在导电液体中。

② 实验室内若有氢气、乙炔等易燃易爆气体，应避免产生电火花。当发现可燃性气体泄漏时，应首先打开门窗通风，不得开灯和开风扇。

③ 实验结束后，要及时关闭实验室内总电源开关。

④ 实验室电路及电器设备要定期检修，如发现线路老化，应及时更换。

#### 1.5.1.3 安全使用分析仪器和其他电器仪表

① 在使用前，应先了解仪器要求使用的电源是交流电还是直流电，是三相电还是单相电以及电压的大小。弄清楚电器功率是否符合要求以及直流电器仪表的正、负极。

② 操作人员必须严格按照仪器操作规程操作仪器，实验之前要检查线路连接是否正确，经教师检查同意后方可将电器设备上的插头插入插座，再接通电源进行实验。实验做完后，应先关掉电源开关，再拔掉插头。

③ 在仪器使用过程中，如发现有不正常声响、局部温升或嗅到绝缘漆过热产生的焦味，应立即切断电源，并报告教师进行检查。

④ 实验人员平时要注意维护好仪器，做好防范措施，以防突然停电、线路故障等因素造成对仪器的损害。

### 1.5.2 安全使用化学药品

在仪器分析实验中，会用到易燃易爆（甲醇、乙腈、乙醇等）、有毒有害（甲醇、乙腈、氯仿、苯酚、重金属、放射性物质等）和强腐蚀性（强酸、强碱、强氧化剂等）的化学试剂，实验前必须了解所用药品的毒性和腐蚀性，实验中要采取相应的防护措施，避免有毒有害和腐蚀性强的化学试剂与皮肤接触或吸入体内。

#### 1.5.2.1 防毒

① 操作有毒有害的气体（如二氧化氮、硫化氢、二氧化硫等）时，应在通风橱内进行，并戴好口罩或防毒面具和手套；操作易挥发的甲醇、乙腈、氯仿、四氯化碳、乙醚等有害物质时，应在通风良好的情况下戴好口罩和手套。

② 对于氰化物、高汞盐、可溶性钡盐、重金属盐（如镉盐、铅盐等）、重铬酸钾、三氧化二砷等剧毒药品，应妥善保管，使用时要特别小心。

③ 使用原子发射光谱仪、原子吸收光谱仪、质谱仪等仪器在测定过程中产生有毒有害的物质时，要通过排风设备及时将有害物质排出室外。使用液相色谱仪操作乙腈、甲醇等有毒有害的液体时，产生的废液要密封在聚乙烯塑料容器中。

④ 禁止在实验室内喝水、吃东西，以防毒物污染，离开实验室及饭前要洗净双手。

#### 1.5.2.2 防爆

仪器分析实验中使用的氢气、乙炔等可燃性气体，当与空气混合比例达到爆炸极限时，受到热源（如明火、电火花）的诱发，就会引起爆炸。

① 使用可燃性气体时，要防止气体逸出，保证室内通风良好，并严禁使用明火，防止发生电火花及其他撞击火花。

② 高氯酸盐、过氧化物等试剂受到震动或受热时都易引起爆炸，使用时要特别小心。

③ 严禁将强氧化剂和强还原剂放在一起。

④ 久藏的乙醚使用前应除去其中可能产生的过氧化物。

#### 1.5.2.3 防火

① 在色谱等实验中使用的甲醇、乙腈、乙醇、乙醚、丙酮等有机溶剂，非常容易燃烧，实验室内不可过多存放。大量使用时室内不能有明火、电火花或静电放电，用后要及时回收处理，不可倒入下水道，以免引起火灾。

② 在气相色谱、火焰原子吸收等实验中使用可燃性气体时，要防止泄漏。

③ 在红外光谱实验中使用红外灯干燥样品时，干燥结束后要及时关闭红外灯。

④ 钠、钾、金属氢化物等，在空气中易氧化自燃，应隔绝空气保存，使用时要特别小心，用剩的药品要注意回收处理。

#### 1.5.2.4　防灼伤

强酸、强碱、强氧化剂、溴、苯酚、冰醋酸等，特别是浓硫酸和浓度较大的过氧化氢，会严重腐蚀皮肤，使用时要戴好手套和防护眼镜，避免与皮肤接触，特别要防止溅入眼内。

液氧、液氮等低温也会严重灼伤皮肤，使用时要小心。

#### 1.5.2.5　防放射性物质损伤

应用原子吸收、原子发射、电感耦合等离子体质谱法等仪器分析方法测定钋、氡、钫、镭、锕、钍、镤、铀、镎、钚、镅、锔、锫、锎、锿、镄、钔、锘、铹等放射性元素时，要加强个人防护，防止放射性物质经呼吸道进入人体内，造成生物化学毒性和辐射损伤。

操作人员必须严格正确地穿戴好防护用品，包括防射线护目镜、用高效过滤材料做成的防护面罩、防护手套、工作鞋和射线防护服等，在通风橱内于铺有陶瓷盘的容器中谨慎小心操作，从而与工作场所的空气隔绝。禁止一切致使放射性元素侵入人体的可能行为，如用被污染的手接触食物、衣服或其他生活用具、吸烟等。尽量减少甚至杜绝放射性物质扩散造成危害；放射性废物要贮存在专用的污物桶中，防止放射性物质不经过处理而排入环境。

X射线（波长0.001~10nm）对人体健康有危害作用。一般晶体X射线衍射分析用的软X射线比医院透视用的硬X射线（波长0.001~0.1nm）波长更长，对人体组织伤害更大。若长时间接触，可造成白细胞下降，毛发脱落，发生严重的射线病。为此，应采取适当的防护措施，防止身体各部（特别是头部）受到X射线的照射。要将X光管窗口附近用铅皮（厚度>1mm）挡好，使X射线限制在一个局部小范围内，不让它散射到整个房间。操作（尤其是对光）时应戴上防护用具（铅玻璃眼镜等），并避免直接照射。操作完毕，用铅屏把人与X光机隔开；暂时不工作时，应关好窗口，非必要时，应尽量离开X光实验室。室内应保持良好通风，以减少由于高电压和X射线电离作用产生的有害气体对人体的伤害。

#### 1.5.2.6　汞的安全使用

电化学分析实验中会用到汞。其中高汞盐会引起急性中毒，如吸食0.1~0.3g $HgCl_2$，即可致人死亡。吸入汞蒸气会引起慢性中毒，产生恶心、贫血、骨骼和关节疼、精神衰弱等症状。所以使用汞时必须严格遵守安全用汞操作规定。

① 不要让汞直接暴露于空气中，应放置在厚壁玻璃器皿或瓷器中，并在汞面上加盖一层水。

② 装汞的仪器必须放置稳固，橡皮管或塑料管连接处要缚牢，仪器下面要放置含有水的浅瓷盘，防止汞滴散落到桌面或地面上。转移汞时，也应在浅瓷盘内进行。

③ 若有汞掉落在桌面或地面上，应先用吸汞管将汞珠尽可能收集起来，再用硫黄盖在汞溅落的地方，并摩擦使之生成HgS。也可以用$KMnO_4$溶液使其氧化。

④ 擦过汞或汞齐的滤纸或布必须放在有水的瓷缸内，并进行处理。

⑤ 盛汞的器皿和有汞的仪器应远离热源，也不能放进烘箱内。

⑥ 使用汞时，实验室应有良好的通风设备。手上有伤口时切勿接触汞。

#### 1.5.2.7　尽量节省化学试剂和原料

用剩的试剂和原料以及实验过程中产生的有毒有害物质要注意回收，不要随意倒入下水道或丢弃到垃圾桶中，以防产生环境污染和可能的爆炸事故。

### 1.5.3 大型仪器的维护

对各类分析仪器，除了要按照要求规范操作以外，还要注意日常维护。如抑制型离子色谱仪，需要定期运行或向抑制器中注水。仪器室内要干净、整洁，通风良好，尽量不放置酸、碱、氧化剂等腐蚀性试剂和易挥发性的试剂，要远离辐射源、热源、灰尘、震动等，控制适宜的温度和湿度，避免阳光直射在仪器上。

对样品进行消解、灰化等前处理时，要在专门的样品处理间进行，以避免腐蚀性试剂、气体等对仪器设备的损害和可能造成的安全隐患。

实验结束后，要及时把放入仪器内的试剂、溶液或样品取出，清理仪器周围和仪器内部可能洒落的样品，保持仪器内部干净。

## 1.6 仪器分析实验室用水的规格和制备

仪器分析实验室用于溶解、稀释和配制溶液的水都必须根据实验要求准备，一般常用超纯水、石英亚沸二次蒸馏水和去离子水。

根据中华人民共和国国家标准《分析实验室用水规格及试验方法》(GB/T 6682—2008)的规定，实验用水分为三个级别：一级水、二级水和三级水，见表1-1。

表1-1 分析实验室用水国家标准

| 名称 | 一级 | 二级 | 三级 |
|---|---|---|---|
| pH值范围(25℃) | — | — | 5.0~7.5 |
| 电导率(25℃)/(mS/m) | ≤0.01 | ≤0.10 | ≤0.50 |
| 电阻率(25℃)/(MΩ·cm) | ≥10 | ≥1 | ≥0.2 |
| 可氧化物质(以O计)/(mg/L) | — | <0.08 | <0.40 |
| 吸光度(254nm,1cm光程) | ≤0.001 | ≤0.01 | — |
| 蒸发残渣(105℃±2℃)/(mg/L) | — | ≤1.0 | ≤2.0 |
| 可溶性硅(以$SiO_2$计)/(mg/L) | <0.01 | <0.02 | — |

注：“—”表示难于测定，对其限量不做规定。

一级水用于有严格要求的仪器分析实验，如用于进行高效液相色谱、离子色谱、毛细管电泳等实验。一级水不可贮存，实验前制取，常用超纯水机制取，或用二级水经过石英亚沸设备蒸馏，也可以用离子交换混合床处理后，再经微孔滤膜过滤制取。

二级水可用于无机痕量分析（如原子吸收光谱、原子发射光谱、电感耦合等离子体质谱等实验)，可用多次蒸馏或离子交换等方法制取。

通常，普通蒸馏水保存在玻璃容器中，去离子水和用于痕量分析的超纯水要保存在聚乙烯塑料容器中。

## 1.7 化学试剂

我国通常采用优级纯、分析纯、化学纯三个级别来表示化学试剂。见表1-2。

⊡ 表1-2 试剂的级别与用途

| 试剂级别 | 中文名称 | 英文名称 | 标签颜色 | 用途 |
|---|---|---|---|---|
| 一级 | 优级纯 | GR | 深绿 | 精确分析和研究实验 |
| 二级 | 分析纯 | AR | 红 | 一般分析实验 |
| 三级 | 化学纯 | CP | 蓝 | 一般化学实验和合成制备 |

除了以上试剂级别以外，目前市场上还有以下几种。

（1）色谱纯试剂（GC、LC）

主要用于气相色谱、液相色谱和毛细管电泳分析，色谱纯试剂在色谱条件下只出现指定化合物的峰，不出现杂质峰。

（2）光谱纯试剂（SP）

用于光谱分析，主要成分纯度>99.99%，杂质含量用原子发射光谱法已测不出来。适用于分光光度计标准品、原子吸收光谱标准品、原子发射光谱标准品。

（3）电泳试剂

用于电泳实验，不含电性杂质或含量极少。

（4）标准品、对照品

在仪器分析实验或与之相关的科学实验研究中，常常需要用标准品和对照品来配制标准溶液，也可以购买配制好的标准溶液。

对照品是用于鉴别、检查、含量测定和校正测试仪器性能的标准物质，在药品检验中，它是确定药品真伪优劣的对照。标准品是指用于生物检定、抗生素或生物药品中含量测定或效价测定的标准物质。标准品包括化学计量标准品、冶金标准品和药检标准品。

在绘制标准曲线时，可以使用标准品配制标准溶液，也可以使用购买的一定浓度的标准溶液。市场上有资质的单位销售的标准溶液有多种，例如单元素标准溶液（如金、银、铜、硼、氯离子、钾离子等）、某种物质（如十二烷基苯磺酸钠等）的标准溶液、混合标准溶液（如用于ICP分析的含有铝、砷、钡、镉等24种金属元素的混合标准溶液，用于离子色谱分析的含有氟、氯、溴、硝酸根、硫酸根5种阴离子的混合标准溶液等）。

# 1.8 气体钢瓶的使用及注意事项

## 1.8.1 实验室气体钢瓶的种类

仪器分析实验室常用的气体钢瓶及气体性质见表1-3。

⊡ 表1-3 仪器分析实验室常用的气体钢瓶及气体性质

| 气体类别 | 瓶身颜色 | 标字颜色 | 字样 | 性质 |
|---|---|---|---|---|
| 氮气 | 黑 | 白 | 氮 | 不燃 |
| 氧气 | 淡(酞)蓝 | 黑 | 氧 | 助燃 |
| 氢气 | 淡绿 | 大红 | 氢 | 可燃 |
| 压缩空气 | 黑 | 白 | 压缩空气 | 助燃 |
| 二氧化碳 | 铝白 | 黑 | 二氧化碳 | 不燃 |
| 氦气 | 银灰 | 深绿 | 氦 | 惰性气体 |
| 液氨 | 淡黄 | 黑 | 氨 | 极易汽化 |
| 乙炔 | 白 | 大红 | 乙炔 | 可燃 |
| 纯氩气 | 银灰 | 深绿 | 纯氩 | 惰性气体 |

液相色谱-质谱分析中用到的液氮通常是密封在银灰色或白色的贮罐中。

为保证安全，各类高压容器必须附有合格证书，要定期（三年一次）做抗压试验，有问题的容器应该及时更换。

## 1.8.2 一般高压气体钢瓶使用注意事项

（1）按要求存放

高压气体钢瓶应存放在阴凉、干燥、远离热源的地方，可燃性气瓶应与氧气瓶分开存放，通常放在实验室专用房间里，并靠地直立固定在支架上，以防倾倒。不可露天放置，要求通风良好，环境温度不超过35℃。禁止敲击、碰撞。

（2）必须装有调节器且不漏气

高压气瓶必须装有调节器（减压阀），且安装牢固，不得漏气，否则不可使用。调节器有氢气、氧气和乙炔气三种，不准互相代用。

安装高压气瓶调节器前，应先将高压气瓶出气口、调节器接口及管道内的灰尘等脏物去掉，再进行连接，以防阻塞气流通道。安装后，要用毛笔蘸肥皂水检查钢瓶阀门、调节器接口及导管是否漏气。如发现漏气，应关闭阀门后处理。

调节器卸下后，进气口切不可进入灰尘等脏物，要置于干净、干燥通风的环境里保存。

（3）开、关气瓶要规范

在工作前，先将高压气体输入到调节器的高压室，然后缓慢旋转手柄调节气流，以保证安全。开启旋阀时出气口不准对着人，动作应缓慢，不得过猛，否则冲击气流会使温度升高，容易引起燃烧和爆炸。

不同类型的高压气体调节器的开启规则是：燃气钢瓶一般是左旋开启，其他为右旋开启。

实验结束后，要及时关好气瓶阀门，再将手柄旋松（即关闭状态）。

（4）严禁将气瓶内的气体全部用完

气瓶内的气体不得全部用尽，余压一般应为2kgf/cm$^2$（约0.2MPa）左右，至少不得低于0.5kgf/cm$^2$（约0.05MPa）。

## 1.8.3 特殊高压气体钢瓶使用注意事项

### 1.8.3.1 高压氢气钢瓶

应放在室外，防止明火，远离火源，以免引起燃烧和爆炸。高压氢气钢瓶所用调节器为反扣安装。

### 1.8.3.2 高压氧气钢瓶

调节器、阀门及管道应严格禁油。

### 1.8.3.3 高压乙炔钢瓶

乙炔钢瓶内充有丙酮及吸附性活性炭。乙炔易燃易爆，应禁止接近水源。开瓶时阀门不要充分开启，一般不应超过1.5r，以防止乙炔溢出。钢瓶内乙炔压力低于196 kPa时不宜再用。如遇乙炔调节器冻结时，可用热气等方法加温，使其逐渐解冻，但不可用火焰直接加热。

# 1.9 化学废弃物的回收与处置

为保护环境和保证实验室的安全，实验过程产生的有毒有害废液、固体物质和实验室废弃的化学试剂（注明废弃）或失去标签的试剂，要交给实验室管理人员妥善保存，等待处理，严禁倒入下水道或随垃圾丢弃。

实验产生的一般有毒有害废液，要及时分类（含卤素有机物、一般有机物、无机物废液）收集到相应的废液桶中，并随时盖紧桶盖，存放于实验室较阴凉的位置。并把有毒有害成分的化学名称全称或化学式记录好粘贴在桶上。

注意不要把能相互反应产生有毒有害气体或起火、爆炸危险的废液倒入同一收集桶中，而应单独存放于指定容器中，并贴上标签。

# 1.10 个人安全防护与常见事故的应急处理

## 1.10.1 个人安全防护

为保证人身安全，实验操作人员应自觉遵守仪器分析实验室的安全管理制度，严格按照操作规程进行实验，并注意提高个人的安全防护意识和防护技能。

### 1.10.1.1 头、面部和脚部的防护

实验人员进入实验室必须穿好带长袖的防静电实验服（最好选用吸汗、透气的棉质实验服），穿上不露脚趾的鞋子，以防止化学药品或可能的玻璃碎片等对身体的损伤。在进行有潜在面部受损危害的化学物质溅出或有腐蚀性危害的实验操作或处理泄漏的有毒有害物质时，必须佩戴合适的面罩与护目镜或防护眼罩，以保护其面部的眼、口、鼻不受伤害。在操作有剧毒物质或有放射性物质的实验时，应穿上防护服，并佩戴防毒面具。

### 1.10.1.2 呼吸防护

在进行固体物质（矿石、植物等）的粉碎、过筛或实验中可能会产生有毒有害的气体时，应佩戴口罩，以减少粉尘或气溶胶的吸入。

### 1.10.1.3 手部防护

针对实验室常见溢洒、喷溅和气溶胶等可能对手部造成的危害，特别是在配制和转移有毒有害等危险化学物质及腐蚀性物质时，必须佩戴大小合适的乳胶手套，可有效地保护手部及腕部不受伤害。但在实验过程中，要避免用手套触摸面部、眼睛、鼻子等，禁止戴手套调整口罩和防护眼镜。

## 1.10.2 常见事故的应急处理

仪器分析实验室常见的事故有触电事故、中毒事故、火灾事故、爆炸事故、仪器设备损坏事故、环境污染事故以及机械伤、烧伤、烫伤和蚀伤事故等，实验人员对可能发生的事故应做好应急处理。同时，实验室应配备以下急救物品：生理盐水、医用酒精、红药水、烫伤膏、1%~2%的乙酸-硼酸溶液、1%~2%的碳酸氢钠溶液、2%的硫代硫酸钠溶液、甘油、止

血粉、龙胆紫、凡士林、创可贴、剪刀、镊子、纱布、药棉、洗眼杯、胶布、绷带等。

#### 1.10.2.1 触电事故的处理

一旦有人触电，应立即切断电源。若离电源开关较远，可采用适合电压等级的绝缘工具（如戴绝缘手套、穿绝缘靴、使用绝缘棒）将触电者撤离危险境地，切勿不采取防护措施而直接与触电者接触。触电情况严重时，要及时联系医务人员进行抢救，并在医务人员到达之前，对触电者实施口对口人工呼吸和通过胸部按压进行心肺复苏。

#### 1.10.2.2 中毒事故的处理

（1）吸入有害物质的蒸气或气体

若吸入了盐酸、硝酸、氨水、苯、四氯化碳等易挥发性化学试剂的蒸气，或吸入了二氧化氮、二氧化硫等有害气体，应立即离开中毒现场，到室外空气新鲜且流通的地方，松开衣服，深呼吸排出有害气体。严重者要进行人工呼吸，并立即送医院就医。

（2）吞食药品

若吞食药品，要立即引吐、洗胃及导泻。可饮用大量清水，用手指或匙子的柄摩擦患者的喉头或舌根，使其呕吐，也可以通过药物（如饮服15~20mL吐根糖浆或吞服由 2 份活性炭、1 份氧化镁和 1 份丹宁酸混合而成的万能解毒剂）催吐。对引吐效果不好或昏迷者，应立即送医院洗胃。

若吞食酸、碱之类的腐蚀性药品或烃类液体，由于易造成胃穿孔或胃中的食物吐出时进入气管造成危险，因而不要进行催吐，要立即就医。孕妇也应慎用催吐救援。

重金属（汞、铅等）中毒者，必须紧急就医。

（3）药品溅入口内

药品溅入口内后，应立即吐出并用大量清水漱口。

#### 1.10.2.3 火灾与爆炸事故的处理

实验室起火或爆炸时，不要惊慌，要及时采取措施，以防事故扩大。

（1）立即切断电源、气源

首先，要立即切断电源、气源和通风机，打开窗户。如果火情严重，要及时拨打“119”报警求救，并讲清失火地点、单位名称、失火情况及本单位电话号码。

（2）快速移走危险品

要小心快速地移走室内尚未燃烧的易燃、易爆物品和危险药品。

（3）及时灭火

根据情况迅速选择合适的灭火器材进行灭火。常用的灭火器材有水、沙、泡沫灭火器、二氧化碳灭火器和干粉灭火器等。

若地面或实验台面有小范围的着火，火势较小，可用湿抹布或砂土扑灭。

若反应器内着火，可用灭火毯或湿抹布盖住反应器口灭火。

若衣服着火，切勿奔跑，应迅速脱下衣服，用水浇灭；若火势过猛，应就地卧倒打滚灭火。

以下几种情况不能用水灭火：

① 金属钾、钠、镁、铝粉、电石、过氧化钠着火。应用干沙灭火。

② 汽油、苯、乙醚、石油醚等比水轻且又不易溶于水的液体化合物着火。可用泡沫灭火器或干粉灭火器灭火。

③ 电器设备或带电系统等着火。应立即切断电源，再用干沙或二氧化碳灭火器灭火。禁止用水或泡沫灭火器等导电液体灭火。

化学实验室常用的灭火器及使用范围见表1-4。

表1-4 化学实验室常用的灭火器及使用范围

| 灭火器种类 | 药液成分 | 适用范围 | 使用方法 |
|---|---|---|---|
| 二氧化碳灭火器 | 液态$CO_2$ | 精密仪器、电器设备、小范围油类及忌水物的灭火 | 在距起火点5m处，拔出保险销，一手握住喇叭筒根部的手柄(没有喷射软管的，可用手扶住灭火器底圈)，另一只手紧握启闭阀的压把，喷嘴对准火焰根部，由近而远，左右扫射，并迅速向前推进灭火 |
| 干粉灭火器 | $NaHCO_3$等盐类物质与适量的润滑剂和防潮剂 | 油类、可燃性气体、电器设备、精密仪器和遇水易燃烧物品的灭火 | 在距起火点5m处，拔出保险销，一手握住喷管，对准火焰，另一手按下压把，即可喷出干粉灭火。注意不宜逆风喷射，以防干粉飘散 |
| 泡沫灭火器 | $Al_2(SO_4)_3$、$NaHCO_3$和发泡剂 | 适用于一般可燃物和油类的灭火；不能用于电器和忌水物(水溶性可燃、易燃液体，可燃性气体及钾、钠等)的灭火 | 在距起火点10m处，一手握住提环，另一手抓住筒体的底圈，将灭火器颠倒过来(注意盖和底不要对着人)，将射流对准燃烧物，用力摇晃几下即可灭火。灭火时，灭火器要保持倒置状态，否则，会中断喷射 |
| 1211手提式灭火器 | $CF_2ClBr$液化气 | 特别适用于扑救精密仪器、电子设备、文物档案资料等的火灾(不污染物品，不留痕迹)。也适宜于扑救油类、易燃或可燃液体、气体、固体以及带电设备的火灾 | 拔掉保险销，一手抱住灭火器底部，另一手握紧压把开关，喷嘴对准火焰喷射，松开压把，喷射即停止。使用时灭火筒身要垂直，不可平放或颠倒，否则灭火剂不会喷出。喷射时要站在上风处，接近着火点，对着火源根部扫射，向前推进 |

#### 1.10.2.4 化学灼伤事故的处理

(1) 强腐蚀性化学物质灼伤

若强酸（浓硫酸、浓硝酸等）、强碱（氢氧化钠、氢氧化钾等）及其他一些强刺激性和强腐蚀性（浓过氧化氢、氢氟酸等）化学物质接触到皮肤，应立即用大量流动清水冲洗至少15min，再用2%碳酸氢钠或稀氨水擦洗（接触强酸时）或用2%乙酸、2%硼酸擦洗（接触强碱时）。但是当皮肤被草酸灼伤时，应使用镁盐或钙盐进行中和；当皮肤被生石灰灼伤时，则应先用油脂类的物质除去生石灰，再用水进行冲洗。灼伤严重者，要及时就医。

如果上述化学物质溅入眼睛中，切不可用手揉眼，应先用干净的抹布擦去溅在眼外的试剂，再立即用大量流动清水或洗眼器冲洗。但注意水压不要太大，以免损伤眼球。若是碱性试剂，也可以用2%硼酸溶液或1%醋酸溶液冲洗；若是酸性试剂，可用2%碳酸氢钠溶液冲洗，再滴入少许蓖麻油。洗净后要及时就医。

(2) 溴灼伤

当皮肤被液溴灼伤时，应立即用2%的硫代硫酸钠溶液冲洗至伤处呈白色；或先用酒精冲洗，再涂上甘油。眼睛受到溴蒸气刺激不能睁开时，可对着盛酒精的瓶内注视片刻。

(3) 酚类化合物灼伤

当皮肤被酚类化合物灼伤时，应先用酒精洗涤，再涂上甘油。

如果有毒有害化学品污染了衣物，要及时脱去污染的衣物。

#### 1.10.2.5 烧伤事故的处理

应根据烧伤程度采取不同的方法进行救治。

（1）立即脱离致伤源

迅速脱去着火的衣服或采用水浇灌、卧倒打滚等方式熄灭火焰，切忌奔跑喊叫，以防增加头面部、呼吸道的损伤。

（2）迅速自救

迅速用10~15℃的冷水冲洗、浸泡或湿敷止痛（在烧伤6h之内冷疗效果较好）。若患者口腔疼痛，可口含冰块。

（3）保护好创伤面

不要弄破水疱皮和撕去腐皮。可在患处涂上烧伤油膏或用干净的纱布简单包扎好创面后立即去医院就医。创面忌涂龙胆紫、红汞、牙膏等物质，以免影响医生对创面深度的判断和处理。就医之前尽量不要使用镇静止痛药物。烧伤严重者，要注意保暖和保持呼吸道通畅，运输途中要尽量减少颠簸，减少患者休克现象的发生。

#### 1.10.2.6 烫伤事故的处理

如伤势较轻，涂上苦味酸或烫伤软膏即可；如伤势较重，不能涂烫伤软膏等油脂类药物，可撒上纯净的碳酸氢钠粉末，并立即送医院治疗。

#### 1.10.2.7 玻璃割伤事故的处理

若皮肤被玻璃等割伤，首先应检查伤口内有无玻璃碎片，若有碎片，应先用干净的镊子将玻璃碎片取出，再用消毒棉花和2%硼酸溶液或3%双氧水洗净伤口，然后涂上碘酒并包扎好。

若伤口太深，流血不止，可在伤口上方约10cm处用医用纱布扎紧或包上止血带，压迫止血，并立即送医院治疗。

# 第2章 样品前处理技术

## 2.1 样品前处理技术简介

仪器分析实验所面对的试样，其组成通常是十分复杂的，分析对象不仅包括气、液、固相物质，有些还以多种组成形式存在，测定时相互干扰。特别是生物、环境、材料等方面的样品，待测组分往往以多相非均一态的形式存在，浓度或含量相差较大，且稳定性随时间变化，除了物理检验及少数化学检验项目（如水分、灰分）可以直接进行测定外，绝大多数情况下，由于受分析方法的选择性和灵敏度等的限制，需要对采集到的有高度代表性的试样进行前处理。

### 2.1.1 样品前处理的目的及意义

仪器分析过程一般包括样品的采集、样品前处理及分析试样的制备、测试、数据处理与报告结果几个基本程序。其中样品前处理是一个非常重要的步骤，前处理方法设计是否合理和操作是否正确，将直接影响分析结果的准确性、可靠性和分析速度。样品前处理的目的有如下几点。

（1）便于测定

将样品变成能够进行仪器分析的状态，且稳定性好。

（2）消除干扰

消除基体和其他物质的干扰，以提高分析方法的选择性。

（3）除去有害物质

除去对仪器或分析系统有害的物质，以延长仪器使用寿命。

（4）提高检测灵敏度

通过样品前处理，富集、浓缩痕量的待测组分，提高分析方法的灵敏度，或通过衍生化处理，将待测组分转化成可被仪器灵敏检测的物质。

### 2.1.2 样品前处理的原则

（1）了解样品中可能存在的物质组成及浓度水平

（2）确定合适的样品前处理方法

根据测定目的、测定方法和待测组分的性质等情况确定合适的样品前处理方法，处理过程尽可能简便、快速、环保、价廉。

（3）试样分解要完全且待测组分无损失或污染

试样分解要完全，要保证将试样中的待测组分完全提取出来，或全部转化为某种测量形式，且没有待测组分的损失或污染，避免引入外来的待测组分及干扰组分。

要注意实验室空气、水和所用试剂、容器及实验操作中某些元素的污染以及吸附、挥发等造成的待测组分的损失。仪器洗涤要干净，实验室要安装防尘、通风设施，并保持好卫生。要选择合适的器皿和环境保存样品溶液，如无机贮备液或试样溶液一般应放置在聚乙烯容器中，避光、低温保存，有机溶液则应避免与塑料、胶木瓶盖等直接接触。

## 2.2 测定无机成分的样品前处理方法

无机成分的分析，除了X射线荧光光谱、中子活化法、火花源质谱法等少数分析手段可以直接分析固体样品外，一般常采用原子吸收光谱法、原子荧光光谱法、等离子体原子发射光谱法、等离子体质谱法、吸光光度法、电化学法、离子色谱法等分析方法，需要将样品制备成均匀的溶液后进行分析。为此，常采用消解法和干灰化法等来消除样品中的基体成分，破坏有机物，或从试样中浸提出待测成分。

### 2.2.1 干法灰化法

干法灰化法是利用高温除去样品中的有机质，金属元素则留在灰分中，再根据待测元素的灰化产物的溶解性，选择合适的溶剂（如稀盐酸、稀硝酸等）溶解，溶解液用于测定金属元素。或用合适的吸收液吸收挥发出来的成分，用于测定硫、磷、氮、卤素等成分。该方法适用于食品和植物样品等有机物含量多的样品测定，不适用于土壤和矿质样品的测定。

干法灰化法包括高温灰化法、等离子体低温灰化法和氧瓶燃烧法等。

#### 2.2.1.1 高温灰化法

根据待测元素的性质，将装有干燥样品的坩埚放在可控温的马弗炉里，在一定温度下，灰化分解除去有机物后，用合适的溶剂浸提或加热溶解出来。

灰化温度一般为500~600℃，灰化时间一般为4~8h。由于在高温状态下，样品极易燃烧而使待测元素挥发损失，且某些元素会形成酸不溶性混合物，黏附在容器壁上不能浸提。为减少损失，必须事先将样品放在坩埚中置于电热板上低温炭化至无烟，然后移入冷的马弗炉中，缓缓升温至预定温度。应保证坩埚的釉层完好，以减少金属元素被器壁吸附而形成难溶的硅酸盐导致损失。在灰化前，可加入合适的灰化助剂，常用的有硝酸、硫酸、硝酸镁、硫酸铵、磷酸二氢铵等。硝酸可促进有机物氧化分解，降低灰化温度，后几种试剂能使易挥发元素转变为挥发性较小的硫酸盐和磷酸盐。如个别试样灰化不彻底，有炭粒，可取出放冷，再加硝酸，小火蒸干，然后移入马弗炉中继续灰化。

用微波高温马弗炉，可不经炭化而一次完成灰化。微波高温马弗炉的升温速度极快，能在几分钟内迅速程序升温至1000~1500℃，所需灰化时间极短，比传统马弗炉快数倍甚至数十倍。

高温灰化法能处理较大量样品、操作简单、安全，不需要加试剂或只需加入少量试剂，空白值低，很适合有机物和生物试样中的微量无机元素分析，如铜、铬、铁、锌、锑、钠、锶等。但某些待测元素可能黏附在容器壁上不能浸提。沸点低的元素（如汞、铅、镉、锡、硒等）易挥发损失，不适合用这种方法处理。

#### 2.2.1.2 等离子体低温灰化法

等离子体低温灰化法是取一定量样品粉末加入反应器中，在130~670Pa压力、高频电场振荡下，将通至反应器中的低压氧气激发成为低温、低密度且具有极强氧化能力的活性氧等离子体，使其中的原子态氧接触有机试样，使有机物缓慢氧化分解。灰化温度一般为100~200℃，灰化时间一般为4~8h。含有冷阱的等离子体灰化器，可减少沾污，避免易挥发元素的损失。

等离子体低温灰化法特别适合于处理测定铅、汞、硒、砷、锑、镉、碘等易挥发元素的生物样品和有机聚合物样品。

#### 2.2.1.3 氧瓶燃烧法

如图2-1所示，氧瓶燃烧法是取一定量样品置于充满氧气的磨口耐压密闭燃烧瓶中，在铂丝的催化作用下进行燃烧，使待测物质转化为氧化物或气态化合物后被吸收液吸收，然后采用适当的方法对吸收液进行分析。燃烧过程中的局部温度可达到1000~1200℃，在测定含氟有机物时应使用石英燃烧瓶。

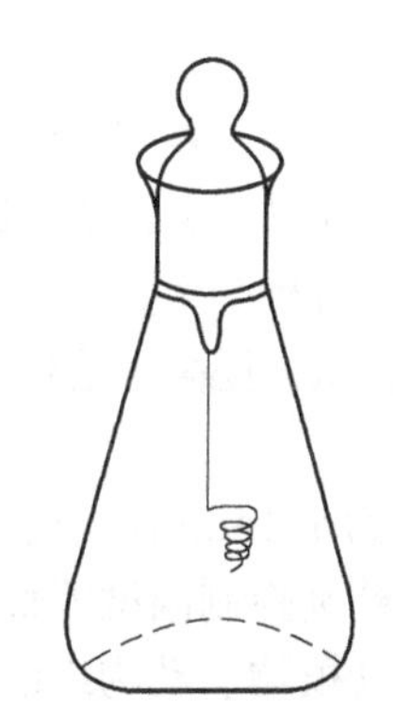

**图2-1 氧瓶燃烧装置**

氧瓶燃烧法简单快速，待测元素没有损失，空白值低，不污染环境，准确性和重现性好，适用于含有有机物的试样中的卤素、硫、磷、氮、硼、汞、硒、镉等易氧化元素的测定，如生物医药样品、高分子材料、含氟或磷的表面活性剂、农药等，尤其适用于微量样品的分析。

### 2.2.2 湿式消解法

湿式消解法是利用氧化性酸和氧化剂在克氏烧瓶中于一定温度下煮解，以分解试样中的有机物。对痕量元素的测定采用湿式消解法分解有机物较好，但所用试剂纯度要高。

一般用混合酸及氧化剂分解有机物，常用的体系有以下几种。

（1）$HNO_3$-$HClO_4$

$HNO_3$-$HClO_4$应用广泛，能消解各类样品，除了砷、汞等少数元素外都能定量回收。硝酸能破坏大部分有机物，强氧化剂高氯酸能破坏微量有机物。但应注意，不能将高氯酸直接加入到有机物或生物试样中，以防爆炸，而应先加入过量硝酸后再加高氯酸。

（2）$HNO_3$-$HClO_4$-$H_2SO_4$

常用的是$HNO_3$：$HClO_4$：$H_2SO_4$=3：1：1体系，能氧化一般情况下不易氧化的样品。在煮解过程中硝酸被蒸发，当开始冒出浓厚的三氧化硫白烟时，在烧瓶内进行回流，直到溶液变为澄清透明为止，但要注意铅的沉淀。对砷、锑、汞等易形成挥发性化合物的元素，一般采用蒸馏法分解，既能避免挥发损失又能使待测元素分离。

（3）$HNO_3$-$H_2O_2$

$HNO_3$-$H_2O_2$适用于生物样品（如中草药、毛发等）的消解。先在生物样品中加入浓硝酸，加热，将样品中的大量有机物分解掉，然后再加入30%过氧化氢，继续消解至溶液澄清。

（4）$HNO_3$-$H_2SO_4$-$H_2O_2$

该体系适用于含脂肪较多的生物样品（如牛奶等）的分解。先在样品中加入浓硝酸，加热，将样品中的大量有机物分解掉，然后再加入少量浓硫酸，使样品脱水炭化。最后再加入30%过氧化氢，继续消解至溶液澄清。

应注意$HNO_3$-$H_2O_2$或$HNO_3$-$H_2SO_4$-$H_2O_2$体系对某些易形成挥发性化合物的元素，如硒、钌、锇、汞等有损失。在有氯化物存在时，铈和砷也有损失。

对于含有硅的土壤样品等，可以先向样品中加入浓盐酸-浓硝酸，反应后期再加入氢氟酸和30%过氧化氢，继续消解至溶液澄清。

### 2.2.3 微波辅助消解法

将试样与适当溶剂置于耐高压密封罐中，置于微波消解仪内，在一定温度、微波功率和压力下消解一定时间，使固体样品完全溶解，变为澄清透明的溶液。

微波加热为内加热，能使极性分子每秒产生数十亿次的分子转动和碰撞，不仅加热速度快，而且可控能力强。容器内产生的高压力提高了溶样酸的沸点，可允许在更高的温度时溶样，从而缩短了溶样时间。

微波消解具有消解速度快（一般为5~15min）、效率高、溶剂用量少、污染少、操作简便安全、避免易挥发元素的损失、可精确控制温度等优点，能处理矿物、土壤、金属合金、钢铁、炉渣、陶瓷、稀土材料、生物（植物、动物组织等）、食品、塑料、颜料、染料等多种样品。但不宜消解热稳定性差的物质。

影响微波消解效率的因素主要有样品用量、消解用的溶剂、微波功率、消解温度、消解压力、消解时间、样品粒度及含水量、料液比等。

微波消解提取无机成分常用的溶剂主要是无机酸。如用微波消解法提取中草药中的金属元素时，可先在样品中加入浓硝酸加热15~20min，再加入30%过氧化氢，混匀后，置于微波炉中消解至溶液澄清。

提取土壤中的金属元素时，一般采用混合酸体系，如浓盐酸+浓硝酸+30%过氧化氢，当样品中含有难溶性的硅酸盐时，还需要加适量氢氟酸才能消解完全。方法是，先向样品中加入浓盐酸-浓硝酸，反应20~30min后，再加入氢氟酸和30%的过氧化氢，混匀后，置于微波炉中消解至溶液澄清。

### 2.2.4 酸溶、碱溶和熔融法

选择合适的酸、碱或混合溶剂溶解样品或选择合适的熔剂熔融固体样品，使其转化为溶液。除此之外，测定无机成分的样品前处理方法还有以下几种：

① 稀释法。当液体样品浓度太大时，可用合适的溶剂适当稀释后测定。

② 浸取法。用合适的溶剂将感兴趣的组分选择性提取出来之后进行分析。

③ 乳化法。对油脂类样品，先用有机溶剂溶解，再加入乳化剂制成乳化液后测定。

④ 悬浮液法。将固体样品制成悬浮液后测定，适用于基体复杂且难以消解的样品分析。

# 2.3 分析有机成分的样品前处理方法

## 2.3.1 经典的提取分离方法

对有机成分的分析，经典的样品前处理方法主要有蒸馏法、溶剂提取法和沉淀分离法等。

### 2.3.1.1 蒸馏法

蒸馏是利用液体混合物中待测组分与干扰组分的沸点不同而进行分离的，亦可同时进行富集。蒸馏包括常压蒸馏、减压蒸馏和水蒸气蒸馏等。

常压蒸馏适合于一般液体和低熔点固体的分离。

减压蒸馏是在低于大气压下进行的蒸馏，可使高沸点的化合物在较低温度下沸腾，避免了化合物的分解。该方法适用于沸点较高或热不稳定化合物的分离。

水蒸气蒸馏是指常压下，在难溶或不溶于水的混合物中通入水蒸气或与水一起共沸蒸馏，使混合物中的挥发性成分随水蒸气一并馏出，经冷凝分取挥发性成分，此时，混合物的沸点比任何一组分的沸点都要低，其应用范围为：

① 常压下易分解的高沸点有机化合物和植物中的挥发性成分，能随水蒸气蒸馏而不被破坏、在水中稳定且难溶于水或不溶于水。

② 含有较多的固体有机物和大量树脂状杂质或不挥发性杂质，这些物质用一般方法都难以分离。

③ 从较多固体反应物中分离出被吸附的液体。

### 2.3.1.2 溶剂提取法

溶剂提取法是根据“相似相溶”的原则，选择对目标成分溶解度大而对其他成分溶解度小的溶剂，将目标成分完全提取出来的方法。

常用的提取溶剂有水、亲水性有机溶剂（如乙醇、甲醇等）和亲脂性有机溶剂（如氯仿、乙醚、乙酸乙酯等）。选择适当的溶剂是提取的关键，要求所用溶剂不能与待测成分起化学反应，且经济、易得、使用安全、易于浓缩和回收。

传统的溶剂提取方法主要有以下几种。

（1）浸渍法

浸渍法是将试样粉末放入容器（如锥形瓶）中，加入水或有机溶剂使没过试样，浸泡一段时间。可经常振荡或搅拌，以促进物质溶出。然后滤出溶液，加入新的溶剂继续提取。合并提取液，用于分析。浸渍法适用于较易提取的各类成分，尤其是热不稳定的成分以及含多量淀粉、树胶、果胶、黏液质等成分的提取。但浸出率较低，特别是用水作为溶剂提取植物类试样中的某些成分时其提取液易发霉变质，需要加入适当的防腐剂。

（2）煎煮法

煎煮法是将试样（主要为植物类样品）粉碎后置于煎器中，加水浸没试样并加热至沸，保持微沸状态一定时间，分离出煎出液。残渣依法煎出数次（一般为2~3次），合并各次煎出液，浓缩至规定浓度。该方法适用于能溶于水、对湿和热较稳定的成分的提取。但往往杂质较多，且植物类试样的煎出液易霉败变质。对含有多糖类的试样，煎煮后溶液比较黏稠，过滤比较困难。

（3）渗漉法

渗漉法是向试样粗粉中不断添加有机溶剂，使其渗透过试样，从渗漉筒下端流出浸出液。

当溶剂渗进试样时，溶解出大量的可溶性物质，浓度增加，密度增大后向下移动。上层的浸取溶剂或稀浸出液便置换其位置，造成良好的浓度差，使扩散能较好地进行。该方法适用于脂溶性成分的提取，浸出效率较高，浸出液较澄清，但消耗溶剂多，费时长。渗漉法装置如图2-2所示。

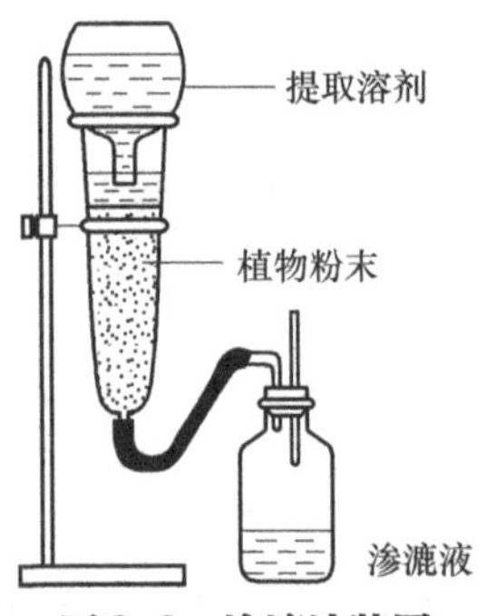

**图2-2　渗漉法装置**

（4）回流提取法

回流提取法是将试样置于烧瓶中，用能够溶解目标组分且易挥发性的有机溶剂加热回流提取试样中的目标成分。该方法适用于提取热稳定性好的脂溶性成分，浸出效率较高，但溶剂消耗较大，操作较麻烦。

（5）索氏提取法

索氏提取法为连续回流提取法，是利用溶剂回流和虹吸原理，使粉碎后的固体样品连续不断地被烧瓶内所蒸发出来的纯有机溶剂提取，样品中的可溶性物质被富集到烧瓶内。该方法适合提取热稳定性好、脂溶性较强的成分，提取效率高且节省溶剂。

具体方法是，将原料粗粉移入滤纸筒内，再置于萃取室中，安装好仪器。当水浴加热至易挥发性溶剂沸腾后，溶剂蒸气通过导管上升，被冷凝为液体滴入提取器中。当液面超过虹吸管最高处时，发生虹吸现象，溶液回流入烧瓶中。利用溶剂回流和虹吸作用，使固体中的可溶物溶解并富集到烧瓶内。如图2-3所示。

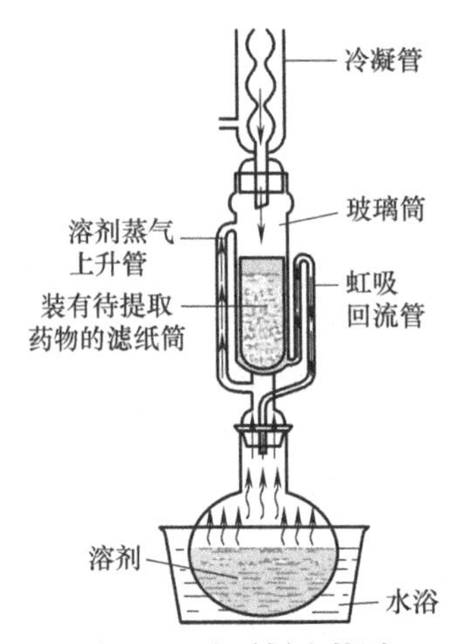

**图2-3　索氏提取装置**

（6）液液萃取分离法

该方法是根据“相似相溶”的原理，向样品溶液中加入与其互不相溶的溶剂，利用溶质在两相之间溶解度的不同而实现分离或提取。具有选择性好、回收率高、设备简单、操作简便等优点，广泛应用于有机酸、氨基酸、维生素、抗生素、稀有元素等小分子物质的分离和纯化。但溶剂消耗量大，且多有一定的毒性。

影响液液萃取分离效率的因素主要有萃取剂、萃取溶剂、水溶液的pH值、温度、水相和有机相的体积比、萃取次数等。若采用连续多次萃取法，可明显提高萃取率和产品纯度。

#### 2.3.1.3　沉淀分离法

利用试样中某些有机成分能与某些试剂产生沉淀而分离该成分或除去“杂质”。常用的沉淀分离法有铅盐沉淀法、盐析法、有机溶剂沉淀法等。

（1）铅盐沉淀法

铅盐沉淀法所用的沉淀剂有中性乙酸铅和碱式乙酸铅。用中性乙酸铅可以沉淀分子中含有羟基或邻二酚羟基的物质，如有机酸、酸性皂苷、部分黄酮苷和花色苷、蛋白质、氨基酸、鞣质、树脂等。用碱式乙酸铅除了沉淀上述物质外，还能沉淀某些中性皂苷、异黄酮苷、糖类和一些碱性较弱的生物碱。

沉淀结束后，通常将铅盐沉淀滤出，然后将沉淀悬于水或稀醇中，通硫化氢气体脱铅，即可回收提取物。

（2）盐析法

盐析法是向含有待测组分的提取液中加入易溶于水的无机盐至一定浓度，使某些有机成分沉淀析出。可用于分离蛋白质（主要为粗提和浓缩）、多肽、多糖、核酸、酶等物质。常用的盐析剂有硫酸铵、氯化钠、硫酸钠和硫酸镁。

例如，在温度22.3℃时，用3.5mol/L NaCl盐析提取鸡胸软骨胃蛋白酶解液中的Ⅱ型胶原，盐析31.08h后，Ⅱ型胶原回收率达93.32%，且能保持完整的三股螺旋结构。

盐析沉淀蛋白质的机理是：

① 高浓度盐离子争夺在蛋白质分子周围有序排列的水分子进行自身水合，破坏了蛋白质的水化膜，使蛋白质溶解度降低。

② 盐的离子中和了蛋白质表面的大部分电荷，使蛋白质分子相互排斥作用减弱，溶解度降低。

③ 盐的离子使水的活度降低，削弱了蛋白质与水分子之间的作用力。

对于两性物质（如蛋白质、氨基酸等），在其等电点pI（pI是指两性物质净电荷为零时该溶液的pH值）处盐析，由于自身的溶解度在等电点时最小，因此可减少盐析剂的用量。

盐析为可逆过程，在盐析蛋白质等生化物质时能保持其生物活性，方法简单、经济，但是分辨率低，盐析后需要除盐。可用膜分离法除盐。

（3）有机溶剂沉淀法

有机溶剂沉淀法，是向试样溶液中加入与水互溶而不溶解溶质的有机溶剂，能显著降低蛋白质等生化物质的溶解度，使其从水溶液中沉淀析出。该方法可用于分离纯化蛋白质、酶、核酸、多糖等物质。

有机溶剂沉淀法的原理是：有机溶剂降低了溶液的介电常数，使水的活度降低，增加了蛋白质等生化物质分子之间的静电引力而使之发生聚沉。同时，有机溶剂的水合作用，降低了蛋白质表面水化膜的厚度，使蛋白质等生化物质聚沉。

有机溶剂沉淀法的选择性高于盐析法，所得沉淀易于过滤，产品更纯净（有机溶剂易挥发除去）。但是易引起蛋白质和酶等变性，操作条件较严格，需要低温沉淀，且消耗大量有机溶剂，成本高，需要防火、防爆。

(4) 选择性变性沉淀法

对于某些生化物质，如蛋白质、酶等，利用它们与杂质之间的物理、化学性质的差异，控制条件（如pH值、加热、加入某些表面活性剂或有机溶剂）将试样中的杂蛋白变性沉淀除去。一般在中性pH下，加热到40℃以上，大多数蛋白质开始变性沉淀。利用选择性热变性沉淀法去除杂蛋白时要求待分析物质的热稳定性要好。

## 2.3.2 现代提取分离方法

### 2.3.2.1 超声辅助提取法

超声辅助提取法是向样品中加入合适的溶剂（能够溶解待测物质的水、酸、碱、有机溶剂等），施加一定剂量的超声波，利用超声波的机械效应、空化效应和热效应，有效提取样品中的待测成分。

超声作用产生的强大冲击波和射流，能使生物细胞壁乃至整个生物体瞬间破裂，有助于有效成分的释放与溶出。影响超声提取效率的因素主要有提取溶剂、超声频率、超声功率、超声时间、超声温度、样品粒度和料液比等。

超声辅助提取法具有操作简便安全、提取效率高、速度快、原料利用率高、节省溶剂、可批量处理样品等优点，已广泛应用于食品、药物、植物、土壤、化妆品等很多领域。例如，利用超声提取法可以从植物的根、茎、叶、花、果实中提取黄酮、皂苷、生物碱、蒽醌、有机酸、多糖等成分。

### 2.3.2.2 微波辅助萃取法

微波辅助萃取法的原理见2.2.3部分微波辅助消解法。微波不仅能辅助消解样品中的无机成分，也能高效、快速地提取样品中的有机成分。在萃取时，要选择对有效成分溶解度大而对无效成分溶解度小的溶剂。例如，用70%乙醇为溶剂微波萃取银杏叶中的黄酮类物质，用石灰水萃取黄芪中的黄芪多糖，用二氯甲烷萃取蔬菜中的对硫磷、二嗪磷等有机磷农药。

因为只有极性物质才能吸收微波被加热，因此，在用微波萃取非极性物质时需要在非极性溶剂中加入适量极性溶剂（如水）。

目前，在食品、药品、化妆品等领域普遍使用的无溶剂微波萃取技术，是采用微波辐射加热新鲜或经润湿处理的干燥植物组织，使组织内部水分快速汽化并引起植物腺和含油的花托爆裂，通过“共沸点蒸馏”，将组织内的精油或其他成分带出，冷凝后与水分离。该方法能绿色、快速地提取中药有效成分，能从草本植物和干的种子中萃取植物精油和食品香料等。

### 2.3.2.3 超声-微波协同萃取法

该方法将超声波的空化效应、机械效应和热效应与微波的高能作用完美地结合起来，使振动达到最佳效果，节能、安全，可供选择的萃取溶剂种类多，目标萃取物范围广泛，对目标物的破坏作用小，处理样品量大，能明显提高萃取效率。

### 2.3.2.4 快速溶剂萃取法

快速溶剂萃取是在较高的温度（50~200℃）和压力（1000~3000psi，1psi≈6894.757Pa）

下，用有机溶剂萃取固体或半固体（含水量<75%）的自动化样品前处理方法。提高温度，能极大地减弱由范德华力、氢键、目标物分子和样品基质活性位置的偶极吸引所产生的相互作用力，有利于溶剂向样品基体的扩散和浸润，使目标物的溶解度增大。增加压力，使溶剂在高于其常压下的沸点温度下萃取，能大大提高对目标物的溶解能力。快速溶剂萃取法的突出优点是：

① 高效、快速。萃取效率高，完成一次萃取全过程一般仅需要15min。

② 溶剂用量少。萃取10g样品一般仅需要15mL溶剂。

③ 基体影响小。可进行固体、半固体样品的萃取，对不同基体的样品可采用相同的萃取条件进行萃取。由于萃取过程为垂直静态萃取，可在充填样品时预先在底部加入过滤层或吸附介质。

④ 重现性好。

⑤ 使用方便。自动化程度高，使用安全、方便，可同时处理多份样品，可根据需要对同一种样品进行多次萃取或改变溶剂萃取。

⑥ 适用领域宽。溶剂选择的范围宽，可采用极性溶剂、非极性溶剂、水溶性溶剂、水不溶性溶剂以及某些无机酸、碱等溶剂进行萃取。现已成熟的能用溶剂萃取的方法都可以采用加速溶剂萃取法进行萃取。

#### 2.3.2.5 超高压提取法

超高压提取法是将100MPa以上的流体静压力作用于料液上，保压一定时间后迅速卸压，进行提取。该方法操作简单、快速、环保。由于超高压能破坏植物的细胞壁，因此提取效率很高，是提取天然产物中有效成分的有效方法。

#### 2.3.2.6 反胶束萃取法

反胶束萃取法是向非极性有机溶剂中加入表面活性剂，当浓度超过其临界胶束浓度（CMC）时，便形成反胶束。利用反胶束内部极性核溶于水后形成的“水池”的双电子层与亲水性大分子物质（如蛋白质、酶等）的静电吸引作用和反胶束“水池”的空间排斥作用，将不同极性、不同分子量的大分子物质有选择性地萃取到有机相中，达到分离目的。胶束和反胶束示意如图2-4所示，其萃取过程反胶束分离蛋白质如图2-5所示。

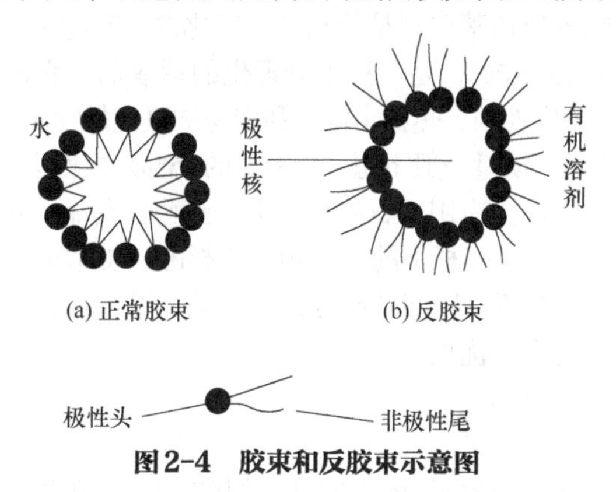


**图2-4 胶束和反胶束示意图**

反胶束萃取法主要用于分离蛋白质和酶，也可以用于分离纯化氨基酸和肽类物质。该方法不会使蛋白质等生化物质失去活性，可直接从完整细胞中提取蛋白质和酶，成本低，溶剂可反复使用，萃取率和反萃取率都很高。

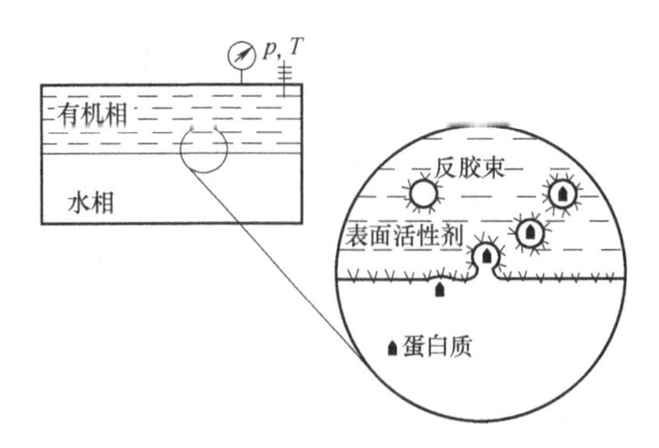


图2-5　反胶束分离蛋白质示意图

影响反胶束萃取效率的因素主要有表面活性剂的种类和浓度、水相的pH值以及盐的种类和浓度。

#### 2.3.2.7　超临界流体萃取法

超临界流体（supercritical fluid，SCF）是指高于临界压力和临界温度时物质的一种状态，具有气体的低黏度、液体的高密度，扩散系数介于两者之间，因此能快速渗透到样品颗粒中进行萃取，对物质有较强的溶解能力。

超临界流体萃取（supercritical fluid extraction，SFE）是以超临界流体作为萃取剂对物质进行萃取分离。在萃取釜中加入样品，通过高压泵将萃取剂送入萃取釜中，调节系统的压力和温度，在超临界状态下有选择性地从固体或黏稠的液体样品中提取某些物质。萃取结束后，再减压使超临界流体变成普通气体，同时收集被萃取和分离出来的物质。

温度、压力以及超临界流体的化学性质影响超临界流体对物质的溶解能力。压力越大，则超临界流体的密度越大，对物质的溶解能力就越强。温度影响萃取剂的密度和溶质的蒸气压。一般萃取有机物时，随着温度增加，溶解度会有一个先减小后增大的过程。在低温区升高温度时，蒸气压几乎不变，但会降低超临界流体的密度，使萃取率降低；在高温区升高温度时，有机物因为挥发而使蒸气压迅速提高，萃取率增大。超临界流体与被萃取物质的化学性质越相似，对物质的溶解能力就越强，萃取效率越高。

目前，最常用的超临界流体萃取剂是超临界二氧化碳，其超临界温度为31.4℃，超临界压力为73.8atm（1atm=101325Pa），是一种十分理想的萃取剂，它适用于分离样品中的非极性、弱极性物质，特别是挥发性强、热稳定性差和容易被氧化的物质。若分离极性化合物，则需要在萃取系统中加入适量（质量一般不超过加料量的15%）极性夹带剂，如甲醇、乙醇等。

超临界流体萃取技术已广泛应用于石油、化工、医药、食品、化妆品、香料、环保等领域。例如，用超临界$CO_2$萃取红豆杉中的抗癌物质紫杉醇，提取岩石中的石油组分，提取中药有效成分以及香精香料、色素、脂溶性成分、生物碱、维生素、甾醇类物质等。

超临界流体萃取技术的主要优点是：

① 兼有萃取和分离双重功能。

② 高效、快速。

③ 可提取热敏性物质。选择合适的萃取剂（如$CO_2$），可在较低温度下操作，有利于热敏性物质的提取。

④ 绿色环保。溶剂和萃取物容易分离，产品无溶剂残余，绿色环保。

SFE法的缺点是操作压力较高，设备投资大，可使用的超临界流体种类较少。

### 2.3.2.8 酶法萃取技术

酶法萃取是利用酶反应的高度专一性，选择合适的酶破坏动植物的细胞壁，使有效成分溶出，并能分解除去其中的淀粉、果胶、蛋白质等杂质。该方法能最大限度地从动植物体内提取有效成分。

在萃取过程中，要选择合适的酶及其浓度、酶解温度、pH值、酶解时间等，以提高有效成分的萃取率。在植物及中草药有效成分的提取中，多采用纤维素酶、果胶酶、半纤维素酶和木瓜蛋白酶。

酶法反应条件温和且污染较小，提取效率高、速度快，有效成分仍能保持原有的立体结构和生物活性。酶法可以与超声波、微波、膜分离技术等联用。

### 2.3.2.9 固相萃取和固相微萃取分离法

（1）固相萃取分离法

固相萃取（solid phase extraction，SPE）是将固体吸附剂填充到固相萃取小柱中，当样品溶液流过萃取柱时，由于待测组分与样品基体在固定相上吸附和分配性质的不同而得到分离。

若吸附剂对目标化合物的吸附能力大于母液对该化合物的溶解能力，则目标化合物被吸附在吸附剂表面，而其他组分流出柱子，再用洗涤剂洗去残留的杂质，并用洗脱液将目标化合物洗脱或加热解吸附，就可以达到分离和富集目标化合物的目的。反之，若样品基体被吸附在固体吸附剂上，则取流出液进行分析。目标化合物与吸附剂的极性越接近，则亲和力越大，保留越强。

常用的固相萃取小柱有：

① 反相十八烷基键合硅胶（$C_{18}$）柱。$C_{18}$柱适合从极性溶剂中萃取非极性~中等极性的化合物。如抗生素、咖啡因、茶碱、染料、芳香油、脂溶性维生素、碳水化合物、苯酚、类固醇等。

② HLB柱。HLB由二乙烯基苯和*N*-乙烯基吡咯烷酮按比例聚合而成，其表面有亲水性和疏水性基团，具有良好的水浸润性，在pH=1~14范围内都非常稳定，是满足所有SPE要求的亲水-亲脂平衡反相吸附剂。HLB柱不怕抽干，可通过调节样品溶液的pH值来选择性地萃取酸性、中性和碱性化合物。

③ 石墨化炭黑（CNWBOND Carbon-GCB）柱。Carbon-GCB柱对平面分子具有极强的亲和力，可同时快速、有效地提取各类基质（如水果、蔬菜等食品）中的色素、甾醇、苯酚以及有机氯、有机磷、硫脲、氨基甲酸酯类农药等化合物。

④ Poly-Sery MCX混合型强阳离子交换柱。MCX是将磺酸基团（$—SO_3H$）键合到高度交联的聚苯乙烯/二乙烯苯（PS/DVB）表面或HLB上得到的吸附剂，其聚合物表面有亲水性和疏水性基团，具有良好的水浸润性，在pH=0~14范围内非常稳定。MCX具有很强的阳离子交换和反相双重保留能力，对碱性化合物有很好的选择性和很高的回收率与重现性，广泛应用于萃取不同基质（如血清、尿液、塑料制品及蔬菜、水果、乳制品等食品）中的碱性化合物，如抗生素、磺胺类药物、大环内酯类药物、瘦肉精、三聚氰胺、孔雀石绿、多菌灵、噻菌灵等。

⑤ Poly-Sery MAX 混合型强阴离子交换柱。MAX是将季铵基团［如$—CH_2N(CH_3)_2C_4H_9^+$］键合到PS/DVB或HLB上得到的吸附剂，其聚合物表面有亲水性和疏水性基团，具有良好的水浸润性，在pH=0~14范围内非常稳定。MAX具有很强的阴离子交换和反

相保留作用，对酸性化合物有很好的选择性，适用于萃取不同基质中的酸性化合物，如体液中的药物及代谢物、食品和奶制品中的农药或兽药残留、化妆品中的有效成分等。

另外，分子印迹（MIP）固相萃取技术具有对目标分子专一性识别作用、重现性好、应用范围广、灵敏度高等优点，非常适合于对复杂基质样品中的痕量物质的分析，近年来在食品安全、医药和环境分析等领域中的应用越来越广泛。

固相萃取作为一种样品前处理方法，主要用于分离除去样品中的干扰物质或富集痕量待测组分，以提高检测灵敏度。与传统的液液萃取法相比，该方法具有富集倍数高、回收率高、分离选择性和重现性好、所需溶剂少、省时、省力、易于实现自动化等优点，可以结合各种色谱仪、光谱仪、质谱、核磁等仪器来测定样品中的痕量组分。

（2）固相微萃取分离法

固相微萃取（solid phase micro-extraction，SPME）是将涂有高分子固相液膜的石英纤维插入试样溶液或气样中（直接固相微萃取），或置于样品的上空（顶空固相微萃取），在一定条件下对目标物进行萃取。样品中的待测组分通过扩散被吸附在纤维头上，当吸附一定时间后，取出石英纤维，将待测物解吸后，可与各种分析方法联用进行目标物的分析。

SPME包括直接固相微萃取法和顶空固相微萃取法，它是一种集萃取、浓缩、解吸、进样于一体的无溶剂样品前处理技术，包括吸附和解吸两步。其中，直接固相微萃取法适用于气体或液体样品的分析，顶空固相微萃取法适用于试样中挥发性、半挥发性组分的分析。顶空固相微萃取法中，由于石英纤维不与样品基体接触，因此避免了基体干扰。

SPME法操作简单、快速，费用低，适合现场采样分析，但重复性较差。

### 2.3.2.10 柱层析分离法

将固定相填充到柱子中，用平衡液平衡后，向柱子中加入适量样品溶液，再用适当的溶剂洗脱，依据样品中各组分与固定相和流动相之间的作用力不同，产生差速迁移而互相分离。

柱层析分离法（column chromatography）具有分离效率较高、速度较快、应用范围广的特点。既可以分离复杂样品中的微量成分，也能分离性质极为相似或性质不稳定的化合物，如各种氨基酸、糖、蛋白质等，还能用于物质的分离纯化，已成为生物、化学、医药、环境、高分子材料、石油化工等领域中最常用的分离方法之一。

柱层析常用的固定相有硅胶、氧化铝、聚酰胺、大孔吸附树脂、羟基磷灰石等吸附剂，以及离子交换剂、多孔凝胶等。

### 2.3.2.11 高速逆流色谱法

高速逆流色谱法（high-speed countercurrent chromatography，HSCCC）是20世纪80年代发展起来的一种连续高效的液-液分配色谱分离技术，不使用任何固态支撑物或载体，而是利用两相溶剂体系在高速旋转的螺旋管内建立起的一种特殊的单向性流体动力学平衡，其中一相作为固定相，另一相作为流动相，在连续洗脱过程中能保留大量固定相。

该分离方法的优点包括样品无损失、无污染，高效，快速，制备量大，适用范围广，操作灵活，费用低等，目前已被广泛应用于中药、生物医药、食品和化妆品、生物化学、天然产物化学、有机合成、环境分析等领域，适合于中小分子类物质的分离纯化。

### 2.3.2.12 膜分离技术

膜分离是在天然或人工合成的具有选择透过性的薄膜两边施加一个推动力（如浓度差、

压力差或电压差等），使样品组分有选择性地透过膜，以达到分离、纯化和浓缩的目的。常用的膜分离技术有以下几种。

（1）微滤

微滤（microfiltration，MF） 主要是利用筛分原理，以膜两侧的压力差（一般为0.01~0.2MPa）为推动力，用微孔滤膜（孔径一般为0.02~10μm）过滤，能截留0.1~10μm的颗粒，溶液中直径较大的悬浮物、细菌、部分病毒及大尺度的胶体微粒等被截留，溶剂、无机盐及大分子有机物等透过。

微滤膜有有机系滤膜和水系滤膜，有机系滤膜用于过滤有机溶剂或含有有机物的溶液，水系滤膜用于过滤水及不含有机物的水溶液。微滤具有过滤精度高、速度快、过程简单、无相变、能耗极少等优点，在仪器分析实验中，常用孔径为0.22μm或0.45μm的微孔滤膜过滤溶剂、色谱流动相、样品溶液及标准溶液等。

（2）超滤

超滤（ultrafiltration，UF）主要是利用筛分原理，以膜两侧的压力差（一般为0.1~0.7MPa）为推动力，用不对称多孔（孔径一般为1~20nm）超滤膜过滤，溶液中的溶剂、无机盐及小分子有机物可透过膜，而较大分子物质（分子量为500~5×10$^5$）和微粒子，如蛋白质、多糖、酶、DNA、病毒、水溶性高聚物、细菌、胶体、微生物等被截留，从而达到净化和分离的目的。

超滤膜耐化学药品侵蚀，pH适应范围广，易于清洗。超滤过程简单，无须加热，无须添加化学试剂，能耗低，无污染，无相变，特别适宜对热敏感的物质，如药物、酶、果汁等的分离、分级、浓缩与富集。实验室常用离心超滤装置除去溶液中的蛋白质，分离浓缩生物活性物质，提取纯化药物、色素等。

（3）纳滤

纳滤（nanofiltration，NF）膜是允许某些低分子量溶剂、低分子量溶质或低价离子透过的一种功能性的半透膜，孔径一般为1~2nm，介于反渗透膜和超滤膜之间，能截留分子量为200~2000的小分子有机物。纳滤膜对一价离子的截留率为10%~80%，对二价及二价以上离子的截留率大于90%。

NF是利用吸附扩散原理，以纳滤膜两侧的压力差（一般为0.5~2.5MPa）为推动力，利用粒径排斥（筛分原理）和静电排斥（与纳滤膜相同电荷的离子不能透过滤膜）作用，使水分子、某些低分子量溶质和少部分低价离子的溶解盐通过选择性半透膜，而其他溶质及胶体、有机物、细菌、微生物等被截留。纳滤膜能根据离子大小及电荷高低分离不同价态的离子。

（4）反渗透

反渗透（reverse osmosis，RO）是一种以压力差为推动力，从溶液中分离出溶剂的膜分离操作。在浓溶液一侧施加压力，当压力超过它的渗透压时，浓溶液中的溶剂会通过反渗透膜逆向流动到另一侧，在高压侧得到浓缩的溶液，即浓缩液，在膜的另一侧得到透过的溶剂。

反渗透膜能截留水中的各种无机离子、胶体物质和大分子溶质，例如对NaCl的截留率≥99%。

反渗透过程简单，能耗低，已大规模应用于海水和苦咸水的淡化、锅炉用水的软化和废水处理中，并与离子交换结合制取高纯水，还可以用于乳品、果汁的浓缩以及生化制剂和生物制剂的分离、浓缩，用于医药、化学工业的提纯、浓缩、分离等方面。

#### 2.3.2.13　分子印迹聚合物法

分子印迹聚合物（molecularly imprinted polymers，MIPs）是通过分子印迹技术合成的对特定目标分子及其结构类似物具有特异性识别和选择性吸附能力的高分子材料。它以目标分子为模板分子，模拟自然界中“酶-底物”“抗原-抗体”间的分子识别作用，对目标分子进行专一性识别。

1993年，瑞典的Mosbach等用非共价键法合成了茶碱分子印迹聚合物，此后MIPs的研究得到了飞速发展。迄今，随着分析科学、环境科学、生物技术、纳米技术、聚合物技术等的发展，分子印迹聚合物在分析化学及其他领域中的应用等都取得了很大的进展。

MIPs具有构效预订性（可以根据不同的分析目的选择不同的模板分子来制备不同的MIPs）、特异识别性、广泛实用性等特点，且制备简单，能够耐受高温高压、酸碱等恶劣环境，表现出高度稳定性和长的使用寿命。可以作为固定相用于固相萃取和色谱分离，也可以用于制备生物传感器、化学传感器和质量型传感器，用于模拟酶催化、药物控释和膜分离等，可对天然产物、化工、食品、药物、生物和环境等样品中的目标分子进行特异性识别、分离、富集和检测，如分离对映异构体、进行药物检测等。

(1) 分子印迹聚合物的制备原理

如图2-6所示，模板（目标分析物）分子与功能单体在一定的溶剂（致孔剂）中相互作用形成模板分子-功能单体复合物。然后加入交联剂，功能单体与交联剂在一定条件（如低温光照或加热等）下聚合形成网状结构的聚合物。最后通过溶剂洗脱或其他方法去除聚合物中的模板分子，从而在聚合物中留下在空间结构和官能团结合位点上都与模板分子完全匹配的三维空穴，因此这种聚合物可以在复杂基质中特异识别模板分子。

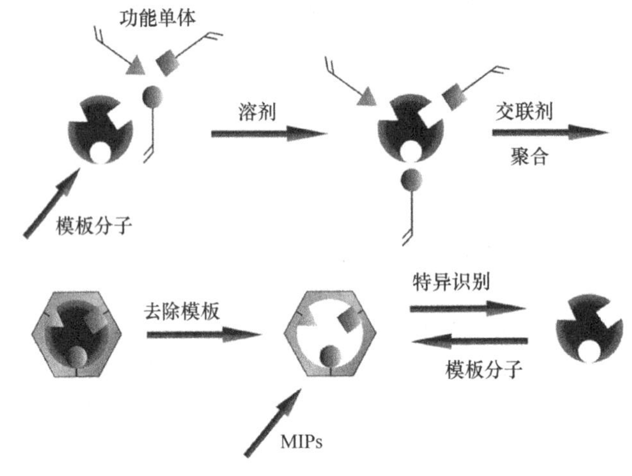


**图2-6 分子印迹聚合物原理**

(2) 分子印迹聚合物的制备方法

主要有以下几种：

① 共价键法（预组装法）。在共价键法中，聚合物的制备和对模板分子的识别都依赖于功能单体与模板分子之间可逆的共价键结合力。由共价键法得到的MIPs，其识别位点形状、功能团精确排列，与印迹分子互补，具有高亲和性和高选择性。但这种方法仅限于少数几种快速的可逆共价键作用，如硼酸酯的可逆缩合、席夫碱反应、缩醛酮等，其应用受到很大限制。

② 非共价键法（自组装法）。在非共价键法中，单体和模板分子预先自组装排列，通过氢键、静电引力、电荷转移、金属螯合作用、疏水作用等非共价键结合。去除模板分子后的MIPs在对模板分子进行识别时，依靠的是相同的非共价结合力。因为绝大多数的模板分子

都可以和单体分子通过一种或多种非共价键结合，使得该技术简单易行，可使用的体系非常多。在印迹过程中可以同时采用多种单体，以提供与模板分子之间更多的相互作用，得到具有较高选择性和分离能力的分子印迹聚合物。因此，非共价键法具有很强的适用性，是迄今为止使用最多的一种印迹方法。但该方法是以单体过量的方式投料，增加了非特异性识别位点，使MIPs对模板分子的选择性降低。

③ 半共价键法。即单体和模板分子组装时依靠共价键结合力，而在识别阶段依靠非共价键结合力。这种方法集合了共价键法中严格控制单体用量和分布，结合位点均一、特异性强的优点和非共价键法中分子识别速度快的优点。但是，适合这种方法的模板分子数量少，应用范围不广。目前应用最多的是基于异氰酸酯和酚羟基之间形成的氨酯键，可用于睾酮、雌酮、活性薯蓣皂苷元等含有酚羟基分子的识别。

(3) 影响分子印迹聚合物性能的因素

主要有模板分子、功能单体、交联剂、溶剂的类型和用量、聚合温度和时间、引发剂、引发方式、聚合方式等，最佳合成条件需要通过实验优化。

① 模板分子。可以是低分子化合物、低聚物、金属离子或金属配合物，也可以是分子聚集体。如糖类及其衍生物、氨基酸及其衍生物、药物、激素、杀虫剂、染料、生物碱、蛋白质、酶、核酸、肽等。要求模板分子不能参与或阻止聚合反应的进行；在聚合过程中保持化学稳定性；含有能够与单体分子产生共价或非共价键结合的基团。

② 功能单体。单体的作用是提供功能基团，能和模板分子进行共价键或非共价键结合形成稳定的复合物，并能和交联剂结合形成稳定的网状结构的聚合物。目前常用的单体有甲基丙烯酸（MAA）、2-乙烯基吡啶（2-VPy）、丙烯甲基丙烯酸羟乙酯（HEMA）、丙烯酰胺（AAm）等。

③ 交联剂。交联剂的作用是将功能单体的功能基团固定在模板分子周围，使模板分子和功能单体形成高度交联、刚性的印迹聚合物。交联剂的种类和用量、功能单体和交联剂的比例都会影响MIPs的形貌及其印迹容量。交联剂的功能基团要与功能单体的性质相似，交联度一般要在70%~90%范围内。目前常用的交联剂有乙二醇二甲基丙烯酸酯（EGDMA）、二乙烯基苯（DVB）、三羟甲基丙烷三甲基丙烯酸酯（TRIM）、*N*,*N*-亚甲基二丙烯酰胺（MBAA）等。

④ 溶剂（致孔剂）。所用溶剂要对聚合反应中的各组分都有良好的溶解性，并能促进聚合过程中孔隙的形成，以促进键合速度并能分散聚合过程中产生的热量。溶剂的用量与极性影响单体和模板分子之间的作用力以及 MIPs的形貌。在非共价键分子印迹聚合物合成中，一般选择低极性的溶剂，如苯、甲苯、二氯甲烷、氯仿、乙腈等，也可以使用离子液体、全氟代碳化物等溶剂。

⑤ 引发剂和引发方式。MIPs的制备多为自由基聚合，常用的引发方式是热引发和光引发。

⑥ 聚合方法。根据不同的需要，MIPs可以制成块状、液珠、棒状、膜等形态。聚合技术有本体聚合（封管聚合）、乳液聚合、悬浮聚合、沉淀聚合、原位聚合、分散聚合、种子多步溶胀以及成膜等。

# 第3章
# 原子发射光谱法

原子发射光谱法（atomic emission spectrometry，AES）是根据试样中待测元素的原子或离子在热激发或电激发下所发射的特征谱线的波长和强度，对元素进行定性和定量分析的方法，是一种重要的仪器分析方法。

以电感耦合等离子体（ICP）为激发光源的原子发射光谱法称为电感耦合等离子体光学发射光谱法（inductively coupled plasma optical emission spectrometry，ICP-OES）。ICP光源具有高温（焰心区达10000K）、惰性气氛、稳定性好、灵敏度高、光谱背景小、自吸效应和基体效应小等特点，赋予了ICP-OES很多优点，使之成为国家标准和《中国药典》中测定金属和部分非金属元素最常用的方法之一。

## 3.1 方法原理

### 3.1.1 原子发射光谱

试样吸收激发光源所提供的能量后，蒸发、解离和原子化，形成气态原子，气态原子进一步被激发而使外层电子由基态跃迁到能量较高的激发态，处于激发态的原子不稳定（寿命<$10^{-8}$s），很快向较低能级或基态跃迁，多余的能量以电磁辐射的形式释放出来，产生发射光谱。如图3-1所示。

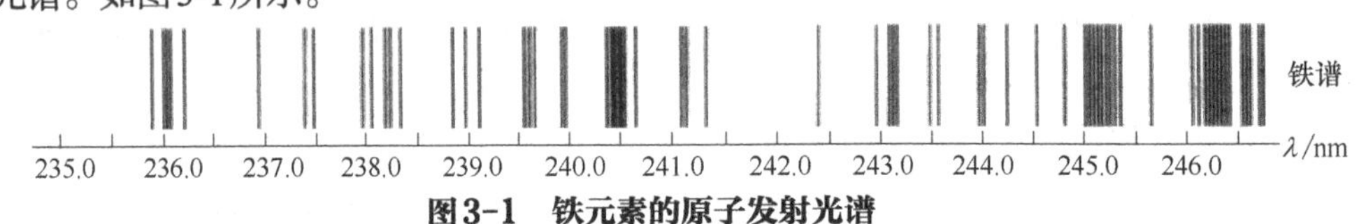


**图3-1 铁元素的原子发射光谱**

原子发射光谱为线状光谱，谱线波长与能量的关系为：

$$\lambda=\frac{hc}{E_2-E_1} \tag{3-1}$$

式中，$E_2$和$E_1$分别为高能级和低能级的能量；$\lambda$为发射光谱线的波长；$h$为普朗克常数；$c$为光速。

（1）几个概念

① 激发电位$E$。是指原子中某一外层电子由基态激发到高能级所需要的能量。原子光谱中每一条谱线的产生都有其相应的激发电位。谱线强度与激发电位呈负指数关系。

② 电离电位$U$。在激发光源作用下，原子获得足够的能量后会电离成为离子。原子失去一个外层电子称为一次电离，当再失去一个外层电子时，称为二次电离。原子电离所需要的最低能量称为电离电位。

③ 共振线。是指由激发态向基态跃迁所发射的谱线。其激发电位小，为该元素最强的谱线。其中由最低能级的激发态向基态跃迁所发射的谱线称为第一共振线，一般也是最灵敏线、最后线。

④ 离子线。离子也可能被激发，其外层电子跃迁也会发射光谱。但离子发射的光谱与原子发射的光谱不同。

在原子谱线表中，罗马字符Ⅰ、Ⅱ、Ⅲ分别表示原子线、一次电离离子线、二次电离离子线。

⑤ 灵敏线。是指激发电位较低的谱线，为原子线或离子线。每种元素都有一条或几条强的灵敏线。

⑥ 最后线。一般元素谱线的强度会随元素浓度的下降而消失，所有谱线中最后消失的谱线称为"最后线"，也是最灵敏线。

(2) 谱线的自吸与自蚀

① 自吸：是指原子在高温时被激发后发射的某一波长的谱线被处于边缘低温状态的同种原子吸收的现象。自吸随待测元素浓度的增大而增强，浓度低时无自吸。

② 自蚀：是指当自吸现象非常严重时，谱线中心的辐射将完全被吸收。

谱线的自吸与自蚀如图3-2所示。

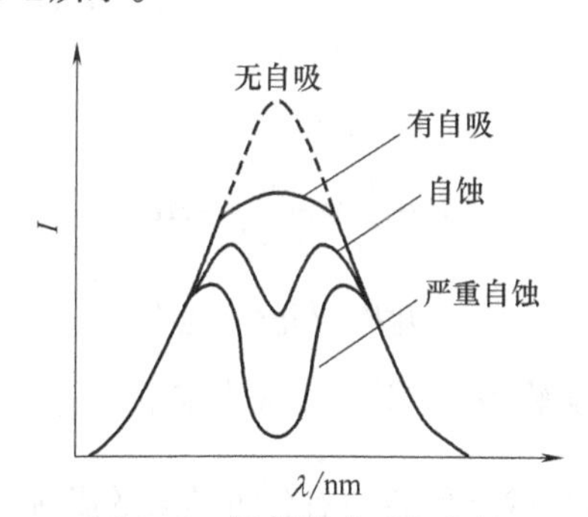


**图3-2　谱线的自吸与自蚀**

## 3.1.2　定性分析方法

复杂元素的谱线可能多达数千条，在元素的定性分析和定量分析中，只选择其中几条无自吸、不与其他谱线重叠且具有足够强度和灵敏度的特征谱线用于检测，称其为分析线。

不同的元素因原子的电子能级结构不同，在光源激发下会发射不同波长的光谱线，根据光谱中特征谱线的波长可进行定性分析。常用的定性方法有以下两种。

(1) 标准试样光谱比较法

用待测元素的纯物质与试样并列摄谱于同一感光板上，若试样光谱中存在纯物质的2~3条不受干扰的灵敏线，就可以确定试样中存在该元素。该方法可用于判断试样中是否含有某种或某几种指定元素。

(2) 铁光谱比较法

这是目前最通用的方法。以铁光谱作为波长标尺，来判断其他元素的谱线。

分析时，将试样与纯铁并列摄谱于同一感光板上，把得到的光谱图在映谱仪上放大20倍，然后将谱图上的铁谱与标准铁光谱图上的铁谱对准，检查试样中的元素谱线，如果试样中有2~3条某元素的特征谱线与标准铁光谱中标有某元素的特征谱线出现的波长位置相同，就说明试样中存在该元素。

### 3.1.3 定量分析

（1）光谱定量分析的基本关系式

在一定条件下，元素的谱线强度$I$与试样中该元素的浓度$c$符合赛伯-罗马金公式：

$$I=ac^b \tag{3-2}$$

式中，$a$是发射系数；$b$是自吸系数。$a$与光源及其工作条件、试样的组成等因素有关，受测量条件影响极大。$b\leq 1$，$b$随待测元素浓度的增加而减小，当待测元素浓度很小而无自吸时，$b=1$。在ICP-OES中，在很宽的浓度范围内，$b=1$，当严格控制实验条件使$a$一定时，$I$与$c$呈线性关系。

（2）内标法定量分析的关系式

当测量过程中不能控制$a$为常数时，可采用谱线的相对强度即“内标法”进行定量。

内标法原理：在待测元素的谱线中选一条谱线作为分析线，在基体元素（或定量加入的其他元素）的谱线中选一条与分析线匀称的谱线作为内标线，这两条谱线组成分析线对，二者绝对强度的比值称为相对强度（$R$）。设分析线强度为$I$，内标线强度为$I_0$，待测元素与内标元素浓度分别为$c$和$c_0$，分析线和内标线的自吸系数分别为$b$和$b_0$。则

$$I=ac^b$$

$$I_0=a_0c_0^{b_0}$$

$$R=\frac{I}{I_0}=\frac{ac^b}{a_0c_0^{b_0}}=Ac^b \tag{3-3}$$

$$\lg R=b\lg c+\lg A \tag{3-4}$$

式中，$A=\dfrac{a}{a_0c_0^{b_0}}$。在$c_0$和实验条件一定时，$A$为定值，$\lg R$与$\lg c$呈线性关系。

用内标法定量，可消除因实验条件波动对分析结果的影响。

（3）光谱定量分析方法

① 校准曲线法。在确定的分析条件下，用三个或三个以上含有不同浓度待测元素的标准样品与试样在相同条件下激发光谱，以$\lg R$对$\lg c$作校准曲线，再由校准曲线求得试样中待测元素的含量。该方法适用于批量样品的分析。

ICP光源稳定性好，采用ICP-OES法测量样品时，可采用标准曲线法定量。即不用选择内标线，直接测定上述标准溶液和试样溶液的分析线强度$I$，绘制$I$-$c$标准曲线，通过标准曲线方程计算试样中待测元素的含量。

② 标准加入法。当测定低含量元素时，若找不到合适的基体来配制标准样品，可采用标准加入法进行定量。

设试样中待测元素的含量为$c_x$，在几份等量试样中分别加入不同浓度的待测元素；在同一实验条件下激发光谱，测量试样与不同加入量样品分析线对的强度比$R$。此时因$c$小，无自吸，$b=1$，$R$-$c$图为一直线，将直线外推，与横坐标相交截距的绝对值即为$c_x$。

## 3.2 仪器结构及原理

电感耦合等离子体发射光谱仪由样品导入系统、ICP光源、分光系统、检测器、计算机控制和数据处理系统、冷却系统和气体控制系统构成。如图3-3所示。

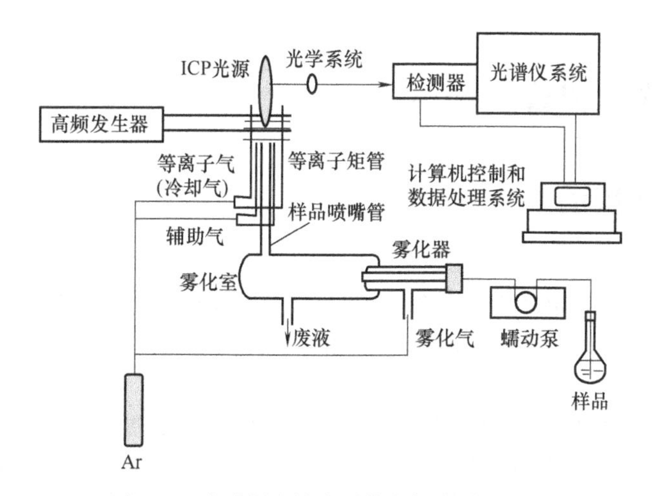


**图3-3 电感耦合等离子体发射光谱仪结构**

样品导入系统由蠕动泵、雾化器、雾化室和等离子炬管组成。等离子炬管最外层的气流是等离子气（冷却气），其作用是把等离子体焰炬和石英管隔离开，以免烧熔石英炬管，并保持等离子体炬稳定；中间一层管内的气流是辅助气，是点燃等离子体时通入的，其作用是使等离子体火焰高出矩管；内管中通入的是雾化气（载气），其作用是将样品溶液变成气溶胶并载带气溶胶进入等离子体火焰中。三路气体皆为高纯氩气（Ar）。

仪器工作原理为：样品溶液在蠕动泵作用下通过毛细管进入雾化器，在雾化气作用下变成气溶胶喷入雾化室。雾化室中较小的细雾被雾化气载带到石英炬管等离子体中心通道，在惰性气体（Ar）氛围中，经过ICP光源加热蒸发、原子化、激发，发射出所含元素的特征谱线。各元素的特征谱线被光谱仪分解为按波长次序排列的光谱，经检测器检测、转换、放大和数据处理系统等处理后，通过电脑显示出来。

## 3.3 方法特点及应用

ICP-OES具有以下优点：

① 具有多元素同时检出能力。样品一经激发，样品中的各种元素便会发射出各自的特征谱线而同时被检测。

② 分析速度快。利用全谱直读等离子体光谱仪，可在1min内完成对未知样品中多达70多种元素的定性或定量分析。

③ 选择性好。化学干扰少，自吸效应和光谱背景小，可分析化学性质极为相似的元素。

④ 准确度高。相对误差$<|\pm 1\%|$。

⑤ 线性范围宽，检出限低。线性范围达到$10^4$~$10^6$数量级，检出限达到$10^{-11}$~$10^{-9}$g/mL，可同时分析常量、微量和痕量元素。

⑥ 应用范围广。

ICP-OES可用于元素的定性和定量分析，几乎能分析周期表中所有的金属元素，还能分析部分非金属元素，已广泛应用于化工、冶金、材料、石油、环境、食品、药物、地质等领域。

但ICP-OES不能进行结构、价态和形态分析，不宜检测碳、氢、氧、氮、氟、氯等元素和惰性气体，仪器价格和测定与维护费用都比较高。

# 3.4 实验技术和分析条件

## 3.4.1 干扰和校正

（1）光谱干扰

主要有两类：一类是谱线重叠干扰，最常用的方法是选择干扰少的谱线作为分析线或应用干扰系数予以校正；另一类是连续背景干扰，可通过仪器自带的背景校正技术给予扣除。

（2）非光谱干扰

主要来源于试样组成对谱线强度的影响。溶液的黏度、密度、表面张力等均对雾化、气溶胶的传输以及溶剂的蒸发等产生影响。通过基体匹配，标准溶液与试样在基体元素的组成、总盐度、有机溶剂和酸的浓度等方面都保持一致，或采用标准加入法，都能有效消除干扰，但工作量较大。

ICP-OES的电离干扰和基体效应小。对于垂直观察的ICP光源，选择适当的等离子体参数，可有效抑制电离干扰。适当稀释分析溶液，使总盐量≤1mg/mL，基体效应可忽略。

总之，在ICP-OES中，通过选择适宜的分析线，采用空白校正、稀释校正、内标校正、背景扣除校正、干扰系数校正、基体匹配、标准加入法等措施，可消除干扰。

## 3.4.2 样品溶液的制备

ICP-OES能直接分析液体样品，对固体样品，一般需要事先制备成溶液后才能进行分析(如配置固体进样器，可直接分析固体样品)。在处理样品时，应尽量采用黏度较小的优级纯硝酸，尽量不引入黏度大且沸点高的磷酸、硫酸，特别是盐类或成盐试剂，以防止堵塞进样雾化器和改变雾化效率，产生分析误差。处理后的试样中残余酸的量不宜过多。应优先选用微波消解法，以提高样品消解效率，降低试剂空白，减少待测元素的挥发损失和环境污染。

在制备样品溶液时，应同时制备试剂空白，要保证试剂空白、标准溶液和样品溶液的酸度一致。对于多元素分析，应综合考虑酸的浓度。标准溶液要尽量和样品溶液的浓度接近。

## 3.4.3 测量条件的选择

在进行ICP-OES分析时，要选择合适的分析线、射频功率、等离子气流量、辅助气流量、雾化气压力、蠕动泵泵速、清洗时间等工作条件。在保证测定灵敏度的条件下尽量采用低的射频功率，以延长仪器使用寿命；当溶液中含有机溶剂时，适当提高功率，可抑制碳化物的光谱强度；在确保雾化进样系统稳定工作的条件下尽量采用低的雾化气流量，以增强谱线发射强度。

在定量分析中，一般选择干扰少、灵敏度高的光谱线进行分析。分析微量元素时，要采用强度最大的灵敏线；分析高含量元素时，可采用弱线。要优先选用待测元素的离子线作为分析线，通常其发射强度大且最佳观测高度受分析条件的变化影响较小。

要按照浓度由低到高的顺序进行测量，以消除记忆效应。更换样品时，要保证管路完全彻底清洗。等离子气、辅助气和雾化气皆为高纯氩气（Ar含量>99.99%），实验用水为超纯水。

# 实验一　ICP-OES法测定钙铁锌口服液中铁、锌的含量

## 一、实验目的

1. 能描述电感耦合等离子体发射光谱仪的基本结构、工作原理，初步学会仪器操作。

2. 能解释ICP-OES法的基本原理、特点及应用范围。

3. 学会ICP-OES多元素定量分析的方法。

## 二、实验原理

钙、铁、锌是人体必需的无机盐元素。钙铁锌口服液是一种能同时补充钙和微量元素铁、锌的良好补品，其主要成分是葡萄糖酸钙、乳酸钙、葡萄糖酸锌和葡萄糖酸亚铁等，其中钙含量较高，铁、锌含量相对较低。ICP-OES具有基体效应小，能同时分析高、中、低、微量元素的优点，本实验采用ICP-OES同时测定钙铁锌口服液中铁、锌的含量。

ICP是一种高效激发光源。在ICP-OES中，试液被雾化后形成气溶胶，由氩气载带到高温等离子体焰炬中，经熔融、蒸发、解离等过程，形成气态原子，进而被激发、发射出各元素的特征光谱。根据光谱中特征谱线的波长可进行元素的定性分析，定量分析基于赛伯-罗马金公式：

$$I=ac^{b} \tag{1}$$

当严格控制实验条件一定时，在一定的浓度范围内，发射系数$a$是常数，自吸系数$b$=1，元素的谱线强度$I$与试液中该元素的浓度$c$成正比。采用标准曲线法，通过测量元素的谱线强度可求出试液中待测元素的浓度。

## 三、仪器与试剂

1. 仪器

VISTA-MPX型全谱直读电感耦合等离子体发射光谱仪（美国瓦里安公司）；0.45μm水系针头过滤器；容量瓶；移液管。

2. 试剂、材料

Fe、Zn元素标准贮备液（1000μg/mL）：购自国家标准物质研究中心；氩气（含量99.999%）；硝酸（优级纯）；超纯水；3%硝酸（体积分数）；钙铁锌口服液；0.45μm的水系针头过滤器。

## 四、实验步骤

1. 配制系列混合标准溶液

取浓度为1000μg/mL的Fe、Zn单元素标准贮备溶液，用3%硝酸准确配制含相同量Fe、Zn的浓度分别为0μg/mL、1.0μg/mL、10.0μg/mL、50.0μg/mL、100μg/mL的系列混合标准溶液。

2. 打开计算机、打印机、氩气瓶

调整输出压力为0.55Pa，开启冷却水装置（压力为50~310kPa，温度20℃±1℃）和实验室排风系统，启动等离子体发射光谱仪，点燃等离子体，预热30min。

3. 设置ICP-OES工作条件

射频功率：1.0kW；等离子气流量：15.0L/min；辅助气流量：1.50L/min；雾化气压力：200kPa；一次读数时间：5s；仪器稳定延时：15s；进样延时：30s；泵速：15r/min；清洗时间：10s；读数次数：5；分析线：Zn 206.200nm，Fe 238.204nm。

4. 测定

依次取0μg/mL、1.0μg/mL、10.0μg/mL、50.0μg/mL、100μg/mL系列混合标准溶液，用微孔滤膜过滤后进样分析，由仪器软件自动绘制Fe、Zn的标准曲线。将口服液用3%硝酸稀

释10倍，经微孔滤膜过滤后进样分析。

5. 实验结束

用超纯水清洗进样系统5min，熄灭等离子体，关闭主机电源、循环水、氩气和计算机、打印机。

**五、数据处理与结果**

1. 打印或绘制标准曲线，计算标准曲线方程和线性相关系数。

2. 将相关实验数据填入表1中，根据测量结果计算原口服液中铁、锌的浓度和5次读数的精密度，并与药品说明书比对，分析讨论，得出合理的实验结论。

**表1 实验数据及分析结果**

| 编号 | 1 | 2 | 3 | 4 | 5 | 口服液 |
|---|---|---|---|---|---|---|
| Fe标准溶液浓度/(μg/mL) | 0 | 1.0 | 10.0 | 50.0 | 100 | |
| Fe分析线强度 *I* | | | | | | |
| Zn标准溶液浓度/(μg/mL) | 0 | 1.0 | 10.0 | 50.0 | 100 | |
| Zn分析线强度 *I* | | | | | | |
| 标准曲线方程及线性相关系数 *r* | Fe: | | | Zn: | | |
| 口服稀释液中元素浓度/(μg/mL) | Fe: | | | Zn: | | |
| 口服液中Fe的含量/(μg/mL) | | | | | | |
| 口服液中Zn的含量/(μg/mL) | | | | | | |
| 相对标准偏差RSD/% | Fe: | | | Zn: | | |

**六、注意事项**

1. 进样溶液必须事先用微孔滤膜过滤。
2. 注意节约氩气，将所有溶液配制好后再点燃等离子体。
3. 实验结束后，应先熄灭等离子体光源，再关闭冷却水和氩气，以防烧坏石英矩管。

**七、思考题**

1. ICP-OES法定性、定量分析的依据是什么？
2. ICP-OES法对分析试样有什么要求？
3. 通过实验，你体会到ICP-OES法有哪些优点？
4. 影响ICP-OES定量分析的因素有哪些？

# 实验二 微波消解ICP-OES法同时测定金银花中九种金属元素的含量

**一、实验目的**

1. 学会微波消解金银花中金属元素的基本操作。
2. 能够用ICP-OES法同时测定金银花中多种金属元素的含量。
3. 能够说明ICP-OES法在药物分析中的应用。

**二、实验原理**

金银花为忍冬属植物，是我国常用的中药材，也是制作清凉饮料的重要原料。金银花具有“清热解毒，凉散风热”之功效，主治痈肿疔疮、喉痹、丹毒、热毒血痢、风热感冒、温病发热等症，其中的部分金属元素对人体的生理功能具有特殊的作用。另外，因为环境污染等因素的影响，金银花中也可能含有毒性很大的重金属元素（如Pb、Cd等），其含量水平直接影响到人体健康。2020年版《中国药典》规定，药用金银花中重金属元素的含量：铅不得超过5mg/kg；镉不得超过1mg/kg；铜不得超过20mg/kg。

本实验采用微波消解法处理金银花样品，用ICP-OES同时测定其中的金属元素（Ca、Fe、Mg、Mn、Ni）及重金属元素（Cu、Cd、Pb、Cr）的含量。

**三、仪器与试剂**

1. 仪器

VISTA-MPX型全谱直读电感耦合等离子体发射光谱仪（美国瓦里安公司，配置40MHz 自激式射频发生器、中阶梯多色器系统、Vista Chip CCD检测器、玻璃同心轴雾化器、旋流雾化室、水平炬管、蠕动进样泵）；XT-9912密封式智能微波消解仪（上海新拓分析仪器科技有限公司）；电热恒温干燥箱；电子天平；聚四氟乙烯研钵；移液器；容量瓶；聚乙烯试剂瓶。

2. 试剂、材料

硝酸（优级纯）；30% 过氧化氢（优级纯）；3%硝酸；Ca、Cu、Fe、Mg、Mn、Ni、Cr、Cd、Pb标准贮备溶液（1000μg/mL，国家标准物质研究中心）；0.45μm水系针头过滤器；金银花（生产地：山东平邑县郑城镇武城村）；高纯氩气（含量99.999%）；超纯水。

**四、实验步骤**

将金银花用蒸馏水洗净，再用超纯水洗净，晾干，在烘箱中于60℃干燥约4h，取出，放入聚四氟乙烯研钵中研磨成粉状，置于干燥器中备用。

1. 制备样品溶液

称取0.3g左右试样（精确至±0.0001g）3份，置于聚四氟乙烯消解罐中，于通风橱中加入4.0mL硝酸，在加热仪上于120℃加热15~20min或静置30min。取下，冷却片刻，再沿罐内壁缓缓加入1.0mL 30%过氧化氢（不可摇晃）。盖好内盖，旋紧外套，置入微波消解仪中，按照表1中的程序进行消解。待消解结束，冷却至室温，取出，将消解液转移至25mL容量瓶中，用超纯水定容至标线，摇匀。同时制备试剂空白。

**表1 微波消解程序**

| 步骤 | 温度/℃ | 压力/atm | 保持时间/min | 功率/W |
|---|---|---|---|---|
| 1 | 140 | 18 | 4 | 800 |
| 2 | 180 | 25 | 4 | 1000 |

2. 配制系列混合标准溶液

取浓度为1000μg/mL 的各单元素标准贮备溶液，用3%硝酸配制成浓度为0μg/mL、5.0μg/mL、10.0μg/mL、20.0μg/mL的系列混合标准溶液。

3. 打开计算机、打印机、氩气瓶

调整输出压力为0.55Pa，开启冷却水装置和实验室排风系统，启动等离子体发射光谱仪，点燃等离子体，预热30min。

4. 设置ICP-OES工作条件

射频功率：1.10kW；等离子气流量：15.0L/min；辅助气流量：1.50L/min；雾化气压力：200kPa；一次读数时间：5s；仪器稳定延时：15s；进样延时：30s；泵速：15r/min；清洗时间：10s；读数次数：5；分析线（nm）：Ca 396.847，Cu 327.395，Fe 238.204，Mg 279.553，Mn 257.610，Ni 231.604，Cd 214.43，Cr 267.716，Pb 220.353。

5. 测定

依次取浓度为0μg/mL、5.0μg/mL、10.0μg/mL、20.0μg/mL的系列混合标准溶液经微孔滤膜过滤后进样分析，由仪器软件自动绘制出各元素的标准曲线及标准曲线方程。将微波消解后的试剂空白和样品溶液经0.45μm的针头过滤器过滤后进样分析。

6. 实验结束

用超纯水清洗进样系统5min，熄灭等离子体，关闭主机电源、循环水、氩气和计算机、打印机。

## 五、数据处理与结果

1. 打印或绘制标准曲线，写出标准曲线方程及线性相关系数。
2. 列表填写相关实验数据。
3. 计算样品中各元素的含量。

将测量到的试剂空白和样品溶液中各元素的分析线强度代入各元素的标准曲线方程，求出试剂空白和样品溶液中各元素的浓度$c_0$和$c_x$，再根据下式计算金银花中各元素的含量$x$（mg/kg）。

$$x=\frac{(c_x-c_0)\times 25.00}{m} \tag{1}$$

式中，25.00为试剂空白和样品溶液的体积，mL；$m$为消解样品的质量，g。

4. 对数据做分析讨论，得出合理的实验结论。

## 六、注意事项

1. 严格按照操作规程操作仪器，消解样品时不得离开现场。
2. 制备加标样品溶液时，注意各元素加入量的计算及加入方法。
3. 进样溶液必须事先用微孔滤膜过滤。
4. 注意节约氩气，实验结束后应先熄灭等离子体光源，再关闭冷却水和氩气，以防烧坏石英矩管。

## 七、思考题

1. 对药用植物中金属元素的定量分析有哪些可行的方法？
2. 对植物中金属元素的测定，常用的样品前处理方法有哪些？

# 第4章

# 原子吸收与原子荧光光谱法

## 4.1 原子吸收光谱法

原子吸收光谱法（atomic absorption spectroscopy，AAS）又称原子分光光度法，是基于待测元素的气态基态原子吸收了同种元素原子发射的特征谱线后，由谱线减弱的程度对待测元素进行定量分析的方法。

### 4.1.1 方法原理

（1）原子吸收光谱的产生

样品在高温环境下解离产生气态原子蒸气，当有辐射通过原子蒸气时，若入射辐射的频率恰好等于待测元素原子中的电子由基态跃迁到较高能态所需要的能量频率时，该原子中的外层电子将吸收该辐射的能量产生共振吸收，使入射辐射减弱，产生吸收光谱。

如图4-1所示，电子从基态跃迁到第一激发态（能量最低的激发态）所产生的吸收谱线称为共振吸收线，简称共振线。当它再跃迁回基态时，则发射出同样频率的光谱线，称为共振发射线。不同元素的原子结构不同，共振吸收的能量也不同，因此共振线各有其特征，又称为元素的特征谱线。共振线是最灵敏的谱线。原子吸收光谱法就是利用元素的基态原子蒸气对同种元素的原子特征谱线的共振发射线的吸收来进行分析的。

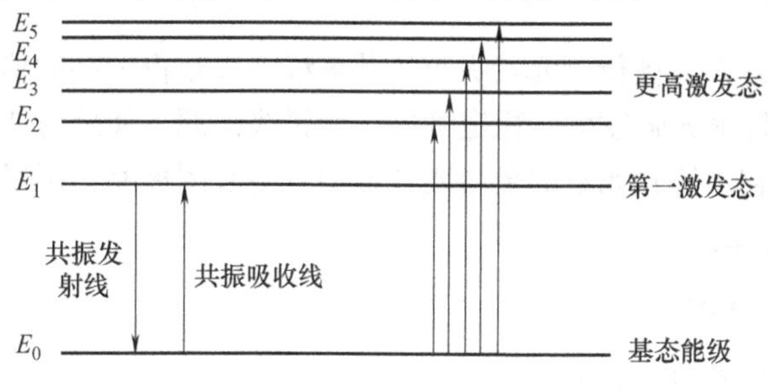


**图4-1 原子共振吸收线**

（2）原子吸收光谱法定量分析的基础

当采用锐线光源（和待测元素相同的元素灯）照射原子蒸气进行测量时，吸光度$A$与原子蒸气中待测元素的基态原子数的关系遵循朗伯-比尔定律：

$$A=kN_0b \tag{4-1}$$

式中，$k$为吸收系数；$N_0$为原子蒸气中单位体积内的基态原子数；$b$为吸收厚度。在一定的实验条件下，$N_0$近似等于待测元素的原子总数$N$，而$N$与试样中待测元素的浓度$c$成正比，所以吸光度$A$与试样中待测元素的浓度成正比。

$$A=Kc \tag{4-2}$$

因此，通过测量吸光度就可以求出试样中待测元素的浓度。

## 4.1.2 仪器结构及原理

原子吸收光谱仪主要由锐线光源、原子化器、单色器、检测器、显示器五部分组成。按照原子化的方式不同，原子吸收光谱仪可分为火焰原子吸收光谱仪和石墨炉原子吸收光谱仪。火焰原子吸收光谱仪的结构如图4-2所示。

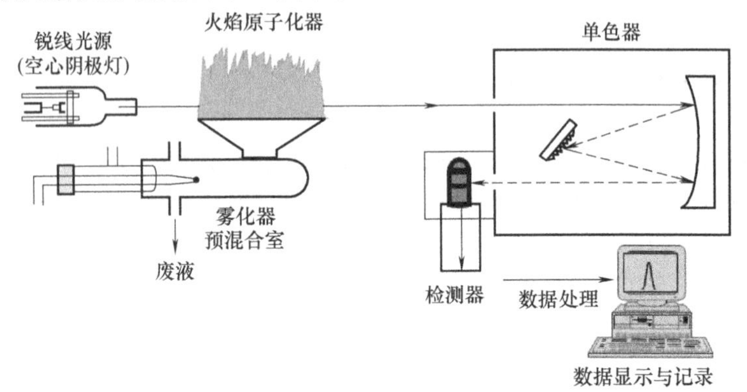


**图4-2 火焰原子吸收光谱仪示意**

火焰原子吸收光谱仪工作原理：样品溶液在原子化器中雾化成雾状形式，较大的雾粒沉降、凝聚并从废液口排出，高度分散的细雾在预混合室中与燃气、助燃气均匀混合形成气溶胶，然后进入雾化器中的火焰原子化区。试液中的待测元素在高温中转化为基态原子，并吸收从光源发出的特征辐射，透过光经过单色器分光后，由检测器接收，经光电转换、放大等处理，显示出吸光度值或光谱图。

### 4.1.2.1 光源

光源的作用是发射能被待测元素吸收的共振线，以获得较高的检测灵敏度和准确度。对光源的基本要求是辐射光强度大、稳定性好、为锐线光源、能发射待测元素的共振线。常用的为空心阴极灯，它由待测元素的金属或合金制成空心阴极圈，阳极由金属钨或钛制成，内充惰性气体（Ne或Ar）。

### 4.1.2.2 原子化器

常用的原子化器有以下几种。

（1）火焰原子化器

火焰原子化器的结构如图4-3所示，它适用范围广、易于操作、分析速度快、分析成本低，但雾化效率低（为5%~10%），大部分试液由废液管排出，灵敏度较低。

（2）无火焰原子化器

石墨炉原子化器较为常用，基本结构如图4-4所示，包括石墨管、炉体（保护气系统）、电源等。其原子化过程是将试样注入石墨管中间位置，用大电流通过石墨管产生高温，试样经过干燥、灰化（去除基体）、原子化、净化（去除残渣）四个阶段，即完成一次分析过程。

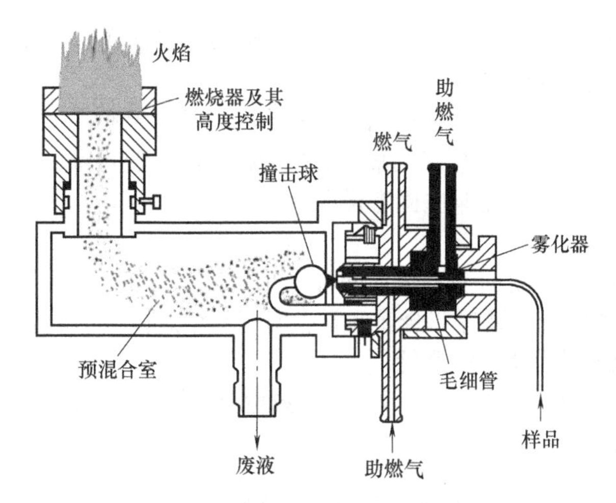


图4-3　火焰原子化器结构示意

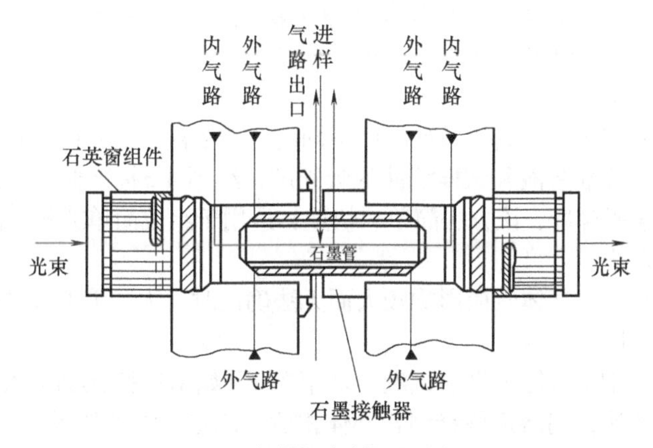


图4-4　石墨炉原子化器示意

为减少记忆效应，保护原子蒸气不被氧化，在石墨炉加热过程（除了原子化阶段内气路停气之外）中需要有足量的氩气或氮气作保护，整个炉体要有水冷却保护装置。

石墨炉原子化器原子化效率几乎达到100%，灵敏度高，试样用量少，可测定固体及黏稠试样。但操作不够简便。

(3) 氢化物原子化装置

氢化物原子化装置适用于Ge、Sn、Pb、As、Sb、Bi、Se和Te等元素的分析。在一定酸度下，将被测元素还原成极易挥发与分解的氢化物，如$AsH_3$、$BiH_3$等，经载气送入石英管后进行原子化与测定。

## 4.1.3　方法特点及应用

### 4.1.3.1　方法特点

(1) 优点

① 选择性强。大多数情况下不需要分离共存元素。

② 准确度和灵敏度高。火焰原子吸收光谱法的灵敏度是ppm（$10^{-6}$）级到ppb（$10^{-9}$）级，石墨炉原子吸收法的绝对灵敏度可达到$10^{-14}$~$10^{-10}$g/L。

③ 精密度较高，重现性好。火焰原子吸收法的相对标准偏差（RSD）一般在2%以内，石墨炉原子吸收法的RSD为3%~5%。

④ 应用范围广。可测定70多种元素。既能测定常量元素，又能测定微量、痕量甚至超痕量元素；既能测定金属、类金属元素，又能间接地测定硫、磷、卤素等非金属元素；可以直接测定液态、气态样品甚至某些固态样品。

（2）局限性

① 原子吸收光谱法一般不能多元素同时分析。测定不同的元素，需要更换不同的光源灯。

② 不能直接测定硫、磷等非金属元素，对于高熔点以及形成氧化物、复合物或碳化物后难以原子化的元素的分析灵敏度低。

③ 工作曲线的线性范围窄。一般为一个数量级，给实际分析工作带来不便。

#### 4.1.3.2 应用

原子吸收光谱法主要用于无机元素的定量分析，是食品、饲料、土壤、化工、冶金、地质等领域金属、类金属元素分析的国家标准方法之一，也是《中国药典》中常用的分析方法。定量分析的方法主要有标准曲线法和标准加入法。

（1）标准曲线法

用待测元素的纯物质配制一系列浓度不同的标准溶液，在相同条件下，以空白溶液调整零吸收，测定系列标准溶液和试样溶液的吸光度，绘制$A$-$c$标准曲线，通过标准曲线方程计算试样中待测元素的含量。该方法简单、快速，适用于组成简单或相似的批量试样分析。

（2）标准加入法

当试样组成复杂、基体效应影响较大而无法确证时，为了消除基体效应的影响，可采用标准加入法进行定量。

具体方法是：取4~5份等量的试液，从第2份开始依次按比例加入浓度为$c_0$的不同量的待测元素的标准溶液，用溶剂稀释到相同体积后，测定各溶液的吸光度，绘制$A$-$c$曲线，如图4-5所示。将曲线外推到与横轴的交点，即为稀释后的试液中待测元素的浓度$c_x$。

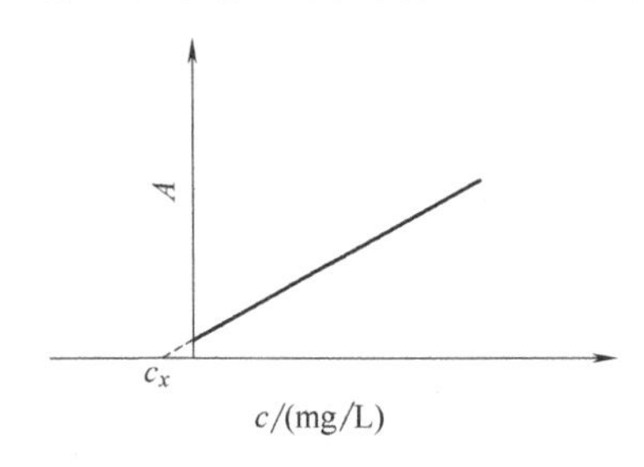


**图4-5 标准加入曲线法示意**

标准加入法制作一条标准加入曲线只能分析一个试液，不适于批量试样的分析，也不能消除背景吸收，当斜率小时误差会较大。

### 4.1.4 实验技术和分析条件

#### 4.1.4.1 样品溶液的制备

原子吸收光谱分析通常是溶液进样，需要事先将样品处理成澄清的溶液。对固态样品，可以通过加入混合酸进行微波消解或在电热板上消解、干法灰化-酸溶、高温碱熔融等手段，将待测元素全部转入试液中，试液中不得有胶体和沉淀物，并注意防止样品污染。应控制试液中待测元素的浓度在与吸光度呈直线关系的范围内且吸光度在0.15~0.75之间进行测定，以减小误差。

#### 4.1.4.2　仪器操作条件的选择

在定量分析中，要选择合适的灯电流、分析线、狭缝宽度和原子化条件，以提高灵敏度、准确度和精密度，降低检出限。最佳测量条件通过实验优化确定。

① 空心阴极灯的工作电流。工作电流影响空心阴极灯的辐射强度。一般在保证有稳定和足够的光通量输出条件下尽量使用较低的工作电流。

② 分析线。在定量分析时，一般选择待测元素的共振线作为分析线。测量高浓度元素时，也可以选择次灵敏线，测定微量元素必须选用最灵敏的共振线。

③ 狭缝宽度。使用较宽的狭缝可增加检测灵敏度，提高信噪比。因此，对于分析线附近无干扰线的元素（如碱金属及碱土金属），通常选用较大的狭缝宽度；反之（如过渡金属及稀土金属）宜选择较小的狭缝宽度，以减少干扰。

④ 原子化条件。对火焰原子吸收分光光度法，第一，要选择合适的火焰类型及燃助比等。对于一般元素，选用中温火焰，如空气-乙炔火焰；对于易形成难解离化合物及难熔氧化物的元素，可选用高温火焰，如氧化亚氮-乙炔火焰；对于分析线在200nm以下的短波区元素，宜选用空气-氢气火焰。第二，要选择合适的燃烧器高度，使光束从待测元素原子浓度最大的区域通过，以提高灵敏度和稳定性。第三，要选择合适的火焰原子化器的吸喷速率。

对石墨炉原子吸收分光光度法，要选择合适的石墨管、升温程序（干燥温度、灰化温度、原子化温度）、基体改进剂、除残条件和进样量等。

#### 4.1.4.3　干扰及其抑制

原子吸收光谱法的干扰主要有光谱干扰、物理干扰、化学干扰和电离干扰。分析时可配制与试液组成相似的标准溶液并向标准溶液和试液中加入某种光谱化学缓冲剂（释放剂、消电离剂等）、缓冲剂或基体改进剂，采用标准加入法、进行连续光源背景校正、塞曼效应背景校正、加入电离电位更低的碱金属盐等方法消除干扰。

## 4.2　原子荧光光谱法

原子荧光是光致二次发光。原子荧光光谱法（atomic fluorescene spectometry，AFS）是通过测定气态基态原子在一定特征频率的辐射能作用下发射的荧光强度进行定量分析的一种发射光谱分析方法。

AFS具有灵敏度高、光谱干扰少、校正曲线的线性范围宽（3~5个数量级）、能进行多元素同时测定等优点，已成为测定砷、锑、铋、汞、镉等元素的国家标准分析方法，对于吸收线小于300nm的元素（如Zn、Cd等），其检测限优于原子吸收光谱法和原子发射光谱法。

采用氢化物发生-原子荧光光谱法可进行元素的价态分析、形态分析，特别是激光诱导原子荧光光谱法，具有极高的分析灵敏度和选择性。

但是原子荧光光谱法存在荧光猝灭效应、基体效应等，可测量的元素不多，应用不够广泛。

### 4.2.1　方法原理

气态基态原子吸收光源的特征辐射后，原子外层电子跃迁到激发态，然后迅速返回到基态或较低能态，同时发射出与原激发波长相同或不同的荧光。当激发辐射的波长与产生的荧光波长相同时，称为共振荧光。共振荧光的发光最强，在原子荧光分析中最为常用。

不同元素的原子发射的荧光波长不同，在一定的实验条件下，当原子浓度很低时，荧光强度$I_f$与试液中该元素的浓度$c$呈线性关系，据此可进行元素的定量分析。

$$I_f=Kc \tag{4-3}$$

## 4.2.2 仪器结构及原理

原子荧光分光光度计与原子吸收分光光度计的组成基本相同，包括光源、原子化器、单色器、检测器和显示器。但为了避免光源发射的辐射对荧光信号产生干扰，其光源、原子化器和单色器不是排在一条线上，而是呈直角关系，如图4-6所示。

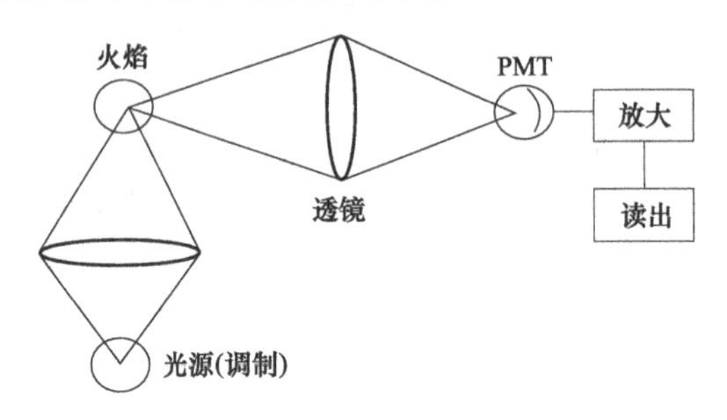


图4-6 非色散型原子荧光分光光度计结构示意

由于荧光强度与激发光强度成正比，因此，为提高检测灵敏度，应采用高强度的激发光源，如激光、高强度空心阴极灯、ICP等。原子荧光分析法的分析条件和原子吸收光谱法基本相同。

# 实验三 微波消解-火焰原子吸收法测定土壤中铜的含量

### 一、实验目的

1. 能够描述火焰原子吸收分光光度计的结构和工作原理，学会仪器操作。
2. 能够解释微波消解-原子吸收分光光度法测定土壤中铜的原理和定量分析方法。
3. 能够说出火焰原子吸收分光光度法在土壤重金属分析中的应用。

### 二、实验原理

铜是动植物生长必需的微量元素，对氨基酸、蛋白质、脂肪和碳水化合物的合成有极大影响，还能提高植物的抗真菌和抗病毒能力。土壤中含有适量的铜，对植物生长有利，但若过量太多，又会阻碍植物生长，甚至会造成植物的死亡。土壤中铜的含量可采用原子吸收分光光度法进行测定。

用铜空心阴极灯发射的铜原子的共振线照射试样原子蒸气，铜的气态基态原子吸收该波长的光后，其外层电子由基态跃迁到最低激发态，产生吸收光谱。在一定条件下，吸光度$A$与试液中铜的浓度$c$成正比。

$$A=Kc \tag{1}$$

本实验采用微波消解土壤样品，用火焰原子吸收分光光度法测定土壤中铜的含量，定量方法为标准曲线法。

## 三、仪器与试剂

1. 仪器

AA7000型原子吸收分光光度计（北京东西分析仪器有限公司）；铜空心阴极灯（北京瑞普光电器件厂）；密封式智能微波消解仪；电子天平；加热仪；恒温干燥箱；100目尼龙筛网；聚四氟乙烯研钵。

2. 试剂、材料

30%过氧化氢；盐酸；硝酸；氢氟酸。以上试剂均为优级纯。铜标准贮备液（1mg/mL）：购自国家标准物质研究中心；1%（体积分数）硝酸；超纯水；0.45μm水系滤膜；乙炔（纯度≥99%）。

土壤样品：自然风干，研碎，过100目筛。

## 四、实验步骤

1. 样品溶液的制备

准确称取约0.5g（精确至±0.0001g）土壤样品粉末，置于聚四氟乙烯消解罐中，在通风橱中加入5.0mL盐酸和4.0mL硝酸，于加热仪上保持120℃加热至$NO_2$接近散尽。取下，冷却片刻，再加入4.0mL氢氟酸和2.0mL 30%过氧化氢，混匀，盖好内盖，旋紧外套，置入微波消解仪中，按照表1程序消解。

**表1　土壤微波消解升温程序**

| 步骤 | 压力/(kgf/cm³) | 温度/℃ | 功率/W | 时间/s |
|---|---|---|---|---|
| 1 | 25 | 120 | 2000 | 120 |
| 2 | 35 | 150 | 2000 | 180 |
| 3 | 45 | 185 | 2000 | 780 |

消解结束，冷却至室温。将消解罐置于通风橱中，打开罐盖，此时溶液应澄清透明，然后在加热仪上于160℃赶酸至近干。取下消解罐，放冷，用1%硝酸溶解并转移至25mL容量瓶中，再用1%硝酸清洗盖子内壁、罐体内壁4~5次，洗液一并收集于容量瓶中，用1%硝酸定容至刻度，摇匀。同时做试剂空白。

2. 标准曲线的绘制

取铜标准贮备液用1%硝酸逐级稀释成浓度为0.00mg/L、1.00mg/L、3.00mg/L、5.00mg/L的铜标准溶液，经0.45μm水系滤膜过滤后，按照表2所列仪器工作条件进行测定，用经空白校正的各标准溶液的吸光度对相应的浓度作图，绘制标准曲线。

**表2　仪器工作条件**

| 元素 | 波长/nm | 灯电流/mA | 狭缝/nm | 空气流量/(L/min) | 乙炔流量/(L/min) |
|---|---|---|---|---|---|
| Cu | 324.75 | 1.0 | 0.4 | 5.000 | 1.500 |

3. 样品测定

在相同条件下分别测定试剂空白和样品溶液的吸光度。

## 五、数据处理与结果

1. 将相关实验数据填入表3中。

⊡ 表3 实验数据及分析结果

| 编号 | 1 | 2 | 3 | 4 |
|---|---|---|---|---|
| 铜标准溶液的浓度 *c*/(mg/L) | 0.00 | 1.00 | 3.00 | 5.00 |
| 吸光度 *A* | | | | |
| 试剂空白溶液的吸光度 *A* | | | | |
| 标准曲线方程及线性相关系数 *r* | *c* = ______*A* + _______, *r* =_______ | | | |
| 土壤质量 *m*/g | | | | |
| 土壤提取液中铜的吸光度 *A* | | | | |
| 土壤提取液中铜的浓度 *c*/(mg/L) | | | | |
| 土壤中铜的含量/(mg/kg) | | | | |

2. 打印、粘贴仪器拟合的标准曲线，或自己绘制标准曲线，写出标准曲线方程及线性相关系数。

3. 计算土壤中铜的含量。

根据样品溶液的吸光度，由标准曲线方程计算铜的浓度，再根据所称取土壤的质量及样品溶液的体积计算土壤中铜的含量。

### 六、注意事项

1. 实验所用玻璃器皿及聚四氟乙烯消解内罐均需要用硝酸溶液（1+5）浸泡24h，再用超纯水洗净，晾干后备用。

2. 点火测试前，要先检查气路是否漏气、水封是否有水。燃烧头和雾化室要清洁，要先开空气压缩机后开乙炔气。

3. 测试结束，要先关闭乙炔燃气主阀，再依次关闭燃气减压阀（开关旋松）、按仪器熄火键、关闭燃气流量开关，最后关闭空气压缩机，以防止发生回火事故。

### 七、思考题

1. 简述原子吸收光谱法的基本原理。

2. 如何选择最佳实验条件?

3. 为什么要扣除空白溶液的吸光度?

## 实验四　石墨炉原子吸收光谱法测定猪饲料中的微量铅

### 一、实验目的

1. 能描述石墨炉原子吸收分光光度计的结构和工作原理，学会仪器操作。

2. 能够解释石墨炉原子吸收光谱法测定铅的原理和定量分析方法。

3. 能够概述铅的危害和石墨炉原子吸收光谱法在重金属分析中的应用，增强质量保证意识。

### 二、实验原理

铅是一种严重危害人体健康的重金属元素，在日常生活中要注意食用不含铅的食品。如果猪饲料中铅的含量超标，就会使铅在猪体内富集，造成猪肉含铅量增大。猪饲料中铅的含量可采用原子吸收分光光度法进行测定。

试样经干灰化、硝酸消化后，破坏有机物，使铅溶出，在石墨炉原子化器中解离为气态基态铅原子，当让铅空心阴极灯发射的铅原子的特征谱线通过铅原子蒸气时，铅原子中的外层电子吸收了该特征谱线，由基态跃迁至第一激发态，产生共振吸收线。在一定条件下，吸光度与试样中铅的浓度成正比。通过测定在283.3nm波长处的吸光度，就可以用标准曲线法求出试样中铅的含量。

三、仪器与试剂

1. 仪器

A3型原子吸收光谱仪（北京普析通用仪器有限责任公司）；石墨管；铅空心阴极灯；氩气（含量99.999%）；电子天平；马弗炉；温度可调式电炉；无灰滤纸；瓷坩埚；尼龙筛（孔径为1mm）；容量瓶；移液器。

2. 试剂、材料

硝酸溶液（6mol/L；0.5mol/L）；盐酸溶液（6mol/L）；硝酸镁溶液（0.6mg/mL）；磷酸二氢铵溶液（10.0mg/mL）；铅标准贮备液（100μg/mL）：国家标准物质研究中心。所用试剂均为优级纯，分析用水为超纯水；0.45μm水系滤膜。

铅标准中间溶液（200μg/L）：称取0.20mL铅标准贮备液（100μg/mL）于100mL容量瓶中，用0.5mol/L硝酸稀释至刻度，摇匀，现用现配。

猪饲料样品：粉碎，过1mm尼龙筛。

四、实验步骤

1. 样品溶液的制备

称取饲料试样约1g（精确到±0.0001g）2份于2个瓷坩埚中，在100~300℃可调式电炉上缓慢加热使试样炭化至无烟产生，将坩埚移至马弗炉中，于550℃灰化4~6h；取出坩埚，冷却至室温。

取5.0mL 6mol/L硝酸溶液逐滴加入坩埚中，边加边转动坩埚至溶液无气泡溢出，再将剩余硝酸溶液全部加入。然后将坩埚移至可调式电炉上小火加热至消化液为2~3mL（注意防止溅出）取下。冷却，用水将消化液转移至10mL容量瓶中，加少许水冲洗坩埚4~5次，洗液并入容量瓶中，最后用水稀释至刻度，摇匀，用无灰滤纸过滤，待用。同时制备试剂空白溶液。

2. 依次打开稳压器、电脑、打印机、原子吸收主机电源

双击工作站图标，联机，选择铅空心阴极灯为工作灯，“测量方法”选择石墨炉。按照表1设置仪器工作参数。

**表1　石墨炉原子吸收光谱法仪器工作参数**

| 仪器工作条件 | 参数 | 仪器工作条件 | 参数 |
|---|---|---|---|
| 波长 | 283.3nm | 原子化温度/时间 | 1700~2300℃/5s |
| 狭缝宽度 | 0.2~1.0nm | 净化温度/时间 | 2500℃/20s |
| 灯电流 | 5~7mA | 背景校正 | 塞曼扣背景 |
| 干燥温度/时间 | 120℃/60s | 积分时间 | 3s |
| 灰化温度/时间 | 850℃/20s | 滤波系数 | 0.1 |

装好石墨管，调整原子化器前后位置和高低位置合适，使能量最大。选择“氘灯”“扣背景方式”“高级调试”“氘灯反射镜电机”，用“正、反”转调整使红色的背景能量值最大。

打开氩气总开关，调节出口压力为0.5MPa；依次打开冷却水开关（流量>1L/min）、石墨炉的电源开关。点“空烧”除去石墨管中的杂质，查看状态栏能量应在100%左右。点“校零”按钮和“测量”按钮。

3. 标准曲线的绘制

准确移取0mL、0.50mL、1.00mL、1.50mL、2.50mL铅标准中间溶液（200μg/L）于5个10mL容量瓶中，用0.5mol/L硝酸定容至标线，摇匀，得到浓度为0.00μg/L、10.00μg/L、

20.00μg/L、30.00μg/L、50.00μg/L的系列铅标准溶液。经0.45μm水系滤膜过滤。

按浓度由小到大的顺序分别移取10μL铅标准溶液注入石墨炉中，加入5μL磷酸二氢铵溶液（10.0mg/mL）和5μL硝酸镁溶液（0.6mg/mL），用硝酸溶液（0.5mol/L）调零，在283.3nm波长处测定吸光度。绘制*A*-*c*标准曲线。

4. 试样的测定

在相同实验条件下，向石墨炉中注入10μL试样溶液，加入5μL磷酸二氢铵溶液（10.0mg/mL）和5μL硝酸镁溶液（0.6mg/mL），测定吸光度。如果试液的浓度超出线性范围，可用0.5mol/L硝酸稀释到线性范围内再测定。

5. 测量完毕

依次关闭石墨炉的电源开关、冷却水开关、氩气总开关、主机电源、电脑、打印机、稳压电源。取出石墨管，清洗相关仪器。

**五、数据处理与结果**

1. 打印并粘贴仪器拟合的标准曲线，或自己绘制标准曲线，写出标准曲线方程及线性相关系数。

2. 计算饲料中铅的含量。

根据样品溶液的吸光度由标准曲线方程计算铅的浓度，再根据所称取试样的质量及样品溶液的体积计算试样中铅的含量（mg/kg）。

3. 列表填写相关实验数据和结果。

**六、注意事项**

1. 实验所用器皿均需要用硝酸溶液（1+5）浸泡24h，再用超纯水洗净，晾干后备用。

2. 开机时，要先开稳压电源，等稳压电源灯亮后再打开主机电源开关；关机时，先关主机电源再关稳压电源。

3. 先开载气阀、循环水，再开石墨炉电源控制系统开关。

**七、思考题**

用石墨炉原子吸收光谱法测定猪饲料中的微量铅时，对饲料的处理方法都有哪些？

# 实验五　氢化物发生-原子荧光法测定大蒜中的痕量硒

**一、实验目的**

1. 能够描述原子荧光分光光度计的结构和工作原理，学会仪器操作。

2. 能够解释氢化物发生-原子荧光光谱法测定硒的原理和定量分析方法。

3. 能够说出硒对人体的作用和原子荧光光谱法在食品分析中的应用。

**二、实验原理**

硒是人体必需的微量元素，被称为“生命的火种”，享有“长寿元素”“抗癌之王”等美誉。许多疾病，特别是肿瘤、高血压、糖尿病、肝病、内分泌代谢病、老年性便秘等都与缺硒有关。大蒜富硒，多食大蒜对人体非常有益。本实验采用氢化物发生-原子荧光光谱法测定大蒜中的痕量硒。

含硒试样经硝酸-过氧化氢消解后，在稀盐酸介质中加热，试样中的六价硒被还原成四价硒，再用硼氢化钠或硼氢化钾作还原剂，将四价硒还原成硒化氢（$H_2Se$），由载气（Ar）带入原子化器中，形成基态硒原子蒸气。在硒空心阴极灯照射下，基态硒原子被激发跃迁到较高能态，在去活化回到基态时发射出特征波长的共振荧光。当实验条件一定且硒原子浓度很低时，硒原子的荧光强度$I_f$与试液中硒的浓度$c$成正比。

$$I_f = Kc \tag{1}$$

据此可用标准曲线法求出试样中硒的含量。

## 三、仪器和试剂

### 1. 仪器

AFS-930顺序注射双道原子荧光光度计（北京吉天仪器有限公司）；SIS-100顺序注射系统；AS-30自动进样器；硒超强空心阴极灯；电子天平；XT-9912密封式智能微波消解仪；聚四氟乙烯消解罐；加热仪；陶瓷刀；容量瓶；移液管；等。

实验所用玻璃仪器和聚四氟乙烯消解内罐均需要用硝酸溶液（1+5）浸泡24h，再用超纯水洗净，晾干后备用。

### 2. 试剂

硝酸；30%过氧化氢；硼氢化钾（$KBH_4$）；氢氧化钾；铁氰化钾；盐酸（6mol/L，2mol/L）；氩气（含量99.999%）；山东临沂苍山大蒜。实验所用试剂均为优级纯，实验用水为超纯水。

0.5%的氢氧化钾溶液：称取5.0g氢氧化钾，溶于1000mL水中，混匀。

5%铁氰化钾溶液：称取5.0g铁氰化钾，加水溶解并稀释至100mL，混匀。

硒标准贮备液（100μg/mL）：国家标准物质研究中心。

## 四、实验步骤

### 1. 样品溶液的制备

将大蒜剥去外皮，用陶瓷刀切碎成细的蒜末。称取约1g蒜末（精确至±0.0001g）于聚四氟乙烯消解罐中，然后置于通风橱中，加入4.0mL硝酸，放置10min。再沿罐内壁加入1.0mL 30%过氧化氢，盖好内盖，旋紧外套，置入微波消解仪中，按表1程序消解。

⊡ 表1　大蒜微波消解程序

| 步骤 | 压力/(kgf/cm³) | 温度/℃ | 功率/W | 时间/s |
|---|---|---|---|---|
| 1 | 5 | 100 | 500 | 240 |
| 2 | 10 | 150 | 1000 | 180 |
| 3 | 20 | 180 | 1500 | 300 |

消解结束，冷却，将消解内罐放到通风橱内的加热仪上，于150℃加热至近干（剩余半滴左右，切不可蒸干）。取下，冷却，加入6mol/L盐酸5.0mL，继续加热至溶液变为清亮无色并伴有白烟出现，使六价硒还原为四价硒。冷却，将溶液定量转移至50mL容量瓶中，用2mol/L盐酸定容至刻度，摇匀。同时做试剂空白。

移取上述溶液2.50mL于25mL容量瓶中，加入1.00mL 5%铁氰化钾溶液，用2mol/L盐酸溶液定容至刻度，摇匀。同时制备试剂空白。

### 2. 配制标准系列溶液

吸取0.20mL 浓度为100μg/mL的硒标准贮备液于100mL容量瓶中，用2mol/L盐酸溶液定容至刻度，摇匀，得到200μg/L的硒标准中间液。

分别吸取硒标准中间液0mL、0.25mL、0.75mL、1.50mL、2.50mL于5个25mL容量瓶中，各加入1.00mL5%铁氰化钾溶液，用2mol/L盐酸溶液定容至刻度，摇匀。得到浓度分别为0μg/L、2.00μg/L、6.00μg/L、12.00μg/L、20.00μg/L的硒标准系列溶液。

### 3. 配制1%的$KBH_4$溶液

称取5.0g $KBH_4$，溶于500mL 0.5%的KOH溶液中，混匀。现用现配。

4. 启动仪器

主机—顺序注射系统—微机。仪器自检结束后，空心阴极灯预热20min，石英原子化器点火预热30min。

5. 测定

仪器条件。光电倍增管负高压：280V；原子化器高度：10mm；灯电流：80mA；原子化温度：200℃；载气（氩气）流量：400mL/min；屏蔽气流量：800mL/min；测量方式：标准曲线法；读数方式：峰面积；延迟时间：1s；读数时间：10s；加液时间：8s。

按照仪器操作程序，在设定的仪器条件下，按照浓度由小到大的顺序测定硒标准溶液的峰面积$A$，绘制$A$-$c$标准曲线；再测定空白溶液和试样溶液的峰面积$A$，求出试样中硒的含量。

**五、数据处理与结果**

1. 打印标准曲线，根据样品溶液的测定结果由标准曲线方程求出试液中硒的浓度，然后结合空白实验及大蒜质量与试液体积，求出大蒜中硒的含量。
2. 列表填写相关实验数据和结果。

**六、注意事项**

1. 实验所用玻璃器皿及聚四氟乙烯消解内罐均需洁净。
2. 还原剂硼氢化钾-氢氧化钾溶液一定要现用现配，不能过夜。要先配制氢氧化钾溶液，再加硼氢化钾。
3. 硒标准溶液配制结束要放置30min后才能测定。
4. 在测定时，要特别注意载流空白。当发现空白值很高时，应及时检查所使用的酸是否含有被测元素，同时注意仪器是否被污染。
5. 插拔灯时要关闭电源；开机时必须检查原子化器下部去水装置的水封。
6. 测试结束后，必须用超纯水清洗整个仪器管路5min以上，然后松动泵的压块。

**七、思考题**

1. 试说明原子荧光法的基本原理。
2. 绘出AFS-930原子荧光光度计的光路图及各部件的名称。
3. 在原子荧光光谱法测定硒时加入铁氰化钾的作用是什么？
4. 为什么原子荧光法能对低浓度成分进行测定？

# 实验六　微波消解-原子荧光光谱法同时测定大米中的砷和汞

**一、实验目的**

1. 能够解释原子荧光法测定大米中砷和汞的原理和定量分析方法。
2. 能够用微波消解-原子荧光法准确测定大米中的砷和汞，学会仪器参数的设置。
3. 能概述砷、汞的危害和原子荧光法在重金属和类金属元素分析中的应用。

**二、实验原理**

汞和砷都是有毒且非生命所必需的元素，它们进入人体后会蓄积导致中毒。砷能损害胃肠道、呼吸系统、皮肤和神经系统，引发细胞和毛细血管中毒，还可能会诱发恶性肿瘤，严重者会引起心脏衰竭而死亡。汞能损害肾脏、呼吸系统、中枢和神经系统、心血管系统、免疫系统和生殖系统等。

大米营养丰富，是我国最重要的粮食作物之一。但由于灌溉用水、土壤、肥料中可能的重金属污染，会使水稻生长过程中富集汞、砷等有害重金属、类金属元素，人们误食被汞、砷污染的大米后，就会对身体健康造成危害。

原子荧光法具有灵敏度高、线性范围宽、能进行多元素同时测定等优点，是测定汞和砷的主要方法。本实验采用微波消解-原子荧光法测定大米中的汞和砷。

含汞、砷的试样经硝酸-过氧化氢消解后，在稀盐酸介质中，被硼氢化钾还原为汞原子和砷化氢（$AsH_3$）。氢化物发生反应为：

$$KBH_4+2As(\text{III})+HCl+3H_2O \longrightarrow 2AsH_3\uparrow+KCl+H_3BO_3+H_2\uparrow$$

砷化氢在氩氢火焰中形成基态砷原子，基态砷原子和汞原子分别受砷、汞空心阴极灯发射光的激发而产生原子荧光。当实验条件一定且砷和汞原子的浓度很低时，砷和汞原子的荧光强度与试液中砷和汞的浓度成正比。据此可用标准曲线法求出试样中砷和汞的含量。

在酸性介质中，能与硼氢化钾生成氢化物的过渡金属元素（如$Cu^{2+}$、$Fe^{3+}$、$Co^{2+}$、$Pb^{2+}$等）会干扰测定，可加入硫脲-抗坏血酸溶液消除干扰。

## 三、仪器和试剂

1. 仪器

AFS-930顺序注射双道原子荧光光度计（北京吉大仪器有限公司）；SIS-100顺序注射系统；AS-30自动进样器；砷、汞空心阴极灯；聚四氟乙烯消解罐；电子天平；微波消解仪；加热仪；高速粉碎机（配陶瓷刀头）；100目尼龙筛网；容量瓶；移液管；等。

实验所用玻璃仪器和聚四氟乙烯消解内罐均需要用硝酸溶液（1+5）浸泡24h，再用超纯水洗净，晾干后备用。

2. 试剂、材料

硝酸；盐酸；氢氧化钾；30%过氧化氢；硼氢化钾（$KBH_4$）；硫脲；抗坏血酸；盐酸溶液（1mol/L）；所用试剂均为优级纯，实验用水为超纯水。氩气（含量99.999%）；大米样品（自然晾干）；0.45μm水系滤膜。

砷标准贮备液（100μg/mL）：国家标准物质研究中心。

汞标准贮备液（100μg/mL）：国家标准物质研究中心。

0.5%氢氧化钾溶液：称取5g氢氧化钾，溶于1000mL水中，混匀。

10%硫脲-10%抗坏血酸还原剂溶液：称取10.0g硫脲于烧杯中，加入80mL水，加热使之溶解，冷却后加入10.0g抗坏血酸，加水稀释至100mL，混匀。现用现配。

## 四、实验步骤

1. 样品溶液的制备

用高速粉碎机将风干大米样品粉碎，过100目筛。称取约0.3g大米粉末（精确至±0.0001g）于聚四氟乙烯消解罐中，将消解罐置于通风橱中，依次加入6.0mL硝酸、1.0mL30%过氧化氢。在加热仪上于90℃进行预消解，待反应产生的棕色气体明显减少后，停止加热，冷却至室温。然后盖好消解罐内盖，旋紧外套，置入微波消解仪中，按表1程序消解。

**表1　大米微波消解程序**

| 步骤 | 压力/($kgf/cm^3$) | 温度/℃ | 功率/W | 时间/s |
|---|---|---|---|---|
| 1 | 10 | 100 | 1000 | 300 |
| 2 | 20 | 120 | 2000 | 600 |
| 3 | 30 | 170 | 2000 | 900 |

消解结束，冷却，将消解内罐放到通风橱内的加热仪上，在150℃加热至近干（剩余半滴左右）。取下，冷却，将溶液定量转移至10mL容量瓶中，加入1.00mL盐酸，1.00mL 10%硫脲-10%抗坏血酸溶液，用水定容至刻度，摇匀，放置30min 后测定。同时做试剂空白。

2. 配制标准系列溶液

分别吸取0.20mL 100μg/mL的砷、汞标准贮备液于2个100mL容量瓶中，皆用1mol/L盐酸溶液定容至刻度，摇匀，得到200μg/L的标准溶液。

吸取2.50mL 200μg/L的砷标准溶液于10mL容量瓶中，用1mol/L盐酸溶液定容至刻度，摇匀，得到50μg/L的砷标准中间液。

吸取0.50mL 200μg/L的汞标准溶液于10mL容量瓶中，用1mol/L盐酸溶液定容至刻度，摇匀，得到10μg/L的汞标准中间液。

取6个10mL容量瓶，分别加入50μg/L的砷标准中间液0μg/L、0.20μg/L、0.40μg/L、1.00μg/L、1.60μg/L、2.00mL和10μg/L的汞标准中间液0mL、0.10mL、0.20mL、0.50mL、1.00mL、2.00mL，皆加入1.00mL盐酸和1.00mL 10%硫脲-10%抗坏血酸溶液，用水定容至刻度，摇匀，得到含有砷、汞分别为0μg/L、0μg/L；1.00μg/L、0.10μg/L；2.00μg/L、0.20μg/L；5.00μg/L、0.50μg/L；8.00μg/L、1.00μg/L；10.00μg/L、2.00μg/L的混合标准系列溶液，放置30min后测定。

3. 配制2%硼氢化钾-0.5%氢氧化钾还原剂溶液

称取10.0g硼氢化钾溶于500mL 0.5%的氢氧化钾溶液中，混匀。现用现配。

4. 启动仪器

按操作规程启动仪器，空心阴极灯预热20min，石英原子化器点火预热30min。

5. 测定

仪器条件。光电倍增管负高压：270V；原子化器高度：10mm；灯电流：砷灯60mA，汞灯30mA；原子化温度：200℃；载气（氩气）流量：400mL/min；屏蔽气流量：1000mL/min；测量方式：标准曲线法；读数方式：峰面积；延迟时间：1s；读数时间：10s；加液时间：8s。

按操作程序，在设定的仪器条件下，经0.45μm水系滤膜过滤后，按照浓度由小到大的顺序测定砷和汞混合标准系列溶液，绘制各组分峰面积对浓度的标准曲线；再测定空白溶液和试样溶液，求出试样中砷和汞的含量。

## 五、数据处理与结果

1. 打印标准曲线，根据测定结果由标准曲线方程求出试液中砷和汞的浓度，然后结合空白实验及大米样品的质量与试液体积，求出大米中砷和汞的含量。

2. 列表填写相关实验数据和结果。

## 六、注意事项

1. 还原剂硫脲-抗坏血酸溶液以及硼氢化钾-氢氧化钾溶液一定要现用现配。

2. 样品溶液和标准溶液配制结束要放置至澄清后才能测定。

3. 实验过程中要注意打开通风设备，及时将有害气体排出室外。

## 七、思考题

1. 为什么不同价态的砷灵敏度有较大的差异？试述其机理。

2. 为什么2%硼氢化钾溶液要现配现用？溶液中加入少量氢氧化钾的作用是什么？

3. 若试样中同时存在无机汞和有机汞，应如何分别测定其含量？

# 第5章

# 紫外-可见分光光度法

紫外-可见分光光度法（ultraviolet-visible spectrophotometry，UV-Vis）是基于物质的分子选择性吸收了紫外区（190~400nm）或可见区（400~800nm）的辐射后产生吸收光谱而进行分析测定的一种仪器分析方法。主要用于物质的定量分析，也可以进行定性分析和结构分析。

## 5.1 方法原理

当用紫外光-可见光照射待测物质时，物质分子吸收一定波长光的能量，其价电子从基态跃迁到不稳定的激发态，同时伴随着分子的转动和振动跃迁，产生带状吸收光谱（$A$-$\lambda$）。如图5-1所示。

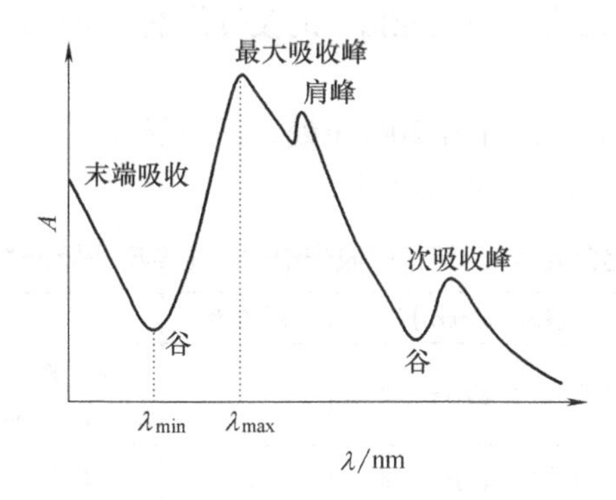


图5-1 紫外-可见吸收光谱

① 吸收峰。对应着光谱曲线上极大值处，其波长为最大吸收波长$\lambda_{max}$。

② 谷。对应着光谱曲线上极小值处，其波长为最小吸收波长$\lambda_{min}$。

③ 肩峰。在吸收峰旁边产生的曲折。

④ 末端吸收。在波长200nm附近吸收曲线呈强吸收但没形成峰的部分。

### 5.1.1 有机化合物的紫外-可见吸收光谱

（1）电子跃迁的类型

根据分子轨道理论，有机化合物中存在着$\sigma\to\sigma^*$、$\sigma\to\pi^*$、$\pi\to\sigma^*$、$n\to\pi^*$、$\pi\to\pi^*$、$n\to\sigma^*$ 6种形式的电子跃迁，如图5-2所示。其中前3种跃迁产生的吸收光谱在远紫外光区（$\lambda_{max}$<200nm），不易被测量。

有机化合物的紫外-可见吸收光谱主要由$n\to\pi^*$、$\pi\to\pi^*$、$n\to\sigma^*$电子跃迁及电荷转移跃迁产生，并与分子中的官能团有关。

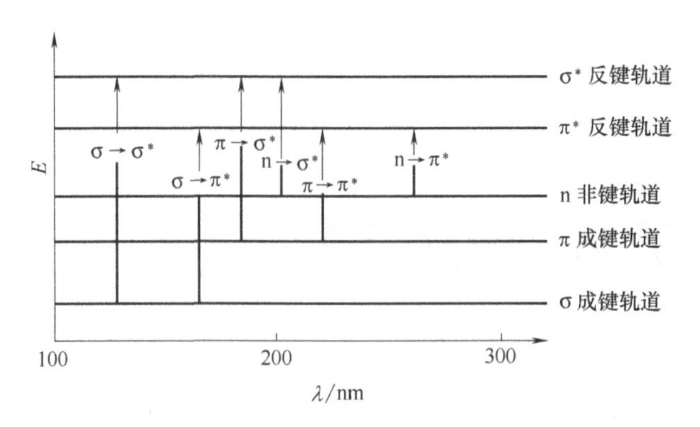


**图5-2 各种价电子跃迁示意**

电荷转移跃迁：指某些取代芳烃化合物的分子同时具有电子给予体和电子接受体，它们会强烈吸收一定频率的紫外光或可见光，使电子从给予体向接受体轨道跃迁。其特点是谱带较宽，吸收强度较大，摩尔吸光系数可达到$10^4$ L/（mol·cm），可用于定量分析。

（2）生色团、助色团及吸收带

① 生色团：指能吸收紫外-可见光的基团，为含有π电子的不饱和基团。

② 助色团：指带有孤对电子的基团，不吸收大于200nm的光，但与生色团相连时，能使生色团的吸收峰向长波方向移动（红移），并能增强其吸收强度。

③ 吸收带：指吸收峰在紫外-可见光谱中的波带位置。包括R带、K带、B带、E带（含$E_1$带和$E_2$带），见表5-1。

苯的$E_1$带在184nm左右，$E_2$带在204nm处，都为强吸收。当苯环上有生色团取代且与苯环共轭时，$E_2$带与K带合并，吸收峰红移。

**表5-1 有机化合物紫外-可见吸收光谱中的主要电子跃迁类型和相关吸收带**

| 跃迁类型 | $\lambda_{max}$/nm | ε/[L/(mol·cm)] | 吸收带 | 备注 |
|---|---|---|---|---|
| n→σ* | 150~250 | 弱吸收(大多小于300) | | 含有氮、氧、硫、卤素等杂原子(有未成键n电子)的饱和基团 |
| n→π* | 200~400 | 弱吸收(大多小于100) | R | 含杂原子的不饱和基团 |
| π→π* | 217~280 | 强吸收(一般大于$10^4$) | K | 由共轭双键中π→π*跃迁产生，随共轭体系增长，K带发生红移 |
| π→π* | 230~270 | 弱吸收(≈ 200) | B | 由苯环振动及闭合环状共轭双键π→π*跃迁产生，为芳香族(包括杂环芳香族)化合物特征精细结构吸收带 |
| π→π* | ≈184 | 强吸收(>$10^4$) | $E_1$ | 由苯环内三个乙烯基共轭发生的π→π*跃迁产生，为芳香族化合物特征吸收带，苯的衍生物或稠环芳香族化合物吸收峰发生红移 |
| π→π* | 204 | 较强吸收(>$10^3$) | $E_2$ | |

## 5.1.2 无机化合物的紫外-可见吸收光谱

主要由电荷转移跃迁和配位场跃迁产生。

（1）电荷转移跃迁吸收光谱

分子中同时具有电子给予体和电子接受体的配位化合物，例如$[FeSCN]^{2+}$等过渡金属离子配合物，在光辐射作用下配体中的电子向金属离子的轨道跃迁，产生电荷转移跃迁吸收光谱。$\varepsilon$一般大于$10^4$L/（mol·cm），可用于定量分析。

（2）配位场跃迁吸收光谱

在含有d或f轨道的过渡元素和镧系、锕系元素与配位体形成的配合物中，由于配位体的配位场作用，使过渡元素五个能量相等的d轨道及镧系和锕系元素七个能量相等的f轨道分别分裂成几组能量不等的d轨道和f轨道。当轨道未充满时，其离子吸收光能后，低能态的d电子或f电子可以跃迁到高能态的d轨道或f轨道，这类跃迁称为配位场跃迁。其摩尔吸光系数较小，不宜做定量分析用，可用于研究配位化合物的结构及其键合理论。

## 5.1.3 影响紫外-可见吸收光谱的因素

影响紫外-可见吸收光谱的因素有内因，如分子内的共轭效应、位阻效应、助色效应等，也有外因，如溶剂的极性、酸碱性等溶剂效应。

（1）共轭效应

共轭和超共轭效应是紫外吸收的主要影响因素。共轭体系越大，则价电子跃迁所需能量越小，紫外吸收峰红移越明显，且吸收强度增大。

（2）溶剂效应

溶剂的极性和酸碱性影响紫外-可见吸收光谱的峰位、吸收强度以及精细结构，在记录紫外-可见吸收光谱时，应注明所用溶剂。

随着溶剂的极性增加，溶质和溶剂分子间的作用增强，溶质分子的振动减弱，由振动引起的精细结构会逐渐消失。同时，由$n\rightarrow\pi^*$跃迁产生的吸收峰会发生蓝移，由$\pi\rightarrow\pi^*$跃迁产生的吸收峰会发生红移。

## 5.1.4 定性分析、结构分析方法

紫外-可见吸收光谱与物质的分子结构密切相关，在一定条件下，不同物质的吸收光谱的形状、吸收峰的数目以及最大吸收波长的位置和相应的摩尔吸光系数不同，而与浓度无关，据此可对物质进行定性分析和结构分析。

但是紫外-可见吸收光谱的特征性不强，需要结合红外光谱、质谱、核磁共振波谱等手段才能进行准确定性和结构分析。

## 5.1.5 定量分析关系式

紫外-可见光谱法定量分析的依据是朗伯-比尔定律。当用一束平行单色光垂直照射均匀非散射的溶液时，溶液的吸光度$A$与其浓度$c$和液层厚度$b$成正比。

$$A=\lg\frac{I_0}{I}=\lg\frac{1}{T}=\varepsilon bc \tag{5-1}$$

式中，$I_0$为入射光强度；$I$为透过光强度；$T$为透过率；$c$的单位为mol/L；$b$的单位为cm；$\varepsilon$为摩尔吸光系数，L/（mol·cm）。

$\varepsilon$与吸光物质的分子结构、入射光波长、溶剂、溶液酸度、温度等因素有关。$\varepsilon$越大，表示吸光物质对入射单色光的吸收能力越强，光度测定的灵敏度越高。

在一定条件下，通过测定一定波长（通常是$\lambda_{max}$）下溶液的吸光度，采用标准曲线（$A$-$c$）法或标准加入法就可以求出待测物质的浓度。

对多组分吸收体系，如果在各组分的最大吸收波长处不存在光谱干扰，则可以分别在其

最大吸收波长处进行测定。如果吸收峰有重叠，则可以根据吸光度的加和性，采用解联立方程组或双波长分光光度法等进行测定。

## 5.2 仪器结构及原理

如图5-3所示，紫外-可见分光光度计主要由五部分构成。

图5-3 单光束分光光度计结构方框

光源发射的连续光谱被单色器分解为不同波长的单色光，经狭缝入射到吸收池上并被吸收池中的待测物质吸收，由检测器检测透过光的强度，经转换放大后显示出吸光度$A$或透过率$T$的读数。

吸收池用于盛放溶液，在可见光区测定用玻璃吸收池或石英吸收池，在紫外光区测定用石英吸收池。

## 5.3 方法特点及应用

紫外-可见分光光度法的主要优点是灵敏度高，准确度较高［$E_r=\pm(1\%\sim5\%)$］，操作简单快速，应用范围广，仪器价格较低。已广泛应用于化学化工、食品、医药、生物、环境监测等很多领域的分析测试和研究中。

在定性分析中，主要是对不饱和有机化合物，特别是存在共轭体系的有机化合物进行鉴定，并需要结合红外、质谱、核磁共振波谱等手段才能确认。常用于判断有机化合物中的发色团和助色团的种类、位置、数目，推断物质分子的结构骨架、空间阻碍效应、氢键的强度、互变异构和几何异构现象等。

在定量分析中，可准确测定样品中的微量、痕量和常量的有机化合物或无机物的含量，可进行物质的纯度检查。

紫外-可见分光光度法还可以用于测定反应速度、反应级数，探讨反应机理，测定配位化合物的组成、稳定常数和弱酸弱碱的解离常数等。

## 5.4 实验技术和分析条件

### 5.4.1 样品溶液的制备

紫外-可见分光光度法通常是在溶液中进行测定，需要选择合适的样品前处理方法，将待测物质转入溶液，准确配制适合于光度测量的一定浓度范围的样品溶液和标准溶液。

制备溶液所用的溶剂有水、无机酸、碱和有机溶剂，根据情况进行选择。要求溶剂：a.能很好地溶解试样；b.化学稳定性和光学稳定性好，不和待测物质发生反应；c.在满足溶解度的条件下，极性尽量小，挥发性和毒性小；d.在样品检测波长范围内无明显的吸收，即溶剂的截止波长（最短可使用波长）要小于检测波长。紫外-可见分光光度法中常用溶剂的截止波长见表5-2。

表5-2　紫外-可见分光光度法常用溶剂的截止波长

| 溶剂 | 波长/nm | 溶剂 | 波长/nm | 溶剂 | 波长/nm |
|---|---|---|---|---|---|
| 乙腈 | 190 | 正丁醇 | 210 | 四氯化碳 | 265 |
| 正己烷 | 200 | 乙醚 | 210 | *N*,*N*-二甲基甲酰胺 | 270 |
| 正庚烷 | 200 | 1,4-二氧六环 | 215 | 苯 | 280 |
| 环己烷 | 205 | 乙酸(1%) | 230 | 甲苯 | 285 |
| 甲醇 | 205 | 二氯甲烷 | 235 | 二甲苯 | 290 |
| 异丙醇 | 210 | 氯仿 | 245 | 吡啶 | 305 |
| 乙醇 | 210 | 乙酸乙酯 | 256 | 丙酮 | 330 |
| 水 | 210 | 二甲亚砜 | 265 | 二硫化碳 | 380 |

## 5.4.2　选择合适的分析条件

（1）显色条件

在可见分光光度分析中，如果待测组分无色或浅色，需要事先将其转变为有色化合物才能进行测定。要选择合适的显色剂，控制合适的试剂用量（显色剂、掩蔽剂等）、溶液pH值、显色温度、显色时间等，以提高检测灵敏度和选择性。

（2）溶液的酸度

溶液的酸度会影响待测物质的存在形式和数量，从而影响吸收光谱的形状、吸收峰的位置和强度。在紫外-可见光谱分析中，必须用缓冲溶液控制被测溶液的pH值。

（3）吸光度范围

在吸光度为0.434时浓度测量的相对误差最小，一般通过控制溶液的浓度使吸光度在0.2~0.8范围内进行测定，使测量误差相对较小。

（4）入射光波长

要本着吸收最大、干扰最小的原则选择入射光的波长。一般在被测溶液的最大吸收波长（$\lambda_{max}$）处测定，可提高灵敏度和准确度。

（5）狭缝宽度

狭缝宽度直接影响检测灵敏度和工作曲线的线性范围。狭缝宽度大，单色性差，工作曲线的线性范围窄；狭缝窄，杂散光少，但入射光较弱，检测灵敏度低。应在保证吸光度不减小的条件下，尽量选择宽度较大的狭缝。

（6）参比溶液

用合适的参比溶液调节透光率*T*为100%，可消除由于吸收池对光的吸收、反射以及溶剂和试剂对光的吸收等带来的误差。选择参比溶液的原则是：

① 当试液、显色剂和其他试剂在测量波长处均无吸收时，可用溶剂作参比。

② 当显色剂或其他试剂在测量波长处有吸收时，用不加试液的试剂空白作参比。

③ 只有试液在测量波长处有吸收时，用不加显色剂的试液作参比。

④ 当显色剂和试液在测量波长处均有吸收时，用加入掩蔽剂掩蔽待测组分后再加入显色剂的溶液作参比。

（7）其他

要在体系稳定的时间内完成光度测量；吸收池要配套、洁净，测定时，手不要拿透光面，要用吸水纸将吸收池外壁可能存在的液滴吸干。

# 实验七 紫外分光光度法测定废水中的苯酚

## 一、实验目的

1. 能够描述紫外-可见分光光度计的结构和工作原理，学会基本操作。
2. 能够解释紫外分光光度法测定苯酚的原理和定性、定量分析方法。
3. 能够概述苯酚的危害和紫外分光光度法在水质分析中的应用。

## 二、实验原理

苯酚是一种重要的化工原料，具有毒性和腐蚀性，已被世界卫生组织列入致癌物质的黑名单。但在一些药品、食品添加剂、消毒液等产品中均含有一定量的苯酚，如果其含量超标，就会产生很大的毒害作用。苯酚水溶液在紫外区270nm左右有最大吸收，本实验采用紫外分光光度法测定废水中苯酚的含量。

苯环为共轭体系，当苯吸收了紫外区一定波长的光后会发生$\pi \rightarrow \pi^*$电子跃迁而产生3个吸收带：$E_1$带，吸收峰在184nm左右，为强吸收，$\varepsilon_{max}$为$4.7\times10^4$L/（mol·cm）；$E_2$带，吸收峰在204nm左右，$\varepsilon_{max}$为$7.4\times10^3$L/（mol·cm）；B带，吸收峰在255nm左右，为弱吸收，$\varepsilon_{max}$为230L/（mol·cm）。

苯酚是苯环上的一个氢被含有n电子的羟基取代后的产物，其吸收光谱与苯相比会发生变化，E带和B带的吸收峰将向长波方向移动，B的精细结构吸收带会变得简单化，而且吸收强度增加。苯酚中性水溶液$E_2$带的$\lambda_{max}$在211nm处，$\varepsilon_{max}$为$6.2\times10^3$L/（mol·cm）；B带的$\lambda_{max}$在270nm处，$\varepsilon_{max}$为$1.5\times10^3$L/（mol·cm）。

苯酚的定性分析，是在相同条件下，对苯酚标准溶液和样品溶液在紫外区一定波长范围内进行扫描，如果苯酚标准溶液的吸收光谱的形状、吸收峰的数目，特别是最大吸收波长的位置在样品溶液中也有体现，就说明样品中含有苯酚。

苯酚的定量分析，是依据朗伯-比尔定律：$A=\varepsilon bc$，在确定的测量波长（一般为$\lambda_{max}$）处采用标准曲线法测定。

## 三、仪器与试剂

1. 仪器

UV3600双光束紫外-可见分光光度计（日本岛津公司）；石英吸收池；电子天平（感量0.01mg）；容量瓶（100mL，25mL）。

2. 试剂

苯酚（优级纯）；苯酚废水样品；超纯水。

苯酚标准贮备液（250mg/L）：准确称取25.00mg优级纯苯酚于100mL容量瓶中，用超纯水溶解并定容至刻度，摇匀。

## 四、实验步骤

1. 配制苯酚系列标准溶液

分别移取250mg/L的苯酚标准贮备液1.00mL、2.00mL、3.00mL、4.00mL、5.00mL于5个25mL容量瓶中，用超纯水定容至标线，摇匀，得到浓度为10mg/L、20mg/L、30mg/L、40mg/L、50mg/L的苯酚标准溶液。

2. 打开计算机、仪器主机

进入“UV3600”软件操作系统，待仪器自检结束后，进入操作主页面进行测定。

3. 测绘吸收光谱

取浓度为50mg/L的苯酚标准溶液，在200~375nm波长范围内，以水作参比，用1cm石英吸收池，测绘吸收光谱，找出最大吸收波长。

在相同条件下测定苯酚废水样品的吸收光谱。

4. 定性分析

将苯酚废水样品的吸收光谱与苯酚标准溶液的吸收光谱相比较，确定废水中苯酚的吸收峰。

5. 定量分析

（1）标准曲线的测绘

在苯酚的最大吸收波长处，以水作参比，用1cm石英吸收池，按浓度由低到高的顺序测定苯酚系列标准溶液的吸光度$A$。

（2）废水样品的测定

将废水样品在苯酚的最大吸收波长处，以水作参比，用1cm石英吸收池测定吸光度。

6. 实验结束

关闭仪器主机和打印机，清洗吸收池及其他玻璃仪器。

**五、数据处理与结果**

1. 打印苯酚标准溶液和废水样品溶液的吸收光谱。

2. 根据测定数据，以苯酚标准溶液的浓度$c$为横坐标、吸光度$A$为纵坐标绘制标准曲线，求出标准曲线方程及线性相关系数。

3. 根据废水样品中苯酚的吸光度，计算废水中苯酚的浓度。

4. 列表填写实验数据和结果。

**六、注意事项**

1. 苯酚浓度不能太大，否则标准曲线发生线性偏离，导致测定结果不准确。

2. 在紫外光区测定必须使用石英吸收池；吸收池要洁净，且配对使用。

3. 拿取吸收池时，手指应拿磨砂玻璃面，盛放溶液以池体的4/5为度，使用挥发性溶液时应加盖；要先用吸水纸吸干吸收池四面的液滴，再用擦镜纸轻轻擦拭干净。要将吸收池透光面对准光路放入样品室。

4. 实验产生的含苯酚的废液要全部回收。

**七、思考题**

1. 与单光束分光光度法相比较，双光束分光光度法有哪些优点？

2. 紫外-可见分光光度法有哪些应用？

3. 在分光光度分析中如何选择参比溶液？

# 实验八　分光光度法测定环境水中的总磷

**一、实验目的**

1. 学会用过硫酸钾高压消解水样中总磷的方法。

2. 能够解释过硫酸钾-钼锑抗分光光度法测定水中总磷的原理和定量分析方法。

3. 能够概述水体中过量磷的危害和紫外-可见分光光度法在环境检测中的应用。

**二、实验原理**

磷是生物生长所必需的营养元素。在天然水和废水中，磷几乎都是以各种磷酸盐的形式存在，如正磷酸盐、缩合磷酸盐（焦磷酸盐、偏磷酸盐和多磷酸盐）和有机磷酸盐等。

由于化肥、农药的生产和使用以及生活污水的排放，常会使水体中磷的含量过高（大于0.2mg/L），从而造成藻类的过度繁殖，使水质恶化，影响水生动物的生长和人们的生活，水中总磷的含量是水质分析的必测项目。

本实验采用过硫酸钾-钼锑抗（钼蓝）分光光度法测定水中总磷的含量。它包括两个步骤：第一步，在中性条件下，于120℃的高压釜内，用过硫酸钾氧化剂将水中存在的无机磷、有机磷和悬浮磷全部氧化为正磷酸盐。反应如下：

$$K_2S_2O_8 + H_2O \longrightarrow 2KHSO_4 + \frac{1}{2}O_2$$

$$P(\text{缩合磷酸盐或有机磷中的磷}) + 2O_2 \longrightarrow PO_4^{3-}$$

第二步，在酸性介质中，正磷酸盐与钼酸铵反应，在酒石酸锑钾催化作用下生成磷钼杂多酸，并立即被抗坏血酸还原为蓝色的磷钼蓝配合物（$H_3PO_4 \cdot 10MoO_3 \cdot Mo_2O_5$或$H_3PO_4 \cdot 8MoO_3 \cdot 2Mo_2O_5$）。

化学计量关系为：1P~1$PO_4^{3-}$ ~1磷钼蓝。

水样中的磷在0.1%钼酸铵、0.2mol/L硫酸、0.19%抗坏血酸、0.0026%酒石酸锑钾溶液中，于室温（20~30℃）下显色完全后，在最大吸收波长处测定磷钼蓝的吸光度，从而求出水样中总磷的含量。

本方法适用于地面水、污水和工业废水中总磷的测定，取25.00mL水样，最低检出限为0.01mg/L，测定上限为0.6mg/L。

## 三、仪器与试剂

1. 仪器

SP-756P（扫描型）紫外可见分光光度计（上海光谱仪器有限责任公司）；电子天平；医用手提式蒸汽消毒器或一般压力锅（1.1~1.4kgf/$cm^2$）；具塞比色管（50mL）；棕色玻璃瓶；容量瓶。所有玻璃器皿均应用稀的热盐酸浸泡，再用超纯水冲洗数次。

2. 试剂

过硫酸钾（$K_2S_2O_8$）；抗坏血酸；钼酸铵［$(NH_4)_6Mo_7O_{24} \cdot 4H_2O$］；硫酸；酒石酸锑钾（$KSbC_4HO_7 \cdot \frac{1}{2}H_2O$）；磷酸二氢钾（$KH_2PO_4$）：110℃干燥2h后，置于干燥器中保存；硫酸（1+1）。

过硫酸钾溶液（50g/L）：将5.0g优级纯过硫酸钾溶于水，并稀释至100mL。

抗坏血酸溶液（100g/L）：将10.0g抗坏血酸溶于水中，并稀释至100mL，贮于棕色试剂瓶中，于4℃冰箱中保存，可稳定几周，如不变色即可使用。

钼酸盐溶液：取13.0g钼酸铵溶于100mL水中，取0.35g酒石酸锑钾溶于100mL水中。在不断搅拌下，把钼酸铵溶液慢慢加入到300mL（1+1）硫酸中，再加入酒石酸锑钾溶液，混匀，贮存于棕色玻璃瓶中，于4℃冰箱中保存，可保存3个月。

磷标准贮备液（50.0μg/mL）：准确称取0.2197g干燥后的磷酸二氢钾，用水溶解后转移到1000mL容量瓶中，加入约800mL水和5.0mL硫酸（1+1），再用水稀释至标线，摇匀。

磷标准溶液（2.0μg/mL）：移取10.00mL磷标准贮备液于250mL容量瓶中，用水稀释至标线，摇匀，使用当天配制。

浊度-色度补偿液：将硫酸（1+1）和100g/L的抗坏血酸溶液按2∶1体积混合均匀，使用当天配制。

以上试剂均为优级纯，实验用水为超纯水。

## 四、实验步骤

1. 水样的采样和制备

用棕色玻璃瓶采集足够量的水样。仔细摇匀，以得到溶解部分和悬浮部分均具有代表性的试样，然后迅速移取25.00mL水样（含磷不超过30μg）于50mL具塞比色管中。如果水样中含磷浓度较高，应减少取样体积。

2. 水样的消解

向含有水样的比色管中加入4.00mL 50g/L 的过硫酸钾溶液，塞紧盖子并使其固定（可用一小块布和线将玻璃塞扎紧），放在大烧杯中置于高压蒸汽消毒器中加热，待压力达到1.1kgf/$cm^2$、温度为120℃时，保持30min后停止加热。待压力表读数降至零后，取出放冷，用水稀释至标线，摇匀。

3. 配制系列标准显色溶液

取6支50mL具塞比色管，标号1、2、3、4、5、6。分别加入0.00mL、1.00mL、3.00mL、5.00mL、10.00mL、15.00mL磷标准溶液，加水至25.00mL，摇匀，按步骤2方法进行消解。磷标准溶液最好与水样同时进行消解。

向消解液中各加入1.00mL抗坏血酸溶液，混匀，30s后再各加入2.00mL钼酸盐溶液，充分混匀，在室温（20~30℃）下显色15min。

4. 打开仪器主机、打印机

预热15min。

5. 绘制吸收光谱

用1cm比色皿，以1号试剂空白作参比，在600~900nm波长范围内绘制5号显色溶液的吸收光谱，找出最大吸收波长$\lambda_{max}$。

6. 制作标准曲线

用1cm比色皿，以1号试剂空白作参比，在$\lambda_{max}$波长处按浓度由低到高的顺序依次测定2~6号显色液的吸光度$A$。以磷的含量为横坐标，对应的吸光度为纵坐标绘制标准曲线。

7. 水样分析

向步骤2的水样消解液中加入1.00mL抗坏血酸溶液，混匀，放置30s后再加入2.00mL钼酸盐溶液，充分混匀，在室温（20~30℃）显色15min。用1cm比色皿，以1号试剂空白作参比，在$\lambda_{max}$波长处测定吸光度。

注意：如果水样中含有浊度或色度，需要进行空白实验。即以超纯水代替水样，按步骤2方法消解后，加入3.00mL浊度-色度补偿液，混匀。但光度分析时不再加抗坏血酸溶液和钼酸盐溶液。然后从水样的吸光度中扣除空白液的吸光度。

8. 实验结束

关闭仪器主机和打印机，清洗吸收池及其他玻璃仪器。

**五、数据处理与结果**

1. 打印吸收光谱，将相关实验数据填入表1中。
2. 绘制标准曲线，计算标准曲线方程和线性相关系数。
3. 计算水样中总磷的含量。

将水样显色液对应地扣除空白实验后的吸光度代入标准曲线方程，计算水样中总磷的含量。

**表1　实验数据及分析结果**

| 编号 | 1 | 2 | 3 | 4 | 5 | 6 | 水样 |
|---|---|---|---|---|---|---|---|
| 磷标准溶液体积/mL | 0 | 1.00 | 3.00 | 5.00 | 10.00 | 15.00 | 0 |
| 磷标准溶液浓度 $c$/(μg/mL) | 0 | 0.08 | 0.24 | 0.40 | 0.80 | 1.20 | 0 |
| 水样体积/mL | 0 | 0 | 0 | 0 | 0 | 0 | 25.00 |
| 吸光度 $A$ | | | | | | | |
| 标准曲线方程及线性相关系数 $r$ | | | | | | | |
| 水样中总磷的含量/(μg/mL) | | | | | | | |

### 六、注意事项

1. 本实验必须用高纯度过硫酸钾，否则重现性不好。

2. 过硫酸钾消解法适用于绝大多数地表水和部分工业废水中总磷的测定，对于严重污染的工业废水和贫氧水，应采用硝酸-高氯酸或硝酸-硫酸等更强的氧化剂才能消解完全。

3. 干扰。当水样中砷>2mg/L、硫化物>2mg/L、铬>50mg/L时，干扰测定。可用硫代硫酸钠去除砷的干扰，用亚硫酸钠去除铬的干扰。

去除硫化物干扰：水样用$H_2SO_4$酸化，通氮气15min，将$H_2S$驱去。

4. 水样测定和标准曲线制作的实验条件应相同，二者最好同时进行消解和光度测定。

### 七、思考题

1. 本实验中影响总磷测定的因素有哪些?

2. 加入抗坏血酸的作用是什么?如果将过量钼酸铵试剂还原，对测定结果有何影响?

3. 如果只需要测定水中的可溶性正磷酸盐或可溶性总磷酸盐，应如何操作?

## 实验九　分光光度法测定磺溴酞钠的解离常数

### 一、实验目的

1. 能够解释分光光度法测定磺溴酞钠解离常数的基本原理。

2. 能够概述分光光度法在测定化合物的解离常数方面的应用。

### 二、实验原理

磺溴酞钠是一种含硫有机物，临床上用于检查肝功能是否异常。其结构式如图1所示。

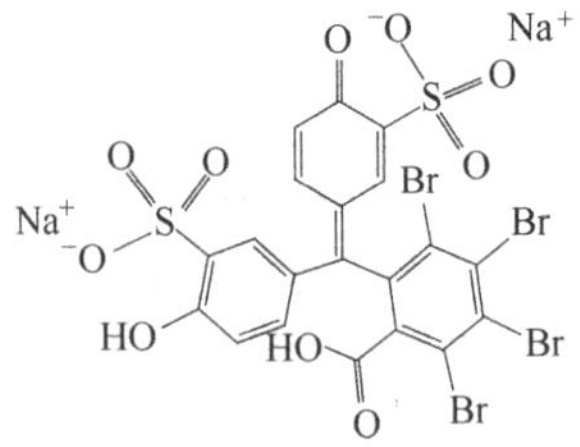

**图1　磺溴酞钠的结构式**

磺溴酞钠为白色结晶性粉末，易溶于水。其水溶液性质稳定，一般的水溶性物质不与之发生化学反应，在pH≤8.15时为无色，pH≥9.0时为蓝紫色，在pH=8.15~9.0之间为紫色。因此，磺溴酞钠可作为酸碱指示剂使用。

磺溴酞钠在酸性溶液中为有机弱酸（以HIn表示），其酸式型体和碱式型体具有不同的颜色，可以用分光光度法测定其解离常数$K_a$。

$$\mathrm{HIn} \rightleftharpoons \mathrm{H^+} + \mathrm{In^-} \qquad K_a = \frac{[\mathrm{H^+}][\mathrm{In^-}]}{[\mathrm{HIn}]}$$

在温度一定时，$K_a$为常数，根据吸光度的加和性，当在某波长下用1cm比色皿测定时，溶液的吸光度$A$为HIn和$In^-$的吸光度之和：

$$A = \varepsilon_{\mathrm{HIn}}[\mathrm{HIn}] + \varepsilon_{\mathrm{In^-}}[\mathrm{In^-}] = \varepsilon_{\mathrm{HIn}}\frac{[\mathrm{H^+}]c}{[\mathrm{H^+}]+K_a} + \varepsilon_{\mathrm{In^-}}\frac{K_a c}{[\mathrm{H^+}]+K_a} \tag{1}$$

式中，$c=[\mathrm{HIn}]+[\mathrm{In^-}]$。

在高酸度溶液中，$A=A_{\mathrm{HIn}}=\varepsilon_{\mathrm{HIn}}[\mathrm{HIn}] \approx \varepsilon_{\mathrm{HIn}} c$；在强碱性溶液中，$A=A_{\mathrm{In^-}} \approx \varepsilon_{\mathrm{In^-}} c$。

代入式（1）整理得：

$$\lg\frac{A-A_{In^-}}{A_{HIn}-A}=-pH+pK_a \tag{2}$$

式中，$A_{HIn}$、$A_{In^-}$分别为磺溴酞钠全部以酸型和全部以碱型存在时的吸光度。

在一定温度和离子强度下，在最大吸收波长处测定一系列浓度相同而pH不同的磺溴酞钠水溶液的吸光度$A$，找出$A_{HIn}$和$A_{In^-}$，以$\lg\frac{A-A_{In^-}}{A_{HIn}-A}$对pH作图，直线和pH轴的交点所对应的pH值即为$pK_a$值。

## 三、仪器与试剂

### 1. 仪器

pHS-3C酸度计（郑州宝晶电子科技有限公司）；SP-756P（扫描型）紫外可见分光光度计（上海光谱仪器有限责任公司）；电子天平；比色管（25mL）。

### 2. 试剂

氢氧化钠溶液（0.1mol/L）；盐酸溶液（0.1mol/L）；氨水溶液（0.1mol/L）；氯化铵溶液（0.1mol/L）；氯化钾溶液（2.5mol/L）。以上所用试剂均为分析纯。硼砂标准缓冲溶液（pH=9.182，25℃）；混合磷酸盐标准缓冲溶液（pH=6.864，25℃）；超纯水或蒸馏水。

磺溴酞钠溶液（$1.5\times10^{-4}$mol/L）：称取磺溴酞钠（$C_{20}H_8Br_4Na_2O_{10}S_2$）62.9mg，用水溶解并定容至500mL，摇匀。

## 四、实验步骤

### 1. 配制系列不同pH值的磺溴酞钠溶液

取7只25mL具塞比色管，标号1、2、3、4、5、6、7。按照表1中的用量加入相关溶液，用水定容至刻度，摇匀。用酸度计精确测量其pH值。

**表1　数据记录及分析结果**

| 编号 | 1 | 2 | 3 | 4 | 5 | 6 | 7 |
|---|---|---|---|---|---|---|---|
| 磺溴酞钠/mL | 2.00 | 2.00 | 2.00 | 2.00 | 2.00 | 2.00 | 2.00 |
| KCl/mL | 1.00 | 1.00 | 1.00 | 1.00 | 1.00 | 1.00 | 1.00 |
| 氨水/mL | 0 | 0.150 | 0.50 | 5.00 | 18.00 | 0 | 0 |
| $NH_4Cl$/mL | 0 | 1.00 | 1.00 | 1.00 | 1.00 | 0 | 0 |
| HCl/mL | 0.10 | 0 | 0 | 0 | 0 | 0 | 0 |
| NaOH/mL | 0 | 0 | 0 | 0 | 0 | 0.50 | 2.00 |
| pH值 | | | | | | | |
| $A$ | | | | | | | |
| $\lg\frac{A-A_{In^-}}{A_{HIn}-A}$ | | | | | | | |
| $pK_a$ | | | | | | | |

### 2. 打开光度计主机和打印机电源开关

预热15min。

### 3. 测量波长的选择

磺溴酞钠酸型HIn在可见光区没有吸收。用1cm比色皿，以水作参比，在520~620nm波长范围内测绘7号溶液的吸收光谱。该吸收光谱为磺溴酞钠碱型的吸收光谱，其吸收峰对应着$In^-$的最大吸收波长$\lambda_{max}$，用该波长作为测量波长。

4. 磺溴酞钠解离常数的测定

在$In^-$的最大吸收波长$\lambda_{max}$处测量1~7号溶液的吸光度，求出磺溴酞钠的$pK_a$值。

5. 实验结束

关闭仪器主机和打印机，清洗吸收池及其他玻璃仪器。

**五、数据处理与结果**

1. 打印吸收光谱。

2. 根据1号溶液的吸光度$A_{HIn}$、7号溶液的吸光度$A_{In^-}$和2~6号溶液的吸光度$A$，计算2~6号溶液不同pH值时的$\lg\frac{A-A_{In^-}}{A_{HIn}-A}$。再以$\lg\frac{A-A_{In^-}}{A_{HIn}-A}$对pH作图，找出直线和pH轴的交点，得到磺溴酞钠的$pK_a$值。

3. 将实验数据和结果填入表1中。

**六、注意事项**

1. 各比色管中的磺溴酞钠溶液都必须准确加入。

2. 进行光度测量和用酸度计测定溶液的pH值时操作要规范。

**七、思考题**

1. 为什么要用7号溶液的最大吸收波长作为测量波长?

2. 浓度为$1.5\times10^{-4}$mol/L的磺溴酞钠溶液需要准确配制吗?

3. 本实验加入氯化钾溶液的目的是什么?

# 实验十　分光光度法同时测定铬铁矿中的铝和铁

**一、实验目的**

1. 能够解释双波长分光光度法同时测定铬铁矿中铝和铁的原理，学会双波长测量方法。

2. 能够概述铬铁矿的用途，增强资源意识和节约意识。

**二、实验原理**

铬铁矿主要成分为铁、镁和铬的氧化物，有的也含有铝、硅、钙等元素，是尖晶石的一种，它是唯一可开采的具有工业价值的铬矿石，主要用于生产不锈钢及各种合金钢、合金、含铬的化学试剂等。

将铬铁矿与过氧化钠混合，高温熔融后用盐酸溶解，其中的铝和铁生成$Al^{3+}$和$Fe^{3+}$，在pH=5.0~5.4的弱酸性溶液中，与8-羟基喹啉反应生成有颜色的8-羟基喹啉铝和8-羟基喹啉铁螯合物，用氯仿萃取除去水溶性杂质后，可取有机相进行光度分析。但是两种螯合物的吸收光谱重叠比较严重，测定时相互干扰，为此，可根据吸光度的加和性，采用解联立方程组或双波长分光光度法进行测定。本实验采用双波长分光光度法测定铬铁矿中铝和铁的含量。

如图1所示，8-羟基喹啉铝的最大吸收波长为$\lambda_1$，此时8-羟基喹啉铁的等吸收波长为$\lambda_2$；8-羟基喹啉铁的最大吸收波长为$\lambda_3$，8-羟基喹啉铝在$\lambda_3$处没有吸收。

在测定三氧化二铝时，选$\lambda_1$为测定波长，$\lambda_2$为参比波长，则在$\lambda_1$和$\lambda_2$处的总吸光度为：

$$A_{\lambda_1}=A^x_{\lambda_1}+A^y_{\lambda_1}=\varepsilon^x_{\lambda_1}bc_x+\varepsilon^y_{\lambda_1}bc_y \quad (1)$$

$$A_{\lambda_2}=A^x_{\lambda_2}+A^y_{\lambda_2}=\varepsilon^x_{\lambda_2}bc_x+\varepsilon^y_{\lambda_2}bc_y \quad (2)$$

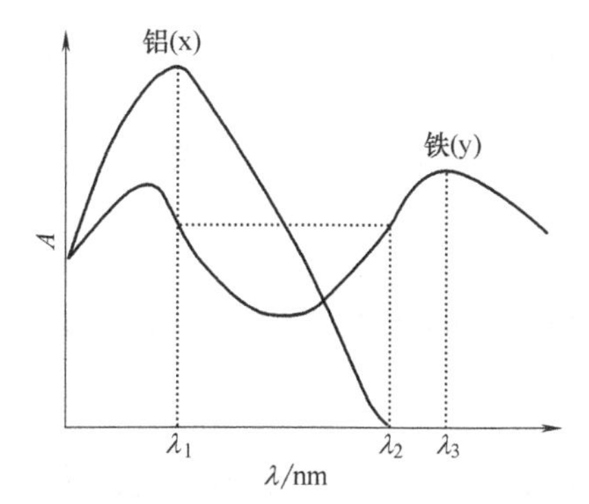


**图1　8-羟基喹啉铝和8-羟基喹啉铁螯合物的吸收光谱**

因为在等吸收点处有：$A_{\lambda_1}^{y}=A_{\lambda_2}^{y}$

所以两组分在$\lambda_1$和$\lambda_2$处的总吸光度差为：

$$\Delta A=A_{\lambda_1}-A_{\lambda_2}=A_{\lambda_1}^{x}-A_{\lambda_2}^{x}=(\varepsilon_{\lambda_1}^{x}-\varepsilon_{\lambda_2}^{x})bc_{x} \tag{3}$$

在一定条件下，$\varepsilon_{\lambda_1}^{x}$、$\varepsilon_{\lambda_2}^{x}$、$b$皆为常数，$\Delta A$与三氧化二铝的浓度$c_x$成正比，利用标准曲线法可以测定试样中三氧化二铝的含量。

在测定三氧化二铁时，由于8-羟基喹啉铝不存在干扰，所以选$\lambda_3$为测定波长。吸光度为：

$$A_{\lambda_3}=\varepsilon_{\lambda_3}^{y}bc_{y} \tag{4}$$

在一定条件下，$\varepsilon_{\lambda_3}^{y}$和$b$皆为常数，$A_{\lambda_3}$与三氧化二铁的浓度$c_y$成正比，利用标准曲线法可以测定试样中三氧化二铁的含量。

本实验16倍量的$Cr_2O_3$，10倍量的MgO、MnO、$SiO_2$（皆以氧化物计）、0.5μg $Ni^{2+}$、1μg $Co^{2+}$、0.5μg Mo（Ⅵ）、0.1μg V（Ⅴ）和0.25μgTi（Ⅵ）不干扰铝、铁的测定；10倍量的$Fe_2O_3$不干扰铝的测定。

**三、仪器与试剂**

1. 仪器

UV3600双光束紫外-可见分光光度计（日本岛津公司）；石英吸收池；电子天平；小型调温电炉；XZ-50型化验制样粉碎机；铂坩埚；分液漏斗（125mL）；pHS-3C酸度计；马弗炉；容量瓶；比色管。

2. 试剂

金属铝（纯度99.999%）；铁丝（光谱纯）；过氧化钠；碳酸钠；氯仿；无水硫酸钠；硫酸（1∶1）；盐酸（1∶1）；硝酸；冰醋酸；醋酸铵溶液（2mol/L）；以上试剂均为分析纯或优级纯；实验用水为超纯水。

铬铁矿试样：取铬铁矿石粉碎，过80目筛。

8-羟基喹啉溶液（1%）：称取8-羟基喹啉1.0000g，置于100mL容量瓶中，加入2.5mL冰醋酸，用超纯水定容至刻度，摇匀。

铝标准贮备溶液：准确称取金属铝0.5293g于100mL烧杯中，加入15.0mL硫酸（1∶1），加热溶解，冷却，定量转入1000mL容量瓶中，用超纯水稀释至标线，摇匀。此溶液中含三氧化二铝1mg/mL。

铁标准贮备溶液：准确称取光谱纯铁丝0.3497g于100mL烧杯中，加入30.0mL盐酸（1∶1），加热溶解，再加入3.0mL硝酸氧化，赶尽二氧化氮后冷却，定量转入500mL容量瓶中，用超纯水稀释至标线，摇匀。此溶液中含三氧化二铁1mg/mL。

## 四、实验步骤

1. 配制铝标准溶液

移取铝标准贮备液1.00mL于100mL容量瓶中，用超纯水稀释至标线，摇匀。此溶液中三氧化二铝的浓度为10μg/mL。

2. 配制铁标准溶液

移取铁标准贮备液2.00mL于100mL容量瓶中，用超纯水稀释至标线，摇匀。此溶液中三氧化二铁的浓度为20μg/mL。

3. 制备试样溶液

称取铬铁矿细粉0.25g左右（精确至±0.0001g）于已经做好碳酸钠保护层的铂坩埚中，加入3.0g过氧化钠与试样混匀，置于马弗炉中于500℃灼烧40min。取出，用热水趁热浸取，然后加入盐酸（1∶1）溶解熔块至清亮。冷却后，定量转入250mL容量瓶中，用超纯水稀释至标线，摇匀。

4. 打开电脑、打印机、仪器主机电源开关

预热15min。

5. 测量波长和参比波长的选择

取3个分液漏斗，标号1、2、3。向2号漏斗中加入5.00mL含三氧化二铝10μg/mL的铝标准溶液，向3号漏斗中加入3.00mL含三氧化二铁20μg/mL的铁标准溶液，皆加水至30mL。各加入1%的8-羟基喹啉溶液3.00mL，振荡，放置30min。分别用醋酸铵溶液调节pH=5.0~5.4，然后加入10.00mL氯仿，振荡1min，分层后分别将有机相转移至3支盛有1.0g无水硫酸钠的比色管中。

用1cm石英比色皿，以1号试剂空白作参比，在350~500nm波长范围内绘制2号和3号显色溶液的吸收光谱，找出8-羟基喹啉铝的最大吸收波长$\lambda_1$，8-羟基喹啉铁的等吸收波长$\lambda_2$及最大吸收波长$\lambda_3$。

6. 绘制标准曲线

取6个分液漏斗，标号。向其中分别加入含三氧化二铝10μg/mL的铝标准溶液0.00mL、1.00mL、2.00mL、3.00mL、4.00mL、5.00mL，再依次加入含三氧化二铁20μg/mL的铁标准溶液0.00mL、5.00mL、4.00mL、3.00mL、2.00mL、1.00mL，均加水至30mL。各加入1%的8-羟基喹啉溶液3.00mL，振荡，放置30min。皆用醋酸铵溶液调节pH=5.0~5.4，然后加入10.00mL氯仿，振荡1min，分层后分别将有机相转移至6支盛有1.0g无水硫酸钠的比色管中。

用1cm石英比色皿，以1号试剂空白作参比，用双波长方式在波长$\lambda_1$和$\lambda_2$处测定2~6号比色管中铝的吸光度差$\Delta A$；以双光束方式在$\lambda_3$处测定铁的吸光度$A_{\lambda_3}$。

7. 试样分析

移取1.00mL试样溶液于分液漏斗中，加水至30mL，用与步骤6相同的方法显色、萃取，测定铝的吸光度差$\Delta A$和铁的吸光度$A_{\lambda_3}$。

## 五、数据处理与结果

1. 打印吸收光谱，在光谱图上标出$\lambda_1$、$\lambda_2$和$\lambda_3$的位置。

2. 绘制标准曲线

以实验步骤6中2~6号比色管中三氧化二铝的浓度为横坐标，对应吸光度差$\Delta A$为纵坐标，绘制三氧化二铝的标准曲线，计算标准曲线方程和线性相关系数。以三氧化二铁的浓度为横坐标，对应吸光度$A_{\lambda_3}$为纵坐标，绘制三氧化二铁的标准曲线，计算标准曲线方程和线性相关系数。

3. 计算铬铁矿中铝和铁的含量

将步骤7测定的铝的吸光度差$\Delta A$和铁的吸光度$A_{\lambda_3}$代入各自的标准曲线方程，计算试样显色萃取液中铝和铁的浓度，再根据试样质量、试液体积和显色萃取液的体积等，计算铬铁矿中铝和铁的含量。

4. 列表填写实验数据及分析结果

**六、注意事项**

1. 溶液的pH值影响氯仿对8-羟基喹啉金属螯合物的萃取。控制pH=5.0~5.4，能使氯仿对8-羟基喹啉铝和8-羟基喹啉铁萃取完全，并能消除某些共存物质的干扰。

2. 显色完成后，最好在1h之内完成光度测量。因为8-羟基喹啉铝在光照下易发出萤光，不易放置过久。

3. 本实验要使用石英吸收池进行测定。

**七、思考题**

1. 本实验为什么要采用双波长分光光度法测定铝？如何选择测定波长和参比波长？

2. 铝和铁与8-羟基喹啉显色后，为什么还要用氯仿萃取？

3. 本实验影响分析结果准确度的因素有哪些？

# 实验十一 Fenton试剂对孔雀绿废水的脱色条件研究

**一、实验目的**

1. 能够概述孔雀绿的危害和处理孔雀绿废水的意义。

2. 能够优化出可见光Fenton试剂催化降解孔雀绿的最佳实验条件。

**二、实验原理**

孔雀绿又称孔雀石绿、碱性绿，其盐酸盐极易溶于水，结构式如图1所示。

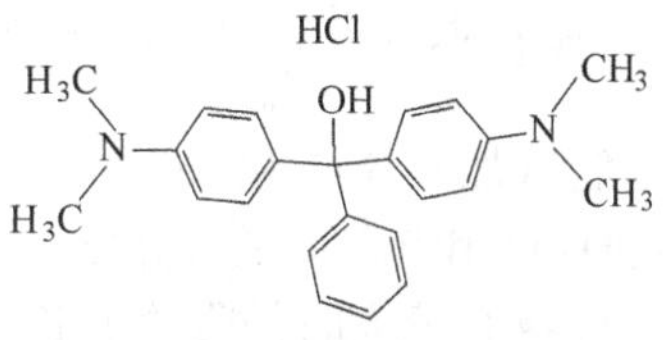

**图1 孔雀绿盐酸盐的结构式**

孔雀绿广泛用作染色剂，在水产业曾经作为杀虫剂和防腐剂用来预防和治疗水霉病、鳃霉病和小瓜虫病。但研究发现，孔雀绿及其代谢产物具有高毒素、高残留、致癌、致畸、致突变等作用，被许多国家列为水产养殖的禁用药物，对孔雀绿废水的脱色处理也已成为人们关注的焦点。可见光Fenton（$Fe^{2+}+H_2O_2$）催化法常用来降解有机染料，降解速率与溶液中的$H_2O_2$、染料及$Fe^{2+}$的浓度和pH值、温度等因素有关，本实验对该体系在pH=3.0时降解废水中孔雀绿的实验条件进行优化，确定最佳脱色条件。

**三、仪器与试剂**

1. 仪器

SP-756P（扫描型）紫外可见分光光度计（上海光谱仪器有限责任公司）；电子天平（感量0.01mg）；HH-2型数显恒温水浴锅；具塞比色管（25mL）。

2. 试剂

孔雀绿盐酸盐；30%过氧化氢；硫酸亚铁铵［$(NH_4)_2Fe(SO_4)_2 \cdot 6H_2O$］；邻苯二甲酸氢钾；硫酸溶液（0.1mol/L）；盐酸溶液（1∶1，体积比）；以上试剂为分析纯；实验用水为蒸馏水。

孔雀绿溶液（200mg/L）：准确称取100.00mg孔雀绿盐酸盐，用水溶解并稀释至500mL，摇匀。

邻苯二甲酸氢钾缓冲溶液（pH=3.0）：称取20.4g邻苯二甲酸氢钾溶于500mL水中，加入14.83mL盐酸（1∶1，体积比）溶液，用水稀释至1000mL，混匀。

0.3%过氧化氢溶液：取2.5mL 30%过氧化氢，用水稀释至250mL，摇匀。实验前配制并用高锰酸钾法标定其准确浓度。

$Fe^{2+}$贮备溶液（0.25mol/L）：称取9.8g 硫酸亚铁铵，用0.1mol/L硫酸溶解并稀释至250mL，摇匀。实验前配制并用重铬酸钾法标定其准确浓度。

孔雀绿水样1：用池塘里的水加入适量孔雀绿合成。

孔雀绿水样2：用河水加入适量孔雀绿合成。

**四、实验步骤**

1. 配制$Fe^{2+}$溶液

移取1.00mL 0.25mol/L $Fe^{2+}$贮备溶液于250mL容量瓶中，用水稀释至标线，摇匀。得到$Fe^{2+}$溶液，浓度为$1.0\times10^{-3}$mol/L。

2. 绘制吸收光谱，确定测量波长

取3支25mL比色管，标号1、2、0，3支管均加入1.50mL孔雀绿溶液、1.50mL邻苯二甲酸氢钾缓冲液（pH=3.0）。再向1号管中加入3.00mL $1.0\times10^{-3}$mol/L $Fe^{2+}$溶液和1.50mL 0.3%过氧化氢溶液，向2号管中加入1.50mL 0.3%过氧化氢溶液。均用水定容至标线，摇匀，置于30℃水浴中恒温20min。取出，冷却至室温。用1cm比色皿，以水作参比，在550~640nm波长范围内绘制各溶液的吸收光谱：$A_1$-$\lambda$，$A_2$-$\lambda$，$A_0$-$\lambda$。

孔雀绿染料的脱色率为：

$$脱色率 = \frac{A_0 - A_i}{A_0} \times 100\% \tag{1}$$

式中，$A_i$为$A_1$或$A_2$；$A_1$为1号管（加入$H_2O_2$和$Fe^{2+}$）的吸光度；$A_2$为2号管（加入$H_2O_2$）的吸光度；$A_0$为非催化体系（不加$H_2O_2$和$Fe^{2+}$）的吸光度。

根据吸收光谱找出$\Delta A$（$\Delta A=A_0-A_i$）最大时的吸收波长$\lambda_{max}$，此时脱色率最高，选择$\lambda_{max}$为测量波长。

3. 过氧化氢用量的影响

取6支25mL比色管，均加入1.50mL孔雀绿溶液，1.50mL邻苯二甲酸氢钾缓冲液（pH=3.0）。在前5支比色管中均加入3.00mL $Fe^{2+}$溶液，再依次加入0.10mL、1.00mL、1.50mL、2.00mL、4.00mL 0.3%过氧化氢溶液，第6支不加过氧化氢和$Fe^{2+}$，皆用水定容，摇匀，于30℃反应20min。取出，冷却至室温。用1cm比色皿，以水作参比，在$\lambda_{max}$处测定其吸光度$A_0$和$A_1$，计算脱色率。绘制脱色率和过氧化氢用量之间的关系曲线，找出脱色率最大时过氧化氢的用量，此为最佳用量。

4. 孔雀绿用量的影响

取5支25mL比色管，分别加入0.50mL、1.00mL、1.50mL、2.00mL、3.00mL孔雀绿溶液。均加入1.50mL邻苯二甲酸氢钾缓冲液（pH=3.0）、3.00mL $Fe^{2+}$溶液和最佳量的过氧化氢；另取5支25mL比色管，分别加入和前5支比色管相同量的孔雀绿和邻苯二甲酸氢钾缓冲液。将10支比色管分别用水定容至标线，摇匀，于30℃反应20min。取出，冷却至室温。用1cm比色皿，以水作参比，在$\lambda_{max}$处测定吸光度$A_0$和$A_1$，计算脱色率。绘制脱色率和孔雀绿用量之间的关系曲线，找出脱色率最大时的孔雀绿用量，此为最佳用量。

5. $Fe^{2+}$用量的影响

取7支25mL比色管，均加入最佳量的孔雀绿和1.50mL邻苯二甲酸氢钾缓冲液（pH=3.0）。向前6支管中加入最佳量的过氧化氢，再分别加入2.00mL、2.50mL、3.00mL、3.50mL、5.00mL、10.00mL $1.0\times10^{-3}$mol/L的$Fe^{2+}$溶液。皆用水定容，摇匀，于30℃反应20min。取出，冷却至室温。用1cm比色皿，以水作参比，在$\lambda_{max}$处测定吸光度$A_0$和$A_1$，计算脱色率。绘制脱色率和$Fe^{2+}$用量之间的关系曲线，找出脱色率最大时的$Fe^{2+}$的用量，此为最佳用量。

6. 反应温度和反应时间的影响

向12支25mL比色管中均加入最佳量的孔雀绿和1.50mL邻苯二甲酸氢钾缓冲液（pH=3.0）。在前6支管中再各加入最佳量的过氧化氢溶液和最佳量的$Fe^{2+}$溶液，另6支管不加。皆用水定容，摇匀。分别在5℃、10℃、20℃、30℃、40℃、50℃温度下各反应5min、10min、20min、30min、40min、50min。取出，冷却至室温。用1cm比色皿，以水作参比，在$\lambda_{max}$处测定不同反应温度和不同反应时间时的吸光度$A_0$和$A_1$，计算脱色率。分别绘制脱色率和反应温度以及脱色率和反应时间之间的关系曲线，找出脱色率最大时的反应温度和反应时间，此为最佳反应温度和最佳反应时间。

7. 水样分析

取含有孔雀绿的水样，在最佳试剂用量和30℃时反应20min。取出，冷却至室温。用1cm比色皿，以水作参比，在$\lambda_{max}$处测定吸光度并计算脱色率。

**五、数据处理与结果**

1. 打印吸收光谱：$A_0$-$\lambda$，$A_1$-$\lambda$，$A_2$-$\lambda$。找出最大$\Delta A_1=A_0-A_1$和最大$\Delta A_2=A_0-A_2$所对应的吸收波长：$\lambda_{max}$=______nm。

2. 将实验数据填入表1~表5中。

**表1　过氧化氢用量对脱色率的影响**

| 编号 | 1 | 2 | 3 | 4 | 5 | 6 |
|---|---|---|---|---|---|---|
| $V(H_2O_2)$/mL | | | | | | |
| $A_0$ | | | | | | |
| $A_1$ | | | | | | |
| 脱色率/% | | | | | | |

绘制脱色率和过氧化氢用量之间的关系曲线：

最佳过氧化氢的用量为：

**表2　孔雀绿用量对脱色率的影响**

| 编号 | 1 | 2 | 3 | 4 | 5 |
|---|---|---|---|---|---|
| $V_{MG}$/mL | | | | | |
| $A_0$ | | | | | |
| $A_1$ | | | | | |
| 脱色率/% | | | | | |

绘制脱色率和孔雀绿用量关系曲线：

最佳孔雀绿用量为：

表3 $Fe^{2+}$ 量对脱色率的影响

| 编号 | 1 | 2 | 3 | 4 | 5 | 6 | 7 |
|---|---|---|---|---|---|---|---|
| $V(Fe^{2+})$/mL | | | | | | | |
| $A_0$ | | | | | | | |
| $A_1$ | | | | | | | |
| 脱色率/% | | | | | | | |

绘制脱色率和$Fe^{2+}$用量之间的关系曲线：

最佳$Fe^{2+}$的用量为：

表4 反应温度和反应时间对孔雀绿脱色率的影响

| 温度/℃ | 时间/min | | | | | |
|---|---|---|---|---|---|---|
| | 5 | 10 | 20 | 30 | 40 | 50 |
| 5 | | | | | | |
| 10 | | | | | | |
| 20 | | | | | | |
| 30 | | | | | | |
| 40 | | | | | | |
| 50 | | | | | | |

绘制脱色率和反应温度之间的关系曲线：

绘制脱色率和反应时间之间的关系曲线：

最佳反应温度为：

最佳反应时间为：

表5 孔雀绿水样的测定（$n$=3）

| 孔雀绿水样 | 1 | 2 |
|---|---|---|
| $A_0$ | | |
| $A_1$ | | |
| 脱色率/% | | |

3. 根据实验结果，归纳用Fenton试剂降解废水中孔雀绿染料的最佳条件。

## 六、注意事项

1. 实验用的玻璃仪器和比色皿要清洗干净。
2. 所有溶液的量都要用移液管或吸量管准确加入。
3. 实验中产生的孔雀绿废液要全部回收。

## 七、思考题

1. 用Fenton试剂降解废水中的孔雀绿染料时应控制哪些反应条件？
2. 归纳用可见光Fenton试剂催化降解孔雀绿染料的优点和缺点。

# 第6章 红外吸收光谱法

红外光谱法（infrared spectroscopy，IR）是基于物质对红外光区电磁辐射的特征吸收而建立起来的分析方法，可用于物质的定性分析、结构分析和定量分析。

红外光位于波长0.78~1000μm或波数12800~10cm$^{-1}$之间，分为：

① 近红外区（波长0.78~2.5μm，波数12820~4000cm$^{-1}$），可对样品进行快速、无损、原位、在线分析；

② 中红外区（波长2.5~25μm，波数4000~400cm$^{-1}$），绝大多数有机化合物和无机离子基频吸收出现在该区域，最适合进行结构分析和定性分析、定量分析；

③ 远红外区（波长25~1000μm，波数400~10cm$^{-1}$），适合研究无机化合物和小分子气体。

## 6.1 方法原理

### 6.1.1 红外吸收光谱

红外吸收光谱又称为分子振动转动光谱。当用连续波长的红外光照射物质时，如果物质分子中的某些基团或化学键的振动频率和该辐射的某些频率一致，就会产生共振，此时光的能量通过分子偶极矩的变化传递给该分子，这些基团或化学键吸收了相应频率的辐射后，就发生原子间的相对振动并伴随着分子的转动，从而产生振动能级和转动能级从基态到激发态的跃迁，使相应于这些吸收区域的透射光强度减弱。记录波长$\lambda$（nm）或波数$\sigma$（cm$^{-1}$）与吸光度$A$或透过率$T$关系的曲线，就是该物质的红外吸收光谱。图6-1是乙酸乙酯的红外吸收光谱。

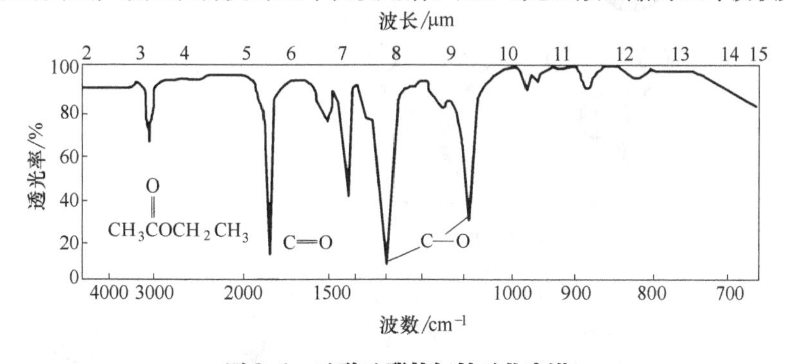


**图6-1 乙酸乙酯的红外吸收光谱**

红外光谱产生的条件：

① 红外辐射的能量必须与分子振动能级跃迁所需要的能量相等。

② 辐射与物质之间有相互耦合作用，即分子振动时必须有偶极矩的变化。

只有振动时产生偶极矩变化的分子才具有红外活性，具有红外活性的分子才能吸收红外辐射产生红外光谱。除了单原子分子及单核分子外，几乎所有的有机化合物都具有其特征的红外吸收光谱。

## 6.1.2 分子振动形式

（1）双原子分子的振动

双原子分子间为伸缩振动。把化学键相连的两个原子看作谐振子，质量为$m_1$和$m_2$的两个原子之间的化学键力常数为$k$。按照经典力学及Hoocke定律和Newton定律，得到该振子的振动频率为：

$$\nu=\frac{1}{2\pi}\sqrt{\frac{k}{\mu}}\quad \text{或波数}\quad \sigma=\frac{1}{2\pi c}\sqrt{\frac{k}{\mu}} \tag{6-1}$$

式中，$c$为光速，cm/s；$\mu$为双原子折合质量；$k$为化学键力常数，N/cm。

$$\mu=\frac{m_1m_2}{m_1+m_2} \tag{6-2}$$

可见，化学键力常数越大，双原子折合质量越小，则化学键的振动频率越高，吸收峰将出现在高波数区；反之，吸收峰会出现在低波数区。

根据上式可计算化学键力常数或伸缩振动频率，可测定同位素质量，鉴定同位素分子的存在和测定其相对含量。

（2）多原子分子的振动

在多原子分子中，一个原子可同时与几个其他原子形成化学键，因而振动复杂。但可以将其分解成许多简单的基本振动，即简正振动。简正振动一般分为两类。

1）伸缩振动（$\nu$）

振动时原子沿键轴方向伸缩，键长发生变化而键角不变，一般出现在高波数区。包括对称伸缩振动（$\nu_s$）和不对称伸缩振动（$\nu_{as}$）。

2）弯曲振动（δ）

又称为变形振动，振动时键角发生周期性变化而键长不变，一般出现在低波数区。弯曲振动分为：

① 面内弯曲振动。即在几个原子构成的平面内进行的弯曲振动。分为剪式振动（$\delta_s$）和面内摇摆振动（ρ）。

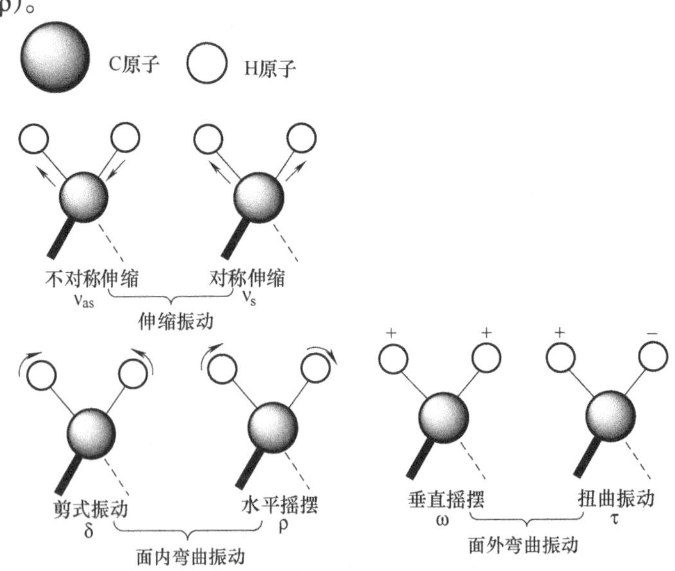


**图6-2 甲基振动形式示意**

② 面外弯曲振动。即在垂直于几个原子构成的平面方向上进行的弯曲振动。分为面外摇摆振动（ω）和扭曲振动（τ）。

例如，甲基有6种振动形式：对称伸缩振动 $\nu_s$（2872$cm^{-1}$），不对称伸缩振动 $\nu_{as}$（2962$cm^{-1}$），对称变形振动 $\delta_s$（1380$cm^{-1}$），不对称变形振动 $\delta_{as}$（1460$cm^{-1}$），摇摆振动ρ（1000$cm^{-1}$）和扭转振动τ（400$cm^{-1}$以下）。如图6-2所示。

## 6.1.3 基团频率和特征吸收峰

红外光谱有官能团区和指纹区两个重要的区域。

（1）官能团区（4000~1300$cm^{-1}$）

官能团区也叫基团频率区，该区域内的吸收峰具有很强的特征性，常用于鉴定官能团。可分为以下四个波段。

① 4000~2500$cm^{-1}$：为X—H伸缩振动区（X为O、N、C、S等原子）。

② 2500~2000$cm^{-1}$：为三键和累积双键的伸缩振动区，如—C≡C—、—C=C=C—等。

③ 2000~1500$cm^{-1}$：为双键伸缩振动区，如C=O、C=C等。

④ 1500~1300$cm^{-1}$：为C—H弯曲振动区。

注意，同样的基团在不同分子和不同的外界环境中，基团频率可能会有一个较大的范围。

（2）指纹区（1300~400$cm^{-1}$）

① 1300~900$cm^{-1}$：为单键伸缩振动和S=O、C=S等双键伸缩振动区。

② 900~600$cm^{-1}$：为苯环面外弯曲振动区。

指纹区峰多而复杂，但分子结构稍有不同，其吸收就会有细微的差异，可以作为化合物是否存在某种基团的旁证。某些吸收峰对确定同分异构体十分有用。

## 6.1.4 定性分析和结构分析方法

组成分子的各种基团都有其特定的红外吸收区域，根据红外光谱中出现的基团频率和特征吸收峰，再对照标准谱图等，就能对物质进行定性分析和结构分析。

### 6.1.4.1 已知物的鉴定

将在相同条件下测得的红外光谱与标准谱图或文献上的谱图对照，若二者吸收峰的位置、形状、波峰数目和峰的相对强度完全一样，则为同一种物质。

使用文献上的谱图，应注意试样的物态、结晶形状、溶剂、测定条件以及所用仪器类型均应与标准谱图相同。

### 6.1.4.2 未知物的鉴定

如果未知物不是新化合物，可以用以下两种方法来查对标准谱图。

1）查阅标准谱图的谱带索引，寻找与试样光谱吸收带相同的标准谱图。

2）进行光谱解析，判断试样可能的结构，再由化学分类索引查找标准谱图对照核实。具体步骤如下：

① 首先要尽量搜集试样的相关资料，较全面地了解试样的来源、纯度和性质，初步推测可能的化合物类别；进行元素分析，测定试样的熔点、沸点、溶解度、折光率、旋光率、化学式、分子量等，作为定性分析的旁证；判断试样是否需要分离或提纯。

② 计算不饱和度$\Omega$。

$$\Omega = 1 + n_4 + \frac{n_3 - n_1}{2} \tag{6-3}$$

式中，$n_1$、$n_3$和$n_4$分别为分子中所含有的一价、三价和四价原子的数目。

通常规定链状饱和烃及其衍生物的不饱和度为零，一个双键或脂环结构的不饱和度为1，一个三键或两个双键或两个脂环的不饱和度为2，一个苯环的不饱和度为4。由Ω判断分子是否饱和以及不饱和键的数目。

③ 谱图解析。

Ⅰ. 作几张不同强度的红外光谱图。

从较低浓度的谱图中读出强峰位置，从较高浓度的谱图中读出弱峰位置。

Ⅱ. 先从官能团区最强的谱带入手，根据吸收峰的位置、形状和强度等，推断可能含有的基团和化学键，并归属其类别，再到指纹区找到旁证。必须找到一组相关峰，才能确定某个基团或化学键的存在。

Ⅲ. 根据频率位移及指纹信息，推测邻近基团的性质及连接方式，结合官能团及化学合理性，初步判断化合物的结构。再与标准谱图对照分析得出结论。

红外光谱主要提供官能团的结构信息，对新化合物及结构复杂的化合物，还需要结合核磁共振、紫外吸收光谱和质谱等手段进行结构判断。

### 6.1.5 定量分析

红外光谱法定量分析的依据是朗伯-比尔定律。在一定条件下，通过测量待测物质的红外特征吸收强度，就可以用标准曲线法求出待测物质的含量。但一般红外光谱法定量分析的误差较大，不适合微量组分的定量分析。

## 6.2 仪器结构及原理

目前常用的红外光谱仪是傅里叶变换红外光谱仪（FTIR），FTIR是根据光的相干性原理设计的，它主要由红外光源、迈克耳孙（Michelson）干涉仪、样品室、检测器、计算机和记录系统组成，如图6-3所示。

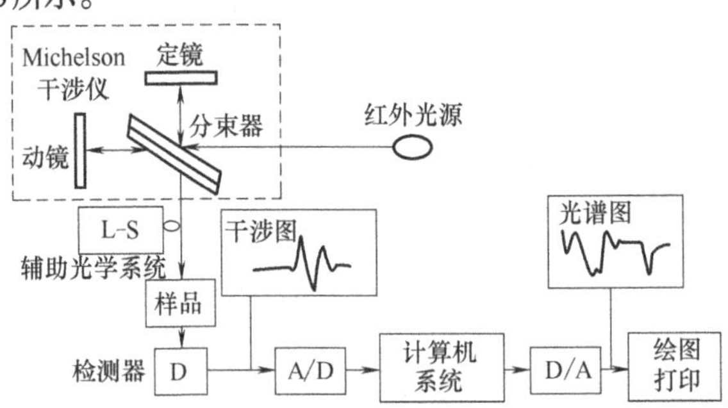


**图6-3 傅里叶变换红外光谱仪工作原理示意**

FTIR测量部分的核心部件是Michelson干涉仪，它主要由相互垂直的固定反射镜和动镜以及与两反射镜成45°的分束器组成。

工作原理：分束器将光源发出的红外光分为能量相等的两束，分别到达定镜和动镜，移动动镜使之以不同的光程差重新组合，得到干涉光。干涉光经样品吸收后被检测器检测，得到带有样品信息的干涉图（干涉图难以进行光谱解析），经计算机系统进行快速傅里叶变换处理后得到红外吸收光谱。

FTIR没有色散元件和狭缝，故入射到样品上的红外干涉光是有足够能量的复合光，可同时获得光谱所有频率信息的干涉图和红外吸收光谱图。

傅里叶变换红外光谱仪的主要特点是：
① 光通量大，灵敏度和准确度高。可以检测透光率较低的样品，样品量可以少到$10^{-12}$~$10^{-9}$g。
② 分辨率高（0.1~0.005$cm^{-1}$）。便于观察气态分子的精细结构。
③ 光谱范围宽（10000~10$cm^{-1}$），精度高（±0.01cm），重现性好（0.1%）。
④ 扫描速度极快。在1s内可获得多张甚至数百张光谱图。

# 6.3 方法特点及应用

## 6.3.1 方法特点

① 特征性强，信息丰富，应用范围广。
② 能直接分析气体、液体、固体试样。
③ 试样用量少，分析速度快，不破坏样品。
④ 仪器构造简单，操作简便。

## 6.3.2 应用

红外光谱法广泛用于有机化合物的鉴别和分子结构分析，也可以用于定量分析，测定化学反应速度，研究反应机理，进行晶变、相变、材料拉伸与结构的瞬变关系研究等。

随着光声光谱、漫反射、衰减全反射光谱、时间分辨光谱技术、化学计量学和计算机的发展，以及红外光谱与其他技术联用，大大扩展了红外光谱的应用范围。红外光谱与色谱联用，可进行多组分样品的分析；与热失重联用，可以进行材料的热稳定性研究；与显微镜联用，可进行微区分析和超微量（$10^{-12}$g）样品的分析，已广泛应用于生物组织分析和疾病分子诊断中。

# 6.4 实验技术和分析条件

## 6.4.1 红外光谱对测试样品的要求

进行红外光谱的试样可以是液体、固体或气体，在定性分析和结构分析中，要求试样：

① 为单一组分的纯物质（纯度>98%）。若为混合物，则需要事先分离提纯，否则各组分光谱相互重叠，难以判断。

② 不含游离水。因为水有红外吸收，干扰测定，并能腐蚀吸收池的盐窗。

③ 固体样品必须研磨至粒度小于2μm。否则，红外光会产生衍射，影响信号。

④ 试样浓度和测试厚度应适当。以使谱图中大多数吸收峰的透射比在15%~70%之间。

## 6.4.2 制样方法

制样方法和制样技术的好坏直接影响红外分析结果的准确性。要选择合适的制样方法，运用高超的制样技术制备符合要求的测试样品。

### 6.4.2.1 气体样品

气体或易挥发性的样品，可以直接将玻璃气槽抽真空后注入试样进行测定。

### 6.4.2.2 液体样品

（1）液体池法

对于沸点较低、挥发性较大的试样，可将试样溶于$CS_2$、$CHCl_3$等低沸点的溶剂中，配制成质量分数约为10%的溶液，再用注射器注入密封的液体池中，液层厚度一般为0.01~1mm。

（2）液膜法

对沸点较高（>80℃）的溶液或黏稠液体，可直接取1~2 滴试样滴在两片KBr或$CaF_2$盐片之间，形成液膜。

对黏度大的样品，可将样品置于一盐片上，在红外灯下加热至易流动时合上另一盐片，加压展开。

对黏度大又不宜加热的样品，可将样品溶于低沸点的溶剂中，然后滴于温热的盐片上，挥发成膜。

#### 6.4.2.3 固体样品

（1）压片法

将干燥处理过的1~2mg试样与100~200mg纯KBr在玛瑙研钵中研细至粒度小于2μm（以降低光散射），在压片机上压成均匀透明的薄片后直接测定。压片法适合于绝大多数样品。

（2）调糊法

将干燥处理后的试样研细，与液体石蜡（适合于1800~400$cm^{-1}$）或全氟代烃（适合于4000~1300$cm^{-1}$）等混合，调成糊状，夹在两盐片之间进行测定。调糊法不适合研究饱和烷烃。

（3）薄膜法

将试样溶于低沸点、易挥发的溶剂中，涂渍于KBr盐窗上，待溶剂挥发成膜后测定。

对于熔点低、熔融时不发生升华、分解或其他化学变化的物质，可以直接将样品置于盐窗上加热熔融，涂制或压制成膜后测定。薄膜法常用于测定高分子化合物。

### 6.4.3 其他分析条件

（1）要选择合适的分析参数

红外光谱仪的记录质量取决于测量透射率的精确度、仪器分辨率和记录时间，而测量的精确度取决于信噪比，分辨率取决于狭缝宽度，记录时间取决于扫描速度，三者密切相关，要相互兼顾。

在定量分析中，要求测量的精确度高，对分辨率要求次之，为此要适当放慢扫描速度和增加扫描次数，适当加宽狭缝，以增大信噪比。

在结构鉴定中，需要高分辨率，为此应使狭缝尽可能窄，并适当提高增益和放慢扫描速度，得到保留谱带精细结构的高质量谱图。

在定性分析中，要求试样的物态、结晶形状、溶剂、制样方法、测定条件以及所用仪器类型均应与标准谱图相同。

（2）要严格按照仪器操作规程进行实验

红外光谱仪使用的环境要清洁无尘、无腐蚀性气体、无强烈振动等，环境温度、湿度等要符合要求。另外，仪器、压片模具、KBr等要洁净、干燥。

## 实验十二 苯甲酸的红外光谱分析

### 一、实验目的

1. 能够描述傅里叶变换红外光谱仪的构造和工作原理，学会仪器操作。
2. 学会用KBr压片法制备固体样品的操作方法。
3. 能描述苯甲酸的红外光谱特征，学会简单有机物红外光谱图的解析方法。

## 二、实验原理

红外光谱是鉴别化合物和确定物质分子结构的重要手段之一。红外光谱中每一个特征吸收峰都对应于化合物的某种基团或化学键的某种振动形式，不同的化学键或基团，其振动和转动能级跃迁所需要的能量不同，因此吸收峰的位置、强度和峰形也不同。由基团频率区的吸收峰可推测化合物中可能含有的官能团或化学键，再结合指纹区的信息，就可以确认化合物中是否含有某基团或化学键。

苯甲酸又称安息香酸，具有抗真菌及消毒作用，主要用作食品、药剂、饲料的防腐剂和化工生产原料，也能用于治疗头癣、脚癣等病症。本实验采用KBr压片法制样测定苯甲酸的红外光谱，据此推测分子中所含有的官能团或化学键，再与相同制样和测定条件下苯甲酸的标准谱图对照，若二者吸收峰的位置、形状、峰的数目和峰的相对强度完全一致，则可以认为是同一种物质。

判断分子中是否含有苯环，主要观察基团频率区的2个波数区：3100~3000cm$^{-1}$ 为苯环中的═C—H伸缩振动区；1600~1450cm$^{-1}$ 为苯环骨架的C═C伸缩振动区，通常有2~4个峰。另外，苯环上C—H面外弯曲振动产生的吸收峰出现在指纹区950~650cm$^{-1}$ 处。根据这3个特征吸收可以确定苯环的存在。

羧酸的—C═O伸缩振动峰在1850~1660cm$^{-1}$ 内；羧酸的— O —H在3400~2500cm$^{-1}$内有宽的伸缩振动峰，在1500~900cm$^{-1}$ 内有弯曲振动峰。

在化合物分子中，具有相同化学键的原子基团，其基本振动频率吸收峰（基频峰）一般都出现在同一频率区域内。但是也不完全相同，因为同一类型的原子基团在不同化合物中所处的化学环境不完全相同，会使基频峰位置发生移动。只有熟悉各种原子基团基频峰的频率及其位移规律，才能应用红外光谱来确定化合物分子中存在的原子基团及其在分子结构中的相对位置。

## 三、仪器与试剂

1. 仪器

FTIR-650傅里叶变换红外光谱仪（天津港东科技股份有限公司）或其他型号的红外光谱仪；玛瑙研钵；压片机；模具；干燥器；红外干燥灯；不锈钢镊子；样品刮刀。

2. 试剂、材料

苯甲酸（优级纯）；溴化钾单晶片（优级纯）；无水乙醇（优级纯）；试样纸片；样品架；擦镜纸；脱脂棉。

## 四、实验步骤

1. 打开电脑、打印机，开启红外光谱仪

将所有的模具擦拭干净，在红外灯下烘干备用。

2. 制样

将1mg苯甲酸和100mg抛光清洁后的KBr晶体同时放在红外灯下烤干，在研钵中混合后研磨至粒度小于2μm，然后置于模具中，在压片机上压成均匀透明的薄片。将其置于样品架上。

3. 测绘苯甲酸样品的红外吸收光谱

① 打开操作软件，设置分析参数。扫描次数：64；分辨率：2cm$^{-1}$；本底：$CO_2$和$H_2O$；频谱范围：4000~500cm$^{-1}$。

② 采集背景。

③ 背景采集完成后，将样品薄片装入红外光谱仪样品室，采集样品，得到样品谱图。

④ 对样品谱图进行基线校正、标峰等处理，保存。

⑤ 取出样品，用无水乙醇清洗附件，干燥后放入干燥器中备用。关闭仪器、电脑、打印机。

## 五、谱图解析

1. 打印苯甲酸样品的红外光谱图，根据样品的分子结构对红外光谱图中的吸收峰进行归属。

① 找出苯环上C—H的伸缩振动吸收峰。
② 找出苯环骨架的C═C伸缩振动吸收峰。
③ 找出羰基C═O的伸缩振动峰。
④ 找出O—H的特征吸收峰。
⑤ 找出单取代苯C—H弯曲振动的特征吸收峰。
2. 与标准谱图对照确认。

**六、注意事项**

1. 红外光谱所用器具、试剂、样品均必须洁净、干燥，使用前应用红外灯烘干。
2. 压片制样时，要充分将样品研细、混匀，否则影响薄片透明度。
3. KBr极易受潮，研磨试样宜在红外干燥灯下进行。
4. 严格按仪器操作规程操作。测试完毕应及时用无水乙醇清洗模具及附件。

**七、思考题**

1. 红外光谱产生的条件是什么？解析红外光谱图应从哪几个方面进行？
2. 压片法和石蜡糊法制样各有何优缺点？
3. 为什么红外光谱要用KBr作为承载样品的载体？为什么做红外光谱时样品和器具都要进行红外干燥？

# 实验十三 邻硝基苯酚和对硝基苯酚的合成与红外光谱分析

**一、实验目的**

1. 能够解释水蒸气蒸馏的原理、意义和操作要领。
2. 学会不同物性试样的红外制样方法。
3. 能够描述芳香化合物的红外光谱特征，能够用红外光谱鉴定同分异构体。

**二、实验原理**

1. 邻硝基苯酚和对硝基苯酚的合成

本实验利用苯酚硝化得到邻硝基苯酚和对硝基苯酚的混合物，反应如下：

$$2C_6H_5—OH+2HNO_3 \longrightarrow p\text{-}NO_2C_6H_5—OH+o\text{-}NO_2C_6H_5—OH+2H_2O$$

实验室多采用硝酸钠（或硝酸钾）和稀硫酸的混合物代替稀硝酸，以减少苯酚被硝酸氧化的可能性，并有利于增加对硝基苯酚的产量。

由于邻硝基苯酚能通过分子内氢键形成六元螯合物，而对硝基苯酚只能通过分子间的氢键形成缔合体。因而前者的沸点和在水中的溶解度皆比后者低得多，利用这些差异，可采用水蒸气蒸馏法将邻硝基苯酚先蒸出，从而达到分离的目的。

2. 邻硝基苯酚和对硝基苯酚的红外光谱分析

红外光谱是有机化合物结构鉴定的方法之一。在结构推测中，可利用基团振动频率与分子结构的关系来确定吸收峰的归属，确定分子中所含有的基团或化学键，并进而由其特征振动频率的位移、谱带强度和形状的改变来推定分子结构。

邻硝基苯酚和对硝基苯酚互为同分异构体，官能团相同。但邻硝基苯酚能形成分子内氢键，致使基团频率区内的—N═O伸缩振动吸收峰和—O—H伸缩振动峰以及苯环上的C—H面外弯曲振动峰向低频方向移动；而对硝基苯酚能形成分子间氢键，上述基团的吸收峰会向高频方向移动。

指纹区的一些峰对确定有机化合物的同分异构体十分有用。在指纹区，苯环上的C—H面外弯曲振动吸收峰出现在950~650$cm^{-1}$波数范围，不同类型的取代苯产生的吸收峰个数和位置（即频率）不同。研究表明，指纹区的吸收峰频率和取代基的种类无关，而与苯环上相邻H的原子个数有关，随着相邻H原子数目的增多，吸收峰向低频方向移动，且吸收强度增加。

表1列出了不同取代类型的苯环在950~650cm$^{-1}$范围内的特征吸收峰。

⊡ 表1　不同取代类型的苯环在950~650cm$^{-1}$的特征吸收峰

| 取代类型 | 苯环上相邻H数 | ═C—H面外弯曲振动频率/cm$^{-1}$ | 环的弯曲振动频率/cm$^{-1}$ | 950~650cm$^{-1}$区域谱峰个数 |
|---|---|---|---|---|
| 苯 | 6 | 670(s) | 710~690(s) | 2 |
| 单取代 | 5 | 770~730(s) | 710~690(s) | 2 |
| 1,2-二取代 | 4 | 770~735(s) | | 1 |
| 1,3-二取代 | 3 | 810~750(s) | 710~690(s) | 3 |
| | 1 | 900~860(m) | | |
| 1,4-二取代 | 2 | 860~800(s) | | 1 |
| 1,2,3-三取代 | 3 | 800~720(s) | 720~685(s) | 2 |
| 1,2,4-三取代 | 2 | 860~800(s) | | 2 |
| | 1 | 900~860(m) | | |
| 1,3,5-三取代 | 1 | 900~860(m) | 735~675(s) | 3 |
| | 1 | 865~810(s) | | |

注：(s)、(m) 分别对应红外光谱的吸收强度强、中。

由表1可知，单取代苯的苯环上有5个相邻的H，在770~730cm$^{-1}$和710~690cm$^{-1}$范围各出现一个吸收峰；邻位二取代苯环上有4个H，吸收峰在770~735cm$^{-1}$范围；对位二取代苯环上有2个相邻的H，吸收峰在860~800cm$^{-1}$范围。据此可确定同分异构体。

## 三、仪器与试剂

1. 仪器

FTIR-650傅里叶变换红外光谱仪（天津港东科技股份有限公司）；玛瑙研钵；压片机；模具；干燥器；红外干燥灯；不锈钢镊子；样品刮刀；水蒸气发生器；三口瓶（500mL）；锥形瓶（250mL）；克氏蒸馏头；直型冷凝管；T形管；电磁搅拌器；滴液漏斗；温度计；样品架。

2. 试剂、材料

邻硝基苯酚；对硝基苯酚；溴化钾单晶片；无水乙醇；苯酚；硝酸钠；硫酸；活性炭。以上试剂为优级纯。试样纸片；擦镜纸；脱脂棉；蒸馏水。

## 四、实验步骤

1. 邻硝基苯酚和对硝基苯酚的合成

（1）合成

在500mL三口烧瓶上配置搅拌器、温度计和滴液漏斗，先加入60mL水，然后在不断搅拌下慢慢加入21.0mL（0.34mol）浓硫酸和23.0g（0.27mol）硝酸钠，将烧瓶摇匀并置于冰水浴中冷却。在小烧杯中称取14.1g（0.15mol）苯酚，再加入4.0mL水，温热搅拌至溶解，冷却后倒入滴液漏斗中。在不断搅拌下向滴液漏斗中缓慢滴入苯酚水溶液，保持体系温度15~20℃。滴加完毕，保温搅拌1h。将得到的黑色焦油状物用冰水冷却成固体，小心倾去酸液，固体用水以倾泻法洗涤数次。

（2）分离

在留有固体的三口烧瓶上安装好水蒸气装置，加热产生水蒸气，待水蒸气连续均匀时关闭T形管，使蒸汽进入三口烧瓶中。将油状物用水蒸气蒸馏至冷凝管无黄色油状物馏出为止，馏出液冷却后得到的黄色固体为邻硝基苯酚（沸点相对较低，可被水蒸气带出），晾干后保存在密闭的棕色瓶中。

（3）提纯

向水蒸气蒸馏后的残液中加水至总体积约为150mL，再加入10mL浓盐酸和适量活性炭，加热煮沸10min，趁热过滤。滤液再脱色一次，冷却，用稀盐酸重结晶，得到对硝基苯酚。

2. 邻硝基苯酚和对硝基苯酚的红外光谱分析

（1）打开电脑、打印机，开启仪器

将所有的模具擦拭干净，在红外灯下烘干备用。

（2）制样

① 压片法制作对硝基苯酚样品。

将1mg对硝基苯酚和100mg抛光清洁后的KBr晶体同时放在红外灯下烤干，在研钵中混合后研磨至粒度小于2μm，然后置于模具中，在压片机上压成均匀透明的薄片。将其置于样品架上。

② 液膜法制作邻硝基苯酚样品。

邻硝基苯酚的熔点仅为45~46℃，在红外灯烘烤下易熔融，不宜用压片法制样，可采用液膜法制样。

将少量邻硝基苯酚和抛光清洁后的KBr晶片同时放在红外灯下烘烤，待邻硝基苯酚熔融后，用样品刮刀将其均匀地涂布在KBr晶片的中央，然后将晶片移到旁边冷却后插入样品架中固定。

（3）测绘邻硝基苯酚和对硝基苯酚样品的红外吸收光谱

① 打开操作软件，设置分析参数。

增益：1∶1；扫描次数：32；分辨率：4cm$^{-1}$；本底：$CO_2$和$H_2O$；频谱范围：4000~400cm$^{-1}$。

② 采集背景。

③ 背景采集完成后，将样品薄片装入红外光谱仪样品室，采集样品，得到样品谱图。

④ 对样品谱图进行基线校正、标峰等处理，保存。

⑤ 取出样品，用无水乙醇清洗附件，干燥后放入干燥器中备用。关闭仪器、电脑、打印机。

**五、谱图解析**

1. 打印邻硝基苯酚和对硝基苯酚样品的红外光谱图，根据样品的分子结构对红外光谱图中的吸收峰进行归属。

① 找出苯环的特征吸收峰。

② 找出羟基的特征吸收峰。

③ 找出硝基的特征吸收峰。

④ 指出区别邻位和对位取代苯的特征吸收峰。

2. 与标准谱图对照确认。

**六、注意事项**

1. 红外光谱所用器具、试剂、样品均须洁净、干燥，使用前应用红外灯烘干。测试完毕应及时用无水乙醇清洗模具及附件。

2. 950~650cm$^{-1}$ 属于红外光谱的指纹区，由于某些单键的伸缩振动和含氢基团的弯曲振动可能会出现在此区域，所以利用该区域的吸收峰确定苯环取代类型时须格外小心，最好参考2000~1600cm$^{-1}$ 处苯环C—H面外弯曲振动的倍频吸收峰的图形进行确认。倍频峰的强度一般很弱，为了比较清楚地显示它们，制样时必须加大试样的厚度。

**七、思考题**

1. 邻硝基苯酚的红外制样方法与对硝基苯酚有什么不同？为什么？

2. 预测间硝基苯酚红外吸收光谱中的主要吸收峰及其位置。

3. 苯环上的碳氧伸缩振动和$H_3C$—、—$CH_2$—等饱和碳氧伸缩振动的吸收频率有什么不同？

4. 苯环和硝基的伸缩振动为什么出现在双键区的低频端？

# 实验十四　乙酸异戊酯的制备、结构鉴定及含量测定

## 一、实验目的

1. 能够合成乙酸异戊酯和用气相色谱-外标法测定乙酸异戊酯的含量。

2. 能够用红外光谱法对乙酸异戊酯进行结构表征。

## 二、实验原理

1. 乙酸异戊酯的合成

乙酸异戊酯俗称香蕉油，不溶于水，易溶于乙醇，具有香蕉和梨的香味，是食品、烟草、化妆品工业中常用的香精，又是重要的有机溶剂，在人造纤维、药品、涂料等生产领域被广泛应用。实验室通常采用冰醋酸和异戊醇在浓硫酸催化下发生酯化反应来制取。反应式为：

$$\underset{\text{乙酸}}{CH_3\overset{\overset{O}{\|}}{C}—OH} + \underset{\text{异戊醇}}{HOCH_2CH_2\overset{\overset{CH_3}{|}}{C}HCH_3} \xrightleftharpoons[\triangle]{\text{浓}H_2SO_4} \underset{\text{乙酸异戊酯}}{CH_3\overset{\overset{O}{\|}}{C}—OCH_2CH_2\overset{\overset{CH_3}{|}}{C}HCH_3} + H_2O$$

酯化反应是可逆的，本实验采用加过量冰醋酸和带分水器的回流装置，以及同时除去反应中生成的水，使反应不断向右进行，提高酯的产量。反应结束后，过量的冰醋酸、未完全反应的异戊醇、起催化作用的硫酸以及副产物醚类，经过洗涤、干燥和蒸馏予以除去。

2. 乙酸异戊酯含量的测定

乙酸异戊酯极性较小，易挥发，沸点为142℃，本实验采用气相色谱-外标法在非极性毛细管柱上分离测定产品中的乙酸异戊酯含量。

3. 乙酸异戊酯的结构表征

乙酸异戊酯红外光谱的特征如下：约2962cm$^{-1}$处的峰是饱和甲基C—H反对称伸缩振动吸收峰；约1744cm$^{-1}$处的强峰是酯羰基C═O伸缩振动吸收峰，除了甲酸甲酯外，大多数饱和酯的伸缩振动$\nu_{C=O}$都出现在这个峰位；约1240cm$^{-1}$处的峰是乙酸酯基中C—O不对称伸缩振动吸收峰，强度和羰基峰相同，形状略宽，由此峰的位置可以确定酯的类型；1389cm$^{-1}$和1368cm$^{-1}$是两个甲基同一个碳原子相连时，由于振动的耦合效应使约1380cm$^{-1}$峰发生裂分形成的伸缩振动吸收峰；约1170cm$^{-1}$处尖锐的弱峰是异丙基端基吸收峰；约1057cm$^{-1}$处的峰是C—O对称伸缩振动吸收峰。

记录乙酸异戊酯的红外光谱并与标准谱图对照确认。

## 三、仪器与试剂

1. 仪器

三颈烧瓶（250mL）；球形冷凝管；分水器；蒸馏烧瓶（100mL）；直形冷凝管；接液管；分液漏斗（100mL）；量筒（25mL）；温度计（200℃）；锥形瓶（100mL）；电热套；Agilent 7890A气相色谱仪及色谱工作站（美国安捷伦）；FID检测器；HP-5（30m×0.25mm×0.25μm）非极性毛细管柱；电子天平；微量进样器；FTIR-650傅里叶变换红外光谱仪（天津港东科技股份有限公司）；样品刮刀；样品架。

2. 试剂、材料

异戊醇；冰醋酸；浓硫酸；氯化钠；无水硫酸镁；无水乙醇；以上试剂均为分析纯；10%碳酸氢钠溶液（质量分数）；乙酸异戊酯标准品（纯度>98%）；溴化钾单晶片；擦镜纸；脱脂棉；蒸馏水。

## 四、实验步骤

1. 乙酸异戊酯的合成

（1）酯化

在干燥的三颈烧瓶中加入18.0mL（0.1mol）异戊醇和15.0mL（0.251mol）冰醋酸，在振摇与冷却下小心加入1.5mL浓硫酸，混匀后放入2粒沸石。装上带分水器的回流装置，三颈瓶中口装分水器，分水器事先充水至支管口处，然后放出3.2mL水。一侧口安装温度计（温度计应浸入液面以下），另一侧口用磨口塞塞住。

检查装置气密性后，用电热套缓缓加热，当温度升至约108℃时，三颈瓶中的液体开始沸腾。继续升温，控制回流速度，使蒸汽浸润面不超过冷凝管下端的第一个球，当分水器充满水，温度达到130℃时，反应基本完成，大约需要1.5h。

（2）洗涤

停止加热，冷却至室温后拆除回流装置。将烧瓶中的反应液倒入分液漏斗中，用15mL蒸馏水淋洗烧瓶内壁，洗涤液并入分液漏斗中。充分振摇，接通大气，静置，待分界面清晰后分去下面水层。再用15mL蒸馏水重复操作一次。将酯层用20mL 10%的碳酸氢钠溶液分两次洗涤，此时应不再有$CO_2$气体产生，水溶液呈碱性。酯层再用15mL饱和食盐水洗涤一次，分去下面水层。

（3）干燥

将洗涤后的酯层由分液漏斗上口倒入干燥的锥形瓶中，加入2g无水硫酸镁，盖紧塞子，充分振摇后，放置30min 进行干燥。

（4）安装一普通蒸馏装置

将干燥好的粗酯小心滤入干燥的蒸馏烧瓶中，放入2粒沸石，加热蒸馏，用干燥的量筒收集，138~142℃馏分。

2. 乙酸异戊酯含量的测定

（1）配制乙酸异戊酯标准溶液

乙酸异戊酯标准贮备液（10.0mg/mL）：准确称取乙酸异戊酯0.2500g，用无水乙醇定容至25mL容量瓶中，摇匀。2~8℃保存。

乙酸异戊酯系列标准溶液：取5个25mL容量瓶，向3、4、5号瓶中分别加入1.25mL、2.50mL、5.00mL乙酸异戊酯标准贮备液，皆用无水乙醇稀释至标线，摇匀。从4号瓶中分别移取0.25mL、2.50mL乙酸异戊酯溶液于1、2号瓶中，用无水乙醇稀释至标线，摇匀。得到浓度为0.01mg/mL、0.10mg/mL、0.50mg/mL、1.00mg/mL、2.00mg/mL的乙酸异戊酯系列标准溶液。

（2）设置色谱条件

色谱柱：HP-5（30m×0.25mm×0.25μm）；进样口温度：240℃；不分流进样；载气（$N_2$）流速：8.0mL/min；柱温：起始60℃，保持2min，以30℃/min 的速率升至200℃，保持2min；检测器温度：260℃。

（3）制作标准曲线

待基线稳定后，取乙酸异戊酯标准溶液经微孔滤膜过滤后按浓度由小到大的顺序进样分析，记录乙酸异戊酯的峰面积，建立标准曲线方程。

（4）样品分析

准确称取制备的乙酸异戊酯产品1.0000g，用无水乙醇溶解并定容至10mL容量瓶中，摇匀，得到样品贮备液。移取0.25mL样品贮备液于25mL容量瓶中，用无水乙醇定容至标线，摇匀，取稀释后的样品溶液经微孔滤膜过滤后进样分析。

3. 乙酸异戊酯的结构表征

（1）制样

乙酸异戊酯的沸点为142℃，熔点为−78℃，宜采用液膜法制样。将少量乙酸异戊酯产品加到抛光清洁后的KBr晶片上，用样品刮刀将其均匀涂布在KBr晶片的中央，然后将晶片插入样品架中固定。

（2）打开红外光谱仪操作软件，设置分析参数

增益：1∶1；扫描次数：32；分辨率：$4cm^{-1}$；本底：$CO_2$和$H_2O$；频谱范围：4000~$400cm^{-1}$。

（3）采集背景

（4）采集样品

背景采集完成后，将样品薄片装入红外光谱仪样品室，采集样品，得到样品谱图。

（5）对样品谱图进行基线校正、标峰等处理，保存

（6）取出样品

用无水乙醇清洗附件，干燥后放入干燥器中备用。关闭仪器、电脑、打印机。

**五、数据处理与结果**

1. 根据乙酸异戊酯标准溶液的浓度和峰面积，通过Excel绘制标准曲线，求出标准曲线方程和线性相关系数。

2. 计算产品中乙酸异戊酯的含量

将乙酸异戊酯标准溶液色谱图中的保留时间与样品溶液的保留时间对照，确定样品溶液色谱图中乙酸异戊酯的峰。

根据样品溶液色谱图中乙酸异戊酯的峰面积，通过标准曲线方程计算乙酸异戊酯的浓度，再根据所称取产品的质量、溶液体积等，计算产品中乙酸异戊酯的含量。对数据做分析讨论，得出合理的结论。

3. 乙酸异戊酯的结构表征

（1）打印乙酸异戊酯产品的红外光谱图，根据乙酸异戊酯的分子结构，对红外光谱图中的吸收峰进行归属。

① 找出酯羰基的特征吸收峰。

② 找出C—O键的特征吸收峰。

③ 找出异丙基的特征吸收峰。

④ 找出饱和甲基的特征吸收峰。

（2）与乙酸异戊酯的标准谱图对照，确认是否为同一种物质。

**六、注意事项**

1. 加浓硫酸时必须慢慢滴加，并在冷却下充分振摇烧瓶，以防止异戊醇被氧化。回流酯化时要缓慢均匀加热，以防止碳化并确保完全反应。

2. 碱洗时会放出大量热并有二氧化碳产生，振荡时要不断打开阀门放气，以防止溶液被气体冲出来。

3. 红外光谱所用器具、试剂、样品均必须洁净、干燥，测试完毕应及时用无水乙醇清洗模具及附件。

**七、思考题**

1. 本实验测定乙酸异戊酯的红外光谱为什么要采用液膜法制样?

2. 本实验采用气相色谱法测定乙酸异戊酯产品中的乙酸异戊酯含量时可采用哪些定量分析方法?

# 第7章 分子荧光光谱法

某些物质的分子吸收了一定的能量后，由基态被激发至激发态，在返回基态的过程中伴随着光子的辐射，这种现象称为分子发光。分子发光包括光致发光、场致发光、热致发光和化学发光等。荧光和磷光都属于光致发光。

荧光是基态物质分子吸收了特定频率的光能被激发后，从第一激发单重态的最低振动能级返回到基态时所发射出的光。根据物质的荧光谱线位置（波长）进行定性分析、根据荧光强度进行定量分析的方法称为分子荧光分析法，也称分子荧光光谱法（molecular fluorescence spectroscopy，MFS）。

分子荧光分析法的突出优点是灵敏度高，在生命科学、医药、食品、环境监测等领域被用于检测某些微量或痕量物质，但其不如紫外-可见分光光度法应用广泛，因为只有有限数量的化合物才能够产生较强的荧光。

## 7.1 方法原理

### 7.1.1 分子荧光的产生

一个分子中所有电子自旋都配对的电子状态称为单重态，用S表示；分子中电子对的电子自旋平行的电子态称为三重态，用T表示。

如图7-1所示，当处于基态单重态（$S_0$）的分子吸收了波长为$\lambda_1$和$\lambda_2$的辐射光后，分别被激发至第一激发单重态（$S_1$）和第二激发单重态（$S_2$）的任一振动能级，处于激发态的分子不稳定，很快通过非辐射跃迁形式释放出部分能量（转化为分子的振动能或转动能等）回到$S_1$态的最低振动能级，然后再以辐射跃迁形式发射光量子返回到基态的任意能级，产生荧光

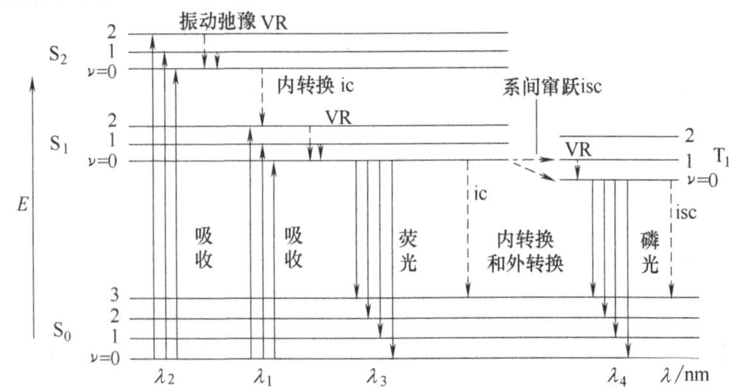


图7-1 分子激发和发射的能量传递过程

($S_1 \rightarrow S_0$)。若由$S_1$态的最低振动能级以系间窜跃方式转至第一激发三重态$T_1$，再经过无辐射形式去活化回至其最低振动能级，由此激发态跃回到基态时便发射磷光（$T_1 \rightarrow S_0$）。

激发态分子通过辐射或非辐射跃迁形式回到激态的过程称为“去活化过程”。由于非辐射跃迁损失了部分能量，因此荧光和磷光的波长要比激发光波长更长。

(1) 几个术语

① 振动弛豫（VR）：是在同一电子能级中，分子由较高振动能级向该电子态的最低振动能级的非辐射跃迁。振动弛豫过程极快，仅为$10^{-14}$~$10^{-12}$s。

② 内转换（ic）：是同一多重态的两个电子态之间（如$S_2 \rightarrow S_1$、$S_1 \rightarrow S_0$）的非辐射跃迁。

③ 系间窜跃（isc）：是不同多重态的两个电子态之间（如$S_1 \rightarrow T_1$、$T_1 \rightarrow S_0$）的非辐射跃迁。

④ 外转换：是由激发态分子与溶剂或其他溶质分子碰撞，引起能量转移，使荧光或磷光强度减弱甚至消失。这一现象又称为“熄灭”或“猝灭”。

(2) 分子荧光产生的条件

① 物质的分子必须具有能吸收激发光的结构，通常是共轭双键结构。能产生强荧光的物质，其分子一般都具有大的共轭π键结构或刚性平面结构。

② 分子必须具有一定程度的荧光效率。

## 7.1.2 激发光谱与荧光发射光谱

荧光和磷光属于光致发光，因而具有两种特征光谱，即激发光谱和发射光谱。根据激发光谱和发射光谱可进行定性分析和选择测量波长用于定量分析。

图7-2 为菲的激发光谱和荧光光谱。

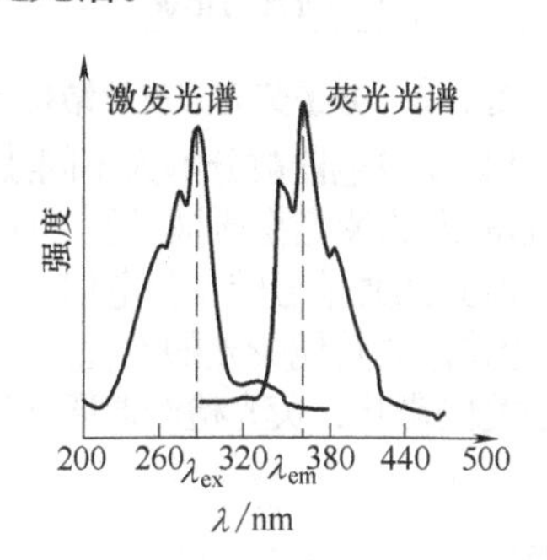


**图7-2 菲的激发光谱和荧光光谱**

(1) 激发光谱

用不同波长的激发光照射荧光物质，测定在某一发射波长处荧光强度随激发光波长变化的关系曲线，就是激发光谱。荧光强度最大时的激发波长用$\lambda_{ex}$表示。

(2) 荧光发射光谱

在某一固定波长的激发光作用下，测定荧光强度随荧光发射波长变化的关系曲线，就是荧光发射光谱。荧光强度最大时的发射波长用$\lambda_{em}$表示。

## 7.1.3 定性分析和定量分析方法

(1) 定性分析

定性分析是在相同测定条件下，将样品的荧光特征光谱的形状、最大激发波长和最大发射波长与标准品对照，如果一致则认为是同一种物质。

(2) 定量分析

分子荧光法定量分析的依据是朗伯-比尔定律。在一定频率和强度$I_0$的激发光照射下，对于量子产率为$\Phi$的荧光物质，当其浓度很小，且对激发光的吸光度很低（<<0.05）时，溶液的荧光强度$I_f$与溶液中荧光物质的浓度$c$成正比：

$$I_f = 2.303\Phi I_0 \varepsilon bc \tag{7-1}$$

当实验条件一定时：

$$I_f = Kc \tag{7-2}$$

据此，通过标准曲线法可测定试液中荧光物质的浓度。

有些化合物具有使荧光体发生荧光猝灭的作用，在一定浓度范围内荧光猝灭率或荧光强度降低值与猝灭剂的浓度呈线性关系，通过标准曲线法可测定试样中猝灭剂的含量。

# 7.2 仪器结构及原理

分子荧光分光光度计主要由激发光源、激发单色器、样品池、发射单色器、检测器、信号处理与记录系统组成。如图7-3所示。

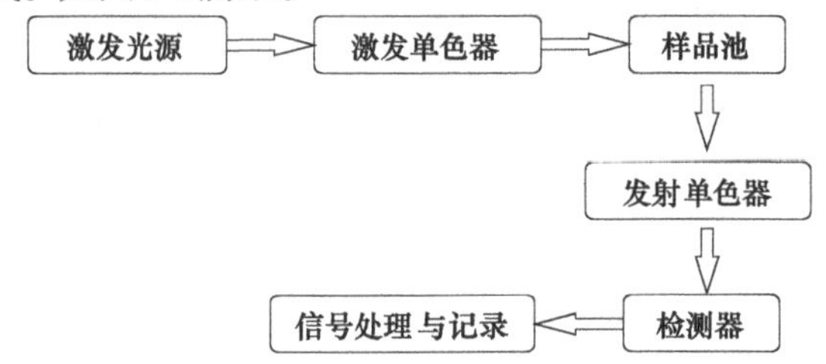


**图7-3 分子荧光光度计结构图**

激发光源发出的连续光谱经过激发单色器被分解为不同波长的单色光，通过狭缝选择最佳波长的单色光入射到样品池上，样品池内的荧光物质被激发后向四面八方发射荧光，经发射单色器处理后通过狭缝到达检测器，被检测到的光信号转变为电信号并经放大后被记录和显示出来。

发射单色器的作用是消除可能共存的其他荧光的干扰，以便使待测物质的特征性荧光照射到检测器上。为了消除激发光及散射光的影响，荧光检测器通常是放在与激发光成直角的方向上。

# 7.3 方法特点及应用

## 7.3.1 方法特点

分子荧光分析法的主要优点是：a.灵敏度高，检测限比紫外-可见分光光度法低2~4个数量级；b.选择性优于紫外-可见分光光度法，可同时用激发光谱和荧光发射光谱定性；c.工作曲线的线性范围宽，仪器设备及操作简单；d.能够提供激发光谱、发射光谱、发光强度、量子产率、发光寿命、荧光偏振等多种信息。

不足之处是很多物质本身不发荧光或荧光效率很低，不能直接进行荧光分析。另外，自猝灭、自吸收以及溶剂、温度、溶液pH值、荧光猝灭剂等环境因素会影响荧光分析。

## 7.3.2 应用

(1) 无机化合物的荧光分析

无机化合物主要是利用待测元素与有机试剂反应生成能发荧光的配合物，通过检测配合物的荧光强度来测定该元素的含量。可采用该方法测定各类石油产品中的硫含量，测定矿石或其他产品中的铅、铍、铝、硼、镓、硒、镍、钼、镉、某些稀土元素等70多种元素。

（2）有机化合物的荧光分析

有机化合物的荧光分析应用较为广泛，如某些酶、辅酶、氨基酸、蛋白质、核酸、药物、农药、黄酮类、蒽醌类、胺类等物质的荧光分析。

芳香族化合物具有共轭不饱和结构，其中有很多能产生较强的荧光，可以直接进行荧光测定。如多环芳烃、维生素$B_2$、硫酸奎宁、色氨酸、苯丙氨酸等。

对于自身不产生荧光或所发荧光不强的有机化合物，可用某些有机试剂与其反应生成强荧光的物质后进行分析，如测定降肾上腺素，脂肪族中的醇、醛、酮、有机酸、糖类等化合物，也可以通过荧光猝灭法进行测定。

色谱、毛细管电泳等分离技术与荧光或激光诱导荧光检测手段相结合，可以分析组成复杂的样品中的某些痕量物质。随着时间分辨荧光分析、同步荧光扫描、三维荧光、荧光偏振分析、荧光探针、全内反射荧光显微术等新型荧光技术的发展，大大扩展了荧光分析的应用领域，能在单分子水平进行成像追踪和检测分子的构象变化，研究动力学特征和分子之间的相互作用等。

## 7.4　实验技术和分析条件

（1）选择合适的溶剂

在分子荧光分析中，要选择合适的溶剂，且溶剂的纯度要高，因为在不同溶剂中同一种荧光物质的荧光光谱的形状和强度会有一定差异。一般情况下，荧光波长随着溶剂极性的增强而红移，荧光强度也会增大；荧光强度随溶剂黏度的减小而减弱。因为溶剂黏度小，增加了分子碰撞和能量损失。

（2）制备符合测量要求的样品溶液

（3）配制准确浓度的标准溶液

在配制标准溶液或制备样品溶液时，要防止由于荧光物质与溶剂或溶质分子相互作用而引起荧光猝灭，导致荧光强度降低或与浓度不呈线性关系。

（4）选择合适的温度

荧光强度对溶液的温度十分敏感，一般降低温度有利于提高荧光效率和荧光强度，因此，低温荧光技术已成为荧光分析的一个重要手段。

（5）控制合适的pH值

当荧光物质为弱酸、弱碱或含有酸性、碱性取代基时，溶液pH值会影响荧光物质的存在形式，从而影响荧光强度。

（6）选择合适的仪器参数

主要是激发波长、发射波长、激发光与发射光的狭缝宽度。一般在待测物质的最大激发波长$\lambda_{ex}$和最大荧光发射波长$\lambda_{em}$处测量。

（7）减少荧光猝灭

可以通过实验优化荧光分析条件，在最佳条件下测量，能获得重现性好、准确度高的分析结果。

## 实验十五　分子荧光光度法测定二氯荧光素

### 一、实验目的

1. 能够解释荧光光度分析法的基本原理。

2. 能够描述荧光分光光度计的基本结构和工作原理，学会仪器操作。

3. 学会荧光物质激发光谱和发射光谱的测绘和利用标准曲线法定量分析二氯荧光素的方法。

## 二、实验原理

含有荧光基团的物质，其分子吸收了特征频率的辐射后能成为激发态分子，在返回基态的过程中，发射出比吸收的激发光波长更长的荧光。分子荧光是发光方式中较常见的光致发光。

在一定频率和强度的激发光照射下，当溶液中荧光物质的浓度很小，且对激发光的吸光度很低时，溶液的荧光强度与浓度之间遵循朗伯-比尔定律。当实验条件一定时，在一定浓度范围内，荧光强度与荧光物质的浓度呈线性关系：$I_f=Kc$。

采用标准曲线法可测定试液中荧光物质的浓度。

二氯荧光素（$C_{20}H_{10}Cl_2O_5$）是典型的荧光物质，常用作吸附指示剂、染色剂、防腐剂和抗癌药。其结构式如图1所示。

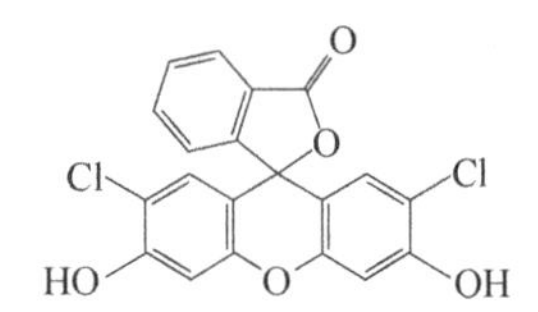


**图1　二氯荧光素的结构式**

二氯荧光素不溶于水，能溶于稀碱溶液，其激发波长在500nm左右，发射波长在520nm左右。本实验在碱性溶液中采用荧光光度法测定二氯荧光素的含量。

## 三、仪器与试剂

1. 仪器

RF-5301PC分子荧光光度计（日本岛津公司）；电子天平（感量为0.001mg）；容量瓶；移液管；石英样品池。

2. 试剂

二氯荧光素；氢氧化钠溶液（1mol/L）；盐酸溶液（1mol/L）；试剂为分析纯或优级纯。超纯水；未知试样溶液。

二氯荧光素标准贮备液（100mg/L）：准确称取5.000mg二氯荧光素于50mL容量瓶中，加入1mol/L氢氧化钠2.5mL，再加入1mol/L盐酸1.5mL，溶解后，用超纯水定容至标线，摇匀。

二氯荧光素标准中间液（500μg/L）：移取0.50mL二氯荧光素标准贮备液（100mg/L）于100mL容量瓶中，用超纯水定容至标线，摇匀。

## 四、实验步骤

1. 配制二氯荧光素标准溶液

分别吸取500μg/L的二氯荧光素标准中间液0.00mL、2.00mL、4.00mL、6.00mL、8.00mL、10.00mL置于6个100mL容量瓶中，用超纯水定容至标线，摇匀，得到浓度为0.0μg/L、10.0μg/L、20.0μg/L、30.0μg/L、40.0μg/L、50.0μg/L的二氯荧光素系列标准溶液。

2. 绘制激发光谱和荧光发射光谱

（1）打开计算机

将荧光光度计Xe灯置于“ON”的位置，打开电源开关，预热0.5h。双击RF-5301PC图标，待仪器自检完成，显示RF-5301PC主窗口后进行测定。

（2）绘制激发光谱和荧光发射光谱

设置激发和发射波长的狭缝宽度均为5nm，扫描速率为500nm/min。

扫描激发光谱：将6号容量瓶中的二氯荧光素标准溶液放入石英样品池中，加盖，置于样品槽中，盖好仪器样品仓盖，选用发射波长为520nm，在400~600nm波长范围内进行扫描，得到二氯荧光素的激发光谱。从激发光谱图上找出最大激发波长$\lambda_{ex}$。

扫描荧光发射光谱：设置激发波长为$\lambda_{ex}$，在450~650nm波长范围内对溶液进行扫描，得到二氯荧光素的荧光发射光谱，从荧光发射光谱图上找出最大荧光发射波长$\lambda_{em}$。

3. 定量分析

（1）制作标准曲线

设置激发波长为最大激发波长$\lambda_{ex}$，发射波长为最大荧光发射波长$\lambda_{em}$，激发与发射狭缝宽度均为5nm。按浓度由低到高的顺序输入上述系列二氯荧光素标准溶液的浓度，依次放入标准溶液并测量荧光强度，即可出现相应的一元线性回归方程。

（2）测样

放入未知试样溶液，在相同条件下测量荧光强度。平行测定3次。

（3）测试完毕

依次关闭软件、仪器电源、计算机，最后关闭总电源。清洗所用的仪器，整理好实验台。

### 五、数据处理与结果

1. 保存、打印荧光光谱图，在荧光光谱图上标注二氯荧光素的最大激发波长$\lambda_{ex}$和最大发射波长$\lambda_{em}$。

2. 将实验数据填入表1中。绘制荧光强度和二氯荧光素浓度$c$的标准曲线，求出线性方程及线性相关系数。

**表1 实验数据及分析结果**

| 编号 | 1 | 2 | 3 | 4 | 5 | 6 |
|---|---|---|---|---|---|---|
| 二氯荧光素浓度$c$/(μg/L) | 0 | 10.0 | 20.0 | 30.0 | 40.0 | 50.0 |
| 荧光强度$I_f$ | | | | | | |
| 标准曲线方程及线性相关系数$r$ | | | | | | |
| 未知试样溶液 | 各次测定荧光强度 | 荧光强度平均值 | | 浓度$c_x$/(μg/L) | | |
| | | | | | | |

3. 根据未知试样溶液中二氯荧光素的荧光强度和线性方程，计算试液中二氯荧光素的浓度。

### 六、注意事项

1. 样品的浓度不能太高，否则由于存在荧光猝灭效应，使样品浓度与荧光强度不呈线性关系，造成定量工作出现误差。

2. 样品池要洁净，拿取样品池时，要用手指掐住其上、下角位置，不能接触到四个面；要先用吸水纸吸干样品池四面的液滴，再用擦镜纸轻轻擦拭干净。

### 七、思考题

1. 说明分子荧光分析法的基本原理及影响荧光强度的因素。

2. 绘出荧光光度计的光路图并注明各部分的名称。

3. 为什么测量荧光必须和激发光的方向成直角？

## 实验十六 荧光分光光度法测定维生素$B_2$的含量

### 一、实验目的

1. 能够解释荧光分光光度法测定维生素$B_2$的原理和方法。

2. 能够概述维生素$B_2$的用途和荧光分光光度法在药物分析中的应用。

## 二、实验原理

维生素$B_2$（$VB_2$，$M_r$=376.36）又叫核黄素，是人体必需的维生素之一，是肌体组织代谢和修复的必需营养素，具有提高对蛋白质的利用率、促进生长发育、保护皮肤、抗氧化等活性。维生素$B_2$在动物体内一般不能合成，多余的维生素$B_2$也不会蓄积在体内，因此，需要每天从植物性食物或营养补品中获取足量的维生素$B_2$。

维生素$B_2$微溶于水，耐热、耐酸、耐氧化，在中性或酸性溶液中稳定，在碱性溶液中加热或光照易分解。维生素$B_2$的结构式如图1所示：

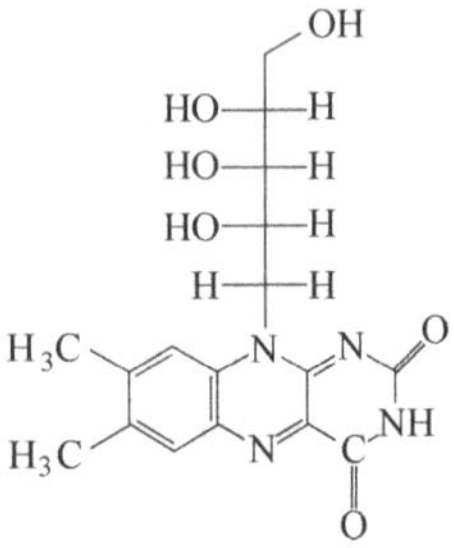

**图1　维生素$B_2$的结构式**

由于分子中有三个芳香环，具有平面刚性结构，所以能够发射较强的荧光。

维生素$B_2$溶液在430~440nm激发光的照射下能发出绿色荧光，荧光峰在535nm附近，在pH=6~7的溶液中荧光强度最大，而且其荧光强度与维生素$B_2$溶液的浓度呈线性关系，因此，可以用荧光分光光度法测定维生素$B_2$的含量。

维生素$B_2$在碱性溶液中经光线照射后会分解产生一种荧光强度更大的光黄素物质，故测定维生素$B_2$的荧光时，要在酸性溶液中且在避光条件下进行。

在一定频率和强度的激发光照射下，当实验条件一定时，稀溶液的荧光强度与溶液中维生素$B_2$的浓度$c$呈线性关系：$I_f=Kc$。通过测定溶液的荧光强度就可以求出维生素$B_2$的浓度。

## 三、仪器与试剂

1. 仪器

RF-5301PC分子荧光光度计（日本岛津公司）；电子天平（感量为0.001mg）；石英皿（1cm）；棕色容量瓶；移液管；研钵。

2. 试剂

1%乙酸溶液；维生素$B_2$标准品（含量≥98%）；维生素$B_2$药片；超纯水。

维生素$B_2$标准溶液（10.0μg/mL）：称取5.000mg维生素$B_2$于500mL棕色容量瓶中，用1%乙酸溶液溶解并稀释至标线，摇匀，置于冰箱中4℃保存。

## 四、实验步骤

1. 配制维生素$B_2$标准溶液

取5个50mL容量瓶，分别加入10.0μg/mL的维生素$B_2$标准溶液1.00mL、2.00mL、3.00mL、4.00mL、5.00mL，用1%乙酸溶液定容至刻度，摇匀，得到浓度为0.2μg/mL、0.4μg/mL、0.6μg/mL、0.8μg/mL、1.0μg/mL的维生素$B_2$系列标准工作溶液。

2. 制备样品溶液

取10片维生素$B_2$，研细。准确称取相当于10mg维生素$B_2$的药片粉末（精确至±0.001mg）于1000mL容量瓶中，用1%乙酸溶液溶解并稀释至标线，摇匀。过滤，弃去初滤液，从后续滤液中移取2.00mL于50mL容量瓶中，用1%乙酸溶液定容至刻度，摇匀。

3. 激发光谱和荧光发射光谱的绘制

（1）打开计算机

将荧光光度计Xe灯置于“ON”的位置，打开电源开关，预热0.5h。双击RF-5301PC图标，待仪器自检完成，显示RF-5301PC主窗口后进行测定。

（2）绘制激发光谱和荧光发射光谱

设置激发和发射波长的扫描范围、狭缝宽度、扫描速度等参数。

激发和发射狭缝宽度均为5nm，扫描速率为500nm/min。

设置发射波长为520nm，扫描3号维生素$B_2$标准工作溶液在250~500nm波长范围内的激发光谱，找出最大激发波长$\lambda_{ex}$。

设置激发波长为$\lambda_{ex}$，扫描3号维生素$B_2$溶液在400~600nm波长范围内的发射光谱，找出最大荧光发射波长$\lambda_{em}$。

4. 定量分析

（1）设置定量分析仪器参数

激发波长为$\lambda_{ex}$，发射波长为$\lambda_{em}$，激发与发射狭缝宽度均为5nm。

（2）制作标准曲线

按浓度由低到高的顺序测定维生素$B_2$系列标准工作溶液的荧光强度。仪器自动给出一元线性回归方程。

（3）测定样品溶液

在相同条件下测定维生素$B_2$样品溶液的荧光强度，平行测定3次。

（4）测试完毕

依次关闭软件、仪器电源、计算机，最后关闭总电源。

## 五、数据处理与结果

1. 保存、打印荧光光谱图，标注出荧光光谱图中维生素$B_2$的最大激发波长$\lambda_{ex}$和最大荧光发射波长$\lambda_{em}$。

2. 将相关实验数据填入表1中，记录一元线性回归方程，或根据测定数据绘制标准曲线，求出标准曲线方程及线性相关系数。

3. 根据试液中维生素$B_2$的荧光强度和标准曲线方程计算试液中维生素$B_2$的浓度，再根据片剂的质量和试液的体积计算出片剂中维生素$B_2$的含量。

**表1　实验数据及分析结果**

| 编号 | 1 | 2 | 3 | 4 | 5 | 样品溶液 |
|---|---|---|---|---|---|---|
| 维生素$B_2$浓度$c$/(μg/mL) | 0.2 | 0.4 | 0.6 | 0.8 | 1.0 | |
| 荧光强度$I_f$ | | | | | | |
| 标准曲线方程及线性相关系数$r$ | | | | | | |
| 维生素$B_2$质量/g | | | | | | |
| 药片中维生素$B_2$含量/(mg/g) | | | | | | |

## 六、注意事项

1. 维生素$B_2$标准溶液和样品溶液均要配制成中性或酸性溶液，并避光冷存。

2. 石英皿要洁净，拿取石英皿时，要用手指掐住其上、下角位置，不能接触到四个面；要先用吸水纸吸干石英皿四面的液滴，再用擦镜纸轻轻擦拭干净。

3. 溶液放入光度计后应立即检测，以防光降解。

## 七、思考题

1. 结合荧光产生的机理，说明为什么荧光物质的最大发射波长总是大于最大激发波长？

2. 维生素$B_2$在pH=6~7时荧光最强，本实验为何要在酸性溶液中测定？

3. 试解释分子荧光光度法比紫外-可见吸光光度法灵敏度高的原因。

# 实验十七　同步荧光法同时测定酪氨酸和苯丙氨酸的含量

## 一、实验目的

1. 能够描述等波长差同步扫描荧光光谱技术的操作要领。

2. 能够用同步荧光法同时测定混合物中酪氨酸和苯丙氨酸的含量。

## 二、实验原理

色氨酸（Try）和苯丙氨酸（Phe）是人体必需的氨基酸，酪氨酸（Tyr）则是一种非必需氨基酸，但是它具有调节情绪、刺激神经系统的作用，还能帮助加快身体新陈代谢、治疗慢性疲劳等疾病。

色氨酸、酪氨酸和苯丙氨酸是天然氨基酸中仅有的能发射荧光的组分，可以用荧光法测定。但由于三者的激发光谱和发射光谱互相重叠，常规荧光法不能同时测定混合物中的这三种组分。同步扫描荧光光谱技术具有简化、窄化光谱、提高选择性等优点，利用等波长差（$\Delta\lambda=\lambda_{em}-\lambda_{ex}$）同步扫描技术，通过$\Delta\lambda$的选择可实现多组分混合物的选择性测定。

研究表明，当仅有酪氨酸和色氨酸共存时，分别利用酪氨酸（$\Delta\lambda$<15nm）和色氨酸（$\Delta\lambda$>60nm）特征的同步扫描光谱可以实现这两组分的测定。当同时含有色氨酸、酪氨酸和苯丙氨酸时，可以在pH=7.4的$KH_2PO_4$-NaOH缓冲溶液中，以$\Delta\lambda$=55nm进行同步扫描，利用苯丙氨酸在217nm、酪氨酸在232nm、色氨酸在284nm的同步特征荧光峰（均指激发波长）进行分别测定。苯丙氨酸和酪氨酸可直接由其特征峰的高度进行测定，色氨酸的284nm特征峰略受酪氨酸同步峰拖尾的影响，其峰值信号需要校正。

在本实验条件下，当试样中色氨酸、酪氨酸和苯丙氨酸三组分共存时，色氨酸在0.001~0.5μg/mL、酪氨酸在0.02~1.0μg/mL、苯丙氨酸0.07~5.0μg/mL范围内与其相应的同步荧光强度呈良好的线性关系。

## 三、仪器与试剂

1. 仪器

RF-5301PC分子荧光光度计（日本岛津公司）；电子天平（感量为0.001mg）；容量瓶；吸量管；25mL具塞比色管。

2. 试剂

DL-色氨酸标准品（含量>99.0%）；L-酪氨酸标准品（含量>99.0%）；DL-苯丙氨酸标准品（含量>99.0%）；氢氧化钠溶液（0.5mol/L）；磷酸二氢钾溶液（0.5mol/L）；超纯水；样品溶液（含有苯丙氨酸、酪氨酸和色氨酸）。

pH=7.4的$KH_2PO_4$-NaOH缓冲液：取200mL 0.5mol/L氢氧化钠溶液和250mL 0.5mol/L磷酸二氢钾溶液混合，摇匀。

色氨酸、酪氨酸和苯丙氨酸标准贮备液：分别精密称取色氨酸、酪氨酸和苯丙氨酸各2.5mg（精确至±0.001mg）于3个25mL容量瓶中，各加入0.2mL 0.5mol/L氢氧化钠，再加少许超纯水使之溶解，然后用超纯水定容至刻度，摇匀，得到浓度皆为100μg/mL的标准贮备液。

色氨酸、酪氨酸和苯丙氨酸标准溶液：分别移取0.50mL色氨酸、1.00mL酪氨酸、5.00mL苯丙氨酸标准贮备液于3个50mL容量瓶中，均用超纯水定容至刻度，摇匀。得到含色氨酸1μg/mL、含酪氨酸2μg/mL、含苯丙氨酸10μg/mL的标准溶液。

## 四、实验步骤

1. 波长差$\Delta\lambda$的确定

分别移取4.00mL苯丙氨酸、8.00mL酪氨酸和4.00mL色氨酸标准溶液于一只25mL比色管中，加入2.0mL pH=7.4的$KH_2PO_4$-NaOH缓冲溶液，用超纯水稀释至刻度，摇匀，测定其同步（$\Delta\lambda$=50nm、55nm、60nm、70nm；$\lambda_{ex}$=210nm）光谱，记录扫描结果，找出最为适宜的波长差

$\Delta\lambda$。其中苯丙氨酸、酪氨酸、色氨酸分别对应217nm、232nm和284nm的同步荧光峰强度。

注意：$\Delta\lambda$的选择直接影响同步荧光峰的峰形、峰位和强度，实验中应保持一致。

2. 激发光谱、荧光发射光谱及同步光谱的测定

分别移取4.00mL苯丙氨酸、8.00mL酪氨酸和4.00mL色氨酸标准溶液于3只25mL比色管中，各加入2.0mL pH=7.4的$KH_2PO_4$-NaOH缓冲溶液，用水稀释至刻度，摇匀，测定其激发、荧光发射和同步（$\Delta\lambda$=55nm）光谱，确定其峰值波长和强度。

3. 混合溶液激发、荧光发射光谱及同步光谱的测定

移取4.00mL苯丙氨酸、8.00mL酪氨酸和4.00mL色氨酸标准溶液于一只25mL比色管中，加入2.0mL pH=7.4的$KH_2PO_4$-NaOH缓冲溶液，用水稀释至刻度，摇匀，测定其激发、荧光发射和同步（$\Delta\lambda$=55nm）光谱，确定其峰值波长和强度。与步骤2中图谱加以比较。

4. 定量分析

（1）配制酪氨酸和苯丙氨酸系列混合标准工作溶液

移取不同量的酪氨酸和苯丙氨酸标准溶液，用超纯水逐级稀释后，配制成含酪氨酸和苯丙氨酸分别为0.05μg/mL、0.1μg/mL，0.1μg/mL、0.5μg/mL，0.4μg/mL、1.0μg/mL，0.8μg/mL、3.0μg/mL，1.0μg/mL、5.0μg/mL的混合标准工作溶液各25.00mL，内含2.0mL pH=7.4的$KH_2PO_4$-NaOH缓冲溶液。

（2）绘制标准曲线

按浓度由小到大的顺序用$\Delta\lambda$=55nm对混合标准工作溶液进行同步荧光扫描，在217nm和232nm处分别读取苯丙氨酸、酪氨酸的同步荧光信号强度。

（3）测量样品溶液

放入样品溶液，在相同条件下测量各组分的同步荧光强度。

## 五、数据处理与结果

1. 打印相关谱图。从激发、发射和同步光谱中找出色氨酸、酪氨酸和苯丙氨酸的最大激发波长、最大发射波长以及它们相对应的峰高。

2. 根据步骤1的谱图，找出最为适宜的波长差$\Delta\lambda$。

3. 列表并填写相关实验数据。记录酪氨酸和苯丙氨酸的一元线性回归方程，或根据测定数据绘制标准曲线，求出标准曲线方程及线性相关系数。

4. 将苯丙氨酸在217nm处测得的同步荧光强度值代入苯丙氨酸的标准曲线方程，求出样品溶液中苯丙氨酸的浓度（μg/mL）。

将酪氨酸在232nm处测得的同步荧光强度值代入酪氨酸的标准曲线方程，求出样品溶液中酪氨酸的浓度（μg/mL）。

说明：如果要测定试液中色氨酸的浓度，则当酪氨酸不存在时，可直接将色氨酸在284nm处的同步荧光强度代入色氨酸的标准曲线方程，即可求得色氨酸的浓度；当酪氨酸存在时，因色氨酸在284nm处的同步荧光信号受到酪氨酸在268nm处的同步荧光峰的影响，结果将略偏高，其偏高程度随样品中酪氨酸浓度的增加而增加，可用下式进行校正：

$$I_f=I_{f,\ 284}-KI_{f,\ 232}-I_{f,\ 0} \tag{1}$$

式中，$KI_{f,\ 232}$相当于试液中的酪氨酸在波长284nm处所贡献的同步荧光强度；$K$为酪氨酸在284nm与232nm处同步荧光强度的比值，可由单组分酪氨酸实验求得；$I_{f,\ 232}$为酪氨酸在232nm处的同步荧光强度；$I_{f,\ 284}$为在284nm处实测的同步荧光强度；$I_{f,\ 0}$为空白溶液在284nm处的荧光强度；$I_f$为色氨酸于284nm处真实的同步荧光强度。由$I_f$值和色氨酸的标准曲线方程即可求得试液中色氨酸的浓度。

## 六、注意事项

1. 色氨酸、酪氨酸和苯丙氨酸的荧光产率与介质及溶液的pH值有关，测量时应注意选择合适的介质并控制好溶液的pH值。

2. Δλ对测量结果影响很大，实验过程中应保持一致。

**七、思考题**

1. 同步扫描荧光技术有哪些优点？

2. 观察激发波长的整数倍处荧光发射光谱有何特点，该波长是否适合于进行定量分析？

3. 通过下面两种氨基酸的化学结构式，是否可以不经实验就能判断出其荧光强度的大小次序？为什么？

COOH
$CH_2-CH$
$NH_2$

苯丙氨酸

$C-CH_2-CHCOOH$
CH
NH
$CH_2$

色氨酸

# 实验十八　硒化镉量子点纳米晶体的制备与荧光光谱表征

**一、实验目的**

1. 学会高温油相热解法制备硒化镉量子点纳米晶体的方法，学会用荧光分光光度法表征量子点的基本操作。

2. 能够概述量子点纳米晶材料的用途和荧光分光光度法在材料分析与研究中的应用。

**二、实验原理**

量子点是一种具有量子尺寸效应、量子限域效应、宏观量子隧道效应和表面效应的荧光纳米粒子，其内部电子的能量在三个维度上都是量子化的。量子点又称为半导体荧光纳米晶，是新一代荧光材料，它主要是由Ⅱ~Ⅵ族或Ⅲ~Ⅴ族元素组成，如CdS、CdSe、CdTe、ZnSe、InAs等，尺寸一般处于2~10nm范围内，具有许多不同于宏观物质的光学及物理特性，在光学、电学、磁介质、催化、医药、生命科学、功能材料等领域具有极为广阔的应用前景。

量子点由于电子-空穴被量子限域，连续的能带结构变成具有分子特性的分立能级结构，受激后可以发射不同波长的荧光。量子点具有独特优异的发光特性，其激发光谱波长范围宽而发射光谱波长范围窄，不同发射波长的量子点纳米晶体可由同一激发波长激发。荧光发射峰波长随纳米晶体的尺寸增大而渐次红移，荧光发射峰半峰宽与纳米晶体尺寸的单分散性相关。

含镉量子点具有稳定性好、发光效率高、半峰宽窄、波长可调、自吸收小等特点，在光电转换和生物医学（如细胞成像、分子标记/荧光探针）等领域得到了广泛的研究和应用。本实验采用高温油相热解法，以碳酸镉作为镉源，硒粉为硒源，三正辛基氧膦为表面配体，以硬脂酸、甲苯、丙酮为溶剂，通过调控成核后晶体的生长时间，可制备不同尺寸的硒化镉量子点纳米晶体，并采用荧光分光光度法进行表征。

**三、仪器与试剂**

1. 仪器

UV3600双光束紫外-可见分光光度计（日本岛津公司）；RF-5301PC分子荧光光度计（日本岛津公司）；1cm石英样品池；电子天平；超声波清洗器；反应烧瓶；棕色容量瓶；温度计；注射器。

2. 试剂

三正辛基氧膦（TOPO）；碳酸镉；硒粉（100目，纯度99.999%）；硬脂酸；甲苯；丙酮；正己烷。以上试剂为优级纯。氩气（纯度≥99%）。

**四、实验步骤**

1. 硒化镉量子点纳米晶体的制备

（1）在氩气气氛下将34.5mg（0.2mmol）碳酸镉和2.0g硬脂酸加入烧瓶中，混合，加热至130℃并保持恒温直至反应液变为澄清。将反应液冷却至室温后，加入2.0gTOPO，继续加热至360℃。

（2）将5.0g溶有39.5mg（0.5mmol）硒粉和0.2g甲苯的TOPO溶液迅速注入反应液中，温度降为300℃，保持恒温以保证纳米晶体的生长。

（3）在反应至8min、15min、25min时，分别取出部分反应液，用紫外-可见分光光度计检测其吸收光谱以追踪纳米晶体的成核及生长过程。将检测时所取出的反应液冷却至20~50℃，加入丙酮，使纳米晶沉淀后，对所得样品进行离心分离和倾析，可获得一系列不同粒径的量子点纳米晶体。

2. 样品测定

高温油相热解法制得的硒化镉量子点纳米晶体表面配体为脂肪烃分子，可均匀分散在正己烷、甲苯等非极性有机溶剂中形成溶胶。取适量不同尺寸的量子点样品（$S_1$、$S_2$、$S_3$）分别置于3个10mL棕色容量瓶中，各加入8.0mL正己烷，超声至试液澄清透明。取出，冷却，用正己烷定容至刻度，摇匀。

（1）紫外-可见吸收光谱的绘制

取样品（$S_1$、$S_2$、$S_3$）溶胶，在300~750nm波长范围内，以正己烷作参比，用1cm石英吸收池，在紫外-可见分光光度计上测绘吸收光谱，记录带边吸收峰波长（$\lambda_{abs}$）。

（2）荧光发射光谱

将样品溶胶继续用正己烷稀释，使之在激发波长$\lambda_{ex}$=$\lambda_{abs}$−60nm处的吸光度$A$在0.03~0.05之间，然后用荧光分光光度计测绘荧光发射光谱。

测试条件：激发波长$\lambda_{ex}$：$\lambda_{abs}$−60nm；荧光发射波长$\lambda_{em}$范围：（$\lambda_{ex}$+15）~（$\lambda_{ex}$+200）nm；狭缝宽度：5nm；温度：23℃±2℃，扫描速度：500nm/min。

取2.5mL正己烷加入石英样品池中，加盖，做背底扫描。

用稀释后的样品溶胶进行扫描，得到样品溶胶的荧光发射光谱。

## 五、数据处理与结果

1. 打印紫外-可见吸收光谱图并标识出带边吸收峰波长（$\lambda_{abs}$）；打印荧光发射光谱图并标识出荧光发射峰波长$\lambda_{em}$。

2. 根据下式计算硒化镉量子点纳米晶体的粒径$D$：

$$D=24.97-0.33468\lambda+0.001422\lambda^2-2.441\lambda^3\times10^{-6}+1.5135\lambda^4\times10^{-9} \quad (1)$$

式中，$\lambda$为带边吸收峰值（$\lambda_{abs}$）。

3. 将实验数据和结果填入表1中。

**表1　不同尺寸硒化镉量子点纳米晶体的检测结果**

| 项目 | $\lambda_{abs}$/nm | $D$/nm | $\lambda_{ex}$/nm | $\lambda_{em}$/nm |
|---|---|---|---|---|
| $S_1$ | | | | |
| $S_2$ | | | | |
| $S_3$ | | | | |

## 六、注意事项

1. 所用样品池及玻璃仪器要洁净。

2. 测量时，待测量子点样品应均匀分散在适宜的溶剂中，形成澄清透明的溶胶。

3. 量子点样品要置于棕色试剂瓶中，在氩气或氮气等惰性气体中避光保存。

## 七、思考题

1. 简述用荧光分光光度法表征硒化镉量子点的基本原理。

2. 用于荧光分光光度测试的溶液为什么吸光度值要控制在0.03~0.05之间？

# 第8章

# 激光拉曼光谱法

拉曼光谱（Raman spectrum）是一种散射光谱。拉曼散射（Raman scattering）也称拉曼效应，由印度物理学家C. V. Raman于1928年首次观察到并提出其光谱分析方法，并因此获得1930年的诺贝尔物理学奖。

拉曼光谱法是基于拉曼散射效应，对与入射光频率不同的散射光谱进行分析以得到分子振动、转动方面的信息，从而对物质进行定性分析、结构分析和定量分析的一种仪器分析方法。

拉曼光谱与红外光谱都是研究分子振动或转动的光谱方法，不同的是，拉曼光谱是分子极化率改变的结果，是散射光谱，而红外光谱则与分子振动时的偶极矩变化有关，是吸收光谱。在分子结构分析中，二者各有所长，相互补充。

## 8.1 方法原理

### 8.1.1 拉曼散射与拉曼位移

当用频率为$\nu_0$的位于可见或近红外光区的强激光照射样品（气体、液体或固体）时，会有一小部分光与样品分子发生碰撞而向四面八方散射。其中大部分散射光（其强度为入射光的0.1%）的频率和入射光相同，仅改变了运动方向，这种散射称为弹性散射或瑞利散射（Rayleigh scattering）。也有很少一部分散射光（仅为总散射光的$10^{-8}$~$10^{-6}$）不仅改变了运动方向，也改变了频率，变为$\nu_0 \pm \Delta\nu$，这种散射称为拉曼散射，其中频率降低的为斯托克斯散射（Stokes scattering），频率升高的为反斯托克斯散射（anti-Stokes scattering）。

产生拉曼散射的原因是光子与物质的分子之间发生非弹性碰撞，改变了光子的能量。如

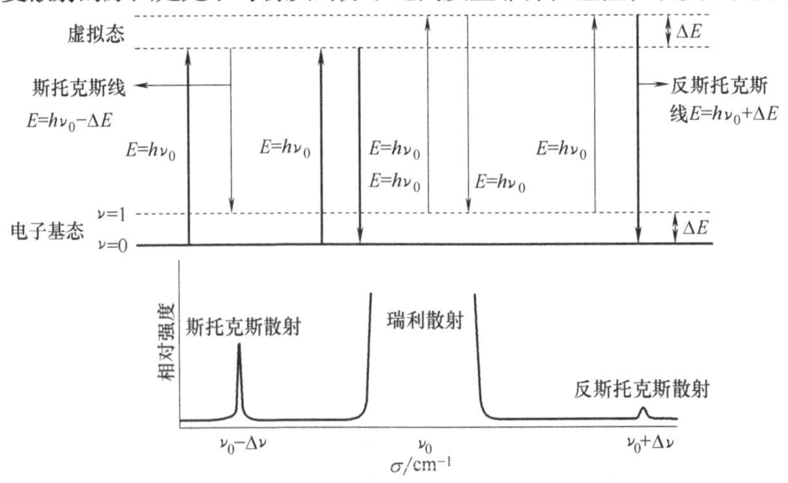


**图8-1 瑞利散射、斯托克斯散射和反斯托克斯散射示意**

图8-1所示，粗线表示出现的概率大，细线表示出现的概率小。

处于基态电子能级某一振动能级上的分子与能量为$h\nu_0$的入射光碰撞后，分子吸收能量被激发到能量较高的不稳定的虚拟态，然后又迅速（约$10^{-8}$s）返回到原来所处的振动能级，并以光子的形式释放出吸收的能量$h\nu_0$，产生瑞利散射，用图中间的两组箭头表示。

如果分子从振动基态（$\nu$=0）被激发到虚拟态后再返回到第一振动激发态（$\nu$=1），此时散射光的能量为$h\nu_0-\Delta E$，其中$\Delta E=h\Delta\nu$，由此产生的拉曼线称为斯托克斯线。如果分子从第一振动激发态被激发到虚拟态后再返回振动基态，则散射光的能量为$h\nu_0+\Delta E$，由此产生的拉曼线称为反斯托克斯线。

凡是分子极化率随分子振动而改变的，都会产生拉曼散射。散射光频率与入射光频率之差$\Delta\nu$称为拉曼位移（Raman shift）。

### 8.1.2 拉曼光谱

拉曼光谱是以散射光强度为纵坐标，以拉曼位移（$\Delta\nu$）为横坐标所做的图谱。它具有以下明显的特征：

① 拉曼散射谱线的波数随入射光的频率不同而不同，但对同一物质，同一拉曼谱线的位移与入射光的频率无关，只和样品的振动-转动能级有关。

② 在以波数为变量的拉曼光谱上，斯托克斯线和反斯托克斯线对称地分布在瑞利散射线两侧。

③ 一般斯托克斯线远强于反斯托克斯线。这是由于Boltzmann分布，处于振动基态上的分子数远大于处于振动激发态上的分子数。所以拉曼光谱仪记录的通常是斯托克斯线。

拉曼光谱只需要分子极化率随分子振动而改变即可，极性分子和非极性分子都可以产生拉曼光谱。对于C—C、N—N、S—S等由相同原子构成的非极性键，在红外光谱上几乎看不到信号，但是具有丰富的拉曼光谱信息，可用拉曼光谱检测。而C═O、C—X、N—H、O—H等不同原子的极性键，振动时会发生明显的偶极矩改变，可用红外光谱检测。因此，在分子结构分析中二者是相互补充的。

### 8.1.3 定性分析和定量分析

（1）定性分析

拉曼位移$\Delta\nu$取决于分子振动能级的变化，分子中不同的化学键或基团有不同的振动方式，因而其能级间的能量变化也不同，即不同物质的$\Delta\nu$不同。根据$\Delta\nu$的大小、拉曼线的强度及拉曼峰形状可以对物质进行定性分析和结构分析。

（2）定量分析

由于拉曼光谱很弱，因此激光拉曼光谱法定量分析不够理想。多采用表面增强拉曼光谱法对物质进行定量分析。

在一定条件下，拉曼谱带的强度$I$与待测物质的浓度$c$之间遵守朗伯-比尔定律：$I=Kc$。采用内标法或标准曲线法可对物质进行定量分析。

## 8.2 仪器结构及原理

激光拉曼光谱仪的种类很多，按照工作原理主要分为色散型和傅里叶变换型两类。

### 8.2.1 色散型激光拉曼光谱仪

色散型拉曼光谱仪的主要部件有激光光源、样品装置、单色器、检测器、控制与数据处理系统。其结构如图8-2所示。

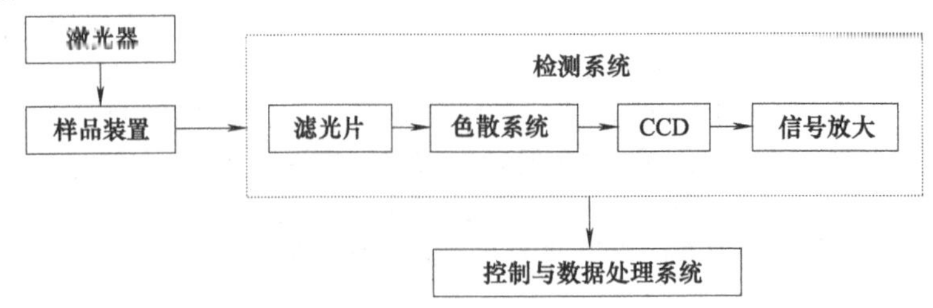


**图8-2　色散型激光拉曼光谱仪结构示意**

（1）激光光源

由于拉曼散射很弱，需要采用高强度的激光光源，包括连续波激光器和脉冲激光器。常用的有$Ar^+$激光器（488.0nm、514.5nm）、$Kr^+$激光器（350.7nm、356.4nm、530.9nm、568.2nm、647.1nm等）、He-Ne激光器（632.8nm）、二极管激光器等。由于高强度激光光源容易使试样分解，可安装偏振旋转器加以克服。

（2）样品装置

常用的有微量毛细管以及常量的液体池、气体池、压片样品架（放固体试样）、显微镜等。贵重样品可在原封装的安瓿瓶中直接测定。

（3）色散系统

色散系统包括狭缝、光栅（一般使用平面全息光栅的双单色器）和透镜，用于消除杂散光和产生光谱。

（4）检测器

为减少荧光干扰，常采用电感耦合阵列（CCD）检测器。

仪器工作原理：将激光照射到样品上，产生的散射光经滤光片滤除瑞利散射光，剩下的拉曼散射光经过透镜聚焦后通过狭缝，被发散到衍射光栅上。消除杂散光后的拉曼散射光被聚焦到CCD检测器上，检测信号经放大和由计算机系统处理后，得到样品的拉曼光谱图。

色散型拉曼光谱仪采用短波的紫外-可见光激光器激发（200~800nm）、光栅分光系统，能激发出各种谱线，能量较高，灵敏度高，适合各种形态样品的测定，多用于纯物理、谱学、无机材料及纳米材料等方面的研究。

## 8.2.2　傅里叶变换型拉曼光谱仪

傅里叶变换型拉曼光谱仪的光路结构与FTIR相似，只是干涉仪和样品室的排列次序不同。主要部件有激光光源、样品室、迈克耳孙干涉仪、滤光片组（用于滤除瑞利散射光）、检测器和由计算机控制的放大与数据处理系统。

激光光源多采用Nd-YAG激光器，产生波长为1064nm的激光；检测器常采用In-Ga-As检测器和高性能液氮冷却的Ge二极管检测器。

仪器工作原理：将激光照射样品后产生的散射拉曼光高效率收集并导入干涉仪中，得到散射光的干涉图，由检测器检测到的干涉光信号经放大和由计算机系统进行快速傅里叶变换处理后得到样品的拉曼光谱图。

仪器特点：傅里叶变换型拉曼光谱仪采用长波的近红外激光器激发（1064nm）、迈克耳孙干涉仪调制分光等技术，能量较低，荧光干扰少，扫描速率快，分辨率高，波数精度及重现性好，非常有利于有机化合物、高分子化合物以及生物大分子等的研究，但检测灵敏度较低，不适合测量水溶液及深颜色样品。

# 8.3 方法特点及应用

## 8.3.1 方法特点

激光拉曼光谱法具有信息丰富、制样简单、水的干扰小、样品用量少等优点，能提供快速、简单、可重复、无损伤的定性定量分析，可以直接测定气体、液体和固体样品，也可以用水作溶剂，测定水溶液中的物质。拉曼光谱的特征峰清晰尖锐，适合物质的定量分析，且一次可以覆盖整个振动频率范围。

但拉曼光谱法也有其局限性，例如：荧光效应造成背景干扰；不同振动峰重叠和拉曼散射强度容易受光学系统参数等因素的影响；在进行傅里叶变换光谱分析时，常出现曲线的非线性问题；引入任何一种物质都会对被测体系带来某种程度的污染，从而影响分析结果。

## 8.3.2 应用

激光拉曼光谱是一种无损检测技术，适合于研究对称分子的非极性基团或分子骨架的振动，能给出分子振动能级的指纹光谱，提供物质的化学结构、相和形态、结晶度以及分子间相互作用等信息，还可以通过测量退偏比$\rho_p$确定分子的对称性，在化学、材料、物理、高分子、生物、医药、食品、地质等领域有着广泛的应用。激光拉曼光谱与傅里叶变换红外光谱相配合，已成为分子结构研究的重要手段。

（1）在化学研究中的应用

① 在有机化学方面。拉曼光谱主要是用作结构鉴定和研究分子间的相互作用，结合红外光谱信息，可以鉴别特殊的结构或特征基团。如—C—C—、—C═C—、—C≡C—、—N—N—、—N═N—、—C═S—、—S═N—、—C—N—等基团，都具有其明显特征的强的拉曼散射信号。

利用偏振特性，拉曼光谱还可以区分各种异构体，如顺反异构、位置异构、几何异构。另外，拉曼光谱也是检测环状化合物的有力工具。

② 在无机化学方面。可以用拉曼光谱测定某些金属离子配位化合物的组成、结构和稳定性，测定和鉴别无机化合物的晶型结构。

③ 在催化化学方面。拉曼光谱能够提供催化剂本身以及表面上物种的结构信息，可以对催化剂制备过程进行实时研究，研究催化剂表面的吸附情况等。能够在分子水平上研究电化学界面结构、吸附和反应等问题，并应用于电催化、腐蚀和电镀等领域。

（2）在高分子聚合物研究中的应用

激光拉曼光谱可提供高聚物结构方面的许多重要信息，如化学组成和分子结构、异构体（单体异构、位置异构、几何异构和空间立体异构等）、立构规整性、结晶度和取向，以及表面和界面的结构等。可以测定高聚物含量，进行高分子反应的动力学过程研究、分子间相互作用研究等。对于含有无机物填料的高聚物，可以不经分离而直接测定。

（3）在生物医学研究中的应用

拉曼光谱是研究生物大分子的有力手段，它可以在接近自然状态、活性状态下研究蛋白质、核酸、糖、酶、激素、脂类等生物组织最基本的构成物质的结构、构象及其变化，以及分子间的相互作用等。能在非接触条件下对生物活体组织进行实时、无创、原位探测，实现被测物的定性定量分析。能灵敏地判断由疾病引起的组织、体液或细胞的分子组成变化，从分子水平上对癌症等疾病进行早期诊断、病理研究及临床诊疗。

（4）其他应用

激光拉曼光谱可用于宝石和文物的无损鉴定与研究，可用于食品的无损鉴别，遥测污染物，分析同位素。可用于材料的应力检测，研究材料的结构、性能、纳米材料的量子尺寸效应等。可对中草药进行真伪鉴别、化学成分分析、稳定性研究、药理作用研究，可检测某一药片上的药和辅药的分布，鉴定药物质量，进行药物剂型的快速鉴别。

## 8.3.3 其他拉曼光谱法及应用

(1) 共振拉曼光谱法

共振拉曼光谱是建立在共振拉曼效应（RRE）基础上的一种激光拉曼光谱法。当激发频率接近或重合于待测分子的某一个电子吸收峰时，该分子的某个或几个特征拉曼谱带强度会急剧增加，达到正常拉曼谱带的$10^4$~$10^6$倍，并出现强度可与基频相比拟的泛音及组合振动，这就是共振拉曼效应。

共振拉曼可选择性激发某些组分信息，得到特定组分的共振拉曼光谱，有利于低浓度和微量样品的检测，已成为研究和检测有机和无机分子、离子、生物大分子，甚至活体组织的有力工具。

(2) 表面增强拉曼光谱法

表面增强拉曼光谱（SERS）法，是指将待测物质吸附在某些粗糙的纳米金属材料表面进行激光拉曼分析，可使待测物的拉曼信号得到极大增强（达$10^4$~$10^8$倍，甚至$10^{15}$倍）。

SERS具有检测灵敏度高、响应迅速、指纹识别等特点，可实现对吸附在金属表面的单分子的检测，给出表面分子的结构信息，常被用于测定样品中微量或痕量组分的含量。也可以用于吸附动力学研究、测定吸附速率常数等。

当具有共振拉曼效应的分子吸附在粗糙的纳米金属材料表面时，得到的是表面增强共振拉曼散射（SERRS）光谱，其强度又能提高$10^2$~$10^3$倍。SERRS常被用于检测受荧光干扰的化合物，当该化合物吸附到粗糙化的金属表面时，其荧光会猝灭，从而消除荧光干扰。

(3) 显微共聚焦拉曼光谱法

该技术是将拉曼光谱与显微分析技术相结合。其原理是使光源、样品、探测器三点共轭聚焦，消除杂散光，大大增强拉曼信号强度。能够提供约1μm甚至纳米级的空间分辨率，可进行微区分析，可选择样品的任意感兴趣的部位进行精确分析，获得样品的化学成分、官能团、结构、分布、形态、分子间相互作用以及分子取向等各种拉曼光谱信息。可直接透过罐和样品瓶检测透明或有色样品。可用于检测肿瘤细胞间的细微差异等。

(4) 空间偏移拉曼光谱

空间偏移拉曼光谱（SORS）是拉曼光谱的衍生技术。当一束激光入射到待测样品表层时，表层样品被激发或散射出宽带荧光，其中一部分散射光到达样品内部不同的深度，经多次散射后又返回样品表层被光谱接收系统收集，但激光光源的入射焦点与拉曼光谱收集焦点在样品表层空间上会偏移一定的距离$\Delta S$。当$\Delta S=0$时，系统收集到的拉曼信号大部分来自样品表层的拉曼散射。当$\Delta S\neq 0$时，表层的拉曼信号衰减很快，系统收集到的拉曼信号大部分来自样品深层，目标拉曼信号与噪声（表层）之间的相对强度随空间偏移距离的增大而增大，从而有效抑制了表层样品的拉曼和荧光等杂散信号的影响。通过改变$\Delta S$的大小，可获得样品内部不同层次的拉曼光谱，即空间偏移拉曼光谱。

SORS除了具备传统拉曼光谱的优点外，还能有效地抑制荧光，进一步提高检测灵敏度。能够非侵入多层不透明样品或不透明包装样品直接获得样品内部深层特征信息。可用于化工、安检、医疗、食品等领域不透明隐蔽物内的不明物的快速无损检测，可进行皮肤病研究，诊断人体骨骼等各类组织疾病，检测食品的霉变、变质情况，对危险环境中的目标物进行遥测等。

逆SORS技术较标准SORS有更高的检测灵敏度和穿透深度，而且激光入射的有效光照面可控。倾斜SORS能有效抑制来自容器的荧光和拉曼信号的干扰，准确识别出透明或不透明容器内的物质。

# 实验十九　苯甲酸的拉曼光谱测定

## 一、实验目的

1. 能够描述激光拉曼光谱仪各主要部件的结构和功能，学会仪器基本操作。
2. 能够测定苯甲酸的拉曼光谱，并做指认。

## 二、实验原理

拉曼散射是由于物质吸收光能后，光子与物质的分子之间发生非弹性碰撞，使分子极化率改变而产生的。拉曼位移取决于分子振动能级的变化，不同化学键或基团有其特征的分子振动，由于能量差$\Delta E$反映了指定能级的变化，因此与之对应的拉曼位移也是特征的。

在进行有机化合物拉曼光谱的指认时，基团特征频率是定性分析的重要依据。但也要注意这个基团的频率在不同化学环境中发生的位移，包括位移的大小和方向。此外，还要综合考虑谱带的相对强度和谱峰的形状。

有机酸分子中有关基团的拉曼特征频率见表1。

**表1　有机酸分子中有关基团的拉曼特征频率**

| 基团/化学键 | 振动形式 | 频率 |
| --- | --- | --- |
| C—H振动 | 正烷烃C—H振动 | 2980~2850cm$^{-1}$ |
| | 烯烃$=CH_2$,$=CHR$振动 | 3100~3000cm$^{-1}$ |
| | 芳香族化合物C—H振动 | 约3050cm$^{-1}$ |
| C—H变形振动 | 正烷烃中甲基HCH面内变形振动 | 975~835cm$^{-1}$ |
| | 甲基的剪式振动 | 1385~1368cm$^{-1}$ |
| | 甲基和亚甲基的面内变形振动 | 1473~1446cm$^{-1}$ |
| | 正烷烃中甲基HCH面外变形振动 | 1466~1465cm$^{-1}$,根据碳原子数的不同稍有区别 |
| $—CH_2—$ | 扭曲振动与面内摇摆的混合谱带 | 1310~1175cm$^{-1}$ |
| | 面内摇摆和扭曲的混合谱带 | 1060~719cm$^{-1}$ |
| $CH_3—CH_2—$ | 扭曲振动 | 280~220cm$^{-1}$ |
| $—CH_2—CH_2—$ | 扭曲振动 | 153~0cm$^{-1}$ |
| C—C振动① | C—C伸缩振动 | 1150~950cm$^{-1}$ |
| | C—C—C变形振动 | 425~150cm$^{-1}$ |
| 酸类的C=O | 酸类C=O对称伸缩振动频率随物理状态不同而有差异,以甲酸为例 | 甲酸单体为1170cm$^{-1}$,二聚体为1754cm$^{-1}$;90℃以下的液体为1679cm$^{-1}$,0℃以下液体为1654cm$^{-1}$;35%~100%水溶液为1672cm$^{-1}$ |
| 酸酐中的C=O | 对称伸缩振动 | 1820cm$^{-1}$ |
| | 反对称伸缩振动 | 1765cm$^{-1}$ |
| | 其他链状饱和酸酐 | 1805~1799cm$^{-1}$和1745~1738cm$^{-1}$ |

① 伸缩振动频率与碳链长短无关，而变形振动频率则是碳链长度的函数，因此变形振动频率是链长度的特征。

### 三、仪器与试剂

1. 仪器

Renishaw inVia显微共焦激光拉曼光谱仪（英国雷尼绍公司）。

2. 试剂

苯甲酸。

### 四、实验步骤

1. 依次打开稳压电源、拉曼主机电源、计算机、仪器软件

打开激光器（514nm）后面的总电源开关，然后打开激光器上的钥匙，预热30min。

2. 双击WiRE 2.0图标

选择“Reference All Motors”并确定（OK）。仪器自检完毕后，点击Measurement→New→New Acquisition，设置实验条件，静态取谱，中心Raman Shift 520cm$^{-1}$，Advanced→Pinhole设为in。

3. 用硅片进行光路调节和仪器校正

用50倍物镜、1s曝光时间、100%激光功率取谱，使用曲线拟合（Curve fit）命令检查峰位。硅峰应该在Raman Shift 520cm$^{-1}$处，峰位偏离不超过±0.5cm$^{-1}$。

4. 用毛细管封装苯甲酸样品粉末

注意封装毛细管时，要均匀转动毛细管，使封口光滑，并保持毛细管平直。试样尽量保持居中，管中有1~2mm样品即可。将毛细管放置在载物台上，调整载物台，使样品前后、左右对正物镜。先粗调至出现模糊图像再细调，直至出现清晰的九边形。

5. 设置测定苯甲酸的各项参数

激光器：激发波长514.5nm；激光功率：20mW；扫描范围：20~3200cm$^{-1}$；物镜放大倍数：50；使用针孔；扫描条件：曝光时间3s；累加次数3次。

6. 测量并记录苯甲酸的拉曼光谱

7. 测试完毕

依次关闭WiRE 2.0软件、计算机、主机电源、激光器上的钥匙，待激光器散热风扇自动停转后，关闭主电源开关。

### 五、数据处理与结果

打印苯甲酸的拉曼光谱图，并与标准拉曼光谱图对照，对苯甲酸拉曼光谱中振动较强的特征峰进行指认。

### 六、注意事项

在调试激光光路时，注意眼睛不要直视激光光束，要绝对防止激光直射视网膜，以防烧伤致残！

### 七、思考题

1. 激光拉曼光谱定性分析的依据是什么？

2. 在拉曼测试中有哪些荧光猝灭的方法？比较其实际应用价值。

3. 如何改善拉曼光谱图的质量（猝灭荧光、提高信噪比的措施等）？

## 实验二十　表面增强拉曼光谱法测定牛奶中三聚氰胺的含量

### 一、实验目的

1. 能够解释表面增强拉曼光谱法对物质进行定性与定量分析的原理和方法，能够用拉曼光谱仪测定牛奶中三聚氰胺的含量。

2. 能够概述三聚氰胺的危害和拉曼光谱法在食品分析中的应用。

## 二、实验原理

表面增强拉曼光谱（SERS）法，是指将待测物质吸附在某些粗糙的纳米金属材料（Ag、Cu、Au等）表面进行激光拉曼分析，待测物质的拉曼信号能得到非常显著的增强。合适的表面预处理是获得高强SERS信号的关键，目前应用较多的SERS基底材料是金银纳米溶胶。

SERS具有响应迅速、灵敏度高、指纹识别等特点。在一定条件下，待测物分子拉曼谱带的强度$I$与待测物的浓度$c$呈线性关系：$I=Kc$。可采用标准曲线法测定试样中待测物质的含量。

三聚氰胺（1,3,5-三嗪-2,4,6-三胺，$C_3H_6N_6$）俗称密胺、蛋白精，是一种含氮量高达66.6%的化工原料。由于凯氏定氮法不能区分非蛋白氮，曾有不法商家在乳制品中添加三聚氰胺以提高蛋白质的含量测定值。但三聚氰胺有一定的毒性，长期摄入会引起肾衰竭。我国规定原料乳及乳制品中三聚氰胺的量：婴儿配方食品不得超过1mg/kg，其他食品不得超过2.5mg/kg。

三聚氰胺微溶于水，可溶于热水、乙酸等溶剂，在常温下性质稳定，遇强酸或强碱水溶液能水解生成对人体有害的三聚氰酸。

本实验用浓度为200g/L的三氯乙酸提取牛奶中的三聚氰胺和沉淀蛋白质，采用SERS法测定牛奶中的三聚氰胺。以金属钛板作为SERS衬底材料，以粒径约为50nm的银纳米颗粒作为基底，控制银溶胶与样品的体积比为1：2，氯化钠和氢氧化钠溶液的浓度均为4mol/L，此时，三聚氰胺的SERS光谱上位于699cm$^{-1}$处的拉曼特征峰（由三嗪环呼吸振动产生，强度最大，可作为识别三聚氰胺的指纹峰）信号得到最大增强，增强因子达到$10^6$数量级。通过拉曼光谱仪采集699cm$^{-1}$处样品的SERS信号，可测定牛奶中三聚氰胺的含量。

该方法三聚氰胺的线性范围为0.2~10mg/L，检测限为0.08mg/L。

## 三、仪器与试剂

1. 仪器

Accuman SR-510 Pro便携式拉曼光谱仪及SERS基片专用支架（美国，海洋光学亚洲公司）；电子天平（感量为0.001mg，0.1mg）；数控超声波清洗器；高速离心机；集热式磁力搅拌器；烧瓶；球形冷凝管；微量移液器；容量瓶；离心管。

2. 试剂、材料

硝酸银溶液（0.18g/L）；三聚氰胺（优级纯，含量≥99.8%）；三氯乙酸溶液（200g/L，80g/L）；柠檬酸钠溶液（10g/L）；氯化钠溶液（4mol/L）；氢氧化钠溶液（4mol/L）；以上所用试剂为分析纯或优级纯，实验用水为超纯水。市售纯牛奶；0.22μm水系滤膜。

## 四、实验步骤

1. 银溶胶的制备

取100mL 0.18g/L的硝酸银溶液于洁净的圆底烧瓶中，接入冷凝循环系统，在120℃油浴中缓慢搅拌至沸腾，迅速加入2.0mL 10g/L的柠檬酸钠溶液，继续搅拌并保持沸腾1h。停止加热，取出烧瓶，自然冷却至室温，用0.22μm水系滤膜过滤，得到均一相的纳米银溶胶，在4℃下避光贮存（可保存11个月）。

2. 标准溶液的配制

准确称取5.000mg三聚氰胺粉末于50mL容量瓶中，用超纯水溶解并定容至刻度，摇匀。得到三聚氰胺标准贮备液（100mg/L）。

移取适量三聚氰胺标准贮备液，用80g/L的三氯乙酸溶液逐级稀释成浓度为0.2mg/L、0.5mg/L、1.0mg/L、5.0mg/L、10.0mg/L的三聚氰胺系列标准溶液各10mL。

3. 样品溶液的制备

准确称取1.500g牛奶于10mL离心管中，加入1.0mL 200g/L的三氯乙酸，超声提取5min，再静置30min，使蛋白质沉淀。然后以9000r/min转速离心5min，取上清液用0.22μm水系滤膜过滤，保留滤液用于拉曼检测。

4. 制作标准曲线

（1）设置拉曼光谱条件。激发波长：785nm；激光功率：105mW；光谱扫描范围：

200~3000cm$^{-1}$；探头工作距离：7.5mm；光斑直径：小于2mm；积分时间：5s；使用软件自带扣除荧光背景功能。

（2）在5个1.5mL离心管中，皆依次加入60μL银溶胶、60μL NaCl溶液（4mol/L）、60μL NaOH溶液（4mol/L），再分别加入120μL 5个不同浓度的三聚氰胺标准溶液，混匀，放置5min。按浓度由小到大的顺序，取90μL混合液滴于钛板的圆柱形凹槽中，立即用拉曼光谱仪检测。制作标准曲线。

5. 样品分析

依次取60μL银溶胶、60μL NaCl溶液（4mol/L）、60μL NaOH溶液（4mol/L）和120μL牛奶样品提取溶液于1.5mL离心管中，混匀，放置5min。取90μL混合液滴于钛板的圆柱形凹槽中，立即用拉曼光谱仪检测。

## 五、数据处理与结果

1. 定性分析。打印相关图谱，与三聚氰胺标准溶液的拉曼光谱对照，标记出牛奶样品拉曼光谱中三聚氰胺的特征峰。

2. 根据三聚氰胺标准溶液的浓度和对应于699cm$^{-1}$处的拉曼特征峰的强度，通过Excel绘制标准曲线，求出标准曲线方程和线性相关系数。

3. 将样品提取液的拉曼光谱中三聚氰胺在699cm$^{-1}$处的拉曼信号强度代入标准曲线方程，计算出三聚氰胺的浓度。再根据牛奶的质量和相关溶液的体积，计算牛奶中三聚氰胺的含量（mg/kg），对分析结果进行评价，得出结论。

4. 将实验数据和结果填入表1中。

⊡ 表1　实验数据及分析结果

| 编号 | 1 | 2 | 3 | 4 | 5 |
|---|---|---|---|---|---|
| 三聚氰胺标准溶液的浓度 $c$/(mg/L) | | | | | |
| 拉曼信号强度 $I$ | | | | | |
| 标准曲线方程及线性相关系数 $r$ | | | | | |
| 牛奶质量 $m$/g | | | | | |
| 提取液中三聚氰胺的强度 $I$ | | | | | |
| 提取液中三聚氰胺的浓度 $c_x$ /(mg/L) | | | | | |
| 牛奶中三聚氰胺的含量/(mg/kg) | | | | | |

## 六、注意事项

1. 把含有三氯乙酸的三聚氰胺溶液或牛奶溶液加入银溶胶中时，银纳米颗粒聚集并出现SERS热点。在大约6min时，拉曼强度达到最大值，应在此时进行拉曼光谱检测。

2. 要严格控制银溶胶与样品的体积比为1：2，以及NaCl和NaOH 溶液的浓度，以提高测定灵敏度。

## 七、思考题

1. 本实验中三氯乙酸的作用有哪些?

2. 用表面增强拉曼光谱法进行定量分析有什么优点?

# 第9章 X射线衍射分析法

X射线是一种高能电磁波，波长一般为0.001~10nm，能量与原子轨道能级差的数量级相当，能够和原子的内壳层电子发生相互作用。以X射线为辐射源的分析方法有X射线衍射法、X射线吸收法、X射线荧光法、X射线光电子能谱法和X射线俄歇电子能谱法等。在X射线光谱分析中，常用的波长在0.01~2.5nm范围内。

X射线衍射（X-ray diffraction，XRD）分析是建立在X射线与晶体物质相遇时能发生衍射现象的基础上的一种仪器分析方法，可用于进行物相定性分析、定量分析、宏观和微观应力分析等。目前X射线衍射法已经成为研究晶体物质（和某些非晶态物质）的微观结构的有效方法，是化学、材料科学、生命科学、环境科学、各种工程技术科学等领域普遍采用的一种快速、准确而又经济的分析方法。

## 9.1 方法原理

### 9.1.1 X射线的产生

（1）产生X射线的途径

X射线的产生途径一般有以下4种：

① 用高能电子束轰击金属靶（如Cu、Fe、Cr、Mo靶等）。该方法经济实用，最为常用。

② 用初级X射线照射物质，产生X射线荧光。

③ 利用放射性同位素源衰变过程产生X射线。

④ 从同步加速器辐射源获得高强度的连续谱X射线。这种光源质量非常优越，但设备庞大。

以钼靶为例，当在两极间施加数万伏的高压时，从阴极钨丝上发射出的高速电子轰击钼靶，使钼原子内部壳层的电子跳到能级较高的空电子轨道或脱离原子束缚，处于不稳定的激发态或电离态。很快，外层电子自高能态向被逐出电子的低能态的空穴跃迁，使原子恢复正常状态，多余的能量以X射线的形式发射出来，如图9-1所示，产生$K_\alpha$线和$K_\beta$线。

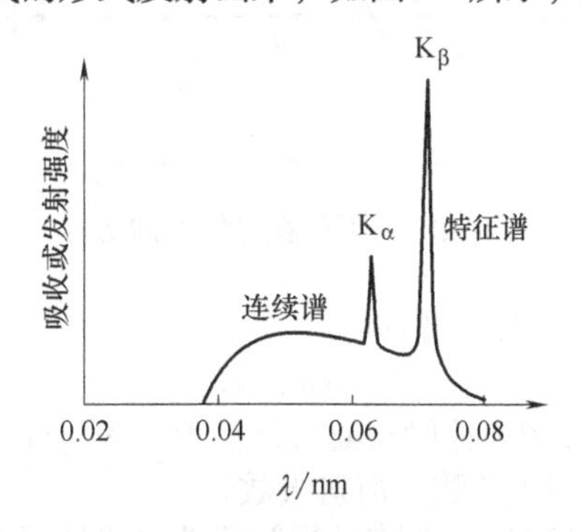


图9-1 特征X射线谱

（2）X射线的波长分布

① 连续X射线谱。当用高能电子束轰击金属靶时，电子与靶上的原子碰撞而减速，有的碰撞一次即将能量耗尽，有的碰撞多次后才耗尽能量，从而产生了连续的具有不同波长的X射线。连续X射线谱的最小波长只与外加电压有关，电压越大，波长越短，与靶材料无关；而总强度则随着X射线管内的电流强度、电压和阳极物质或靶材的原子序数加大而发生变化。连续X射线谱主要用于判断晶体的对称性和进行晶体定向的劳厄法。

② 特征X射线谱。当X射线管压超过某个临界值（激发电位）时，在连续谱的某个波长处出现具有与靶中金属元素相对应的一系列特定波长的谱线，这些谱线强度高，峰窄而尖锐，波长只与靶的原子序数有关，与外加电压无关，称为特征X射线。特征X射线谱主要用于进行晶体结构研究的旋转单体法和进行物相鉴定的粉末法。

特征X射线的产生必须满足以下选择定则：a. 主量子数$\Delta n \neq 0$；b. 角量子数$\Delta L = \pm 1$；c. 内量子数$\Delta J = \pm 1$或0。

不符合上述选律的谱线称为禁阻谱线。

## 9.1.2 X射线在晶体中的衍射

晶体是由原子（或离子、分子）在空间按一定规则有序排列成的晶胞组成，晶体中的原子或离子、分子的排列具有三维空间的周期性，且原子轨道的能级差与X射线波长有相同的数量级，因此能产生X射线衍射现象。衍射现象起因于光的相干散射（瑞利散射）。

当一束波长为$\lambda$的X射线按照一定方向射入晶体时，大部分射线将穿透晶体，部分被吸收和散射，极少部分产生反射。X射线与原子中束缚较紧的电子做弹性碰撞，使周期性振动着的电子以球面波方式发射出与入射X射线波长相同的散射X射线，二者位相差恒定。原子散射X射线的能力和原子中所含的电子数目成正比，电子越多，散射能力越强，如图9-2所示。由于散射X射线相互干涉，而在某一方向得到加强或抵消。当振动于同一平面内的两个相干散射波在某个方向的光程差（$AB+BC$）等于波长的整数倍时，二者的波峰将互相叠加而得到加强。这种由于大量原子散射波的叠加、相互干涉而产生最大程度加强的光束叫X射线的衍射线，相应的方向称为衍射方向。

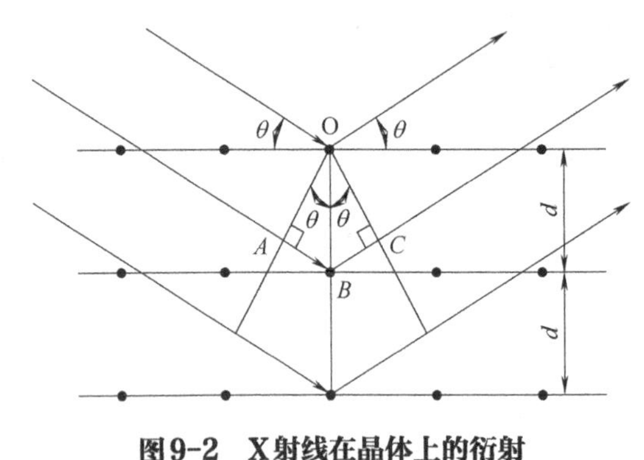


**图9-2 X射线在晶体上的衍射**

X射线产生衍射的条件符合布拉格方程：

$$2d\sin\theta = n\lambda \tag{9-1}$$

式中，$d$为晶体平面间距；$\theta$为掠射角或布拉格角（入射或衍射X射线与晶面间夹角）；$\lambda$为入射X射线的波长；$n$为任何正整数（衍射级数）。

当X射线以掠射角$\theta$入射到某一点阵晶格间距为$d$的晶面上时，在符合上式的条件下，将在反射方向上得到因叠加而加强的X射线的衍射线。

晶体衍射X射线的方向，与构成晶体的晶胞的大小、形状以及入射X射线的波长有关；衍射光的强度与晶体内原子的种类和晶胞内原子的位置有关。每种类型的晶体都有自己的衍射花样或衍射图（衍射强度-2$\theta$），根据晶体衍射X射线的方向和衍射强度可以确定物质的晶体结构和结晶类别。

# 9.2　仪器结构及原理

X射线衍射仪主要由X射线发生器、测角仪、射线检测器、衍射图的处理分析系统组成。如图9-3所示。

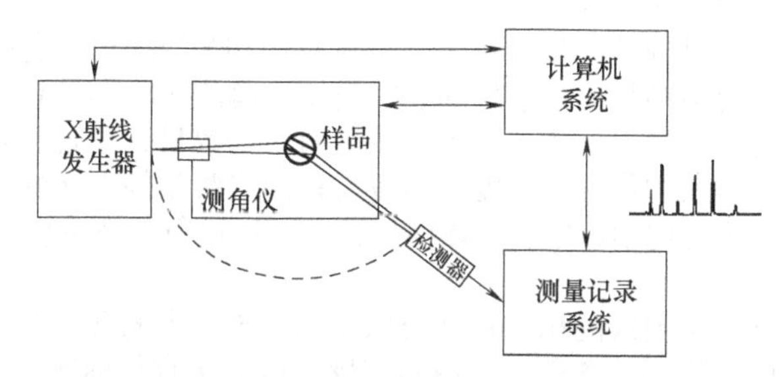


图9-3　X射线衍射仪基本结构示意

（1）X射线发生器

X射线发生器主要由高压控制系统、X光管和水冷系统组成，如图9-4所示。

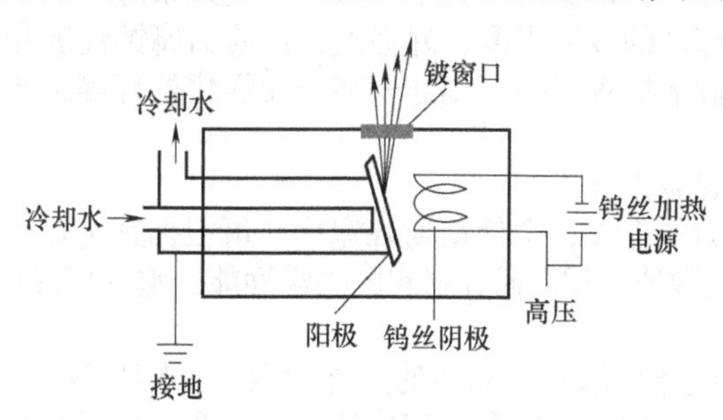


图9-4　X射线管结构示意

在高压下，高速运动的电子轰击金属靶，发射出测量所需要的X射线。改变X射线管阳极靶的材质可改变X射线的波长，调节阳极电压可控制X射线源的强度。

（2）测角仪

测角仪是衍射仪的重要部分，入射X射线经过狭缝照射到样品上，当检测器（如计数管）在测角仪圆所在平面内扫射时，样品与计数管以一定速度连动，在某些角位置上，晶体中与样品表面平行的面网在符合布拉格条件时所产生的衍射线即被计数管依次接收、记录，经转换、放大等处理后得到衍射图。

（3）射线检测器

可用于检测衍射强度或同时检测衍射方向，通过系统处理后可以得到多晶衍射图谱数据。

（4）衍射图的处理分析系统

现代X射线衍射仪都安装有专用衍射图处理分析软件的计算机系统，其特点是自动化和智能化。

# 9.3 方法特点及应用

## 9.3.1 方法特点

X射线衍射法具有不损伤样品、测量精度高、方便、快捷、无污染、能得到有关晶体完整性的大量信息等优点，是目前测定晶体结构的重要手段，应用极其广泛。

## 9.3.2 应用

(1) 物相定性分析和晶体结构分析

每种结晶物质都有自己独特的化学组成、晶体结构和X射线衍射花样，不会因为与其他物质混合而发生变化。与结构相关的信息如点阵类型、晶胞大小和形状、晶胞中原子的种类和位置等，都会在衍射花样中得到体现，表现在衍射线条数目、位置及其强度上。因此，根据样品衍射花样中衍射线条的位置和强度，通过与相同实验条件下文献库中存有的衍射图对照，就可以确定结晶物质的化学组成和晶体结构，还可以进行价态分析。

(2) 物相定量分析

晶体中某物相的任一衍射线的积分强度与该物相在样品中的含量有关，因此根据谱线的积分强度可求出晶体中各物相的含量。常用的定量分析方法有外标法、内标法、K值法、绝热法、无标样法和全谱拟合法等。

(3) 宏观应力分析

晶体材料受外力作用而变形，若变形发生在材料的弹性极限以内，则材料中的宏观残余应力会导致衍射峰发生位移，根据位移大小可求出宏观残余应力的大小和分布。残余应力的大小和分布直接影响零部件的疲劳强度、静强度、抗应力腐蚀性能和尺寸稳定性等，因此常通过X射线宏观应力分析来检查焊接、热处理和表面强化处理等工艺的效果，控制切削、磨削等表面加工的质量。

(4) 晶粒大小和微观应力分析

晶粒细化和微观应力的存在，会使衍射峰宽化。可根据其宽化程度和线形求出金属材料中的晶粒大小和微观应力数值，用以研究材料的力学性能、塑性变形特性、合金强化等问题。

(5) 其他应用

利用晶体衍射X射线还可以测定晶体的点阵常数、点阵畸变、晶胞参数、热膨胀系数、结晶度、单晶取向和多晶织构等，这在研究热处理、相变、加工形变等对金属材料组织和性能的影响方面具有重要的作用。

# 9.4 实验技术和分析条件

## 9.4.1 样品的制备及要求

用于衍射仪分析的样品可以是金属、非金属、有机、无机材料的晶体，可以是单晶、粉末、多晶或微晶。制备符合要求的样品，是衍射仪实验技术中的重要一环，通常制成平板状样品。

衍射仪均附有表面平整光滑的样品板，板上开有窗孔或不穿透的凹槽，将样品放入其中进行测定。

① 对于粉末样品。要求磨成<40μm的粒度（360目），手摸无颗粒感，这样可以避免衍射线的宽化，得到良好的衍射线，并保证衍射强度值的重现性。一般将试样在玛瑙研钵中研

成5μm左右的细粉。

将适量研磨好的细粉填入凹槽，并用平滑的玻璃板将其压紧。将槽外或高出样品板面多余的粉末刮去，重新将样品压平，使样品表面与样品架的平面高度一致，以防X射线衍射图中的峰发生位移。

在要求准确测量衍射强度时，要求样品粉末中各物相颗粒尽可能细而且均匀，并轻轻压实，压片时避免择优取向，以保证各物相衍射面沿某一方向排列的概率近似相等。也可以通过加入各向同性物质（如 MgO、$CaF_2$等）与样品混合均匀，来避免择优取向，混入物还能起到内标的作用。

② 对于金属、陶瓷、玻璃等块状试样。要求磨成平面，面积不小于10mm×10mm。面积太小时，可以用橡皮泥或石蜡将几块粘贴一起。

需要测量金属样品的相组成、结构参数、微观应力（晶格畸变）、残余奥氏体时，要求制备成金相样品，并进行简单抛光，以消除表面应变层。并用超声波清洗去除表面的杂质。

③ 对于薄膜试样。其厚度应大于20nm，还要了解检验确定基片的取向。

④ 对于片状、圆柱状试样。因存在严重的择优取向，造成衍射强度异常，所以在测试时要合理地选择响应方向平面。

⑤ 对于断口、裂纹的表面衍射分析。要求断口尽可能平整，并提供断口所含元素。

⑥ 对于纤维样品。应提出测试时的照射方向，是平行照射还是垂直照射，因为取向不同，衍射强度也不相同。

## 9.4.2 分析条件

(1) 扫描速度

在进行预检（物质鉴定或定性估计）时，可选择快速扫描；而进行定量分析、精确地测定晶面间距、晶粒尺寸和点阵畸变等工作时，扫描速度要慢一点，以提高分辨率。

(2) 选择合适的狭缝

狭缝大，衍射强度高，但分辨率低。

(3) 选择合适的时间常数

在连续扫描测量中，时间常数小一些，易于分辨出电流时间变化的细节，衍射线形和衍射强度更加真实。

(4) 选择合适的X射线管功率

在定量分析中，在条件允许的情况下，尽可能采用较高的X射线管功率，可减小测量误差。

# 实验二十一　氧化锌的X射线粉末衍射分析

### 一、实验目的

1. 能够描述X射线衍射仪的基本结构和工作原理，初步学会仪器操作。
2. 能够解释利用X射线粉末衍射技术进行物相分析的原理和方法。
3. 能够说出X射线衍射技术在材料分析中的应用。

### 二、实验原理

纳米级氧化锌（1~100nm）由于粒子尺寸小，比表面积大，具有表面效应、体积效应、量子尺寸效应、宏观量子隧道效应、界面效应，使其在化学、光学、生物和电学等领域表现出许多独特优异的物理和化学性能，具有普通氧化锌所无法比拟的性能和用途，在塑料、橡胶、涂料、陶瓷、化纤、电子、催化剂、化妆品等行业得到了广泛应用。X射线衍射法是一种高精度的无损分析方法，能准确分析物质的组成和结构，能确定晶体内部原子的空间排布及结构对称性，测定原子间的键长、键角、电荷分布等。本实验采用X射线衍射仪分析纳米级氧化锌的结构。

高能X射线的波长与晶体的晶面间距基本上在同一个数量级，当一束单色X射线入射到晶体时，基于晶体结构的周期性，晶体中各原子的核外电子产生的散射波可相互叠加，产生

X射线衍射现象。衍射方向取决于晶胞的大小和入射X射线的波长，晶胞中原子的种类和位置则决定衍射强度，晶体对X射线的衍射能够传递极为丰富的微观结构信息，每种晶体都有自己的衍射花样，具有指纹特征，不会因为与其他物质混合而改变。

由布拉格方程：$2d\sin\theta=n\lambda$，根据入射X射线的波长$\lambda$和测得的掠射角$\theta$，可求出相应的面间距$d$，再根据衍射线的强度$I$，对照文献库中存有的X射线衍射图的峰位、峰形和强度，就能确定结晶物质的化学组成和结构。

纳米级ZnO粉末的XRD谱图如图1所示。

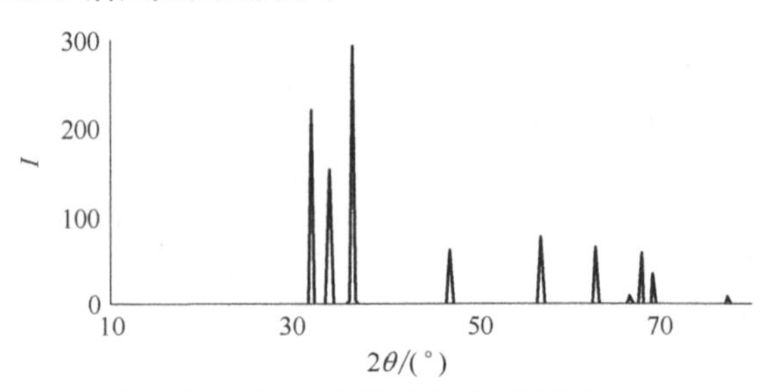


**图1　纳米级ZnO粉末的XRD谱图**

## 三、仪器与试剂

1. 仪器

D8 Advance型X射线衍射仪（德国布鲁克公司）；玛瑙研钵两只；载玻片两块；标准样品框两只。

2. 试剂

纳米级ZnO粉末（样品1号；样品2号）。

## 四、实验步骤

1. 开机

打开总电源和稳压电源，启动冷却水循环机，打开电脑和衍射仪主机电源开关。待系统自检结束后，开启高压，预热约30min，检查仪器状态。

2. 样品制备和充填

分别取1号和2号样品适量，置于两个玛瑙研钵中充分研磨至无颗粒感，然后均匀地装入样品框中至把样品框填满，把粉末压紧、压平。刮去多余的部分，重新将样品压平实，使样品表面光滑并与样品架表面平齐。

3. 样品测量

启动XRD commands，打开测试软件。

设定工作条件：以Cu靶为辐射线源（$\lambda$=1.5406Å）；电压：40kV；电流：40mA；

扫描范围：20°~70°；扫描步长：0.05°。

启动X射线探测器开始自测试。测试结束，待红色警示灯灭掉后，开启防护门，放置样品，锁紧门，开始测定。

4. 关机

扫描结束后，将电流降至5mA，电压降至20kV。按照与开机相反的顺序关机，但要等仪器冷却后再关冷却水，以免烧坏仪器。

## 五、数据处理与结果

1. 打印粘贴样品1和2的X射线衍射花样图。

2. 计算晶面间距$d$，对照文献库中存有的ZnO的X射线衍射图，确定粉末中是否含有ZnO，并确定其晶体结构。

## 六、注意事项

1. 当超过3天未使用X光管时，必须先预热光管，然后进行实验。

2. 测试前防护门必须关紧，否则点击测试，系统会自动锁死。
3. 关机后，至少要间隔30min方可再次开机进行实验。

### 七、思考题

1. 从X射线衍射花样谱图中能得到材料的哪些特征？
2. 纳米ZnO材料有哪些用途和制备方法？有怎样的晶型结构？

## 实验二十二　X射线衍射法测定呼吸性粉尘中游离二氧化硅的含量

### 一、实验目的

1. 能够说出粉尘对人体的危害，学会采样和X射线衍射仪的操作方法。
2. 能够解释用X射线粉末衍射技术定量分析二氧化硅的原理和方法。

### 二、实验原理

在矿山岩石破碎、生产砂轮、耐火材料等过程中，会产生大量的粉尘，这些粉尘能长时间飘浮在空气中，其表面会吸附一些有害物质。若缺乏有效的防护措施，人们吸入了过量的游离二氧化硅等粉尘，久而久之，就会患上硅肺病，引发其他疾病。

X射线衍射分析是以物质的晶体结构为基础，利用X射线与晶体物质相遇时发生衍射现象而进行物相分析的。在千变万化的物质世界中，没有任何两种物质的晶体结构是完全相同的。当它们受到X射线照射时，每一种结晶物质都会产生自身的特征衍射图谱，并且不受其他共存物相的干扰。

在X射线衍射仪上，晶体混合物中某种物相所产生的任一衍射线的积分强度与该物相在样品中的含量有关。本实验利用X射线衍射仪外标法测定呼吸性粉尘中的游离二氧化硅的含量。对绝大多数矿山来说，α-石英是粉尘中游离二氧化硅最主要或唯一的存在形态。矿山粉尘样品粒度极细，粒径一般小于7μm，且互不叠加，可以不必对衍射强度进行修正。图1为纯二氧化硅的X射线衍射。

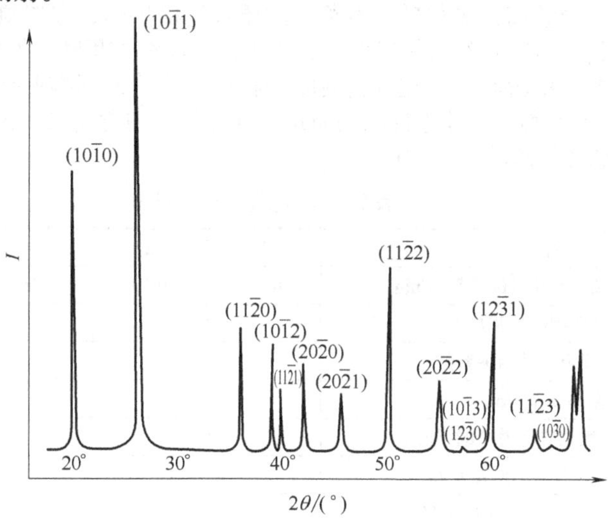


图1　纯二氧化硅的X射线衍射

### 三、仪器与试剂

1. 仪器

D8 Advance型X射线衍射仪（德国布鲁克公司）；CCZG2个体呼吸性粉尘采样器（济宁山能工矿设备有限公司）；电子天平（感量为±0.01mg）。

2. 试剂、材料

天然石英标样：纯度大于99.9%，粒度小于10μm；粉尘样品。

## 四、实验步骤

1. 开机

打开总电源和稳压电源，启动冷却水循环机，打开电脑和衍射仪主机电源开关。待系统自检结束后，开启高压，预热约30min，检查仪器状态。

2. 标准样品的制备

用天然石英标样（纯度大于99.9%，粒度2μm）模拟作业现场采样方式，通过控制采样时间，制备一系列载有不同质量的纯石英粉尘的滤膜样品。分别称量滤膜样品的质量为0.10mg、0.50mg、1.00mg、3.00mg、6.00mg。

3. 标准样品的测量

选择分析物质中最强的特征衍射峰，即α-石英（101）衍射峰，相对应的衍射角$2\theta$为26.68°。

仪器工作条件：

（1）以Cu靶为辐射线源，产生Cu $K_\alpha$射线；

（2）X光管工作电压：40kV；电流：40mA；

（3）扫描范围：10°~80°；扫描速率：$2\theta$角0.01°/s；时间常数：5s。

（4）狭缝组合：发散狭缝：2°；接收狭缝：0.3mm；防散射狭缝：1°。

启动X射线探测器开始自测试。测试结束，待红色警示灯灭掉后，开启防护门，放置标准样品，锁紧门，开始测定。按质量由小到大的顺序测定。

4. 粉尘样品的测量

在仪器工作条件下，对粉尘样品进行测量。

5. 关机

扫描结束后，将电流降至5mA，电压降至20kV。按照与开机相反的顺序关机，等仪器冷却后再关冷却水。

## 五、数据处理与结果

1. 打印相关图谱。

2. 以标准样品中游离二氧化硅（石英）的质量为横坐标，以二氧化硅的衍射强度为纵坐标，通过计算机上的Excel绘制标准曲线，求出标准曲线方程和线性相关系数。

3. 将粉尘衍射图中游离二氧化硅衍射峰的积分强度代入标准曲线方程，计算游离二氧化硅的质量，再根据所称取的粉尘样品的质量，计算粉尘中游离二氧化硅的含量$\omega$（%）。

4. 将实验数据和结果填入表1中。

**表1　实验数据及分析结果**

| 编号 | 1 | 2 | 3 | 4 | 5 |
|---|---|---|---|---|---|
| 标准样品中游离二氧化硅的质量$m$/mg | 0.10 | 0.50 | 1.00 | 3.00 | 6.00 |
| 二氧化硅衍射峰的强度$I$ | | | | | |
| 标准曲线方程及线性相关系数$r$ | | | | | |
| 粉尘质量$m_{试样}$/mg | | | | | |
| 粉尘中游离二氧化硅衍射峰的强度$I$ | | | | | |
| 粉尘中游离二氧化硅的质量$m_x$/mg | | | | | |
| 粉尘中游离二氧化硅的含量$\omega$/% | | | | | |

## 六、注意事项

1. X射线是一种高能辐射，对人体有危害，必须注意个人安全防护，严格按照仪器操作规程进行操作。

2. 加高压或测量过程中切勿触动衍射仪的防护门。

## 七、思考题

用本方法测定呼吸性粉尘中游离二氧化硅的含量有哪些优点和不足？

# 第10章 质谱分析法

质谱法（mass spectrometry，MS）是利用样品被电离为离子碎片后，通过测量离子的质荷比（$m/z$）来对物质进行定性分析、定量分析和结构鉴定的一种仪器分析方法。

早期的质谱法主要用于测定元素或同位素的原子量、鉴定同位素、进行气体分析，从20世纪50年代开始，质谱法广泛应用于有机化合物的分析。从原子质谱到分子质谱，从无机质谱到有机质谱、生物质谱，随着离子化技术、质量分析技术的进步和与各种分离手段联用、二维分析方法的发展，质谱法的应用越来越广泛。当今质谱法几乎可以分析所有的化合物，在众多分析方法中，质谱法被认为是一种同时具备高特异性和高灵敏度的普适性方法，已广泛应用于化学、物理、生物、医药、食品、材料、环境、地质、生命科学等众多领域。

## 10.1 方法原理

### 10.1.1 质谱法原理及质谱图

试样中各组分在离子源中发生电离，生成不同质荷比的离子，经加速电场的作用形成离子束进入质量分析器。在质量分析器中，利用电场、磁场的作用把不同质荷比的离子分离开，并依次进入检测器，得到以离子相对强度为纵坐标、以离子的质荷比为横坐标的质谱图。如图10-1所示。通过质谱图和相关信息，可对样品进行定性分析、定量分析和结构分析。

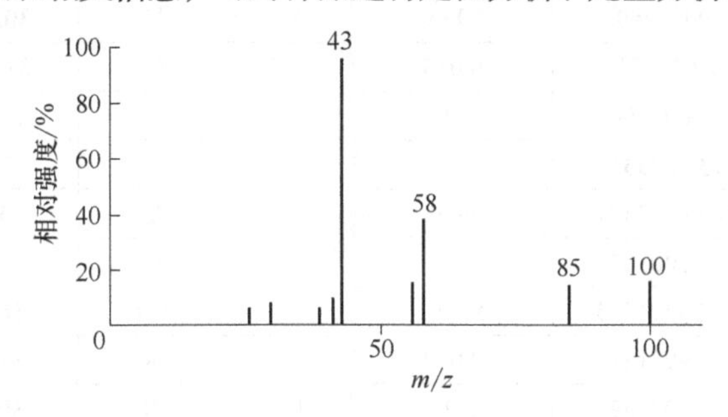


**图10-1 甲基异丁基甲酮的质谱**

每种物质由于结构不同，组成它们的原子基团或原子间的相互结合力也就不同，从而在离子源中被电离形成具有特征质量的碎片离子。每一组不同的碎片离子，其质荷比和相对强度都对应着一种化合物的结构，据此可实现对未知物的结构分析。

质谱图常用术语如下。

① 质荷比$m/z$：离子的质量（以原子量单位计）与其所带电荷（以电子电量为单位计）之比。

② 离子丰度：检测器检测到的离子信号强度。

③ 离子相对丰度：以质谱图中指定质荷比范围内最强的峰的相对丰度为100%，其他离

子峰对其归一化所得到的强度。标准质谱图均以离子相对丰度值为纵坐标。

④ 基峰：在质谱图中，指定质荷比范围内强度最大的离子峰叫作基峰，其相对丰度为100%。

⑤ 本底：指在与分析样品相同的条件下，不送入样品时所检测到的质谱信号，它包括化学噪声和电噪声。

⑥ 总离子流图：指在选定的质量范围内，所有离子强度的总和对时间或扫描次数所作的图。

### 10.1.2 质谱分析中常见的离子

① 分子离子：指样品分子失去一个电子后产生的离子，标记为$M^{+\cdot}$。分子离子的质量与化合物的分子量相等。

② 准分子离子：常由软电离产生，标记为$[M+H]^+$、$[M-H]^+$。

③ 碎片离子：分子离子产生后可能具有较高的能量，将会通过进一步裂解或重排而释放能量，裂解后产生的离子称为碎片离子。

④ 重排离子：指在两个或两个以上键的断裂过程中，某些原子或基团经重排反应产生的离子。

⑤ 母离子与子离子：任何一个离子若进一步产生某种离子，则前者称为母离子，后者称为子离子。

⑥ 亚稳离子：离开离子源的离子若发生裂解，生成某种离子和中性碎片，则称该离子为亚稳离子，对应的质谱峰为亚稳峰。

⑦ 奇电子离子和偶电子离子：具有未配对电子的离子称为奇电子离子，不具有未配对电子的离子称为偶电子离子，偶电子离子相对奇电子离子更稳定。分子离子属于奇电子离子。

⑧ 多电荷离子：指失掉两个以上电子的离子。利用多电荷离子可测定大分子的质量。

⑨ 同位素离子：许多元素都是由具有一定自然丰度的一个或多个同位素组成，由该元素形成的化合物在电离过程中会产生同位素离子。同位素离子均构成同位素离子峰簇。几种常见元素同位素的天然丰度见表10-1。

表10-1 几种常见元素同位素的天然丰度　　单位：%

| 元素 | 同位素 | 精确质量数 | 天然丰度 | 元素 | 同位素 | 精确质量数 | 天然丰度 |
|---|---|---|---|---|---|---|---|
| H | $^{1}H$ | 1.00782506 | 99.99 | P | $^{31}P$ | 30.9737633 | 100.0 |
| | $^{2}H$ | 2.014102 | 0.015 | S | $^{32}S$ | 31.9720728 | 95.02 |
| C | $^{12}C$ | 12.00000000 | 98.90 | | $^{33}S$ | 32.971459 | 0.75 |
| | $^{13}C$ | 13.003335 | 1.10 | | $^{34}S$ | 33.967868 | 4.21 |
| N | $^{14}N$ | 14.00307407 | 99.63 | | $^{36}S$ | 35.967079 | 0.020 |
| | $^{15}N$ | 15.000109 | 0.37 | Cl | $^{35}Cl$ | 34.9688530 | 75.77 |
| O | $^{16}O$ | 15.99491475 | 99.76 | | $^{37}Cl$ | 36.965903 | 24.23 |
| | $^{17}O$ | 16.999131 | 0.038 | K | $^{39}K$ | 38.963708 | 93.20 |
| | $^{18}O$ | 17.999159 | 0.20 | | $^{40}K$ | 39.963999 | 0.012 |
| F | $^{19}F$ | 18.998403 | 100.00 | | $^{41}K$ | 40.961825 | 6.73 |
| Si | $^{28}Si$ | 27.9769286 | 92.23 | Br | $^{79}Br$ | 78.918336 | 50.69 |
| | $^{29}Si$ | 28.976496 | 4.67 | | $^{81}Br$ | 80.916290 | 49.31 |
| | $^{30}Si$ | 29.973772 | 3.10 | I | $^{127}I$ | 126.9044755 | 100.00 |

## 10.2 仪器结构及原理

质谱仪的基本组成包括进样系统、离子源、质量分析器、检测器、真空系统和数据处理系统（或化学工作站），如图10-2所示。

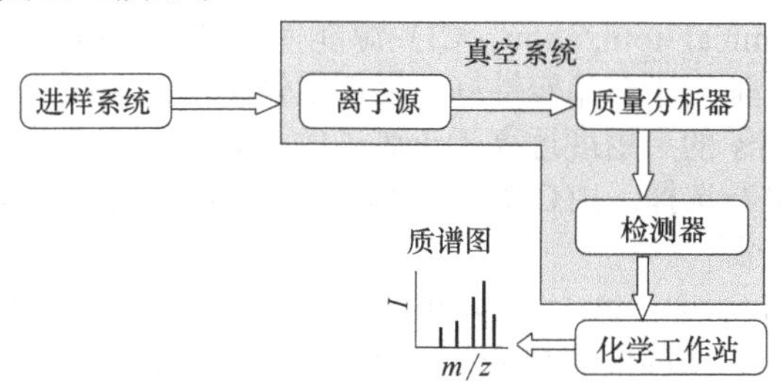


**图10-2　质谱仪的结构示意**

## 10.2.1　进样系统

能高效重复性地将样品引入离子源而不破坏真空环境。典型的有以下几种。

（1）间接进样

间接进样适用于气体和易挥发性试样。方法是：将样品引入贮样器，抽真空并加热，使样品变为蒸气分子并经漏隙进入高真空离子源。

（2）直接进样

直接进样适合于热敏性固体、难挥发性固体和液体试样。可用探针或直接进样器通过特制的真空闭锁系统将样品送入离子源，试样利用率高于间接进样。

（3）色谱进样

将色谱分离后的试样各组分通过特殊系统的联机“接口”进入离子源，依次进行各组分的质谱分析。

## 10.2.2　离子源

离子源的作用是将待测物质电离，得到带有样品信息的离子，并将离子汇聚成有一定能量和一定几何形状的离子束进入质量分析器。常用的离子源如下。

（1）电子轰击源

电子轰击（electron impact，EI）源的结构如图10-3所示。

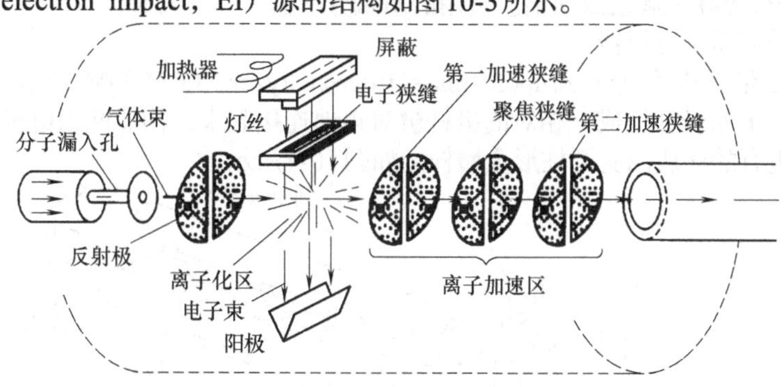


**图10-3　电子轰击源结构示意**

EI应用最为广泛，适用于热稳定性好、易挥发性物质的电离。样品经过汽化后进入离子源，由灯丝发出的电子与样品分子碰撞，使分子电离。由分子离子可确定化合物的分子量，由碎片离子可确定化合物的结构。

EI具有工作稳定可靠、灵敏度高、结构信息丰富等特点，有标准质谱图可以检索。但对难挥发、热稳定性差的物质，难以给出完整的分子离子信息。

(2) 化学电离源

化学电离(chemical ionization, CI)源能使样品分子电离为准分子离子,易获得有关化合物基团的信息,适用于热稳定性好、易挥发性物质的分析。对于含有很强的吸电子基团的化合物,检测负离子的灵敏度远高于正离子的灵敏度,因此,CI源一般都有正CI和负CI,可以根据样品情况进行选择。由CI得到的质谱不是标准质谱,不能进行库检索。

(3) 电喷雾离子源

电喷雾离子(electron spray ionization, ESI)源主要用于液相色谱-质谱联用仪中,既作为液相色谱和质谱仪之间的接口装置,又是电离装置。ESI是一种软电离源,即便是分子量大、稳定性差的化合物,也不会在电离过程中分解,它适合于分析极性强的大分子化合物,如蛋白质、多肽、核酸、糖等。

(4) 大气压化学电离源

大气压化学电离(atmospheric pressure chemical ionization, APCI)源主要用来分析中等极性的化合物。有些化合物由于结构和极性方面的原因,用ESI不能产生足够强的离子,可采用APCI方式增加离子产率。

(5) 快原子轰击源

快原子轰击(fast atom bombardment, FAB)源能得到较强的分子离子峰或准分子离子峰,适用于分析极性强、分子量大、难汽化、热稳定性差的化合物,分析质量范围大,试样用量少并可回收。

(6) 基质辅助激光解吸离子源

基质辅助激光解吸离子(matrix assisted laser desorption ionization, MALDI)源属于软电离源,能得到完整样品分子的电离产物,准分子离子峰很强,特别适合与飞行时间质谱相配用于生命科学研究,适用于蛋白质、多肽、核酸、低聚木糖、氨基酸、寡肽等生化物质的原位、直接分析。对一些分子量处于几千到几十万之间的极性生物聚合物,可以得到精确的分子量信息。

## 10.2.3 质量分析器

质量分析器是质谱仪的核心,其作用是将离子源产生的离子按$m/z$大小顺序分开,将相同$m/z$的离子聚焦在一起组成质谱。常用的质量分析器有以下几种。

(1) 四极杆质量分析器

四极杆质量分析器(quadrupole mass filter/analyzer, QMF/QMA)应用最为广泛,它由四根平行的金属极杆组成,相对的极杆被对角地连接起来,构成两组电极。理想的四杆为双曲线,但也有的做成四支圆柱形金属杆。如图10-4所示。

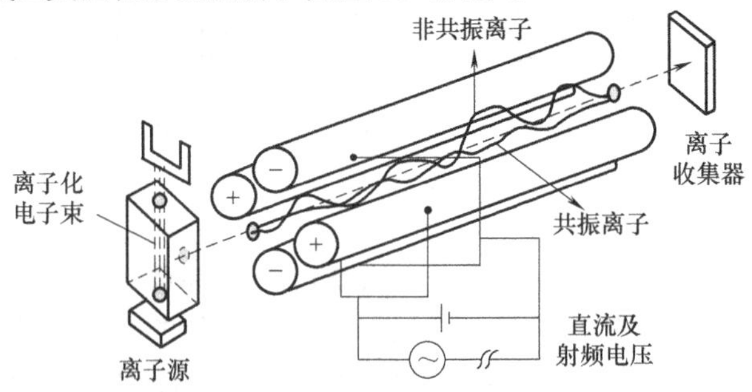


图10-4 四极杆质量分析器结构示意

在两电极中间施加适当的直流电压(Ude)和射频交流电压(Urf),形成双曲线形电场。从离子源入射的加速离子会根据电场进行振荡,只有当其共振频率与四支电极的频率相同时，才能通过电极孔隙到达检测器，其他离子则碰到极杆上被真空系统吸滤掉，不能通过，即达到“滤质”的作用。通过改变两电极间的Ude和Urf，可实现不同*m*/*z*的离子检测。

三重四极杆质量分析器易清洗，灵敏度高，扫描速度快，有优良的定量性能，可在较低真空度下工作。

(2) 飞行时间质量分析器

飞行时间（time of flight，TOF）质量分析器的主要部分是一个离子漂移管。离子在漂移管中飞行的时间与离子质量的算术平方根成正比，据此可以把不同质量的离子分开。飞行时间质量分析器具有扫描速度快、灵敏度高、质量范围宽、质量分辨率高等特点，可以获得精确质量数，特别适合蛋白质等生物大分子的分析。但某些模式不如四极杆和离子阱质谱灵敏。

(3) 离子阱质量分析器

离子阱（ion trap，IT）质量分析器的质量扫描方式与四极杆类似，但可以进行时间串联，有多级质谱功能，灵敏度高，能分析质荷比高达数千的离子。可用于定性分析，但无法获得准确的质量信息，不适合做定量分析。

### 10.2.4　检测器

检测器是将来自质量分析器的离子束进行放大并检测。常用的检测器是电子倍增器。信号增益与倍增器电压有关，应在保证仪器灵敏度的条件下尽量采用低的倍增器电压，以延长倍增器的寿命。

### 10.2.5　真空系统

为保证离子源中灯丝的正常工作和离子在离子源以及分析器中的正常运行，减少散射效应与记忆效应，降低背景，质谱仪的离子源、质量分析器和检测器都必须处于高真空状态。

## 10.3　方法特点及应用

### 10.3.1　方法特点

① 灵敏度高，样品用量少。一次分析仅需几微克样品，检出限可达$10^{-14}$g。

② 分辨率高，信息量大。

③ 分析速度快。一般几秒内就能完成一次全谱扫描。

④ 应用范围广。能快速而极为准确地测定物质的分子量，确定化合物的化学式和进行结构鉴定、定量分析等。可与色谱、毛细管电泳等多种仪器联用，进一步扩大应用范围，质谱法几乎可以检测所有的化合物。

### 10.3.2　质谱分析法的应用

#### 10.3.2.1　定性分析

对已知化合物，可将该化合物的纯物质在一定分析条件下获得的质谱图与相同条件下的标准质谱图对照进行定性。

对未知化合物，一般按以下步骤进行定性分析。

(1) 测定分子量

分子离子峰的*m*/*z*可提供准确的分子量。在质谱图中，可根据以下特点确定分子离子峰：

① 分子离子峰位于质谱图中$m/z$最大的位置，但$m/z$最大的离子峰不一定就是分子离子峰，也可能是同位素峰。

② 分子离子峰与相邻离子峰的质量差必须合理，如果质量差为3~14和21~24，则不是分子离子峰。

③ 分子离子峰必须符合氮律，即由C、H、O、N组成的化合物，不含N或含有偶数个N原子时，分子离子峰的质量一定是偶数；含有奇数个N原子时，分子离子峰的质量一定是奇数。

④ 含有Cl或Br的分子离子峰，如果分子中含有一个Cl，则$M$与$M$+2峰的强度比为3∶1；若分子中含有一个Br，则$M$与$M$+2峰的强度比为1∶1。

（2）确定分子式

① 利用高分辨率质谱仪，可以精确测定分子离子或碎片离子的质荷比，并给出化合物的分子式。

② 对于低分辨率质谱仪，可以通过计算同位素相对丰度，然后查Beynon表等来确定分子式。

（3）结构鉴定

① 计算化合物的不饱和度：

$$\Omega = 1 + n_4 + \frac{1}{2}(n_3 - n_1)$$

式中，$n_1$、$n_3$和$n_4$分别为分子中所含有的一价、三价和四价原子的数目。

② 归属化合物的类型。在一定能量的作用下，化合物的裂解是有一定规律的。由分子离子峰的相对强度、特征离子峰、其他碎片离子峰及丢失的中性碎片离子，可以推断可能的分子结构。

一般来说，芳烃或稠环化合物、共轭多烯类化合物的分子离子峰较强，有时是基峰。若分子离子峰弱或不出现，可能为多支链烃类、醇类、酸类等化合物。

若质谱图中出现系列$C_nH_{2n+1}$峰，则化合物可能含有长链烷基；若出现或部分出现$m/z$为77、66、65、51、40、39等弱的碎片离子峰，表明化合物含有苯基；若$m/z$为91或105的基峰或强峰，表明化合物含有苄基或苯甲酰基。

③ 用MS-MS找出母离子和子离子，或用亚稳扫描技术找出亚稳离子，记录这些离子的质荷比。

④ 综合分析以上信息，研究质谱图的整体概貌，提出化合物可能的结构。分析可能结构的裂解机理，看其是否与质谱图相符，然后与标准质谱图核对，并结合未知化合物的来源、理化性质以及紫外光谱、红外光谱、核磁共振波谱等信息，确定未知物的结构。

例如，某化合物的分子式为$C_9H_{10}O_2$，其质谱如图10-5所示，试分析其结构式。

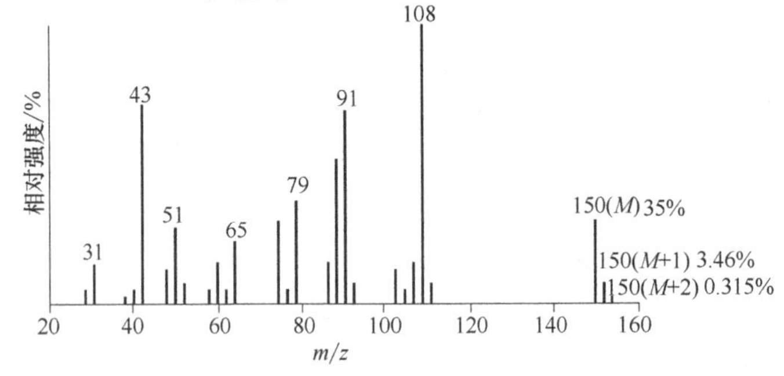


**图10-5 一种未知物的质谱**

解：化合物的不饱和度$\Omega = \dfrac{2 + 2n_C + n_N - n_H}{2} = \dfrac{2 + 2 \times 9 + 0 - 10}{2} = 5$，说明分子中含有一个苯环和一个双键。

质谱中有 $m/z$ 91、65、51碎片离子峰，说明分子中含 $C_6H_5-CH_2-$ 基团。

质谱中有 $m/z$ 43碎片离子峰，说明分子中含有 $CH_3CH_2CH_2-$ 或 $CH_3C(=O)-$。

已知分子中含有9个C，说明该化合物所带基团为 $CH_3C(=O)-$。

分子中共含有2个O原子，推测结构式可能是：$C_6H_5-CH_2-O-C(=O)-CH_3$。

碎片离子峰归属：

| $m/z$ | 归属 | $m/z$ | 归属 |
|---|---|---|---|
| 43 | $CH_3C^+\equiv O$ | 91 | $C_7H_7^+$ |
| 65 | $C_5H_5^+$ | 51 | $C_4H_3^+$ |
| 108 | $C_6H_5-CH_2\dot{O}H^+$ | | |

### 10.3.2.2　定量分析

质谱法可以测定单组分的含量，一般采用标准曲线法测定。对混合物中多组分的定量，通常要与色谱、毛细管电泳等仪器联用测定。

## 10.4　实验技术

质谱法的分析样品可以是气体、液体和固体。对于纯的样品可直接分析。对熔点相差较大的多组分混合物，可采用程序升温直接进样，不同熔点化合物会先后汽化，不同时间扫描可获得不同组分的质谱。对复杂混合物，可根据沸点、热稳定性等选择气相色谱或液相色谱分离后进样。

## 实验二十三　电感耦合等离子体质谱法同时测定土壤中8种重金属元素

### 一、实验目的

1. 能够描述电感耦合等离子体质谱仪的基本结构和工作原理，初步学会仪器操作。

2. 学会土壤中重金属元素的微波消解方法，能够用电感耦合等离子体质谱法准确测定土壤中的重金属元素。

3. 能够概述土壤中重金属超标的危害，增强生态环保意识。

### 二、实验原理

在重金属元素中，有些是人体健康所必需的微量元素，如铜、锌、硒等，有些则有危害作用，如铅、镉、铬（Ⅵ）等。其中，镉元素有致癌、致畸作用，会使人体组织代谢产生异常；铅元素会损伤人的生殖细胞和甲状腺细胞；锑及其化合物的毒性取决于其存在形式。土壤中的重金属元素及其含量影响农作物、中草药等植物的生长和品质，影响生态环境质量和人体健康。

本实验采用电感耦合等离子体质谱法（ICP-MS）同时测定土壤中的8种重金属元素。

ICP-MS的结构如图1所示。

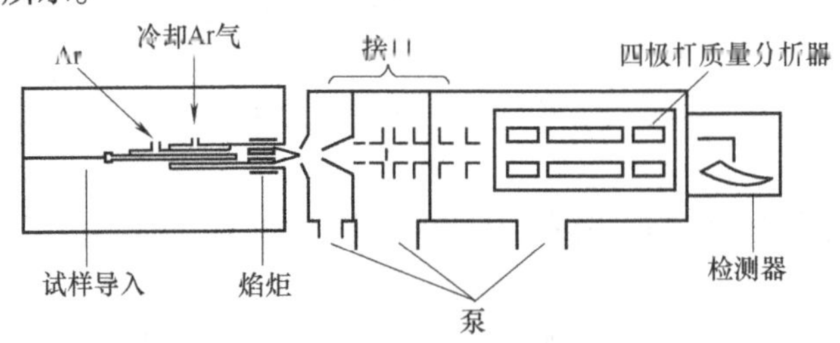


**图1　ICP-MS的结构示意**

ICP-MS是以电感耦合等离子体（ICP）为离子源的一种质谱型元素分析技术，是目前公认的最强有力的微量、痕量、超痕量无机元素分析技术。其主要特点有：

① 灵敏度高，背景值低。大部分元素的检出限在$10^{-4}$~$10^{-3}$ng/mL范围。

② 线性范围宽，可达到8~9个数量级。

③ 准确度和精密度高，选择性好。相对标准偏差RSD一般为1%~3%，测定同位素比值时，RSD为0.1%~1%。

④ 分析速度快，应用范围广。一般分析一个样品只需要3~5min，能测定绝大多数金属元素和部分非金属元素，能同时测定几十种痕量元素，能快速测定同位素比值，并能与色谱等分离技术联用，进行元素的价态分析、形态分析，已广泛应用于环境、地质、冶金、半导体、医药、生命科学、材料科学等领域。

⑤ 样品用量可以很少。

但ICP-MS仪器价格比较昂贵，维护成本高，对试剂和水的纯度要求很高。

ICP-MS可用于元素的定性分析和定量分析，定量分析一般采用标准曲线法，也可以采用同位素稀释法（即标准加入法）。

**三、仪器与试剂**

1. 仪器

ICAP-Q型电感耦合等离子体质谱仪（Thermo Fisher Scientific，美国）；电子天平（感量为0.001mg）；聚四氟乙烯消解罐；XT-9912密封式智能微波消解仪（上海新拓分析仪器科技有限公司）；加热仪；聚四氟乙烯研钵；尼龙筛；一次性医用注射器；0.45μm水系针头过滤器；具塞离心管（10mL）；容量瓶。

2. 试剂、材料

铜、铬、锶、硒、铅、锌、锑、镉、铟、铑、铋单元素标准溶液（1000μg/mL）：购自国家标准物质研究中心；硝酸；盐酸；氢氟酸；30%过氧化氢；2%硝酸溶液。以上试剂均为优级纯。实验用水为超纯水，电阻率不低于18MΩ·cm；氩气（纯度≥99.99%）；土壤样品。

8元素混合标准贮备液：精密量取适量的铜、铬、锶、硒、铅、锌、锑、镉单元素标准溶液混合后，用2%硝酸逐级稀释成含锌5μg/mL，含铬2.5μg/mL，含铜、锶、硒、铅各1μg/mL，含锑0.5μg/mL，含镉50μg/L的混合标准贮备液100mL。

内标溶液：精密量取$^{115}$In、$^{103}$Rh、$^{209}$Bi单元素标准溶液适量，用2%硝酸逐级稀释成浓度为2μg/L的混合内标液。

调谐液：10μg/L的$^{7}$Li、$^{9}$Be、$^{59}$Co、$^{60}$Ni、$^{115}$In、$^{137}$Ba、$^{140}$Ce、$^{208}$Pb、$^{209}$Bi、$^{238}$U的混合溶液。

**四、实验步骤**

1. 供试品溶液的制备

将土壤样品风干，于研钵中研细过100目筛。准确称取0.1g左右（精确至±0.001mg）样品于洁净的聚四氟乙烯密闭消解罐中，置于通风橱中，加入4.0mL浓盐酸和3.0mL浓硝酸，放置20~30min排出$NO_2$，再加入3.0mL氢氟酸和1.0mL 30%过氧化氢，混匀，盖好内盖，旋紧外套，置入微波消解仪中，按照表1程序进行消解。

⊡ 表1　土壤微波消解仪升温程序

| 步骤 | 压力/(kgf/cm³) | 温度/℃ | 微波/W | 时间/s |
|---|---|---|---|---|
| 1 | 25 | 120 | 1000 | 120 |
| 2 | 35 | 150 | 2000 | 300 |
| 3 | 40 | 185 | 2000 | 2400 |

消解结束后，冷却至室温。在通风橱中打开密闭消解罐，在加热仪上于140℃赶酸至近干，此时溶液澄清透明。将消解罐放冷，用2%硝酸溶解并定量转移至25mL容量瓶中，用2%硝酸定容至刻度，摇匀。同时做试剂空白。

移取上清液0.20mL于10mL容量瓶中，用2%硝酸定容至刻度，摇匀，待测。

2. 标准溶液的配制

精密量取适量8元素混合标准贮备液，用2%硝酸逐级稀释成表2中的系列混合标准溶液。

⊡ 表2　铜、铬、锶、硒、铅、锌、锑、镉标准系列溶液

| 元素 | $c_1$/(μg/L) | $c_2$/(μg/L) | $c_3$/(μg/L) | $c_4$/(μg/L) | $c_5$/(μg/L) |
|---|---|---|---|---|---|
| 铜 | 1.0 | 4.0 | 20.0 | 100 | 200 |
| 铬 | 2.5 | 10.0 | 50.0 | 250 | 500 |
| 锶 | 1.0 | 4.0 | 20.0 | 100 | 200 |
| 硒 | 1.0 | 4.0 | 20.0 | 100 | 200 |
| 铅 | 1.0 | 4.0 | 20.0 | 100 | 200 |
| 锌 | 5.0 | 20.0 | 100 | 500 | 1000 |
| 锑 | 0.5 | 2.0 | 10.0 | 50 | 100 |
| 镉 | 0.05 | 0.2 | 1.0 | 5.0 | 10.0 |

3. 制作标准曲线

(1) 电感耦合等离子体质谱条件

内标元素在ICP-MS分析过程中用于监控和校正信号强度的漂移。待测元素应尽量选择丰度较高且能避开那些存在同量异位素或者能产生氧化物干扰的同位素，以最接近待测元素的质荷比且样品溶液中不含有该元素为原则选择内标元素。为了减少基体效应和接口效应，选择在线加入内标溶液。按照一定的顺序测定试剂空白、标准溶液和样品溶液。本实验待测元素的同位素质量数及内标元素见表3。

⊡ 表3　待测元素同位素质量数及内标元素

| 待测元素 | 质量数 | 内标元素 | 待测元素 | 质量数 | 内标元素 |
|---|---|---|---|---|---|
| Cd | 111 | $^{115}In$ | Cu | 63 | $^{103}Rh$ |
| Sb | 121 | $^{115}In$ | Cr | 52 | $^{103}Rh$ |
| Se | 77 | $^{103}Rh$ | Sr | 88 | $^{103}Rh$ |
| Zn | 66 | $^{103}Rh$ | Pb | 208 | $^{209}Bi$ |

(2) 制作标准曲线

使用质谱调谐液调谐，按照表4中仪器操作参数运行仪器。将溶液用水系微孔滤膜过滤后，先测量试剂空白，然后将混合标准溶液按浓度由小到大的顺序进样分析，建立以各元素质量浓度对应离子相对强度的标准曲线。

⊡ 表4　ICP-MS仪器操作参数

| 工作参数 | 设定值 | 工作参数 | 设定值 |
|---|---|---|---|
| RF功率/W | 1550 | 进样时间/s | 70 |
| 等离子体气压/mbar | 0.70 | 测样次数 | 3 |
| 冷却气流速/(L/min) | 14 | 清洗时间/s | 10 |
| 辅助气流速/(L/min) | 0.8 | 采集模式 | KED |
| 雾化气流速/(L/min) | 1.0 | 采样锥、截取锥材料 | 镍 |
| 蠕动泵转速/(r/min) | 40 | 采样锥孔直径/mm | 1.0 |
| 扫描模式 | 跳峰 | 截取锥孔直径/mm | 0.4 |
| 采样深度/mm | 150 | 分析室真空度/Pa | $<5.0\times10^{-8}$ |

注：1mbar =100Pa。

4. 样品分析

取供试品溶液用水系微孔滤膜过滤后进样分析，记录离子相对强度。

**五、数据处理与结果**

1. 记录一元线性回归方程，或根据测定数据绘制标准曲线，求出线性方程及线性相关系数。

2. 根据测量结果计算土壤中铜、铬、锶、硒、铅、锌、锑、镉的含量（μg/g），分析讨论，得出合理的结论。

3. 列表填写实验数据和结果。

**六、注意事项**

1. 土壤样品必须被全部消解成澄清透明的溶液。

2. 实验所用玻璃仪器和消解罐在使用之前均需要用硝酸（20%）浸泡 24h以上，然后用超纯水冲洗干净。

3. 如果溶液中被测物质浓度过大，应进行逐级稀释。

**七、思考题**

1. 影响ICP-MS定量分析准确度的因素有哪些？

2. 通过实验你体会到ICP-MS分析方法有哪些优点？

3. 某化合物在最高质量区有如下几个离子峰：$m/z$=201、215、216，试判断其中哪一个峰可能为分子离子峰？如何确证它？

# 第11章 电位分析法

电位分析法（potential analysis）是通过测定原电池的电动势或电极电位来确定物质含量的电化学分析方法，其理论依据是能斯特（Nernst）方程，它包括直接电位法和电位滴定法。研制各种高灵敏度、高选择性的电极是电位分析法最活跃的研究领域之一。

## 11.1 方法原理

### 11.1.1 直接电位法

直接电位法也叫离子选择性电极法，它是将指示电极和参比电极一起插入待测溶液中组成原电池，利用指示电极的敏感膜把待测离子的活度转换为该电极的电极电位，在零电流条件下测量两电极之间的电位差$E$，由Nernst方程直接获取待测离子的活度或浓度，常用于测定溶液的pH值和离子的浓度。

$$E = K \pm \frac{2.303RT}{nF}\lg a_x = K \pm \frac{2.303RT}{nF}\lg \gamma_x c_x \tag{11-1}$$

式中，当离子选择性电极作正极时，阳离子取“+”号，阴离子取“–”号；$n$为离子的电荷数；$\gamma_x$为待测离子的活度系数；$K$为常数；$a_x$、$c_x$分别为溶液中待测离子的活度和浓度。在一定条件下，$E$与溶液中待测离子的$\lg a_x$或$\lg c_x$呈线性关系。

定量分析方法有以下两种。

（1）标准曲线法

配制一系列不同浓度$c_i$的待测离子的标准溶液，分别测定其电位值$E_i$，绘制$E_i$-$\lg c_i$标准曲线，然后在相同条件下测量试液的电位值$E_x$，通过标准曲线求出试液中待测离子的浓度$c_x$。标准曲线法要求每次测定条件完全一致，适用于组成比较简单的批量样品的分析。

（2）标准加入法

该方法是先测定体积为$V_0$、浓度为$c_x$的待测溶液的电位值$E_1$，然后向待测溶液中加入少量待测离子的标准溶液（体积$V_s \approx V_0/100$，浓度$c_s \approx 100c_x$），再一次测定溶液的电位值为$E_2$，则：

$$c_x = \Delta c\ (10^{\Delta E/S} - 1)^{-1} = \frac{c_s V_s}{V_0 (10^{\Delta E/S} - 1)} \tag{11-2}$$

式中，$\Delta c = \dfrac{c_s V_s}{V_0}$；$\Delta E = E_2 - E_1$；$S = \dfrac{2.303RT}{nF}$，$S$是电极的实际响应斜率，可由标准曲线的斜率求出。

标准加入法是在待测溶液和标准溶液中的待测离子在体系组成非常相近的条件下测定的，因此测定结果较标准曲线法更为可靠，适用于组成复杂的试样或测定份数少的样品的分析。

## 11.1.2 电位滴定法

### 11.1.2.1 方法原理

电位滴定法是在待测溶液中插入指示电极和参比电极组成原电池。随着滴定剂的加入，被测物质的浓度不断减小，指示电极的电位也发生变化，利用化学计量点附近指示电极电位的突跃来确定滴定终点，再根据滴定时所消耗的滴定剂的量以及滴定剂和待测物质之间的化学反应计量关系求出待测物质的含量。

电位滴定装置如图11-1所示。指示电极在酸碱滴定中为pH玻璃电极，在氧化还原滴定中为铂电极，在EDTA配位滴定中为离子选择性电极，在沉淀滴定中，以硝酸银滴定卤素离子时用银电极。参比电极在沉淀滴定中为双盐桥饱和甘汞电极，其他为饱和甘汞电极。

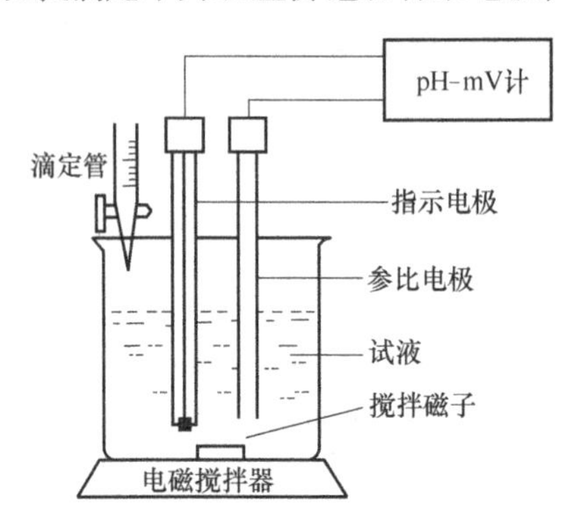


**图11-1 电位滴定装置**

### 11.1.2.2 确定终点的方法

以银电极为指示电极，双盐桥饱和甘汞电极为参比电极，用0.1000mol/L $AgNO_3$标准溶液滴定含$Cl^-$试液为例，得到的测量数据见表11-1。

**表11-1 电位滴定突跃附近的部分数据**

| 滴定剂体积 $V$/mL | 24.00 | 24.10 | 24.20 | 24.30 | 24.40 | 24.50 | 24.60 | 24.70 |
|---|---|---|---|---|---|---|---|---|
| 电位值 $E$/mV | 174 | 183 | 194 | 233 | 316 | 340 | 351 | 358 |
| $\Delta E/\Delta V$ | | 90 | 110 | 390 | 830 | 240 | 110 | 70 |
| $\Delta^2 E/\Delta V^2$ | | 200 | 2800 | 4400 | −5900 | −1300 | −400 | |

（1）$E$-$V$曲线法

以指示电极的电位值$E$对滴定剂体积$V$做滴定曲线，滴定曲线两切线间距离的中点（曲线上的拐点）对应着化学计量点sp。$E$-$V$曲线法简单，但准确性稍差。

（2）$\Delta E/\Delta V$-$V$曲线法

该曲线可看作$E$-$V$曲线的一阶导数曲线，故又称为一级微商法。峰状曲线的最高点（极大值）对应着化学计量点sp。该方法更容易确定终点，但较烦琐。

（3）$\Delta^2 E/\Delta V^2$-$V$曲线法

二级微商$\Delta^2 E/\Delta V^2=0$时即到达化学计量点sp。该方法确定终点准确、简便，当滴定突跃较小时，用这种方法确定终点较好。

三种曲线法如图11-2所示。

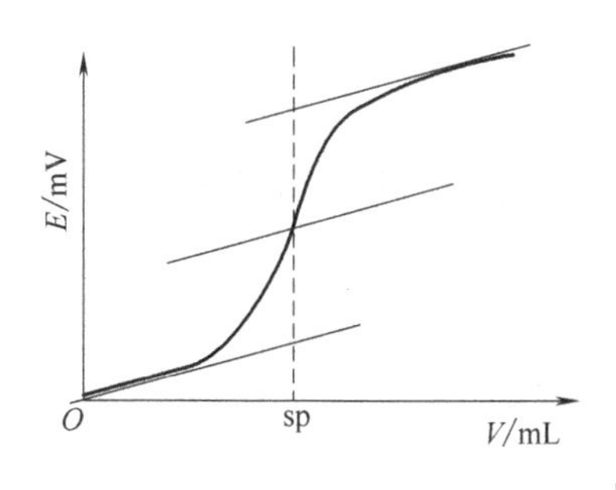

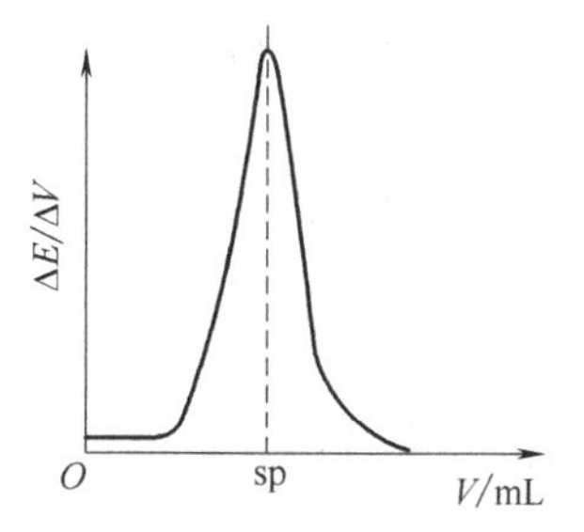

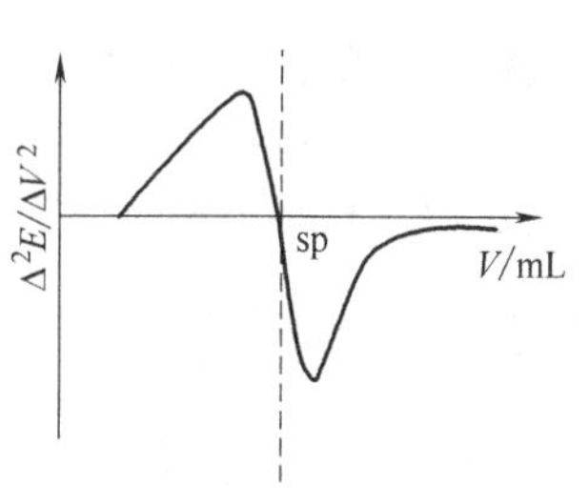


图11-2　电位滴定曲线

## 11.2　方法特点及应用

### 11.2.1　直接电位法的特点及应用

直接电位法具有以下特点：a.仪器设备简单，操作方便；b.选择性好，测定简单快捷；c.样品用量少，线性范围宽；d.精密度较差，电极电位值的重现性受实验条件影响较大。

直接电位法主要用于测定溶液的pH值，也可以测定某些无机阳离子（如$K^+$、$Na^+$、$Ca^{2+}$、$Cu^{2+}$、$Pb^{2+}$、$Ni^{2+}$、$Cr^{3+}$等）、阴离子（如$F^-$、$BF_4^-$、$SCN^-$、$ClO_4^-$、$NO_3^-$等）、气体（如$NH_3$、$CO_2$、$SO_2$、$NO_2$、$H_2S$等）、某些有机物和生化物质的活度或浓度，还可以制成微电极进行微区、活体和细胞分析，制成传感器用于工业生产流程的自动监控或环境监测。

### 11.2.2　电位滴定法的特点及应用

（1）准确度高

相对误差≤0.1%，不需要准确测量电极电位，受温度、液体接界电位等的影响很小。

（2）灵敏度高

既可以测定常量组分，也可以测定微量组分。

（3）可以实现自动化测定和连续测定

（4）应用范围广

电位滴定法可以直接用于有色溶液、混浊溶液以及非水溶液的滴定。能准确测定许多酸碱性物质，包括极弱的酸、碱，如吡啶、生物碱、苯酚、硼酸等，能准确测定氧化性或还原性物质、部分金属离子（如$Ca^{2+}$、$Mg^{2+}$、$Al^{3+}$、$Cd^{2+}$等）、部分阴离子（如$Cl^-$、$Br^-$、$I^-$、$S^{2-}$、$CN^-$等）、某些有机物、生化物质（如蛋白质、氨基酸等）和药物，还可以测定化学耗氧量、土壤中的有机质、条件电位、酸碱的解离常数、配合物的稳定常数、油水分配系数等。

## 11.3　实验技术和分析条件

### 11.3.1　直接电位法

用直接电位法测定溶液中某离子的活度或浓度时要注意以下几点：

① 保持溶液温度恒定，并以一定的速度不断搅拌溶液以缩短电位平衡时间。

② 溶液中待测离子的活度或浓度要在测定的线性范围之内。

③ 在标准溶液和待测溶液中加入相同量的总离子强度调节缓冲溶液，使离子强度相同，活度系数恒定。

④ 溶液的pH值要适宜，以满足电极和测量的要求。

⑤ 消除干扰离子的影响。

⑥ 测定标准溶液时，要由低浓度到高浓度顺序测量，以消除电极的“记忆效应”。

### 11.3.2 电位滴定法

用电位滴定法测定样品溶液中某物质的含量时，主要考虑：

① 以一定的速度不断搅拌溶液。

② 消除干扰物质的影响。

③ 电极的适宜范围。

## 实验二十四 直接电位法测定水溶液的pH值

**一、实验目的**

1. 能够描述直接电位法测定水溶液的pH值的基本原理。
2. 能够用pHS-3C酸度计测定水溶液的pH值。
3. 能够概述精密测定水溶液的pH值的意义。

**二、实验原理**

许多化学反应需要在一定的pH值下才能顺利进行。测量溶液pH值的方法主要有酸碱指示剂法、pH试纸法和电位法。例如某溶液使甲基橙指示剂显橙色，就表示该溶液在pH=3.1~4.4范围；用pH试纸测定pH值的方法是：取一小块pH试纸放在干燥洁净的表面皿或玻璃片上，用洁净的玻璃棒蘸一点待测溶液到试纸的中部，待试纸变色后与比色卡对照读出pH值。指示剂法和pH试纸法只能粗略地测定溶液的pH值，而电位法可以精确测量，且不受溶液颜色的影响。

电位法测定溶液pH值的原理是：以玻璃电极作指示电极，饱和甘汞电极（SCE）作参比电极，同时插入待测溶液中组成原电池。

(−) Ag，AgCl | 0.1mol/LHCl | 玻璃膜 | 试液 ‖ 饱和KCl，$Hg_2Cl_2$，Hg (+)

|←—— 玻璃电极 ——→|  |←— 饱和甘汞电极 —→|

在一定条件下，电池的电动势可表示为：

$$E = K - \frac{2.303RT}{F}\lg a_{H^+} = K + \frac{2.303RT}{F}\mathrm{pH}_x \quad (1)$$

$$\mathrm{pH}_x = \frac{E - K}{2.303RT/F} \quad (2)$$

由于玻璃电极的常数项$K$无法确定，故在实际中采用相对方法测量pH值，即与已知准确浓度的标准缓冲溶液进行比较而得到待测溶液的pH值。

$$\mathrm{pH}_x = \mathrm{pH}_s + \frac{E_x - E_s}{2.303RT/F} = \mathrm{pH}_s + \frac{E_x - E_s}{S} \quad (3)$$

式中，$pH_x$和$pH_s$分别为待测溶液和标准缓冲溶液的pH值；$E_x$和$E_s$分别为相对应的电动势。

玻璃电极的理论响应斜率$S=\frac{2.303RT}{F}$=0.059V（25℃）。

通过调节温度补偿旋钮，可校正一定温度下的斜率。当用一个标准缓冲溶液校正酸度计时，会因为电极实际响应斜率与理论响应斜率不一致而引入误差。为提高测量的准确度，需要用两个标准缓冲溶液校正酸度计，可获得玻璃电极的实际响应斜率。

$$S = \frac{E_{s_1} - E_{s_2}}{pH_{s_1} - pH_{s_2}} \tag{4}$$

在测量pH值的过程中，应尽量保持溶液的温度恒定并选用与待测溶液pH值接近的标准缓冲溶液校正酸度计，以减少由于不对称电位、液接电位以及温度变化等因素引起的误差。同时，标准缓冲溶液的$pH_s$值必须准确。如果待测溶液显酸性，可选择邻苯二甲酸氢钾标准缓冲溶液和混合磷酸盐标准缓冲溶液校正酸度计；若待测溶液显碱性，可选择混合磷酸盐标准缓冲溶液和硼砂标准缓冲溶液校正酸度计。校正后的酸度计可直接用于测量水或其他低酸碱度溶液的pH值。

本实验采用pHS-3C型酸度计测量水溶液的pH值。该酸度计由主机和复合电极组成，主机上有四个旋钮：选择、温度、斜率和定位，复合电极是集pH玻璃电极和饱和甘汞电极于一体的电极。如图1所示。

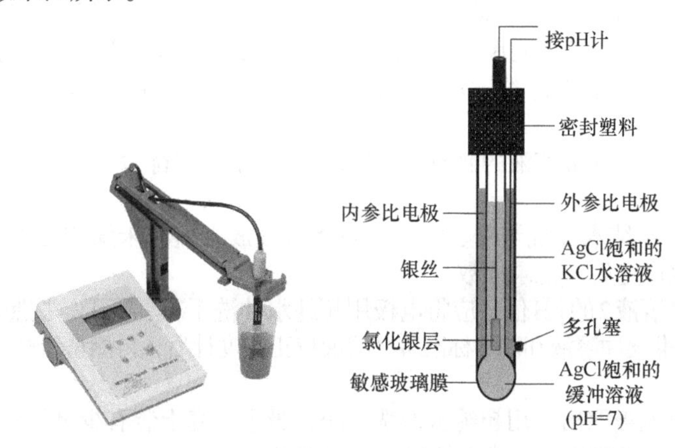


**图1　pHS-3C型酸度计及复合pH电极结构示意**

## 三、仪器与试剂

1. 仪器

pHS-3C型酸度计或其他酸度计；复合电极（或pH玻璃电极和饱和甘汞电极）；电子分析天平；电磁搅拌器；小烧杯；聚乙烯容量瓶；温度计；洗耳球。

2. 试剂、材料

邻苯二甲酸氢钾：110℃ 烘干2~3h，冷却后保存在干燥器中。

硼砂（$Na_2B_4O_7 \cdot 10H_2O$）：在盛有相对湿度为60%的氯化钠和蔗糖的饱和溶液的干燥器中平衡两昼夜。

磷酸二氢钾（$KH_2PO_4$），磷酸氢二钠（$Na_2HPO_4$）：在110℃烘干2~3h，冷却后保存在干燥器中。

以上试剂均为优级纯。滤纸；新制备的不含$CO_2$的超纯水；未知酸性水溶液1，未知碱性水溶液2。

邻苯二甲酸氢钾标准缓冲溶液（pH=4.003，25℃）：准确称取邻苯二甲酸氢钾10.211g，用新制备的超纯水溶解并定容至1000mL聚乙烯容量瓶中，摇匀。

硼砂标准缓冲溶液（pH=9.182，25℃）：准确称取硼砂3.8137g，用新制备的超纯水溶解并定容至1000mL聚乙烯容量瓶中，摇匀。

混合磷酸盐标准缓冲溶液（pH=6.864，25℃）：迅速称取磷酸二氢钾3.4022g和磷酸氢二钠3.5490g，用新制备的超纯水溶解并定容至1000mL聚乙烯容量瓶中，摇匀。

以上标准缓冲溶液也可以用市售袋装缓冲溶液试剂配制。配制好的标准缓冲溶液用石蜡密封瓶口后能稳定两个月，各种标准缓冲溶液的pH值随温度变化而变化。

**四、实验步骤**

1. 安装好仪器、电极

打开仪器后部的电源开关，预热30min。

2. 采用两点定位法对酸度计进行校准

① 按“pH/mV”键选择pH测量模式（pH指示灯亮）。

② 用温度计测量待测酸性溶液1的温度，读数。按“温度”键（温度指示灯亮）调节使之显示为该溶液的温度值，然后按“确认”键。

③ 拔下复合电极头下面的保护套，拉下电极上端填液孔上的橡皮塞，用超纯水冲洗电极头部，用吸水纸仔细将电极头部吸干。

④ 将电极放入混合磷酸盐标准缓冲溶液中，使溶液淹没电极头部的玻璃球，轻轻摇匀，待读数稳定后，按“定位”键，使显示值与该溶液当时温度下的标准pH值相同，然后按“确认”键。取出电极，用超纯水冲洗干净、吸干，放入邻苯二甲酸氢钾标准缓冲溶液中，摇匀，待读数稳定后，按“斜率”键使显示值与该溶液当时温度下的标准pH值相同，然后按“确认”键。

重复校正，直到两标准溶液的测量值与标准pH值基本相符为止。

3. 水样测量

取出电极，用超纯水冲洗干净、吸干，再将电极放入盛有未知酸性水溶液1的烧杯中，轻轻摇匀，待读数稳定后，记录读数。

若测量碱性水溶液2的pH值，应将电极用超纯水冲洗干净、吸干，按照步骤2中④方法，改用混合磷酸盐标准缓冲溶液和硼砂标准缓冲溶液校正酸度计后，再测量碱性水溶液2的pH值。

4. 实验完毕

移走溶液，将电极取出，用超纯水冲洗干净、吸干，套上装有少量外参比补充液的保护套，并拉上电极上端的橡皮套，小心放好，关闭电源。

**五、数据处理与结果**

未知酸性水溶液1的pH=______，未知碱性水溶液2的pH= _______。

**六、注意事项**

1. 玻璃电极的敏感膜很薄，容易破碎，使用时勿与硬物接触；电极上的水分只能用滤纸轻轻吸干，切忌擦拭。

2. 玻璃电极不能用于测量含有氟离子的溶液的pH值，也不能用浓硫酸洗涤，否则会使电极表面脱水而失去测量功能。

3. 玻璃电极在使用前要在纯水中浸泡24h以上。复合电极不能长时间浸泡在纯水中，使用完毕要用纯水冲洗干净、吸干，然后放入含有少量外参比补充液的保护套中。

**七、思考题**

1. 玻璃电极在使用前为什么要在纯水中浸泡24h以上？甘汞电极在使用前应做哪些检查？

2. 酸度计为什么要用已知pH值的标准缓冲溶液校正？校正酸度计时应注意哪些问题？

3. 如何测量玻璃电极的实际响应斜率？

4. 对于高酸度和高碱度的溶液，能否用酸度计精确测量其pH值？

# 实验二十五　氟离子选择性电极测定牙膏中氟的含量

**一、实验目的**

1. 能够描述氟离子选择性电极的基本构造和使用方法。

2. 能够解释用氟离子选择性电极测定牙膏中氟含量的原理和定量分析方法。

3. 能够概述氟的作用和危害，知道氟离子选择性电极在化工产品分析中的应用。

**二、实验原理**

氟是人体必需的微量元素，有促进儿童生长发育和防止龋齿的作用，但是氟含量过高会对人体产生危害，造成牙齿变黄、变黑、X形腿等。我国规定成人含氟牙膏总氟量为0.05%~0.15%，儿童含氟牙膏总氟量为0.05%~0.11%。

本实验采用氟离子选择性电极测定牙膏中的氟含量。氟离子选择性电极的敏感膜为$LaF_3$均相单晶膜（掺有微量$EuF_2$，利于导电），以Ag/AgCl作内参比电极，内参比溶液为NaF-NaCl的混合溶液。其结构如图1所示。

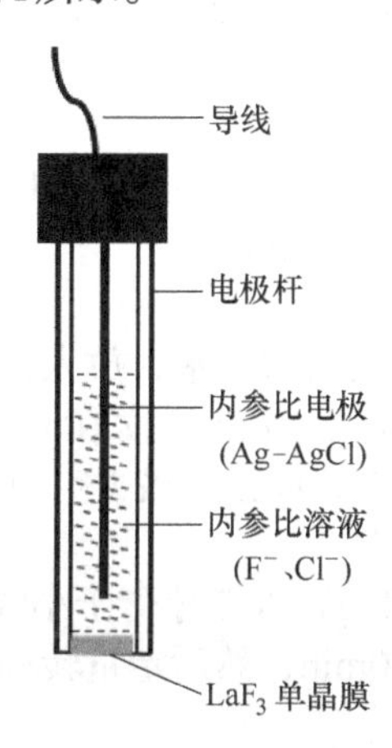


**图1　氟离子选择性电极结构示意**

以氟离子选择性电极作指示电极，以饱和甘汞电极作参比电极，插入含有$F^-$的溶液中组成工作电池：

$$Hg \mid Hg_2Cl_2, KCl（饱和）\parallel F^-试液 \mid LaF_3 \mid NaF, NaCl, AgCl \mid Ag$$

若保持溶液的离子强度恒定，则电池的电动势为：

$$E = K - \frac{2.303RT}{F}\lg a_{F^-} = K' - \frac{2.303RT}{F}\lg c_{F^-} \tag{1}$$

即在一定条件下，电池电动势$E$与$F^-$浓度的对数值$\lg c_{F^-}$呈线性关系，据此可采用标准曲线法测定$F^-$的浓度。

测定条件：

① pH=5.0~6.0。pH值过高，单晶膜中的$La^{3+}$易水解为$La(OH)_3$，影响电极响应；pH值过低，则易形成$HF_2^-$而影响$F^-$的浓度。

② 加入总离子强度调节缓冲剂，保持溶液的离子强度恒定。

③ 消除$Al^{3+}$、$Fe^{3+}$等的干扰。

④ 控制温度恒定，以一定的速度不断搅拌溶液。

⑤ 测定$F^-$的浓度范围为$10^{-6}$~1mol/L。

**三、仪器与试剂**

1. 仪器

酸度计；氟离子选择性电极；饱和甘汞电极；电磁搅拌器；超声装置；电子天平（感量为0.1mg）；电热恒温鼓风干燥箱；塑料烧杯；聚乙烯容量瓶；聚乙烯试剂瓶。

2. 试剂、材料

邻苯二甲酸氢钾标准缓冲溶液（pH=4.003）；硼砂溶液（pH=9.182）；氟化钠（120℃烘

干2h)；氯化钠；冰醋酸；二水柠檬酸钠（$Na_3C_6H_5O_7 \cdot 2H_2O$）；NaOH溶液（6mol/L）。以上所用试剂为优级纯，实验用水为超纯水。含氟牙膏；滤纸。

$F^-$标准贮备液（0.1000mol/L）：准确称取2.1000g烘干后的优级纯NaF于小烧杯中，用超纯水溶解，定量转入500mL容量瓶中，再用超纯水定容至刻度，摇匀，然后转入聚乙烯试剂瓶中贮存。

$F^-$标准溶液（$1.0\times10^{-3}$mol/L）：移取$F^-$标准贮备液（0.1000mol/L）1.00mL于100mL聚乙烯容量瓶中，用超纯水定容至刻度，摇匀。

总离子强度调节缓冲液（TISAB）：在1000mL烧杯中，加入约800mL超纯水，再加入58.0g优级纯NaCl，1.0g二水柠檬酸钠，57.0mL冰醋酸，在pH计上，用6mol/L NaOH溶液调节pH值为5.0~5.5，冷却后用水稀释至1000mL，混匀，转入试剂瓶中。

**四、实验步骤**

1. 连接电极

将氟离子选择性电极与酸度计上的负极相接，饱和甘汞电极与酸度计上的正极相接，将测量状态调至mV，打开开关预热仪器30min。

2. 清洗电极

在100mL塑料烧杯中加入50~60mL超纯水，放入搅拌磁子，插入氟离子选择性电极和饱和甘汞电极，在电磁搅拌器上搅拌2~3min，读取mV值。若小于+340mV，则更换超纯水，继续清洗，直至读数大于+340mV，即接近最大空白值，以保证电极的工作性能。

3. 样品溶液的制备

准确称取1g左右（精确至0.0001g）含氟牙膏于小烧杯中，用25.0mL TISAB溶液分数次溶解样品，并充分搅拌，再超声10min，然后定量转移至100mL聚乙烯容量瓶中，用超纯水定容至刻度，摇匀。

4. 牙膏中氟的测定

（1）标准曲线法

取5个100mL容量瓶，分别移取$1.0\times10^{-3}$mol/L的$F^-$标准溶液0.10mL、1.00mL、10.00mL于3个100mL容量瓶中，再移取0.1000mol/L $F^-$的标准贮备液1.00mL、10.00mL于另外2个100mL容量瓶中，各加入25.0mL TISAB溶液，用超纯水定容至标线，摇匀。得到浓度为$10^{-6}$mol/L、$10^{-5}$mol/L、$10^{-4}$mol/L、$10^{-3}$mol/L、$10^{-2}$mol/L的$F^-$系列标准工作溶液。

将$F^-$标准工作溶液倒出一部分于50mL洁净干燥的小烧杯中，放入搅拌磁子，插入清洗干净的氟电极和饱和甘汞电极，在电磁搅拌器上搅拌约5min，待读数稳定后读取电位值并记录。测量时，由稀到浓逐个进行，测定标准溶液之前，无须清洗电极，只需用定性滤纸吸干电极上的水即可。

将氟电极和饱和甘汞电极用超纯水清洗干净，用定性滤纸吸干，按照标准溶液的测定方法测定牙膏样品溶液的电位值$E_x$。

（2）标准加入法

准确移取牙膏样品溶液25.00mL于50mL洁净干燥的塑料烧杯中，放入搅拌磁子，插入清洗干净的电极，搅拌，读取稳定的电位值$E_1$。再准确加入$1.0\times10^{-3}$mol/L 的$F^-$标准溶液0.50mL，继续搅拌，读取稳定的电位值$E_2$。计算$\Delta E$（$\Delta E=E_2-E_1$）。

**五、数据处理与结果**

1. 将实验数据填入表1中。

**表1　实验数据及分析结果**

| 编号 | 1 | 2 | 3 | 4 | 5 |
|---|---|---|---|---|---|
| $F^-$ 标准溶液的浓度 $c$/(mol/L) | | | | | |

续表

| 编号 | 1 | 2 | 3 | 4 | 5 |
|---|---|---|---|---|---|
| 电位值$E$/mV | | | | | |
| 标准曲线方程及线性相关系数$r$ | | | | | |
| 牙膏质量$m$/g | | | | | |
| 牙膏溶液的电位值/mV | $E_1$= | | | $E_2$= | |
| $\Delta E$ | | | | | |
| 牙膏溶液中$F^-$的浓度$c_x$/(mol/L) | | | | | |
| 牙膏中氟的含量/(mg/g) | | | | | |

2. 根据$F^-$系列标准溶液的浓度和电位值，通过Excel绘制标准曲线，求出标准曲线方程。标准曲线的斜率即为电极响应斜率$S$。

3. 将$S$和由标准加入法所得到的$\Delta E$代入下式：

$$c_x=\frac{c_s V_s}{V_0(10^{\Delta E/S}-1)} \tag{2}$$

计算牙膏溶液中氟离子的浓度，进而计算牙膏中氟的含量（mg/g）。

式中，$c_s$和$V_s$分别为加入氟离子标准溶液的浓度和体积；$c_x$和$V_0$分别为牙膏溶液中氟离子的浓度和测定时所取牙膏溶液的体积，$V_0$=25.00mL。

**六、注意事项**

1. 测定过程中要更换溶液时，应断开测量键，以免损坏仪器。

2. 氟电极长时间使用后会出现迟钝现象，可用金相纸或牙膏擦拭，使其表面活化。切忌在纯水或高浓度的$F^-$溶液中长时间浸泡。使用后，应洗净、干放。

3. 对脂肪含量高的样品（如花生、肥肉等）中的氟，不能用氟电极直接测定，应事先将样品灰化处理。

**七、思考题**

1. 氟离子选择性电极在使用时应注意哪些问题？

2. 为什么要把氟电极清洗至一定的电位？

3. 用离子选择性电极测定$F^-$时，加入总离子强度调节缓冲溶液（TISAB）的作用是什么？

4. 饱和甘汞电极在使用之前要做哪几项检查？

# 实验二十六　电位滴定法测定自来水中氯离子的含量

**一、实验目的**

1. 能够描述电位滴定法测定自来水中的氯离子浓度的原理和方法。

2. 学会电位滴定基本操作和数据处理方法，学会多角度认识问题。

**二、实验原理**

氯离子含量的测定是水质检验的一项基本内容，但因为水中氯离子的含量一般较低，用莫尔法测定时误差较大，可采用电位滴定法进行测定。

以硝酸银为滴定剂，用电位滴定法测定氯离子，滴定反应为：

$$Ag^+ + Cl^- = AgCl\downarrow \qquad K_{sp}=1.8\times10^{-10}$$

随着硝酸银的滴入，溶液中$Cl^-$和$Ag^+$的浓度不断变化，可用银电极或氯离子选择性电极作为指示电极，指示滴定过程中电位的变化。当采用银电极作指示电极时，化学计量点前的电极电位取决于$Cl^-$的浓度：

$$E_{Ag}=E^{0}_{AgCl/Ag}-0.059\lg a_{Cl^-}，E^{0}_{AgCl/Ag}=+0.222V$$

化学计量点后的电极电位取决于$Ag^+$的浓度：

$$E_{Ag}=E^{0}_{Ag^+/Ag}+0.059\lg a_{Ag^+}，E^{0}_{Ag^+/Ag}=+0.799V$$

在化学计量点附近，银电极的电位有明显的突跃，据此可确定滴定终点。由终点时所消耗的$AgNO_3$溶液的体积，计算出水样中氯离子的浓度。

## 三、仪器与试剂

1. 仪器

pH计；216-01型银电极；217型双盐桥饱和甘汞电极；电磁搅拌器；棕色酸式滴定管（25mL）；移液管；烧杯。

2. 试剂

$AgNO_3$标准溶液（0.0500mol/L）：用莫尔法标定。

## 四、实验步骤

1. 将银电极及双盐桥饱和甘汞电极分别与pH计上的接口相接，将测量状态调至mV，打开开关预热仪器30min。

2. 打开自来水管放流约1min，用干净的试剂瓶承接约250mL自来水。

3. 用移液管移取25.00mL自来水置于干净的小烧杯中，加入25.00mL超纯水，放入磁子。将烧杯置于电磁搅拌器上，插入两支电极，开动搅拌器，调节至适当的搅拌速度，用$AgNO_3$标准溶液滴定。每加入一定体积的$AgNO_3$溶液，搅拌片刻后记录一次电位值。开始滴定时，每加入1.00mL记录一次电位值；当电位变化增大时，每加入1滴就记录一次电位值；当电位变化较大时，则预示临近终点，此时应每加入半滴（0.20mL）记录一次电位值。过了化学计量点，电位变化变小后，再每加入1.00mL记录一次电位值，直至滴加$AgNO_3$标准溶液后电位不再明显变化为止。

4. 实验结束后，洗净电极，擦干，干燥保存。

## 五、数据处理与结果

1. 将实验数据填入表1中；绘制电动势$E$对滴定剂体积$V$的滴定曲线以及$\Delta E/\Delta V$-$V$、$\Delta^2 E/\Delta V^2$-$V$曲线，确定滴定至终点时消耗$AgNO_3$溶液的体积。

2. 由终点时所消耗$AgNO_3$溶液的体积计算自来水中$Cl^-$的浓度（mg/L）。

**表1　实验数据及分析结果**

| $V(AgNO_3)$/mL | | | | | | | | |
|---|---|---|---|---|---|---|---|---|
| 电位值$E$/mV | | | | | | | | |
| $\Delta E/\Delta V$ | | | | | | | | |
| $\Delta^2 E/\Delta V^2$ | | | | | | | | |
| $V_{终}(AgNO_3)$/mL | | | | | | | | |
| $c(Cl^-)$/(mg/L) | | | | | | | | |

## 六、注意事项

1. 当采用银电极作指示电极测定$Cl^-$时，要采用双盐桥饱和甘汞电极作参比电极，以避免$Cl^-$的干扰。

2. 每次滴定前，均需要用超纯水或去离子水洗净电极，再用滤纸吸干。当银电极表面变灰（黑）时，要用滤纸擦去附着物，或用砂纸将电极擦亮，然后用超纯水洗净，用滤纸吸干。

3. 在计量点附近，每加入半滴溶液就要记录一次电位值。

## 七、思考题

1. 在滴定自来水中的$Cl^-$时，用哪种方法确定终点所消耗的滴定剂体积最准确？

2. 和莫尔法相比较，电位滴定法的优势有哪些？

# 第12章 库仑分析法

库仑分析（Coulometry）法是根据电解过程中所消耗的电量来求被测物质含量的一类电化学分析方法，包括恒电位库仑分析和恒电流库仑分析。两者均要求电极反应单一，电流效率100%。

## 12.1 方法原理

库仑分析的理论基础是法拉第电解定律（Faraday's low of electrolysis），它表示在电解过程中电极上所析出某物质的量与通过电解池的电量成正比：

$$m=\frac{MQ}{nF}=\frac{MQ}{96485n} \tag{12-1}$$

式中，$m$为物质在电极上析出的质量，g；$M$为物质的摩尔质量，g/mol；$n$为电极反应的电子转移数；$F$为法拉第常数，1$F$=96485C/mol；$Q$为电量，1C=1A·s。当电解时间为$t$，通过电解池的电流$i$恒定时，$Q=it$。

### 12.1.1 恒电位库仑分析

恒电位库仑分析法是在电解过程中控制工作电极的电位保持恒定，使待测组分在该电极上发生定量的电解反应，当电解电流趋于零时，电解完成，由库仑计或电流积分库仑计（电子库仑计）准确记录电解过程中所消耗的电量，再根据Faraday电解定律求出被测物质的含量。

### 12.1.2 恒电流库仑分析

恒电流库仑分析也叫库仑滴定，是在试液中加入大量辅助电解质，控制恒定的电流进行电解。此时，辅助电解质由于电极反应而产生一种能与待测物质定量反应的物质，称为“滴定剂”。选择适当的方法确定终点，记录从电解开始到终点所消耗的电量，进而根据法拉第定律求出待测物质的含量。

库仑滴定的反应类型与化学滴定法相同，只是库仑滴定所用的滴定剂是在电解池中由电极反应产生，而不是通过滴定管加入的。

库仑滴定确定终点的方法有指示剂法、电位法、永停（死停）法等。永停法是在双铂电极间加一个小的极化电压，在化学计量点之前，溶液中未形成可逆电对，指示电极间没有明显的电流通过，电流几乎为零（只有很少量的残余电流）；在化学计量点之后，溶液中形成可逆电对，在指示电极上发生氧化还原反应，指示电极间电流升高，电流表的指针明显偏转，指示终点到达。

由于库仑滴定不需要标准溶液，而且所选择的电极反应能保证电流效率100%，所以通过准确测得电解过程中所消耗的电量，就可以求出被测物质的含量。库仑滴定是目前最准确的常量分析方法，也能够灵敏地测定微量或痕量成分。

## 12.2 仪器结构及原理

### 12.2.1 恒电位库仑分析装置

恒电位库仑分析装置由电解池、恒压电源和库仑计组成。电解池内置工作电极（阴极）、辅助电极（也叫对电极，阳极）和参比电极（SCE），阳极置于电解阴极里面，并用隔离室隔开以防干扰。如图12-1所示。

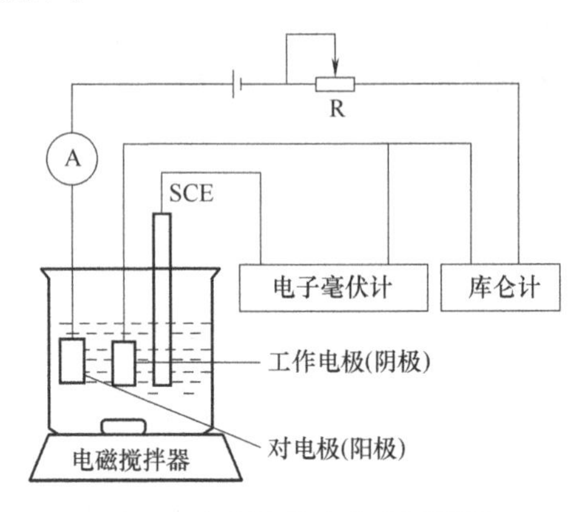


图12-1 恒电位库仑分析装置

由恒压电源提供适当的电位，让被测离子在电极上析出。随着电解池内被测离子浓度的减少，阴极电位发生变化，参比电极及时指示出电位的变化，并把信号反馈给恒压电源，恒压电源及时调整以维持电极电位不变，直到电解反应完全，通过库仑计准确测量出反应所消耗的电量。

### 12.2.2 库仑滴定装置

库仑滴定装置由电解系统和终点指示系统组成。电解池内有两对电极，一对指示电极用于指示滴定终点，另一对用于库仑测定，其中与被测物质起反应的电极称为工作电极，另一只电极为辅助电极或对电极。为防止两个电极之间可能的干扰反应，通常把辅助电极置于多孔性套管内。如图12-2所示。电流一接通便立即计时，当终点到达时，立即切断电解电源，同时记录电解时间或电解所消耗的电量。

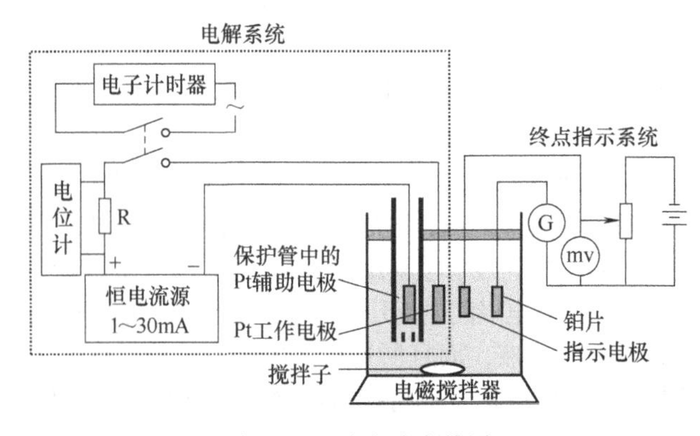


图12-2 库仑滴定装置

# 12.3 方法特点及应用

## 12.3.1 恒电位库仑分析法的特点及应用

恒电位库仑分析法不需要基准物质和标准溶液，灵敏度和准确度高，选择性好，既能测定常量组分，又能测定微量和痕量成分。可测定混合物中的不同组分，例如，可在多金属离子的试液中依次测定铜、铋、铅、锡等元素。能分析包括氢、氧、卤素、锂、钠、锑、砷、锌、镉、铂等金属和非金属元素、稀土元素以及部分放射性元素在内的50多种元素，还能分析某些有机物（如三氯乙酸、苦味酸等）、研究电极过程的反应机理等。

## 12.3.2 库仑滴定法的特点及应用

库仑滴定法不需要基准物质和标准溶液，可以使用易挥发不稳定的电生滴定剂（如$Cl_2$、$Br_2$、$Ti^{3+}$等），易实现自动化滴定，灵敏度和准确度高，既能测定常量组分，又能测定微量和痕量成分，应用范围很广。可测定酸碱（如NaOH、HCl、$NH_3$、水杨酸、苯胺等）、氧化还原性物质（如维生素C、$SO_3^{2-}$、$C_2O_4^{2-}$、$MnO_4^-$、$IO_3^-$、$Ce^{4+}$、$S^{2-}$、$H_2S$等）、某些金属离子（如$Fe^{2+}$、$Fe^{3+}$、$Ti^{4+}$等）、某些阴离子［如$Cl^-$、$Br^-$、$I^-$、$SCN^-$、As（Ⅲ）、Sb（Ⅲ）等］、某些有机物（如酚、偶氮染料、硫醇等）以及水分。

# 12.4 实验技术和分析条件

影响库仑分析的因素主要有电极反应的电流效率、电解过程的电位（恒电位库仑分析）或电流（恒电流库仑分析）大小、通过电解池的电量的确定和电解终点的指示。

现代技术条件能实现准确指示电解终点、准确测量通过电解池的电量、控制恒电流和恒电位的精度达到0.01%，所以库仑分析要获得准确的分析结果，关键是要保证电极反应的电流效率能100%为待测离子所利用，防止副反应发生。为此要注意：

① 防止溶剂的电解，防止电极自身参与反应和电解产物的再反应等。

在恒电位库仑分析中要控制适当的电极电位。在库仑滴定中，要在待测溶液中加入大量的辅助电解质。

② 消除电活性杂质。在恒电位库仑分析中，一般先向试液中通入几分钟氮气进行预电解，以防止溶解氧在阴极上被还原。在库仑滴定中，可在正式滴定之前先将少量试样加到电解质溶液中进行预电解，以消除干扰。

③ 选择合适的电流密度并考虑被测物质的量选择合适的电流值，使电解时间适宜。为减小浓差极化，通常采用大面积的电极（如网状Pt电极）。

④ 控制溶液的pH值适宜。

⑤ 在分析过程中要不断搅拌溶液，以减少浓差极化。

# 实验二十七 库仑滴定法测定药片或果汁中维生素C的含量

### 一、实验目的

1. 能够解释库仑滴定法的基本原理，知道库仑滴定法的应用。
2. 学会简易恒电流库仑仪的安装和操作。
3. 能够用恒电流库仑滴定法测定药片或果汁中维生素C的含量。

## 二、实验原理

维生素C（$M_r$=176.12g/mol）又称抗坏血酸，是人体不能合成却又必需的一种重要的水溶性维生素，具有很强的还原性。维生素C在临床上可用于治疗坏血病、预防牙龈出血和动脉硬化、促进胶原蛋白的合成、强健骨骼及牙齿等。其结构式如图1所示。

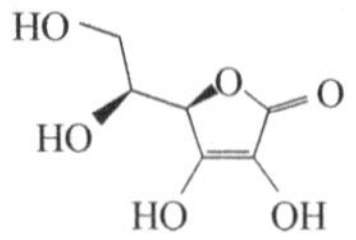

**图1　维生素C的结构式**

本实验采用恒电流库仑滴定法测定药片或果汁中的维生素C含量。在酸性溶液中，加入大量KI辅助电解质，用恒定的电流以100%的电流效率进行电解，在阳极上产生$I_2$，$I_2$作为滴定剂能快速而又定量地与溶液中的维生素C（$C_6H_8O_6$）发生化学反应。电极反应和滴定反应如下：

电解反应　Pt阳极：$3I^- = I_3^- + 2e^-$

Pt阴极：$2H_2O + 2e^- = H_2\uparrow + 2OH^-$

滴定反应　$C_6H_8O_6 + I_3^- = C_6H_6O_6 + 2H^+ + 3I^-$

终点指示采用永停法，在双铂电极间加一个很小的极化电压，在化学计量点之前，电生的$I_2$立即被维生素C还原为$I^-$，溶液中未形成可逆电对$I_2/I^-$，而维生素C（氧化态）/维生素C也是不可逆电对，不发生电极反应，所以指示电极间的电流几乎为零。在化学计量点之后，稍过量的$I_2$在溶液中形成可逆电对$I_2/I^-$，在指示电极上发生反应（阳极：$3I^- - 2e^- = I_3^-$，阴极：$I_3^- + 2e^- = 3I^-$），指示电极间的电流升高，电流表的指针明显偏转，指示终点到达。记录从电解开始到溶液中的维生素C恰好完全反应时所消耗的电量，根据法拉第定律可求出药片中维生素C的含量。

化学试剂中如果存在其他微量氧化还原性杂质，会干扰测定，为此在正式滴定之前可先将少量试样加到电解质溶液中进行预电解，以消除干扰。

## 三、仪器与试剂

1. 仪器

KLT-1型通用库仑仪；电磁搅拌器；电解池；双铂片电极；铂丝电解阴极；电子天平（感量为0.1mg，0.01mg）；数控超声波清洗器；研钵；烧杯；容量瓶；移液管；量筒（10mL）；洗瓶；胶头滴管。

2. 试剂

盐酸溶液（0.1mol/L）；碘化钾溶液（2mol/L）；维生素C。以上所用试剂为优级纯。维生素C药片；果汁；新制备的超纯水。

## 四、实验步骤

1. 打开主机电源开关预热30min。

2. 配制维生素C标准溶液（$1\times10^{-3}$mol/L）

准确称取17.61mg维生素C于100mL容量瓶中，用新制备的超纯水溶解并定容至刻度，摇匀。

3. 制备样品溶液

取市售维生素C一片，用研钵研碎，精密称重后转入小烧杯中，加入5.0mL 0.1mol/L盐酸溶解并定量转入50mL容量瓶中，用新制备的超纯水定容至刻度，超声或振荡5min，放置至澄清，备用。

或准确称取果汁样品10.00g于小烧杯中，再定量转入50mL容量瓶中，加入5.0mL 0.1mol/L盐酸，用新制备的超纯水定容至刻度，摇匀。

4. 预电解

① 洗净电解池、电极及搅拌子等。

② 量取5.0mL 2mol/L KI溶液和10.0mL 0.1mol/L HCl溶液于电解池中，用超纯水稀释至60mL，放入搅拌子，置于电磁搅拌器上搅拌均匀。停止搅拌，用滴管取少量电解液注入砂芯隔离的电极池内，并使液面高于电解池内的液面。

③ 将电解阳极（红）接至电解池的双铂片电极上，阴极（黑）接铂丝对电极。将“工作/停止”开关置“停止”，将指示电极的两个夹子分别接在指示线路的两个独立的铂片上。

④ 量程选择“10mA”。

⑤ 选择电流上升法指示终点。按下“电流”及“上升”指示键，开动电磁搅拌器，调节适当的转速。按住“极化电位”键，调节“补偿极化电位”，使表针指示在20μA左右，松开“极化电位”键。

⑥ 按下“电解”，指示灯灭，“工作/停止”开关置“工作”位置，开始电解计数，直到mQ表头显示读数稳定，指示红灯亮，弹出“启动”键，“工作/停止”开关置“停止”位置，仪器自动清零，预电解完毕。

5. 样品测定

准确移取1.00mL维生素C试液于电解池中，搅拌均匀后在不断搅拌下按下“启动”和“电解”键，“工作/停止”开关置“工作”位置，开始电解计数，直到mQ表头显示读数稳定，指示红灯亮，记录读数，然后弹出“启动”键，“工作/停止”开关置“停止”位置。再用移液管准确移取1.00mL维生素C试液于电解池中，重复上述步骤，平行测定3次，计算药片或果汁中维生素C的含量。

移取1.00mL抗坏血酸标准溶液，按上述方法测定3次。

6. 实验完毕

关闭电源。洗净电解池及电极，将电解池和砂芯隔离的电极内都注入超纯水，存放备用。

## 五、数据处理与结果

1. 计算电流效率$\eta$

$$\eta = \frac{m_{标准}}{m_{测量}} \tag{1}$$

以抗坏血酸标准溶液为对象，实验测定消耗的电量为__________C；根据公式计算应消耗电量为__________C；电流效率为__________。

2. 由实验测定的电量和法拉第定律计算药片或果汁中维生素C的含量。（已知维生素C电极反应的电子转移数$n$=2）。

3. 将实验数据和结果填入表1中。

表1　实验数据及分析结果

| 编号 | 1 | 2 | 3 |
|---|---|---|---|
| 药片或果汁质量$m$/g | | | |
| 电量/C | | | |
| 试液中维生素C含量/(g/L) | | | |
| 试液中维生素C平均含量/(g/L) | | | |
| 药片或果汁中维生素C含量/(mg/g) | | | |
| 相对偏差/% | | | |
| 相对平均偏差/% | | | |

### 六、注意事项

1. 每次测定都必须准确量取试液。

2. 电极的极性切勿接错，如果不小心接错了，必须认真清洗电极。

3. 应在保护管内加入KI溶液将铂电极浸没。

4. 库仑仪在使用过程中，断开电极连线或电极离开溶液时，必须先释放“启动”键(处于弹出状态)，以保护指示回路，防止仪器内部部件的损坏。

5. 测量完毕，要释放仪器上的所有按键，用超纯水洗净电极及电解池，关闭电源。

### 七、思考题

1. 以本实验为例说明库仑滴定法的原理，本实验采用了哪一种电解方式?

2. 预电解后，若溶液中还含有微量$I_2$，是否影响测定的准确度?

3. 电解液为什么可以反复使用多次？这样有什么好处?

## 实验二十八　恒电流库仑滴定法测定废水中的微量砷

### 一、实验目的

1. 能够熟练安装和操作恒电流库仑仪。

2. 能够用恒电流库仑滴定法测定废水中的微量砷。

3. 能够说出砷的危害，体会库仑滴定法在水质分析中的应用。

### 二、实验原理

砷的化合物往往具有很强的毒性，特别是As（Ⅲ）毒性最大。As（Ⅲ）的化合物进入人体后，能破坏某些细胞呼吸酶，使组织细胞死亡；还能强烈刺激胃肠黏膜，使黏膜溃烂、出血；亦可破坏血管及肝脏，严重的会因呼吸和循环衰竭而死亡。三氧化二砷的致死量为0.1~0.2g。长期饮用含有砷的水，会引起慢性中毒甚至死亡。用含砷的水灌溉农田，会使农作物产量大幅度下降。

本实验采用恒电流库仑滴定法产生的$I_2$作滴定剂测定废水中的微量砷，具有灵敏、快速、准确度高的优点。

在pH=7~9的KI-$NaHCO_3$弱碱性溶液中，以KI为电解质，用恒定的电流进行电解，在阳极上产生$I_2$，$I_2$作为滴定剂能快速而又定量地氧化溶液中的As（Ⅲ）。电极反应和滴定反应为：

电解反应　阳极：$3I^- = I_3^- + 2e^-$

　　　　　阴极：$2H_2O + 2e^- = H_2\uparrow + 2OH^-$

滴定反应　$I_3^- + H_3AsO_3 + 4OH^- = HAsO_4^{2-} + 3I^- + 3H_2O$

滴定反应与溶液的酸度有关。为了使电解产生$I_2$的电流效率达到100%，同时又要使As（Ⅲ）迅速被$I_2$完全氧化为As（Ⅴ），必须控制溶液的酸度在pH=7~9范围内。

在测定废水中的微量砷时，先在强酸性溶液中用KI将水样中的As（Ⅴ）还原为As（Ⅲ）。然后再将水样调至中性，加入pH=7~9的KI-$NaHCO_3$溶液，以库仑滴定法测定As（Ⅲ），滴定终点采用灵敏度很高的永停终点法确定。在双铂电极间加一个较小的极化电压，化学计量点之前，由于As（Ⅴ）/As（Ⅲ）电对不可逆，也不形成可逆电对$I_2/I^-$，所以指示电极间的电流几乎为零；化学计量点之后，As（Ⅲ）已完全反应，形成可逆电对$I_2/I^-$。$I_2/I^-$在指示电极上发生反应，电流表的指针明显偏转，指示终点到达。记录从开始电解到溶液中的As（Ⅲ）恰好完全反应时所消耗的电量，根据法拉第定律即可求出水样中As（Ⅲ）的含量(mg/L)。

$$c_{As}=\frac{m_{As}}{V_{水样}}=\frac{M_{As}Q\times 1000}{nFV_{水样}}=\frac{74.92Q\times 1000}{96485\times 2V_{水样}} \tag{1}$$

式中，$V_{水样}$为水样的体积，mL；$M_{As}$为砷的摩尔质量，74.92g/mol；$n$为砷的电子转移数，$n$=2；$Q$为电量，C；$F$为法拉第常数，1F=96485C/mol。

当试剂中含有其他微量可氧化还原的杂质时，会干扰测定。可以在加入试样正式滴定之前，先加几滴As（Ⅲ）试液到电解质溶液中进行预电解，以消除干扰。

采用KLT-1型通用库仑仪，当指示电极上的电流发生明显变化时，电解自动停止并显示出电解所消耗的总电量（毫库仑数）。

**三、仪器与试剂**

1. 仪器

KLT-1型通用库仑仪；磁力搅拌器；电解池；双铂片电极；铂丝电解阴极；酸度计；电子天平；控温电炉；锥形瓶；棕色瓶；烧杯；移液管；量筒；洗瓶；胶头滴管等。

2. 试剂

碘化钾；碳酸氢钠；盐酸溶液（1∶1，体积比）；质量分数15%的碘化钾溶液（0.9mol/L）；10%氢氧化钠溶液；1%碳酸氢钠溶液。所用试剂为优级纯或分析纯。超纯水；含砷废水水样。

**四、实验步骤**

1. 打开主机

打开主机电源开关预热30min。

2. 水样的预处理

① 用酸度计测定水样的pH值。

② 若水样呈强酸性，取200mL水样置于锥形瓶中，加入5.0mL15%的KI溶液，充分振荡摇匀，使水样中的As（Ⅴ）全部还原为As（Ⅲ）。然后在电炉上加热煮沸10min，以除去反应生成的$I_2$。取下锥形瓶，冷却，用10% NaOH溶液调节试液至中性，摇匀，备用。

③ 若水样不呈强酸性，取200mL水样，置于锥形瓶中，用1∶1 HCl溶液调节pH值约为 1，然后按步骤2中②方法处理水样。

3. 配制KI-$NaHCO_3$复合电解液

称取13.5g KI和1.25g $NaHCO_3$于棕色瓶中，加超纯水溶解后稀释至250mL，得到5.4% KI-0.5% $NaHCO_3$的复合电解液，避光保存。

4. 预电解

① 量取60.0mL KI-$NaHCO_3$复合电解液于电解池中，放入搅拌子，用滴管取少量电解液注入砂芯隔离的电极池内，使液面高于电解池内的液面。

② 将电解阳极（红）接至电解池的双铂片电极上，阴极（黑）接铂丝对电极。将“工作/停止”开关置“停止”，将指示电极的两个夹子分别接在指示线路的两个独立的铂片上。

③ 量程选择为“10mA”。

④ 选择电流上升法指示终点。按下“电流”及“上升”指示键，开动电磁搅拌器，调节适当的转速。按住“极化电位”键，调节“补偿极化电位”，使表针指示在20μA左右，松开“极化电位”键。

⑤ 按下“电解”，指示灯灭，“工作/停止”开关置“工作”位置，开始电解计数，直到mQ表头显示读数稳定，指示红灯亮，弹出“启动”键，“工作/停止”开关置“停止”位置，

仪器自动清零，预电解完毕。

5. 水样测定

准确移取25.00mL（视水样含砷量而定）处理过的含砷水样于库仑池内，搅拌均匀后在不断搅拌下按下“启动”和“电解”键，“工作/停止”开关置“工作”位置，开始电解计数，直到mQ表头显示读数稳定，指示红灯亮，记录读数，然后弹出“启动”键，“工作/停止”开关置“停止”位置。再用移液管准确移取25.00mL处理过的含砷水样于电解池中，补加1.0mL 1% $NaHCO_3$溶液，重复上述步骤，平行测定3次，计算废水中砷的含量。

6. 实验完毕

关闭电源。洗净电解池及电极，将电解池和砂芯隔离的电极内都注入超纯水，存放备用。

## 五、数据处理与结果

1. 由测定的电量和法拉第定律计算废水中砷的含量。
2. 将实验数据和结果填入表1中

**表1 实验数据及分析结果**

| 编号 | 1 | 2 | 3 |
|---|---|---|---|
| 废水体积$V_{水样}$/mL | | | |
| 电量/C | | | |
| 试液中砷的含量/(g/L) | | | |
| 试液中砷的平均含量/(g/L) | | | |
| 废水中砷的含量/(mg/L) | | | |
| 相对偏差/% | | | |
| 相对平均偏差/% | | | |

## 六、注意事项

1. 利用库仑滴定法测定砷时，应控制溶液的pH=5~9为宜。$\mathrm{pH}<4$时，$I_2$氧化As（Ⅲ）的反应不完全；$\mathrm{pH}>9$时，$I_2$易发生歧化反应。
2. 实验中产生的含砷废液要全部回收。

## 七、思考题

1. 在电解液中加入一定量KI-$NaHCO_3$的作用是什么?
2. 若KI被空气氧化，对于测定结果有无影响?
3. 为什么工作阳极要使用面积较大的铂片，若改用细铂丝作阳极将会产生什么问题?
4. 实验中$I^-$不断再生，是否可以用极少量的KI?

# 第13章 伏安分析法

伏安法（Voltammetry）是在极谱分析法的基础上发展起来的，是以小面积、特别易极化的惰性固态电极作工作电极，以大面积、不易极化的电极作参比电极，在溶液静止条件下，电解被测物质的稀溶液，由所测得的电流-电位曲线来进行定性分析和定量分析的方法。常用的有循环伏安法（CV）和溶出伏安法（SV）。

## 13.1 方法原理

### 13.1.1 循环伏安法

循环伏安法是在电极上施加一个线性扫描电压，控制电极电位以不同的速率随时间以三角波形一次或多次反复扫描，使电极上交替发生不同的还原和氧化反应，记录电流-电位曲线，即循环伏安图。

对于可逆体系，当从起始电位$\varphi_i$开始由正向负扫描到终止电位$\varphi_s$时，电活性物质在电极上被还原，产生还原波。电极反应为：

$$Ox+ne^- = Red$$

再以相同的速度反向回扫到起始电位$\varphi_i$时，还原产物又重新在电极上被氧化。电极反应为：

$$Red = Ox+ne^-$$

一次三角波扫描，即完成一个还原-氧化过程的循环。对于扩散控制的可逆体系，峰电流可用Randles-Sevcik方程表示：

$$i_p=2.69\times10^5 n^{3/2}Av^{1/2}D^{1/2}c \tag{13-1}$$

式中，$i_p$为峰电流，A；$n$为电子转移数；$D$为扩散系数，cm²/s；$v$为电位扫描速度，V/s；$A$为电极面积，cm²；$c$为被测物质的浓度，mol/L。

对于可逆体系，由于曲线上下对称，氧化峰电流$i_{pa}$与还原峰电流$i_{pc}$绝对值的比值以及氧化峰电位$\varphi_{Pa}$与还原峰电位$\varphi_{Pc}$（mV）之差分别为：

$$\frac{i_{pa}}{i_{pc}}=1 \tag{13-2}$$

$$\Delta\varphi_P=\varphi_{Pa}-\varphi_{Pc}=2.2\frac{RT}{nF}=\frac{56.5}{n}\text{mV（25℃）} \tag{13-3}$$

根据式（13-2）和式（13-3）可判断电极反应的可逆性，根据式（13-1）峰电流在一定条件下与电活性物质的浓度成正比可用于定量分析。

### 13.1.2 溶出伏安法

溶出伏安法包含富集和溶出两个过程。

（1）富集过程

试液除氧后，在产生极限电流的电位处电解，将被测物质富集在工作电极上，以提高检测灵敏度。

（2）溶出过程

在富集结束后，于工作电极上施加一个反向线性变化的电压或借助脉冲技术，使富集在电极上的物质重新溶出。

在溶出过程，工作电极上被测物质的浓度迅速降低，电流减小，从而得到尖峰形的“溶出”电流峰。当电解富集时间、溶液搅拌速度、电极面积和扫描速度等条件一定时，峰电流$i_p$与溶液中被测物质的浓度$c$成正比：

$$i_p=Kc \tag{13-4}$$

记录电流-电位曲线（溶出曲线），根据峰电位可进行定性分析，根据峰电流的大小可用标准曲线法或标准加入法进行定量分析。

在富集过程中，若工作电极为阴极，溶出时则为阳极，称之为阳极溶出伏安法。相反，若工作电极为阳极，溶出时为阴极，则称之为阴极溶出伏安法。分析阳离子要采用阳极溶出伏安法，分析阴离子要采用阴极溶出伏安法。

## 13.2 仪器结构及原理

伏安法的化学电池通常是一个三电极系统，包括工作电极、参比电极和用于传导电流的辅助电极（或对电极）。如图13-1所示。在三电极体系中，伏安电流在工作电极与辅助电极间流过，参比电极与工作电极组成一个高阻抗的电位监控回路，使通过参比电极的电流很小，从而方便地、即时地显示出电解过程中的工作电极对参比电极的电位。同时监测回路还可以通过反馈给外加电路的信息来调整外加电压，使工作电极的电位按一定方式变化，如随时间线性地变化等。

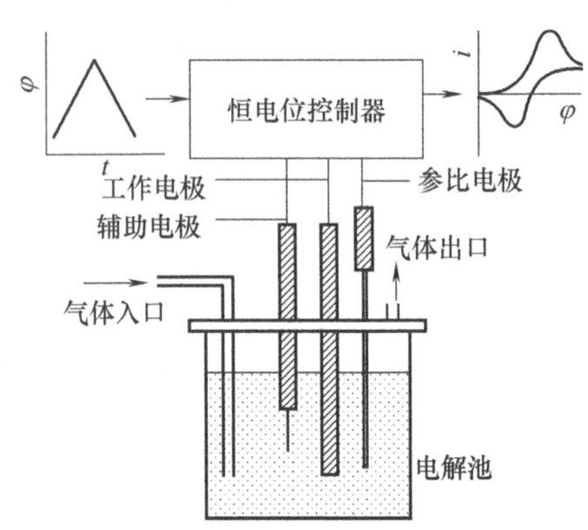


图13-1　循环伏安法装置示意

伏安法常用的工作电极有金电极、银电极、铂电极、玻碳电极、热解石墨电极、碳糊电极、碳纤维电极、化学修饰电极等。

## 13.3 方法特点及应用

### 13.3.1 溶出伏安法的特点和应用

① 灵敏度很高。这主要是由于经过长时间的预先电解，将被测物质富集浓缩。检出限

一般可达到$10^{-9}$~$10^{-8}$mol/L，对某些金属离子和有机化合物的测定可达到$10^{-15}$~$10^{-10}$mol/L。

② 分析速度快，分析过程对样品几乎没有破坏作用。

③ 信号呈峰形，便于测量。

④ 选择性好，应用广泛。

溶出伏安法可同时测量多种物质而不必事先分离。可测定如铅、镉、汞、铜、锌、铁、砷、碘、硒、镓等40多种金属及非金属元素，还能测定有机物、药物、农药、毒物以及辅酶等。常用于化学试剂、工业废水、药物、食品等样品中痕量物质的定量分析和研究物质的吸附现象。

### 13.3.2　循环伏安法的特点和应用

循环伏安法是最重要的电化学研究方法之一，简单而又强大。具有灵敏度高、选择性好、分析速度快、样品用量少、可克服氧波干扰、分析过程对样品几乎没有破坏作用、操作简便等特点。其应用主要有以下几个方面。

（1）判断电极的可逆性

若电极反应可逆，则循环伏安曲线上下对称，$i_{pa}/i_{pc}\approx 1$，$\Delta\varphi_P=\varphi_{Pa}-\varphi_{Pc}\approx\frac{0.056}{n}$mV；若电极反应不可逆，则曲线上下不对称。

（2）研究电极反应的性质和机理

循环伏安法可以判断电极表面微观反应过程，测量电极表面吸附物的覆盖度以及电极活性面积，研究电极的电催化活性，测量电极反应速率常数、交换电流密度、反应的传递系数等动力学参数，还可以研究电化学反应产物、电化学-化学偶联反应等。

快扫描循环伏安法可测定快速电子传递反应速率常数，检测反应中间体，研究反应机理以及某些酶促反应等。

（3）可作为无机制备反应和有机合成反应“摸条件”的手段

（4）可进行定量分析

循环伏安法可用于测定微量无机物、有机物、生化物质和药物的含量，还可以进行活体分析。

## 13.4　实验技术和分析条件

伏安分析需要把样品用纯水或合适的有机溶剂制备成一定浓度范围的溶液。工作电极在使用之前要进行打磨、抛光处理成镜面，并清洗干净，以除去在电极表面吸附的氧化还原物质。

另外，不同的伏安分析法对分析条件有不同的要求。以溶出伏安法为例，在实验过程中要注意以下问题：

① 选择合适的工作电极和参比电极，对工作电极表面做好预处理。

② 配制合适的底液。底液为一定组成、浓度和pH值的电解质溶液，一般来说浓度增加，峰电流会降低。

③ 选择合适的预电解电位。预电解电位一般比半波电位负0.2~0.5V。

④ 控制合适的预电解时间。增加预电解时间，可增加灵敏度，但线性关系会变差。

⑤ 除氧。电解液中的溶解氧可能会与试样中的某些物质反应，可通入高纯氮气或惰性气体10~15min除氧。

⑥ 以适当的速度搅拌溶液。要以适当的速度使电极旋转或搅拌溶液，以加快富集和溶出。

⑦ 控制合适的电位扫描速率和温度。

峰电流的大小与预电解时间、预电解时搅拌溶液的速度、预电解电位、工作电极以及溶出方式等因素有关。为了获得再现性的结果，实验时必须严格控制实验条件。

# 实验二十九　循环伏安法测定铁氰化钾的电极反应过程

## 一、实验目的

1. 学会玻碳电极的预处理方法，学会电化学工作站的使用方法。

2. 能够解释循环伏安法测定电极反应参数的基本原理；理解氧化还原反应共存于同一电解体系中，体会对立统一规律。

## 二、实验原理

循环伏安法设备价廉，操作简便，图谱解析直观，能迅速提供电活性物质电极反应过程的可逆性、化学反应历程、电极表面吸附等许多信息，因而是一般电化学分析的首选方法。本实验采用电化学中典型的$K_3Fe(CN)_6$/$K_4Fe(CN)_6$ 可逆体系，设计了通过循环伏安法研究电极反应的过程。

在一定的线性扫描速率下，当从起始电位（+0.8V）沿着负的电位方向扫描到［$Fe(CN)_6]^{3-}$可以被还原时，产生还原电流，电极反应为：

$$[Fe(CN)_6]^{3-}+e^- = [Fe(CN)_6]^{4-}$$

随着电位变负，阴极电流迅速增加，直至电极表面的［$Fe(CN)_6]^{3-}$浓度趋近零，电流达到最高峰。然后电流迅速衰减，这是因为电极表面附近溶液中的［$Fe(CN)_6]^{3-}$因电解而几乎耗尽。当电位扫描至终止电位–0.2V处，并转向进行阳极化扫描到［$Fe(CN)_6]^{4-}$可以被氧化时，产生氧化电流，电极反应为：

$$[Fe(CN)_6]^{4-}-e^- = [Fe(CN)_6]^{3-}$$

阳极电流随着扫描电位的正移迅速增加，达到峰值以后又迅速衰减，直至扫描到电极表面附近的［$Fe(CN)_6]^{4-}$耗尽时，阳极电流衰减至最小。当电位扫描至+0.8V时，完成第一次循环，得到循环伏安图。如图1和图2所示。

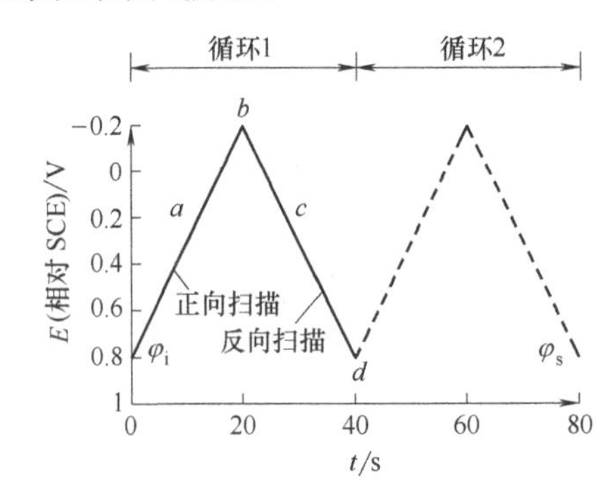


**图1　循环伏安的典型激发信号**

三角波电位，转换电位为+0.8V和–0.2V（相对SCE）

记录氧化峰电流$i_{pa}$、还原峰电流$i_{pc}$、氧化峰电位$\varphi_{Pa}$和还原峰电位$\varphi_{Pc}$，根据$i_{pa}/i_{pc}$及$\Delta\varphi_P$的大小可判断电极反应的可逆性，根据$i_{pa}$或$i_{pc}$与电位扫描速率$v^{1/2}$之间的关系，可以判断电极反应是否为扩散控制。

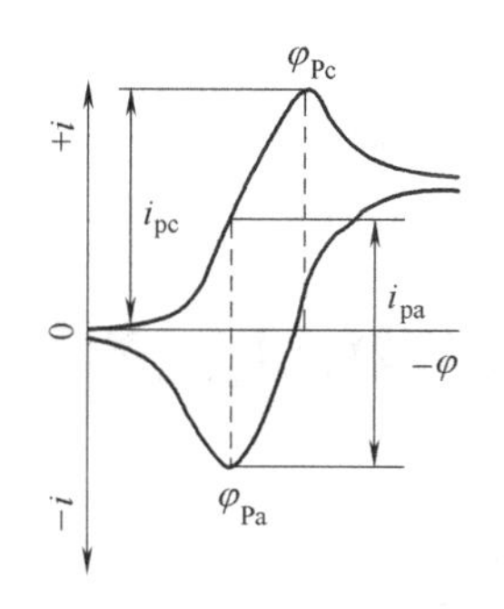


**图2　循环伏安图**

## 三、仪器与试剂

1. 仪器

CHI600E电化学分析仪（上海辰华仪器有限公司）；玻碳圆盘电极为工作电极；饱和甘汞电极（SCE）为参比电极；铂丝电极为对电极；电子天平；烧杯；容量瓶。

2. 试剂、材料

铁氰化钾（优级纯）；亚铁氰化钾（优级纯）；氯化钾（分析纯）；无水乙醇；$\alpha$-$Al_2O_3$（粒径为0.3μm和0.05μm）；麂皮；超纯水。

## 四、实验步骤

1. 玻碳电极的预处理

将玻碳电极在麂皮上依次用粒径为0.3μm和0.05μm的$\alpha$-$Al_2O_3$悬浊液抛光成镜面，再依次用无水乙醇和超纯水超声清洗2min。

2. $K_3Fe(CN)_6$溶液的配制

配制［$Fe(CN)_6$］$^{3-}$标准贮备液（20.0mmol/L，含2.0mol/L KCl）：称取0.6585g $K_3Fe(CN)_6$于100mL烧杯中，加入14.91g KCl，用超纯水溶解并定容到100mL容量瓶中，摇匀。

移取5.00mL标准贮备液于100mL容量瓶中，用超纯水定容，摇匀，得到浓度为1.0mmol/L的［$Fe(CN)_6$］$^{3-}$标准工作液（含0.1mol/L KCl）。

3. 循环伏安法测量

参数设置。初始电位：+0.8V；终止电位-0.2V；循环次数：1次；静止时间：2s。

将1.0mmol/L［$Fe(CN)_6$］$^{3-}$标准工作液（含0.1mol/L KCl）转移至电解池中，插入电极，分别以50mV/s、100mV/s、150mV/s、200mV/s、250mV/s、300mV/s 的速率按上述参数设置条件进行扫描。

## 五、数据处理与结果

1. 记录$K_3Fe(CN)_6$标准工作液在不同电位扫描速率时的循环伏安图，并叠加在一张图上。

2. 用表格记录不同扫描速度下的峰电流$i_{pa}$（或$i_{pc}$）和电位扫描速率$v$，计算$v^{1/2}$。以氧化峰电流$i_{pa}$（或还原峰电流$i_{pc}$）对$v^{1/2}$作图，说明峰电流$i_{pa}$（或$i_{pc}$）和$v^{1/2}$之间的关系，判断电极反应是否为扩散控制。

3. 根据100mV/s扫描速率下的循环伏安图，计算阳极峰电位与阴极峰电位的差$\Delta E$和阳极峰电流与阴极峰电流的比值$i_{pa}/i_{pc}$，判断$K_3Fe(CN)_6$/$K_4Fe(CN)_6$在KCl溶液中电极反应的可逆性。

## 六、注意事项

1. 工作电极表面必须仔细清洗，否则会严重影响循环伏安图的图形。

2. 电解过程中溶液必须静止。

3. 每次扫描之前，为使电极表面恢复初始状态，应将溶液搅拌，等溶液静止1~2min后再扫描。

**七、思考题**

1. 对玻碳电极进行预处理的目的是什么?

2. 峰电位（$E_p$)、半波电位（$E_{1/2}$）和半峰电位（$E_{p/2}$）相互之间是什么关系?

# 实验三十　聚黄尿酸修饰碳糊电极的制备及其电化学行为研究

**一、实验目的**

1. 学会碳糊电极的制备和预处理方法。

2. 能够解释循环伏安法电化学聚合黄尿酸制备电化学修饰电极的基本原理和操作条件。

3. 学会研究聚黄尿酸修饰电极在磷酸盐缓冲溶液中的电化学行为。

**二、实验原理**

化学修饰电极，是利用化学或物理的方法，将特定功能的分子、离子、聚合物等固定在电极表面，实现功能设计，以提高电极的灵敏度，或成为具有特殊响应的电化学传感器。基底材料一般为碳（石墨)、玻璃、金属等。

黄尿酸（Xa）系4,8-二羟喹啉-2-羧酸，相当于8-羟基犬尿酸，是色氨酸代谢物之一，是一种无毒单体，其结构式如图1所示。

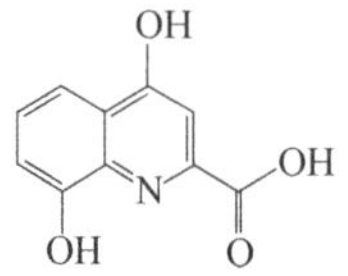

图1　黄尿酸的结构式

在一定条件下，黄尿酸可与某些金属离子反应生成有色螯合物，其铁盐呈深绿色。当缺乏维生素$B_6$时，人体尿液中黄尿酸的含量会增大。

本实验自制备碳糊电极（CPE），在计算机控制化的电化学分析仪上，采用循环伏安法将黄尿酸聚合在该碳糊电极表面，探讨黄尿酸的电化学聚合机理，研究聚黄尿酸（PXa）在CPE电极表面的电化学行为。

聚黄尿酸在电极表面的氧化还原对应于醌式结构（氧化态）到氢醌式结构（还原态）的转换，其氧化还原过程如图2所示。

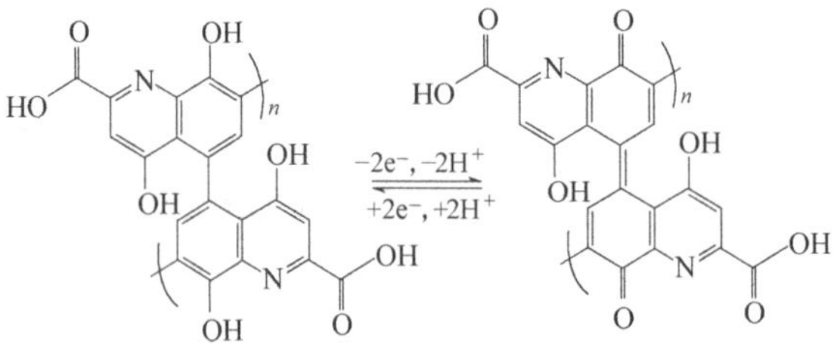

图2　聚黄尿酸在电极表面的氧化还原过程

**三、仪器与试剂**

1. 仪器

CHI660E电化学分析仪（上海辰华仪器公司)；三电极系统：工作电极为自制的碳糊电极，参比电极为饱和甘汞电极（SCE)，对电极为铂片电极；电子天平（感量为0.1mg，0.01mg)；电热鼓风干燥箱；研钵；铜丝；容量瓶；烧杯；玻璃管（直径4mm，两端平整光滑)。

2. 试剂、材料

黄尿酸（$C_{10}H_7O_4N$)；石墨粉（粒径30μm)；固体石蜡；磷酸氢二钾（$K_2HPO_4·3H_2O$)；

磷酸二氢钾（$KH_2PO_4$）；氯化钾（KCl）。以上试剂均为分析纯。α-$Al_2O_3$（粒径为0.3μm和0.05μm）；超纯水。

**四、实验步骤**

1. CPE电极的制备

将石墨粉和固体石蜡以4∶1的质量比置于洁净干燥的研钵中混合，在烘箱中于72℃烘烤至石蜡完全熔化。取出，趁热用力研磨10min左右，再放入烘箱中烘烤15min，取出，继续研磨10min，如此反复研磨5~6次，以保证石墨粉和石蜡混合均匀。趁热将混合物装入直径为4mm的玻璃管中，在管子中央插入铜丝作为导电体，即得到CPE电极。使用前将电极表面在称量纸上打磨成镜面。

2. 配制PBS缓冲溶液

pH=5.5的PBS缓冲溶液（0.3mol/L）：分别称取0.3248g $KH_2PO_4$、0.8883g $K_2HPO_4 \cdot 3H_2O$和2.711g KCl于100mL烧杯中，用超纯水溶解后定量转入250mL容量瓶中，再用超纯水定容至刻度，摇匀。

pH=7.0的PBS缓冲溶液（0.3mol/L）：分别称取0.1130g $KH_2PO_4$、0.8883g $K_2HPO_4 \cdot 3H_2O$和2.711g KCl于100mL烧杯中，用超纯水溶解后定量转入250mL容量瓶中，再用超纯水定容至刻度，摇匀。

3. 黄尿酸的电聚合

称取0.0082g黄尿酸单体于100mL容量瓶中，用pH=5.5的PBS缓冲溶液溶解并定容至刻度，摇匀，得到浓度为400μmol/L 的Xa单体聚合液。将制得的CPE电极浸入聚合液中，采用CV方法进行电化学聚合。

聚合参数：电位区间为1.2~-0.6V；扫描速度为100mV/s；聚合圈数为5圈、10圈、15圈、20圈。

4. PXa/CPE的电化学行为研究

采用CV研究自制聚黄尿酸修饰的碳糊电极（PXa/CPE）在0.3mol/L pH=7.0 PBS缓冲溶液中的电化学行为。

CV实验参数：扫描速度为100mV/s；扫描范围为0.3~-0.4V。

**五、数据记录与处理**

1. 根据记录的Xa的电聚合曲线，探讨Xa的电化学聚合机理。

2. 将不同聚合圈数制得的PXa/CPE在pH=7.0的PBS缓冲溶液中的CV曲线叠加作图，探讨聚合圈数对Xa电聚合的影响。

**六、注意事项**

1. 在CPE电极的制备过程中，石墨粉和石蜡一定要混合均匀。

2. 电极在使用过程中要小心，特别是铂片对电极，注意轻拿轻放。

3. 饱和甘汞电极在使用之前要检查饱和氯化钾溶液中是否有气泡。

**七、思考题**

1. 石蜡在CPE电极的制备过程中起到什么作用?

2. 对CPE电极进行预处理的目的是什么?

3. PXa与传统的三大导电聚合物聚苯胺、聚吡咯、聚噻吩相比有什么优势?

## 实验三十一　银掺杂聚L-酪氨酸修饰电极循环伏安法测定人尿液中的多巴胺、肾上腺素和抗坏血酸

**一、实验目的**

1. 学会银掺杂聚L-酪氨酸修饰电极的制备技术。

2. 能够解释利用银掺杂聚L-酪氨酸修饰电极循环伏安法测定人尿液中的多巴胺、肾上腺素和抗坏血酸的原理和定性、定量分析方法。

3. 能够概述循环伏安法在药物分析中的应用。

## 二、实验原理

化学修饰电极特别是聚合物修饰电极，由于活性基团的浓度大，能提高检测灵敏度，且稳定性好，在分析测试中已被广泛应用。聚氨基酸修饰电极有特殊的三维空间结构，在电极中掺杂金属或化合物，由于金属具有一定的催化活性，与聚合物共聚后可明显提高修饰电极检测的灵敏度、电子传递速率和选择性。

多巴胺（DA）和肾上腺素（EP）属于儿茶酚胺类物质，是哺乳动物体内产生的重要的神经传递物质，具有多种生理活性。多巴胺可影响人的情绪和生理状态，尤其在运动调节、学习、记忆和药物成瘾过程中起着关键作用。肾上腺素会使心脏收缩力上升，使心脏、肝和筋骨的血管扩张，是拯救濒死的人或动物的必备品。抗坏血酸（AA）是人体不能合成而又不可缺少的一种营养物质，主要来源于蔬菜、水果等天然食物。体内多巴胺、肾上腺素和抗坏血酸的水平与一些病理现象息息相关，DA失调和EP代谢障碍会引起某些疾病如精神分裂症、帕金森病和艾滋病等的发生，缺少AA会引起食欲不振、精神烦躁、牙龈疼痛出血、免疫力低下等症状。DA、EP和AA的结构式如图1所示。

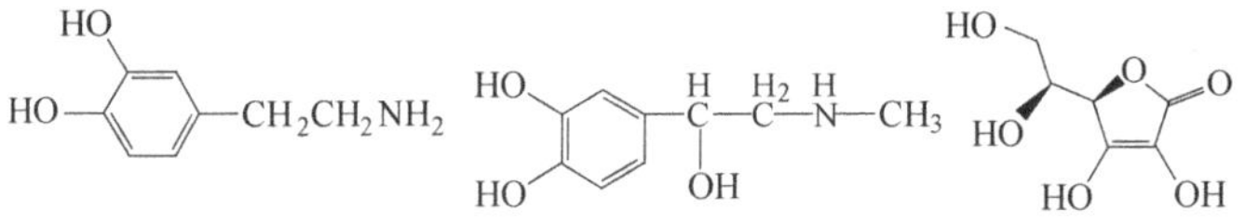

DA　　EP　　AA

**图1　DA、EP和AA的结构式**

多巴胺和抗坏血酸易溶于水，肾上腺素极微溶于水，其盐酸盐易溶于水。本实验采用循环伏安法（CV）在玻碳电极表面制备银掺杂聚L-酪氨酸修饰电极（Ag/PLT/GCE/CME），用于测定人尿液中的多巴胺、肾上腺素和抗坏血酸。

在pH=6.0的磷酸盐缓冲溶液中，当DA、EP和AA三组分共存且扫描速率为140mV/s时，多巴胺和肾上腺素在修饰电极上分别产生还原峰，两还原峰之间的电位差$\Delta E_{pc}$=0.403V，二者的氧化峰重叠。抗坏血酸产生一个氧化峰，与多巴胺和肾上腺素的重叠氧化峰间的电位差$\Delta E_{pa}$=0.205V，因此不需要分离即可直接同时测定人尿液中的多巴胺、肾上腺素和抗坏血酸。多巴胺、肾上腺素和抗坏血酸的线性范围分别为$5.0\times10^{-6}$~$1.0\times10^{-4}$mol/L、$8.0\times10^{-6}$~$1.0\times10^{-4}$mol/L和$3.0\times10^{-5}$~$1.0\times10^{-3}$mol/L，检出限分别为$5.0\times10^{-7}$mol/L、$8.0\times10^{-7}$mol/L和$5.0\times10^{-6}$mol/L。该方法定量准确，电极稳定性好，在室温下放置30天，对DA、EP和AA的测定基本上无影响。

## 三、仪器与试剂

1. 仪器

CHI600E电化学分析仪（上海辰华仪器有限公司）；pHS-3C型酸度计；电化学实验用三电极系统：工作电极为玻碳电极（GCE，$\phi$3.0mm），参比电极为Ag/AgCl（饱和KCl），对电极为铂丝电极；电子天平（感量0.001mg）；超声波清洗器；容量瓶；移液管；吸量管。

2. 试剂、材料

盐酸多巴胺标准品；肾上腺素盐酸盐标准品；抗坏血酸（优级纯）；饱和L-酪氨酸水溶液；$HNO_3$溶液（0.048mol/L）；$HNO_3$溶液（1：1，体积比）；$AgNO_3$溶液（$5.0\times10^{-4}$mol/L）；$KNO_3$溶液（0.15mol/L）；$Na_2HPO_4$溶液（0.1mol/L）；$NaH_2PO_4$溶液（0.1mol/L）。以上所用试剂为分析纯或优级纯。α-$Al_2O_3$（粒径为0.3μm和0.05μm）；超纯水；金相砂纸；正常人尿样。

多巴胺标准溶液（1.00mmol/L）：准确称取盐酸多巴胺标准品1.896mg，用超纯水溶解并定容至10mL容量瓶中，摇匀。避光密闭冷存。

肾上腺素标准溶液（1.00mmol/L）：准确称取肾上腺素盐酸盐标准品2.197mg，用超纯水溶解并定容至10mL容量瓶中，摇匀。避光密闭冷存。

抗坏血酸标准溶液（1.00mmol/L）：准确称取优级纯抗坏血酸8.806mg，用超纯水溶解并定容至50mL容量瓶中，摇匀。避光密闭冷存。

磷酸盐缓冲溶液：pH=6.00，用浓度均为0.1mol/L的$Na_2HPO_4$和$NaH_2PO_4$溶液配制，其精确pH值在酸度计上校准。

**四、实验步骤**

1. 银掺杂聚L-酪氨酸修饰电极的制备

将GCE在湿润的金相砂纸上磨光，再依次用粒径为0.3μm和0.05μm的α-$Al_2O_3$悬乳液抛光成镜面，然后用1∶1的$HNO_3$超声清洗5min，再用超纯水超声清洗5min后放入10.0mL含有$5.0\times10^{-4}$mol/L $AgNO_3$、0.048mol/L$HNO_3$、饱和L-酪氨酸和0.15mol/L $KNO_3$的聚合液中，以GCE为工作电极，Ag/AgCl电极为参比电极，铂丝电极为对电极，在2.4~–0.8V电位范围内，以120mV/s 的速率循环扫描8圈。取出，用超纯水淋洗电极表面至干净，晾干，即制得银掺杂聚L-酪氨酸修饰玻碳电极（Ag/PLT/GCE/CME）。

2. 绘制标准曲线

（1）配制多巴胺、肾上腺素和抗坏血酸混合标准溶液

分别移取适量多巴胺、肾上腺素和抗坏血酸标准溶液，按照表1用pH=6.00的磷酸盐缓冲溶液逐级稀释成相应浓度的系列混合标准溶液各10.00mL。

（2）多巴胺、肾上腺素和抗坏血酸标准曲线的绘制

将系列混合标准溶液按照浓度由小到大的顺序倒入电解池中测定。以Ag/PLT/GCE/CME为工作电极，Ag/AgCl电极为参比电极，铂丝电极为对电极，静置5s，然后以140mV/s的速率向正电位方向扫描。记录–0.6V~0.8V的CV图。测量CV图上的DA、EP的还原峰电流和AA的氧化峰电流以及它们的峰电位，绘制各自的标准曲线。每次扫描结束后，都要用超纯水将电极冲洗干净并用滤纸吸干后才能进行下一次测定。

3. 尿样分析

移取1.00mL正常人尿样，用pH=6.00的磷酸盐缓冲溶液定容至50mL棕色容量瓶中，摇匀。取稀释后的尿样溶液5.00mL，按照步骤2中（2）实验方法对DA、EP和AA进行同时测定。

**五、数据处理与结果**

1. 尿样中多巴胺、肾上腺素和抗坏血酸的定性分析

打印相关图谱，确定尿样中多巴胺、肾上腺素和抗坏血酸的峰，并说明理由。

2. 计算标准曲线方程

根据多巴胺、肾上腺素和抗坏血酸标准溶液的浓度和所采集的三种组分的峰电流$I_{pc}$，通过Excel计算各自的标准曲线方程和线性相关系数。

3. 计算尿样中多巴胺、肾上腺素和抗坏血酸的含量

将稀释后的尿样溶液中的多巴胺、肾上腺素和抗坏血酸的峰电流代入各自的标准曲线方程，计算多巴胺、肾上腺素和抗坏血酸的浓度，再根据所移取的尿样体积，计算原尿样中多巴胺、肾上腺素和抗坏血酸的含量（mol/L）。

**表1 实验数据及分析结果**

| 项目 | 多巴胺 | | 肾上腺素 | | 抗坏血酸 | |
|---|---|---|---|---|---|---|
| | $c$/(mol/L) | $I_{pc}$ /A | $c$/(mol/L) | $I_{pc}$ /A | $c$/(mol/L) | $I_{pc}$ /A |
| 混合标准溶液 | 0.0 | | 0.0 | | 0.0 | |
| | $8.0\times10^{-6}$ | | $1.0\times10^{-5}$ | | $5.0\times10^{-5}$ | |

续表

| 项目 | 多巴胺 | | 肾上腺素 | | 抗坏血酸 | |
|---|---|---|---|---|---|---|
| | $c$/(mol/L) | $I_{pc}$ /A | $c$/(mol/L) | $I_{pc}$ /A | $c$/(mol/L) | $I_{pc}$ /A |
| 混合标准溶液 | $1.5\times10^{-5}$ | | $2.0\times10^{-5}$ | | $1.0\times10^{-4}$ | |
| | $3.0\times10^{-5}$ | | $4.0\times10^{-5}$ | | $2.0\times10^{-4}$ | |
| | $6.0\times10^{-5}$ | | $6.0\times10^{-5}$ | | $4.0\times10^{-4}$ | |
| | $8.0\times10^{-5}$ | | $8.0\times10^{-5}$ | | $8.0\times10^{-4}$ | |
| 标准曲线方程及线性相关系数$r$ | | | | | | |
| 尿液体积/mL | | | | | | |
| 尿液稀释液分析结果 | | | | | | |
| 尿液中各组分浓度 | | | | | | |

**六、注意事项**

1. 制备Ag/PLT/GCE/CME修饰电极时，要事先将玻碳电极抛光成镜面并清洗干净。

2. 溶液的pH值对测定尿样中多巴胺、肾上腺素和抗坏血酸的分离效果和灵敏度影响较大，应严格控制pH值进行测定。

3. 工作电极表面必须仔细清洗，否则会严重影响循环伏安图的图形。每次扫描结束后，都要用超纯水将电极冲洗干净并用滤纸吸干后才能进行下一次测定。

**七、思考题**

1. 银掺杂聚L-酪氨酸修饰电极中的银对测定人尿液中的多巴胺、肾上腺素和抗坏血酸起到什么作用?

2. 分析DA、EP和AA的CV图形特点。

# 实验三十二　阳极溶出伏安法测定水中的微量铅和镉

**一、实验目的**

1. 能够解释用阳极溶出伏安法同时测定水中微量铅和镉的原理和定量分析方法，学会基本操作。

2. 能概述铅、镉的危害和溶出伏安法在环境监测中的应用，增强环保意识。

**二、实验原理**

溶出伏安法是一种灵敏度很高的电化学分析方法，对某些金属离子和有机化合物的测定可达到$10^{-15}$~$10^{-10}$mol/L，特别适合于痕量成分的分析。中华人民共和国国家标准采用阳极溶出伏安法测定化学试剂产品中的铅、铜、锌、镉、硒等杂质。

铅和镉是对人体有害的重金属元素，水中的铅和镉在生物体内富集后可通过食物链进入人体，引起慢性中毒。本实验采用阳极溶出伏安法测定水中的微量$Pb^{2+}$和$Cd^{2+}$。

在酸性溶液中，当电极电位控制在-1.0V（相对于SCE）时，$Pb^{2+}$和$Cd^{2+}$在工作电极（汞膜电极）上富集形成汞齐膜，然后当阳极化扫描至-0.1V时，富集在电极上的Pb和Cd重新溶出为$Pb^{2+}$和$Cd^{2+}$，得到清晰的溶出电流峰。铅的峰电位约为-0.4V（相对于SCE），镉的峰电位约为-0.6V（相对于SCE）。

富集过程：$M^{2+}$（$Pb^{2+}$，$Cd^{2+}$）$+2e^-+Hg$══M(Hg)

溶出过程：M（Hg）$-2e^-$══ $M^{2+}$（$Pb^{2+}$，$Cd^{2+}$）+Hg

在一定条件下，峰电流$i_p$与溶液中被测物质的浓度$c$成正比：$i_p=Kc$

通过测量峰电流的大小，用标准加入法可求出水样中$Pb^{2+}$和$Cd^{2+}$的含量。

**三、仪器与试剂**

1. 仪器

CHI660E电化学分析仪（上海辰华仪器公司），三电极系统：工作电极为玻碳汞膜电极，参比电极为饱和甘汞电极，对电极为铂片电极。电磁搅拌器；电解池；超声波清洗器；容量瓶。

2. 试剂、材料

$Cd^{2+}$标准溶液（$2.0×10^{-5}$mol/L）；$Pb^{2+}$标准溶液（$2.0×10^{-5}$mol/L）；盐酸溶液（1.0mol/L）；硝酸汞溶液（$5.0×10^{-3}$mol/L）；α-$Al_2O_3$（粒径0.3μm和0.05μm）；麂皮；待测水样；无水乙醇；超纯水；氮气（纯度≥99.99%）。

**四、实验步骤**

1. 玻碳电极的预处理

将玻碳圆盘电极在麂皮上依次用粒径为0.3μm和0.05μm的α-$Al_2O_3$悬浊液抛光成镜面，用超纯水冲洗干净，再依次用无水乙醇和超纯水各超声清洗2min，取出，晾干。

2. 配制试液和加标溶液

在2个50mL容量瓶中，分别加入25.00mL待测水样，5.00mL 1.0mol/L HCl，1.00mL $5.0×10^{-3}$mol/L $Hg(NO_3)_2$ 溶液。然后向其中一个容量瓶中加入0.50mL $2.0×10^{-5}$mol/L $Cd^{2+}$标准溶液和0.50mL $2.0×10^{-5}$mol/L $Pb^{2+}$标准溶液。均用超纯水定容至刻度，摇匀。

3. 测定

将未添加$Pb^{2+}$、$Cd^{2+}$标准溶液的试液倒入电解池中，通氮气10min，放入清洁的搅拌磁子，插入电极系统。采用方波溶出伏安法进行测定，设定初始电位为-1.0V，沉积电位-1.0V，终止电位-0.1V，电位增量6mV，方波频率10Hz，方波幅度20mV，富集时间180s，静止时间30s。启动电磁搅拌器，记录伏安图并保存，记录峰高和峰电位。在此过程中，汞、铅、镉同时富集在玻碳电极上，然后重新溶出。平行测定3次，取平均值。每完成一次测定，将电极在-0.1V处停留，启动电磁搅拌器清洗电极1min。用同样的方法测定加标溶液。

**五、数据处理与结果**

1. 取3次测定的平均峰高，按下式计算水样中$Pb^{2+}$和$Cd^{2+}$的浓度。

$$c_x = \frac{c_s V_s h}{H(V_x + V_s) - hV_x} \tag{1}$$

式中，$c_x$为水样中$Pb^{2+}$或$Cd^{2+}$的浓度，mol/L；$V_x$为水样体积，mL；$h$为水样中$Pb^{2+}$或$Cd^{2+}$溶出峰的电流高度；$c_s$为加入的$Pb^{2+}$或$Cd^{2+}$标准溶液的浓度，mol/L；$V_s$为相应标准溶液的体积，mL；$H$为加入$Pb^{2+}$或$Cd^{2+}$后的总峰电流高度。

2. 列表填写实验数据和结果。

**六、注意事项**

1. 使用汞膜电极时，实验室应注意排风；含汞、铅、镉的废液要全部回收。

2. 实验过程中所有的测定条件必须严格保持一致。

3. 富集过程必须启动电磁搅拌器，且搅拌速度保持一致。

**七、思考题**

1. 阳极溶出法为什么有较高的灵敏度?

2. 本实验为什么要求所有的测定条件必须严格保持一致?

3. 本实验加入硝酸汞起什么作用?

# 第14章 气相色谱法

复杂样品的分离与分析，是分析化学的热点和难点之一。随着生命科学、材料科学、环境科学、医药、食品等领域研究的不断深入，需要分析的对象呈现复杂性和未知性，色谱法是分离分析复杂样品最有效的手段之一，既能进行定性分析，也能进行定量分析。在现代社会的方方面面，色谱技术均发挥着重要作用，从日常生活中的食品和化妆品分析，到各种化工生产的工艺控制和产品质量检验，从司法检验中的物质鉴定，到地质勘探中的油气田寻找，从疾病诊断、药物分析、材料分析，到考古发掘、环境检测，色谱技术的应用极为广泛。色谱法已成为许多物质的国家标准分析方法和《中国药典》中常用的检测方法。

色谱法是一种分离和检测相结合的分析技术。色谱分离需要具备相对运动的两个相：固定相（起分离作用的填充物）和流动相（流经固定相的空隙或表面的气体或液体）。通常把固定相装在柱子中对样品进行分离，柱子之后连接检测器，对被分离后的样品各组分进行逐一检测。

色谱法包括气相色谱法和液相色谱法。气相色谱（gas chromatography，GC）的流动相为气体（载气），不起分离作用。

气相色谱又分为气固色谱和气液色谱。气固色谱采用比表面积大且具有一定活性的多孔性固体吸附剂作固定相，常用的有活性炭、硅胶、氧化铝、分子筛等，主要用于分析永久性气体和低沸点的烃类等小分子量的物质。气液色谱的固定相是将固定液键合到化学惰性的多孔性的载体上，固定液一般为高沸点的有机化合物，能溶解试样各组分，并对各组分有足够的分离能力。常用的有100%聚二甲基硅氧烷、50%苯基50%二甲基聚硅氧烷、硝基对苯二甲酸改性的聚乙二醇、角鲨烷等，可分析的对象范围比气固色谱广。

## 14.1 方法原理

### 14.1.1 气相色谱分离原理

当汽化后的试样被载气带入色谱柱中运行时，组分就在两相之间进行反复多次分配，由于试样中各组分的沸点、极性等不同，固定相对各组分的吸附（气固色谱）或溶解（气液色谱）能力也不同，吸附或溶解能力小的组分容易离开固定相进入流动相，从而使各组分在色谱柱中产生差速迁移，经过一定的柱长后，彼此分离，按吸附或溶解能力由小到大（即分配系数由小到大）的顺序离开色谱柱并依次进入检测器被检测，得到仪器响应信号随时间变化的色谱流出曲线，即色谱图。如图14-1和图14-2所示。

色谱图常用术语：

① 基线$OO'$。只有流动相（没有样品组分）进入检测器时检测器输出的响应信号随时间而变化的曲线。稳定的基线是一条水平的直线。

当基线随时间定向缓慢变化时，称为基线漂移。由各种因素引起的基线起伏称为基线噪声。

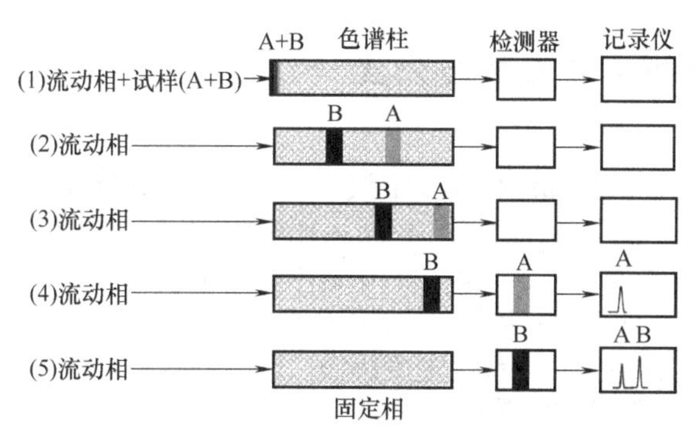


**图14-1 试样中A和B两组分的色谱分离原理示意**

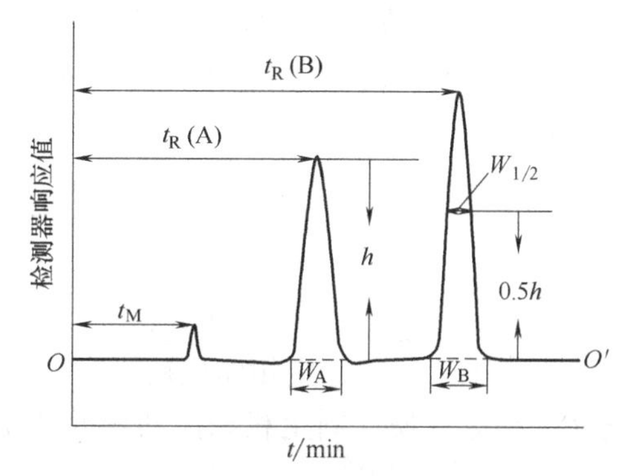


**图14-2 色谱图**

② 峰高$h$。从色谱峰顶点到基线之间的垂直距离。

③ 峰面积$A$。色谱曲线与基线间所包围的面积。

④ 峰底宽$W$。由色谱峰两侧的拐点作切线，与基线交点之间的距离。

⑤ 保留时间$t_R$。从进样开始到组分在柱后出现浓度最大值时所需要的时间。

$$t_R = \frac{L}{u_s} \tag{14-1}$$

式中，$L$为色谱柱长度；$u_s$为组分在色谱柱内的线速度。

⑥ 死时间$t_M$。不被固定相保留的组分（如空气、甲烷）从进样开始到柱后出现浓度最大值时所需要的时间。

$$t_M = \frac{L}{u} \tag{14-2}$$

式中，$u$为流动相在色谱柱内的线速度。

⑦ 调整保留时间$t'_R$。即扣除死时间之后的保留时间。

$$t'_R=t_R-t_M \tag{14-3}$$

在色谱过程中，两组分能够完全分离的条件有如下两点。

（1）两组分的分配系数有一定的差异

即在色谱图上有足够的峰间距，这与色谱过程的热力学性质有关。

（2）各组分的色谱峰要足够窄

这与组分在两相中的传质阻力、分子扩散等色谱过程的动力学性质有关，此外，液相色谱的峰宽还与柱外效应有关。

## 14.1.2　色谱分析重要参数及公式

（1）分配系数$K$

在一定温度和压力下，样品组分在固定相和流动相中达到分配平衡时，其分配系数为：

$$K=\frac{组分在固定相中的浓度}{组分在流动相中的浓度}=\frac{c_s}{c_m} \tag{14-4}$$

$K$只与柱温$T$、柱压$P$、组分性质、固定相和流动相的性质有关。$K$越大，表明组分与固定相间的亲和力越大，在色谱柱内移动速度越慢。两组分的$K$差别越大，越容易分离。

（2）分配比$k$（容量因子或容量比）

在一定温度和压力下，组分在固定相和流动相中达到分配平衡时，其分配比为：

$$k=\frac{组分在固定相中的质量}{组分在流动相中的质量}=\frac{m_s}{m_m} \tag{14-5}$$

分配系数$K$和分配比$k$的关系为：

$$K=\frac{c_s}{c_m}=\frac{m_s/V_s}{m_m/V_m}=k\beta \tag{14-6}$$

式中，$\beta$为相比。

$$\beta=\frac{流动相体积V_m}{固定相体积V_s} \tag{14-7}$$

$k$除了与柱温$T$、柱压$P$、组分性质、固定相和流动相的性质有关系外，还与相比$\beta$有关。

分配比$k$与保留值的关系为：

$$t_R=t_M(1+k) \tag{14-8}$$

（3）相对保留值$\alpha$

$$\alpha=\frac{t'_{R_2}}{t'_{R_1}}=\frac{k_2}{k_1}=\frac{K_2}{K_1} \tag{14-9}$$

式中，$k_1$和$k_2$分别为组分1和组分2的保留时间，且$k_2>k_1$。

相对保留值$\alpha$反映了两组分之间的分离情况。$\alpha=1$时，两组分不能分离；$\alpha$越大，两组分分离得越好。$\alpha$只与组分的性质、柱温、柱压、固定相和流动相的性质有关，而与柱内径、柱长、柱子填充情况及流动相的流速无关，因此，$\alpha$可用于色谱定性分析。

$K$或$k$反映了某一组分在两相间的分配情况，而$\alpha$反映了两组分间的分离情况。

（4）分离度$R$

$$R=\frac{t_{R_2}-t_{R_1}}{\frac{1}{2}(W_1+W_2)}=\frac{2(t_{R_2}-t_{R_1})}{W_1+W_2} \tag{14-10}$$

通常把$R=1.5$作为色谱图中相邻两组分已经完全分离（基线分离）的标志。

## 14.1.3　塔板理论和速率理论

（1）塔板理论-色谱过程热力学理论

根据塔板理论，可用塔板数和塔板高度描述柱效。理论塔板数$n$、理论塔板高度$H$、有效塔板数$n_{eff}$和有效塔板高度$H_{eff}$分别为：

$$n=16\left(\frac{t_R}{W}\right)^2=5.54\left(\frac{t_R}{W_{1/2}}\right)^2 \tag{14-11}$$

$$H = \frac{L}{n} \tag{14-12}$$

$$n_{\text{eff}} = 16\left(\frac{t'_{\text{R}}}{W}\right)^2 = 5.54\left(\frac{t'_{\text{R}}}{W_{1/2}}\right)^2 \tag{14-13}$$

$$H_{\text{eff}} = \frac{L}{n_{\text{eff}}} \tag{14-14}$$

$n_{\text{eff}}$越大或$H_{\text{eff}}$越小，则色谱柱的柱效越高。

$$R = \frac{\sqrt{n}}{4}\left(\frac{\alpha-1}{\alpha}\right)\left(\frac{k_2}{1+k_2}\right) = \frac{\sqrt{n_{\text{eff}}}}{4}\left(\frac{\alpha-1}{\alpha}\right) \tag{14-15}$$

（2）速率理论-色谱过程动力学理论

对于填充柱气相色谱，其塔板高度为：

$$H = A + \frac{B}{u} + Cu = 2\lambda d_{\text{p}} + \frac{2\gamma D_{\text{g}}}{u} + \left[\frac{0.01k^2}{(1+k)^2} \times \frac{d_{\text{p}}^2}{D_{\text{g}}} + \frac{2kd_{\text{f}}^{\,2}}{3(1+k)^2 D_{\text{L}}}\right]u \tag{14-16}$$

式中，$u$为流动相平均线速度；$\lambda$为填充不规则因子；$\gamma$为弯曲因子；$D_{\text{g}}$和$D_{\text{L}}$分别为试样组分在气相和固定液中的扩散系数；$d_{\text{f}}$为固定相液膜厚度；$d_{\text{p}}$为填料粒径；$k$为分配比；$A$为涡流扩散项，使用细粒径的固定相并填充均匀，可减小涡流扩散，空心毛细管柱的$A$=0；$B/u$为分子扩散项，选用摩尔质量大的载气、较高的载气流速、降低柱温和增大柱压，可减小分子扩散；$Cu$为传质阻力项，使用细粒径固定相和小分子量的载气，降低柱压和载气流速，采用比表面积较大的载体来降低固定液液膜厚度，控制适宜的柱温，可减小传质阻力项。

通过选择合适的固定相种类和粒度、载气种类，控制合适的液膜厚度、柱温及载气流速可提高柱效。

## 14.1.4　色谱定性和定量分析方法

在色谱分析中，通过选择合适的色谱条件，使待测组分与试样中的其他组分完全分离，并尽可能地缩短分析时间，即可对待测组分进行定性分析和定量分析。

### 14.1.4.1　定性分析

定性分析最基本的方法是利用已知的纯物质对照定性。在对样品中的多种组分进行定性时，可采用相对保留值定性，而对组成复杂的未知物进行定性时，最有效的方法是色谱-质谱联用。

利用已知的纯物质对照定性，有以下几种方法。

（1）利用保留值定性

利用保留值定性的依据是，相同物质在相同的色谱条件下具有相同的保留值（$t_{\text{R}}$）。在相同的仪器和色谱条件（色谱柱、流动相、检测器和柱温等）下，分别对已知物和样品进样分析，如果样品色谱图上某种组分峰的保留时间$t_{\text{R}}$和已知物色谱图上的保留时间相同，就认为二者是同一种物质。

这种方法要求对试样的组分有初步了解，并且有已知的标准物质，每次进样的色谱条件要严格相同。

（2）加入已知物峰高增加法定性

如果样品组成复杂，峰间距小，且操作条件不易控制恒定，则用峰高增加法定性更为可靠。

峰高增加法是在相同的色谱条件下，先对样品进样分析，然后在样品中加入适量的已知物的标准物质后再一次进样分析，如果第二张色谱图上某个组分峰明显增高（或峰面积增大）了，则说明样品中确含有该已知标准物。

（3）利用双柱或多柱定性

在一根色谱柱上用保留值鉴定组分有时不一定可靠，因为不同的物质有可能具有相同的保留值。采用双柱或多柱定性更为准确。

即采用两根或多根极性不同的色谱柱进样分析，观察未知物和标准物质的保留值是否始终相同。若相同，则认为二者是同一种物质。

#### 14.1.4.2 定量分析

色谱是目前混合物各组分定量分析最有效的方法。色谱定量分析是根据被分离开的各组分的峰面积在一定范围内与组分的浓度成正比来确定组分的量有多少。常用的定量方法有归一化法、外标法和内标法。

（1）归一化法

归一化法是将试样中所有组分的含量之和按100%计算，以它们相应的峰面积为定量参数，计算各组分的含量$\omega_i$。

$$\omega_i = \frac{m_i}{m_1 + m_2 + \cdots + m_n} \times 100\% = \frac{f_i' A_i}{\sum_i^n (f_i' A_i)} \times 100\% \tag{14-17}$$

式中，$A_i$为$i$组分的峰面积；$f_i'$为$i$组分的相对质量校正因子。

归一化法简便、准确，适用于多组分的同时测定，但要求试样中所有组分都能产生色谱峰。

（2）外标法

即标准曲线法。先用待测组分的纯物质配制一系列不同浓度的标准溶液，在一定色谱条件下按浓度由小到大的顺序进样分析，从色谱图上读出峰面积，通过计算机上的Excel软件绘制峰面积与浓度之间的标准曲线，求出标准曲线方程和线性相关系数。然后在相同色谱条件下分析待测试样，从试样色谱图上读出待测组分的峰面积，根据标准曲线方程求出样品中待测组分的浓度或含量。

外标法是最常用的定量分析方法，其优点是操作简便，不需要测定校正因子，计算简单。外标法只需要待测组分产生色谱峰，适合于批量样品的分析，但要求进样量准确，每次分析的色谱条件完全相同。

（3）内标法

内标法是在一定量$m$的样品中加入$m_s$量的某种标准物质（内标物），在一定色谱条件下进样分析，比较内标物的峰面积$A_s$和被测组分的峰面积$A_i$，再根据试样和内标物的质量求出被测组分的含量。

$$\omega_i = \frac{m_i}{m} \times 100\% = \frac{f_i' A_i m_s}{f_s' A_s m} \times 100\% \tag{14-18}$$

式中，$f_i'$和$f_s'$分别为被测组分$i$和内标物s的相对质量校正因子。

内标物必须满足以下条件：a.试样中不含有该物质；b.与被测组分的物理及物理化学性质接近；c.能完全溶解于试样（或溶剂）中，且不与试样发生化学反应；d.出峰位置在被测组分附近，且与被测组分完全分离。

内标法的优点是定量准确；不必准确进样；适合低含量组分的分析。当对样品的情况不够了解，或样品的基体很复杂或只需要对样品中某几个出峰的组分进行分析时，宜采用内标法定量。

内标法每次分析都需要准确称取试样和内标物的质量，比较费时，不适合大批量试样的快速分析。

## 14.2　仪器结构及原理

气相色谱仪型号繁多，但其基本结构主要由载气系统、进样系统、分离系统（色谱柱）、检测系统以及数据处理系统五部分构成，用色谱工作站控制仪器的全部功能和进行数据处理。

如图14-3所示，高压钢瓶中的载气经减压阀减压后进入净化器，以除去载气中的杂质和水分，再由稳流阀控制载气流量通过汽化室，载带着已经汽化的样品进入色谱柱进行分离，分离后的各组分随着载气依次进入检测器，检测器将混合气体中各组分的浓度或质量流量转变成可测量的电信号，并经放大器放大后通过记录仪得到色谱图。

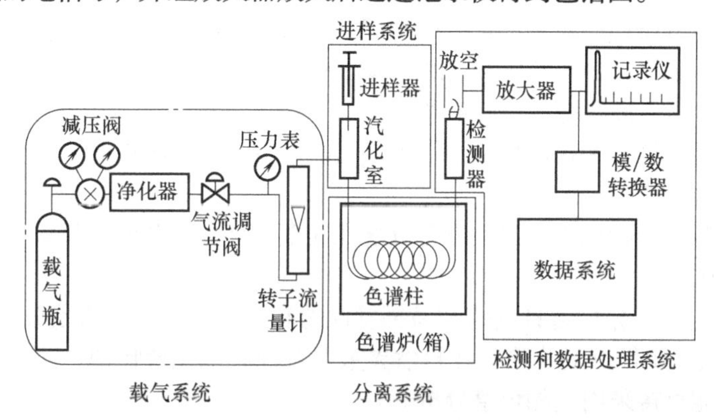


**图14-3　毛细管气相色谱仪流程**

（1）载气

在气相色谱中，常用的载气有$H_2$、He、$N_2$、Ar等。

（2）色谱柱

常用的色谱柱有毛细管柱和填充柱。

（3）进样系统

进样系统包括进样器和汽化室。它的功能是引入试样，并使试样瞬间汽化。气体样品可以采用六通阀进样，进样量由定量管控制；工业流程色谱分析和大批量样品的常规分析常用重复性好的自动进样器进样。使用毛细管柱分离时，一般采用分流进样，可防止色谱柱过载，减小色谱峰展宽。

（4）检测器

气相色谱常用的检测器有：

① 热导检测器（TCD）。TCD为通用型检测器，对所有物质都有响应，但灵敏度不高。可用于检测一般化合物和永久性气体。

② 氢火焰离子化检测器（FID）。FID灵敏度高，线性范围宽，常用于检测含碳、氢元素的有机物，特别适用于水和大气中痕量有机物的分析。

③ 电子捕获检测器（ECD）。ECD灵敏度高，选择性好。用于检测含有卤素、氮、氧、硫、磷等高电负性元素的有机物。

④ 火焰光度检测器（FPD）。FPD用于检测含有硫、磷元素的化合物。

⑤ 质谱检测器（MSD）。MSD为质量型、通用型检测器，不仅能给出色谱图（总离子流色谱图），还能给出每个色谱峰所对应的质谱图，获得化合物结构的信息，是GC定性分析的有力工具。

## 14.3 方法特点及应用

### 14.3.1 气相色谱法的特点

（1）分离效率高，分析速度快

可以将组成复杂的样品中的各组分在短时间内分离开。一般的样品分析可在数分钟到数十分钟内完成，例如，可将汽油样品在2h内分离出200多个组分的色谱峰。

（2）选择性好

可有效地分离分析性质极为相近的各种同分异构体（顺式与反式异构体，旋光异构体和邻、间、对位异构体等）、各种同位素和恒沸混合物。

（3）样品用量少，设备操作比较简单

一般气体样品进样量为0.1~10μL，液体样品进样量为0.1~5μL。

（4）检测灵敏度高

用适当的检测器能检测出含量在十万分之几甚至十亿分之几的痕量组分。

（5）应用范围广

气相色谱主要用于分析各种气体和易挥发性的有机化合物，通常是分子量小于400、沸点小于500℃、热稳定性好的物质。在自然界数百万种有机化合物中，约有20%可以不经过化学预处理，就能直接采用气相色谱分析。

### 14.3.2 气相色谱法的应用

（1）石油和石油化工领域

利用气相色谱法可对原油及油品中的单质烃、含硫和含氮化合物、脂肪烃、芳香烃等物质进行分析。

（2）环境监测领域

可对大气污染物（硫化物、氮氧化物等）、水中污染物（农药残留、多环芳烃等有机物）、土壤和固体废弃物中的某些有机物进行分析。

（3）食品领域

可对食品中的农药残留、香精香料、食品添加剂等进行分析。

（4）医药领域

可对某些挥发性药物，患者尿中的孕二醇、孕三醇、胆甾醇、儿茶酚胺代谢产物，血液中的乙醇、麻醉剂、氨基酸衍生物、睾丸激素等进行分析。

（5）聚合物领域

可对单体、添加剂、共聚物组成、聚合物中的杂质等进行分析。

（6）其他应用

测定化学试剂如纯乙烯中的微量甲烷、乙炔、丙烯、丙烷等杂质，化妆品中的有效成分分析，等等。

## 14.4 实验技术和分析条件

影响气相色谱分离效率的因素主要有固定相的组成、粒度和固定液液膜厚度及其配比、载气的种类和流速、汽化温度和检测室温度、柱温、进样时间和进样量、色谱柱的柱长和内径等。为快速获得准确的分析结果，需要注意以下几点。

### 14.4.1　样品溶液的制备

要制备符合测量要求的样品溶液，配制准确浓度的标准溶液或内标溶液。气相色谱可以直接分析气体或溶液，对固体试样或黏稠的试样，要选择合适的样品前处理方法，预先制备成溶液才能进样分析。

配制溶液所用的溶剂纯度要高，应为色谱纯或优级纯试剂，且沸点低、易挥发。所有溶液都要经过0.45μm或0.22μm的微孔滤膜过滤后才能用于色谱分析。

### 14.4.2　色谱条件的选择

（1）色谱柱

在使待测组分达到良好分离的前提下，尽可能使用较短的色谱柱。一般填充柱为1~5m，内径为3~4mm；毛细管柱为10~100m，内径为0.1~0.8mm。

安装毛细管色谱柱时，需要保持毛细管两端切口平整。长时间不用或更换新的毛细管柱时，要将毛细管两头切掉约2cm，再分别接进样口和检测器。

色谱柱初次使用、放置一段时间后再使用、受到污染或损伤后，都需要先进行老化，除去对分析不利的杂质，并使固定液均匀、牢固地分布在载体上。老化时，一定不要把色谱柱接在检测器上，应将该端放空，同时将检测器用闷头堵上。老化时要通载气，从低温逐渐升温老化，最高温度不能超过柱子的最高使用温度。

（2）固定相

固定相对柱效和分离的选择性影响很大。固定相粒度小、填充均匀，则柱效高，但柱压大。

一般按“相似相溶”的原则选择固定液。分离非极性物质，可选用非极性固定液；分离中等极性的物质，用中等极性的固定液；分离强极性物质，用强极性固定液；分离具有酸性或碱性的极性物质，可选用带有酸性或碱性基团的高分子多孔微球固定液；分离非极性和极性物质的混合物，一般选择极性固定液。

固定液液膜薄，则柱效高，分析时间短，但允许的进样量少，还可能存在活性中心，致使峰形拖尾。固定液与担体的质量比一般为5%~25%。

（3）载气及流速

载气影响色谱柱的分离效能和检测器的灵敏度。载气应没有腐蚀性，纯度高（≥99.999%），不干扰样品分析。

在实际分析中，主要根据检测器的特性同时考虑色谱柱的分离效能和分析时间来选择载气。使用TCD检测器时，要选用热导率大的$H_2$或He；使用ECD时用$N_2$或Ar；使用FID时用$N_2$。为提高柱效，当载气流速较小时，宜选用分子量较大的$N_2$或Ar；当载气流速较大时，宜选用分子量较小的$H_2$或He。

载气流速影响柱效、分离度和分析速度。载气流速高，分析速度快，但分离度差。载气流速一般应稍高于最佳流速。

（4）柱温

柱温是气相色谱的重要操作参数，直接影响分离效能和分析速度。

提高柱温，则柱效高、分析速度快，但分离度下降，且易造成固定液流失。在实际分析中，柱温的选择要兼顾分离度和分析速度，是在使最难分离的物质对得到良好的分离、分析时间适宜且峰形不拖尾的前提下，尽可能采用较低的柱温。同时，柱温要低于固定液的最高使用温度（通常低20~50℃）。

对于沸程宽的多组分混合物，一般采用“程序升温”，使混合物中不同沸点的组分都能在最佳温度下获得良好的分离。

（5）汽化室温度与检测室温度

汽化温度一般选在组分的沸点或稍高于其沸点处，以保证试样快速完全汽化且不分解。汽化温度和检测室温度一般应高于柱温30~70℃。

（6）进样时间和进样量

根据担液比及柱子形式，在检测器灵敏度允许下，尽可能减少进样量。一般液体试样为0.1~10μL，气体试样为0.1~10mL。进样要准确、迅速，以防止色谱峰扩张。

用进样针进样时要注意以下几点：a.要先用待测溶液洗涤进样针5~6次。取完样后，要将针头朝上，排除气泡和多余的溶液。b.进样时进样针要垂直于进样口，一手扶住针头以防弯曲，另一手拿进样针并将食指卡在进样针芯子和针管的交界处，以避免当进针到气路管中时因载气压力较高而把芯子顶出，影响进样准确度。c.将进样针插入汽化室内部时，要使针尖位于汽化室加热块中间部位，迅速推入试样，停留约1s时拔出进样针。d.进样器上的硅橡胶密封垫片穿刺进样20次后就要更换新的垫片。

（7）检测器

检测器要对待测物质有灵敏的响应。

另外，用外标法定量分析时，标准溶液要按照浓度由低到高的顺序进样分析，以消除记忆效应。

在色谱实验中，可以通过优化色谱条件，使之在完全分离的基础上能较快地完成样品分析，得到准确的分析结果。

### 14.4.3 气相色谱仪的维护

色谱仪的维护对于样品的准确分析至关重要。不进行检测时，要将检测器关闭。使用ECD检测器之前需要排放完空气；使用FPD检测器之前进行滤光片的安装时，不可使用蛮力也不能拧得太紧。

平时要注意用仪表空气或氮气对仪器内部、电路板和插槽进行吹扫、清洁，以除去仪器内部的灰尘或实验残留的污染物。对残留的有机污染物，可以用超纯水或合适的有机溶剂如无水乙醇、丙酮等进行擦洗。对仪器进样口的玻璃衬管、分流平板、进样口的分流管线等部件也要分别进行清洗。切记不可堵塞喷嘴。

## 实验三十三　气相色谱法测定混合苯的组成

#### 一、实验目的

1. 能够描述气相色谱仪的基本结构、工作原理和FID检测器的应用，初步学会气相色谱仪的操作方法。

2. 能够解释气相色谱定性分析方法和气相色谱法的应用。

3. 学会微量进样技术及双柱定性分析方法。

## 二、实验原理

气相色谱法是以气体作为流动相，利用试样中各组分在气相和固定相之间的分配系数不同而进行分离并测定的仪器分析方法，特别适合于组成较复杂的样品中某些组分的定性、定量分析。

在一定的色谱条件下，每种物质都有一定的保留时间，通过对比色谱图中样品各组分及其纯物质的保留时间是否相同，就可以确定各组分的种类。但是在相同色谱条件时，有许多物质的保留时间相近甚至相同，因此利用保留时间定性的准确度不是很高。若采用双柱定性，即在两根极性不同的色谱柱上，如果待测物质和标准物质的保留时间始终相同，则视为同一种物质，双柱定性的准确度较高。

苯的同系物毒性很大，已被世界卫生组织确定为强致癌物质。它们的性质极为相似，用一般的方法很难分离。但气相色谱法选择性好，柱效高，能够较好地分离苯的同系物。中华人民共和国国家环境保护标准中对环境空气及室内空气中苯、乙苯、邻二甲苯等苯系物的测定就是采用了气相色谱法。本实验采用硝基对苯二甲酸改性的聚乙二醇强极性毛细管柱（FFAP）和100%二甲基聚硅氧烷非极性毛细管柱（SE-30）对苯、乙苯和邻二甲苯3种典型的苯系物进行定性分析。

## 三、仪器与试剂

1. 仪器

岛津GC-14C气相色谱仪；SE-30（30m×0.25mm×0.25μm）非极性毛细管柱；Inert-Cap FFAP（30m×0.25mm×0.25μm）极性毛细管柱；FID检测器；容量瓶；微量进样器。

2. 试剂、材料

苯；乙苯；邻二甲苯；乙酸乙酯；以上试剂皆为色谱纯。氮气（纯度>99.999%）；氢气（纯度>99.999%）；无水空气。

## 四、实验步骤

1. 标准溶液的配制

取三只10mL容量瓶，皆加入约3/4体积的乙酸乙酯，再分别加入苯、乙苯和邻二甲苯纯品5μL，用乙酸乙酯定容至刻度，摇匀，得到三种苯系物的标准溶液。

2. 样品溶液的制备

取一只10mL容量瓶，加入约3/4体积的乙酸乙酯，再加入适量苯、乙苯和邻二甲苯溶液，用乙酸乙酯定容至刻度，摇匀。

3. 色谱检测

将FFAP色谱柱接入仪器，按仪器操作规程开气、开机、设定升温条件、点火。

色谱条件。柱温：80℃；进样口温度：150℃；检测器温度：150℃；进样量：1.0μL；空气流量：600mL/min；氢气流量：60mL/min；氮气流量：60mL/min。

4. 标准溶液谱图

分别注入1.0μL苯、乙苯和邻二甲苯的标准溶液至气相色谱仪中，得到三种标准溶液的色谱图。

5. 样品谱图

注入1.0μL样品溶液至气相色谱仪中，得到样品溶液的色谱图。

6. 更换SE-30色谱柱

在同样的色谱条件下重复步骤4和5。

7. 关气、关机

实验结束后按仪器操作规程关气、关机。

### 五、数据处理与结果

1. 打印相关图谱，指出样品溶液的图谱中苯、乙苯和邻二甲苯的色谱峰，并说明理由。

2. 将实验数据填写到表1中，比较两种不同毛细管柱的分离效果。

表1　实验数据及分析结果

| 组分 | | | 苯 | 乙苯 | 邻二甲苯 |
|---|---|---|---|---|---|
| 保留时间 $t_R$/min | FFAP极性柱 | 标准溶液 | | | |
| | | 样品溶液 | | | |
| | SE-30非极性柱 | 标准溶液 | | | |
| | | 样品溶液 | | | |

### 六、注意事项

1. 使用FID检测器时，切勿让氢气泄漏入柱恒温箱中，以防爆炸；在未接色谱柱和进行柱子试漏前，切勿通氢气；装卸色谱柱时，一定要先关闭氢气。

2. 进样量要准确。进样前，必须将注射器内液面上的气泡排出。进样时要遵循“一慢两快”的原则，即进针慢，进样快，出针快。每次插入和拔出针的速度要一致。

3. 点火时要按住点火键，适当增大氢气浓度，减小空气流速，点着后再调回原来的比例。判断氢火焰是否点着的方法是：用表面抛光的扳手或玻璃镜片放置在点火口处，若有水雾生成，则证明已点着。

4. 开机时，先开载气（$N_2$），后开电源，等上升到预定温度（120℃以上）后再开空气、氢气，点火；关机时，先关空气、氢气，等柱温降至40℃以下，检测器和进样口温度降到100℃以下时，再关载气，最后关闭电源。

### 七、思考题

1. 程序升温模式与恒温模式相比较有何优点?

2. 气相色谱中载气的作用是什么?

3. 如何判断氢火焰已经点燃?

## 实验三十四　填充柱气相色谱-内标法测定无水乙醇中的微量水

### 一、实验目的

1. 能够描述热导池检测器的工作原理，学会气相色谱仪的基本操作。

2. 能够解释气相色谱-内标法测定无水乙醇中微量水的原理和方法。

3. 能说出气相色谱法在检测化学试剂纯度中的应用。

### 二、实验原理

在化工生产及科学研究中，常常需要测定有机试剂中的微量水分，常用的方法有卡尔·费歇尔法和气相色谱法。本实验以非极性聚二乙烯苯多孔小球（GDX-203）作固定相，以热导池检测器进行检测，采用气相色谱-内标法测定无水乙醇试剂中的微量水分。

将一定量$m_s$的内标物的纯物质加入到$m_{试样}$量的试样中进行色谱分析，根据试样和内标物的质量及被测组分和内标物的峰面积（$A_i$、$A_s$），求出待测组分的含量$\omega_i$。若测定相对定量校正因子的标准物与内标物为同一化合物，则待测组分的含量为：

$$\omega_i = \frac{m_i}{m_{试样}} \times 100\% = \frac{m_s}{m_{试样}} \times \frac{f_i A_i}{f_s A_s} \times 100\% \tag{1}$$

式中，$f_i/f_s$为被测组分$i$对内标物s的峰面积的相对校正因子。

本实验以甲醇作为内标物，先对无水乙醇标准样进行色谱分析，求出水对甲醇的峰面积的相对校正因子（$f_{水}/f_{甲醇}$），再对无水乙醇试样进行色谱分析，求出乙醇试样中水的质量分数$\omega_{水}$。

**三、仪器与试剂**

1. 仪器

岛津GC-14C气相色谱仪；热导池检测器；色谱柱：GDX-203填充柱（2m×3mm）；微量注射器（10μL）；电子天平（感量为±0.1mg）；具塞锥形瓶（100mL）。

2. 试剂、材料

无水甲醇（色谱纯，内标物）；无水乙醇标准样（用无水硫酸镁除去无水乙醇中的水分）；无水乙醇试样；超纯水；氢气（载气，纯度>99.999%）。

**四、实验步骤**

1. 按仪器操作规程开气、开机、设定升温条件、点火

设置色谱条件。色谱柱：GDX-203（2m×3mm）；柱温：120℃；汽化室温度：150℃；检测器温度：140℃；桥电流：150mA；载气流速：30mL/min；进样量：5μL。

2. 水对甲醇相对校正因子的测定

分别准确称取超纯水及内标物甲醇各0.2500g，混合后，用无水乙醇定容于100mL容量瓶中，密封，摇匀。待基线平直时，吸取5μL该溶液进样分析。平行测定3次，记录水和甲醇的峰面积，计算相对校正因子$f_{水}/f_{甲醇}$。

3. 乙醇试样溶液的测定

取一干燥洁净的具塞锥形瓶，在分析天平上去皮，再准确加入100.0mL待测无水乙醇试样，称取其质量为$m_{试样}$（精确至±0.0001g）。然后向其中加入0.2500g无水甲醇，密封，摇匀。吸取5μL该试样溶液，在相同色谱条件下进样分析。平行测定3次，记录水、甲醇的峰面积。按照内标法的计算公式求出无水乙醇试样中水的含量。

4. 关气、关机

实验结束后按仪器操作规程关气、关机。

**五、数据处理与结果**

1. 计算相对校正因子

$$\frac{f_{水}}{f_{甲醇}}=\frac{A_{甲醇}\times m_{水}}{A_{水}\times m_{甲醇}} \tag{2}$$

2. 计算无水乙醇试样中微量水的含量

$$\omega_{水}=\frac{m_{水}}{m_{试样}}\times 100\%=\frac{m_{甲醇}}{m_{试样}}\times\frac{f_{水}\times A_{水}}{f_{甲醇}\times A_{甲醇}}\times 100\% \tag{3}$$

对数据做分析讨论，得出合理的实验结论。

3. 打印相关色谱图

将实验数据和结果填入表1中。

表1　水对甲醇相对校正因子的测定

| 编号 | | 1 | 2 | 3 |
|---|---|---|---|---|
| 组分质量 | $m_{甲醇}$/g | | | |
| | $m_{水}$/g | | | |
| 峰面积$A$ | 甲醇 | | | |
| | 水 | | | |
| $f_{水}/f_{甲醇}$ | | | | |
| $f_{水}/f_{甲醇}$平均值 | | | | |

⊡ 表2 无水乙醇试样中水的含量 单位：%

| 编号 | | 1 | 2 | 3 |
|---|---|---|---|---|
| 质量 | $m_{试样}$/g | | | |
| | $m_{甲醇}$/g | | | |
| 峰面积$A$ | 水 | | | |
| | 甲醇 | | | |
| $\omega_{水}$ | | | | |
| $\bar{\omega}_{水}$ | | | | |
| 相对偏差/% | | | | |
| 相对平均偏差/% | | | | |

**六、注意事项**

1. 实验用仪器应干燥，称量和溶液的配制要准确。

2. 进样时，装有样品的注射针需要在注射口等待2~3s后快速注入，然后快速拔出，并快速按下仪器的开始键。

3. 进样前，必须将微量注射器内液面上的气泡排出。

**七、思考题**

1. 气相色谱定量分析的方法有哪些？各有什么优、缺点？

2. 本实验色谱图出峰的顺序为何是空气、水、甲醇、乙醇？

# 实验三十五　毛细管柱气相色谱-内标法测定维生素E软胶囊中维生素E的含量

**一、实验目的**

1. 学会毛细管柱气相色谱法测定维生素E的色谱条件的选择。

2. 能够解释气相色谱-内标法测定维生素E的含量的原理和方法。

3. 知道维生素E的药理作用，能够概述气相色谱法在药物分析中的应用。

**二、实验原理**

维生素E（Vitamin E）是一种脂溶性维生素，具有抗氧化、美容、清除身体内垃圾、改善血液循环、预防冠心病和动脉粥样硬化、预防白内障和近视、提高机体免疫力等作用，其水解产物为生育酚，能促进性激素分泌，提高生育能力。维生素E不溶于水，能溶于乙醇、正己烷等有机溶剂，对热、酸稳定，对碱不稳定，但油炸时能明显降低维生素E的活性。维生素E的结构式如图1所示。

本实验以SE-30非极性毛细管柱为分离柱，以FID为检测器，以正三十二烷为内标物，以维生素E（按$C_{31}H_{52}O_3$计）为对照品，以正己烷为溶剂配制相关溶液，采用气相色谱-内标法测定维生素E软胶囊中维生素E的含量。

精密称取对照品和内标物质，分别配制成一定浓度的溶液，各准确量取适量溶液，混合后配制成校正因子测定用的对照溶液。取一定量对照溶液进样分析，记录色谱图。测量对照品的峰面积$A_R$和内标物的峰面积$A_s$，按下式计算校正因子$f$：

$$f=\frac{A_s/c_s}{A_R/c_R} \tag{1}$$

式中，$c_s$和$c_R$分别为内标物和对照品溶液的浓度，mg/mL。

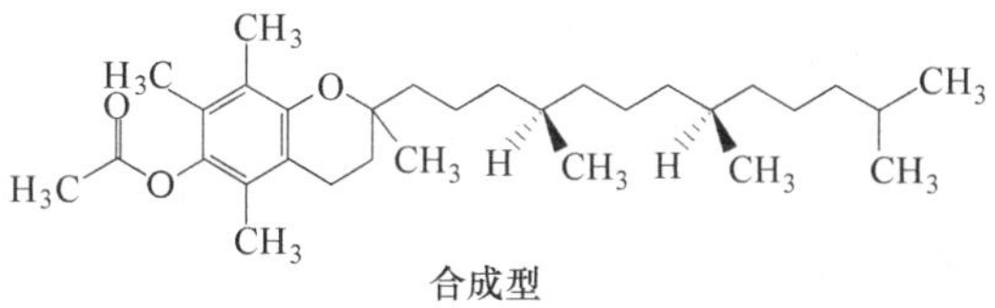

合成型

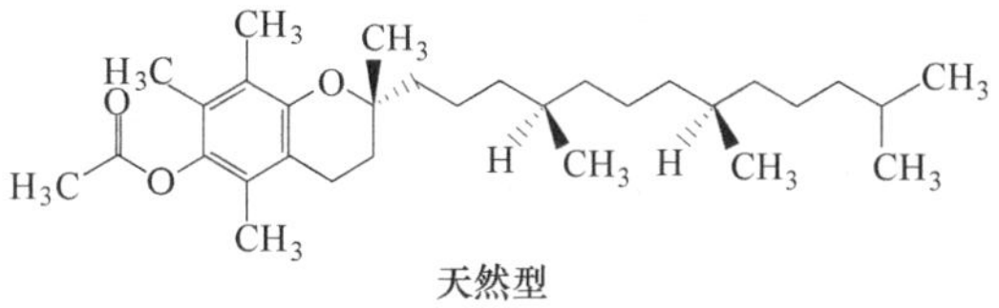

天然型

**图1　维生素E的结构式**

再精密称取$m_{试样}$（g）供试品，用浓度为$c'_s$的内标物溶液配制成$V$（mL）供试品溶液。取一定量供试品溶液进样分析，记录色谱图。测量供试品溶液中待测成分的峰面积$A_x$和内标物的峰面积$A'_s$，按下式计算供试品溶液中待测成分的浓度$c_x$(mg/mL)：

$$c_x = f \times \frac{A_x c'_s}{A'_s} \tag{2}$$

供试品中待测组分的含量为：

$$\omega_i = \frac{m_x}{m_{试样}} \times 100\% = \frac{c_x V}{1000 m_{试样}} \times 100\% \tag{3}$$

## 三、仪器与试剂

1. 仪器

Agilent 7890A气相色谱仪及色谱工作站（美国安捷伦公司）；FID检测器；安捷伦 DB-1（30m×0.32mm×0.25μm）非极性毛细管柱；超声波清洗器；XSE105DU型电子天平（梅特勒-托利多国际贸易有限公司，上海）；微量进样器；棕色具塞锥形瓶（50mL）。

2. 试剂、材料

维生素E对照品（按$C_{31}H_{52}O_3$计，含量为98.6%，中国食品药品检定研究院）；正三十二烷标准品（含量≥98%，内标物）；正己烷（色谱纯）；维生素E软胶囊；氮气（纯度>99.999%）；无水空气；0.45μm的有机系滤膜。

## 四、实验步骤

1. 设置色谱条件

色谱柱：DB-1（30m×0.32mm×0.25μm）非极性毛细管柱；柱内流量：1.0mL/min；恒流模式；载气：氮气/空气；载气流速：3.0mL/min；检测器（FID）温度：300℃；进样量：1.0μL；进样口温度：290℃；分流比为25∶1。

升温程序：初始温度200℃，保持0min，以5℃/min升至300℃，保持8min。

2. 配制正三十二烷内标溶液

准确称取正三十二烷标准品0.05000g，置于50mL 容量瓶中，加正己烷溶解并稀释至刻度，摇匀。此溶液的浓度为1.0mg/mL。

3. 配制维生素E对照品溶液

准确称取维生素E对照品0.02000g，置于棕色具塞锥形瓶中，精密加入内标溶液10.00mL，密塞，振摇使之溶解。此溶液含维生素E为2.00mg/mL，现用现配，避光操作。

4. 制备供试品溶液

取维生素E软胶囊10粒，将其内容物取出，混匀，取适量（约相当于维生素E 20mg），精密称定（精确至±0.00001g），置于棕色具塞锥形瓶中，精密加入内标溶液10.00mL，密塞，振摇或超声使之溶解，静置。避光操作。

5. 维生素E和正三十二烷相对校正因子的测定

待基线平直后，吸取维生素E对照品溶液经微孔滤膜过滤后进样分析。平行测定3次，记录维生素E和正三十二烷的峰面积。

6. 供试品溶液的测定

取供试品溶液的上清液，经微孔滤膜过滤后在相同色谱条件下进样分析。平行测定2次，记录维生素E和正三十二烷的峰面积。按照内标法的计算公式求出供试品溶液中维生素E的浓度和维生素E软胶囊中维生素E的含量。

**五、数据处理与结果**

1. 计算校正因子$f$

根据对照品溶液的色谱图中维生素E和内标物正三十二烷的峰面积，按照内标法的计算公式计算校正因子$f$。

2. 计算维生素E软胶囊中维生素E的含量

根据供试品溶液的色谱图中维生素E和内标物正三十二烷的峰面积，求出供试品溶液中维生素E的浓度，再根据所称取供试品的质量和所配制供试品溶液的体积，计算维生素E软胶囊中维生素E的含量。对数据做分析讨论，得出合理的结论。

3. 打印维生素E对照品溶液和供试品溶液的色谱图

填写实验数据和结果于表1和表2中。

▫ 表1　维生素E和正三十二烷相对校正因子的测定（$n$=2）

| 对照品浓度 $c_R$/(mg/mL) | 对照品峰面积 $A_R$ | 内标物浓度 $c_s$/(mg/mL) | 内标物峰面积 $A_s$ | 校正因子$f$ | 平均校正因子$f$ |
|---|---|---|---|---|---|
| | | | | | |
| | | | | | |
| | | | | | |

▫ 表2　维生素E软胶囊中维生素E的含量（$n$=2）

| 供试品质量 $m_{试样}$ /g | 维生素E峰面积 $A_x$ | 内标物浓度 $c'_s$/(mg/mL) | 内标物峰面积 $A'_s$ | 维生素E浓度 $c_x$/(mg/mL) | 维生素E含量/% | 平均含量/% |
|---|---|---|---|---|---|---|
| | | | | | | |
| | | | | | | |

**六、注意事项**

1. 维生素E对照品溶液和供试品溶液应避光保存。

2. 实验用仪器要洁净、干燥，称量、溶液配制和内标溶液的取样要准确。

**七、思考题**

用毛细管柱气相色谱-内标法测定维生素E软胶囊中维生素E的含量时，哪些因素可导致测量误差？

# 实验三十六　毛细管柱气相色谱-外标法测定白酒中甲醇和乙酸乙酯的含量

**一、实验目的**

1. 能够解释用毛细管柱气相色谱法测定白酒中甲醇和乙酸乙酯含量的原理和定性、定量分析方法。

2. 能够描述影响毛细管柱气相色谱分离效率的因素。

3. 能够概述甲醇对人体的危害以及气相色谱法在食品分析中的应用。

## 二、实验原理

白酒是以粮谷为主要原料，以酒曲及酵母等为糖化发酵剂，经蒸煮、糖化、发酵、蒸馏而制成的蒸馏酒，又称烧酒、老白干等。主要由水、乙醇以及微量呈香味的物质，如醇类、酯类、酸类、醛酮类、芳香族化合物等构成，不同的量比关系形成不同香型的白酒，乙酸乙酯是白酒的香味成分之一。

甲醇是白酒中的有害成分，国家标准规定，凡是以各种粮谷类为原料制成的白酒，甲醇的含量不得超过0.6g/L。甲醇和乙酸乙酯是绿色食品白酒的必检项目。

白酒中的甲醇和乙醇是极性物质，乙酸乙酯是弱极性物质。本实验以HP-INNOWax极性石英毛细管柱为分离柱，以FID为检测器，以乙醇：水（60：40，体积比）溶液配制相关标准溶液，采用气相色谱法进行分析。在一定条件下，白酒中甲醇和乙酸乙酯的浓度与其峰面积在一定范围内成正比，据此，可用外标法测定白酒中甲醇和乙酸乙酯的含量。

## 三、仪器与试剂

1. 仪器

岛津GC-14C气相色谱仪；FID氢火焰离子化检测器；HP-INNOWax（30m×0.25mm，0.25μm）极性石英毛细管色谱柱；微量注射器（10μL）；LE204型电子天平（瑞士梅特勒-托利多科技有限公司）；QL-861 涡旋振荡器；容量瓶；微量移液器。

2. 试剂、材料

甲醇（色谱纯）；乙酸乙酯标准品（纯度>99%）；无水乙醇（色谱纯）；超纯水；0.45μm有机系滤膜；氮气（纯度>99.999%）；氢气（纯度>99.999%）；无水空气；市售白酒（清香型或浓香型，酒精度在50%~60%之间）。

乙醇：水（60：40，体积比）：取300.0mL无水乙醇，用超纯水定容至500mL容量瓶中，摇匀。

## 四、实验步骤

1. 标准溶液的配制

标准贮备液：精确称取甲醇0.5000g、乙酸乙酯0.5000g，分别用乙醇：水（60：40，体积比）定容至2个25mL容量瓶中，摇匀，得到浓度为20.00g/L 的标准贮备液。

混合标准溶液：取2.50mL甲醇和2.50mL乙酸乙酯标准贮备液，用乙醇：水（60：40，体积比）定容至25mL容量瓶中，摇匀，得到浓度为2.000g/L的混合标准溶液，于4℃冰箱中保存。

混合标准工作溶液：吸取混合标准溶液50μL、0.25mL、2.50mL、5.00mL、10.00mL置于5个10mL容量瓶中，皆用乙醇：水（60：40，体积比）定容至刻度，摇匀，得到浓度为0.010g/L、0.050g/L、0.500g/L、1.000g/L、2.000g/L的混合标准工作溶液。

2. 按仪器操作规程开气、开机、设定升温条件、点火

色谱条件。色谱柱：HP-INNOWax（30m×0.25mm，0.25μm）；进样口温度：250℃；检测器温度：250℃；柱流量：1.4mL/min；氮气流量：15mL/min；氢气流量：75mL/min；空气流量：100mL/min；进样量：1.00μL；进样方式：分流进样，分流比：50：1；超高惰性砂芯衬管。

升温程序：55℃（4min）$\xrightarrow{10℃/min}$90℃$\xrightarrow{20℃/min}$200℃。

3. 制作标准曲线

① 待基线稳定后，在设定的色谱条件下，取2.000g/L的甲醇和乙酸乙酯标准溶液分别进样分析，记录色谱图上各自的保留时间。

② 取甲醇和乙酸乙酯的混合标准工作溶液经微孔滤膜过滤后按浓度由小到大的顺序进

样分析，建立标准曲线方程。

4 样品分析

取市售白酒样品经微孔滤膜过滤后，在相同的色谱条下进样分析。平行测定3次，记录甲醇和乙酸乙酯的峰面积。

5. 实验结束后按仪器操作规程关气、关机

## 五、数据处理与结果

1. 定性分析

打印相关色谱图，比较甲醇和乙酸乙酯单个标准溶液的色谱图中甲醇和乙酸乙酯峰的保留时间，确定混合标准工作溶液和白酒样品色谱图中2种物质的色谱峰。

2. 计算标准曲线方程

根据混合标准工作溶液中甲醇和乙酸乙酯的浓度及其峰面积，通过Excel绘制标准曲线，求出各自的标准曲线方程和线性相关系数。

3. 计算白酒样品中甲醇和乙酸乙酯的浓度

根据白酒样品色谱图中甲醇和乙酸乙酯的峰面积，通过各自的标准曲线方程计算两组分的浓度（g/L）。对数据做分析讨论，得出合理的结论。

**表1 白酒样品中甲醇和乙酸乙酯的浓度** 单位：g/L

<table>
<tr><th colspan="2" rowspan="2">项目</th><th colspan="4">甲醇</th><th colspan="2">乙酸乙酯</th></tr>
<tr><th colspan="2">浓度 $c$/(g/L)</th><th colspan="2">峰面积 $A$</th><th>浓度 $c$/(g/L)</th><th>峰面积 $A$</th></tr>
<tr><td colspan="2" rowspan="5">标准溶液</td><td colspan="2"></td><td colspan="2"></td><td></td><td></td></tr>
<tr><td colspan="2"></td><td colspan="2"></td><td></td><td></td></tr>
<tr><td colspan="2"></td><td colspan="2"></td><td></td><td></td></tr>
<tr><td colspan="2"></td><td colspan="2"></td><td></td><td></td></tr>
<tr><td colspan="2"></td><td colspan="2"></td><td></td><td></td></tr>
<tr><td colspan="2">标准曲线方程及线性相关系数 $r$</td><td colspan="6"></td></tr>
<tr><td rowspan="3">白酒样品</td><td>组分</td><td colspan="4">各次测定峰面积</td><td>峰面积平均值</td><td>浓度 $c_x$/(g/L)</td></tr>
<tr><td>甲醇</td><td></td><td colspan="2"></td><td></td><td></td><td></td></tr>
<tr><td>乙酸乙酯</td><td></td><td colspan="2"></td><td></td><td></td><td></td></tr>
</table>

## 六、注意事项

1. 使用FID检测器时，切勿让氢气泄漏入柱恒温箱中，以防爆炸；在未接色谱柱和进行柱子试漏前，切勿通氢气；装卸色谱柱时，一定要先关闭氢气。

2. 进样前，必须将微量注射器内液面上的气泡排出；进样时，要将装有样品的注射针在注射口等待2~3s后快速注入，然后快速拔出，并快速按下仪器的开始键。

## 七、思考题

1. 气相色谱程序升温技术可用于何种试样的分析？

2. 为什么毛细管柱气相色谱的柱效比填充柱高？为什么要采用分流进样？

# 第15章 高效液相色谱法

高效液相色谱法（high performance liquid chromatography，HPLC）是以液体为流动相的色谱法，采用高压输送流动相和样品，其分离原理与气相色谱法基本一致，定性分析和定量分析方法与气相色谱相同。但与气相色谱相比，柱效更高，应用范围更广。液相色谱能完成难度较高的分离工作：

① 由于样品组分与流动相、组分与固定相之间都存在着一定的相互作用力，因此，可通过选择合适的固定相和改变流动相的种类、组成、浓度以及pH值来提高分离的选择性和柱效，达到最佳分离效果。而气相色谱所用的流动相载气对组分没有亲和力，不参与分配平衡过程。

② 液相色谱的类型多，如化学键合相色谱、排阻色谱等，可供选择分析的余地大。

③ HPLC通常在室温下操作，温度低有利于提高分离的选择性。而气相色谱一般在较高温度下进行分析，分离选择性会受到影响。

## 15.1 方法原理

根据固定相的类型和分离机制不同，高效液相色谱主要分为以下几种类型。

### 15.1.1 液-固吸附色谱法

液-固吸附色谱（liquid-solid adsorption chromatography，LSAC）是采用比表面积较大的活性多孔固体吸附剂（如硅胶、氧化铝、聚酰胺和高聚物多孔微球等）作为固定相，基于组分在吸附剂固定相上吸附能力的不同而分离的。吸附能力小的组分先流出色谱柱。

LSAC适用于分离分子量中等的油溶性样品，对具有不同官能团的化合物和异构体具有较高的选择性。但存在着非线性等温吸附问题，常引起色谱峰拖尾。

### 15.1.2 化学键合相色谱法

化学键合相色谱法（chemical bonded-phase chromatography，CBPC）是通过化学反应将有机分子固定液键合到载体表面形成固定相，利用溶质分子在固定液相中溶解或吸附能力的差异以及在固定相和流动相之间分配性能的差异实现分离的。它具有固定相稳定、重现性好、适合于梯度淋洗、应用范围广等特点。通过选择合适的化学键合固定相和改变流动相的种类及组成，能大大提高分离的选择性，几乎能分离所有类型的化合物，可有效分离复杂体系中的痕量组分及性质极为相近的组分。化学键合相色谱包括反相键合相色谱和正相键合相色谱。

反相键合相色谱，其固定相的极性小于流动相的极性。常采用非极性的十八烷基键合硅胶（简称ODS或$C_{18}$）作固定相，以甲醇、乙腈和四氢呋喃等极性溶剂作流动相，用于分离同系物、苯并系物、多环芳烃等非极性、弱极性的化合物以及其他不同类型的化合物。极性大的组分保留值小，先流出色谱柱。

正相键合相色谱，其固定相的极性大于流动相的极性。常采用极性的硅胶-氰基和硅胶-氨基等作固定相，以非极性或弱极性溶剂作流动相，用于分离极性或中等极性的化合物、异构体等。极性小的组分保留值小，先流出色谱柱。

## 15.1.3 离子对色谱法

当使用一般的液相色谱法分析离子化合物时，样品在反相色谱柱上很难保留，这时需要加入相应的离子对试剂。

离子对色谱法（ion pair chromatography，IPC）是将与待测离子A电荷相反的离子B（称为对离子或反离子）加入流动相中，使其与待测离子A结合形成疏水性离子对化合物$A^+B^-$，从而被非极性固定相保留。其分离原理可用下式表示：

$$A^+_{水相} + B^-_{水相} \rightleftharpoons A^+B^-_{有机相}$$

式中，$A^+_{水相}$为流动相中的待测离子；$B^-_{水相}$为流动相中的对离子；$A^+B^-_{有机相}$为固定相中的离子对化合物。

试样中的各组分离子$A_1$，$A_2$，$A_3$，…，因为与B离子间的成对能力不同，而形成不同疏水性的离子对，使得各组分在色谱柱内的保留值不同，从而达到分离的目的。

离子对试剂的种类和浓度对分离效果影响较大。常用的离子对试剂有磺酸盐类、季铵盐类。如氢氧化四丁基铵、氢氧化十六烷基三甲铵、1-戊烷磺酸钠等。

离子对色谱法主要用来分析有机酸和有机碱类离子化合物，特别是一些生化试样如核酸、核苷、生物碱、多肽、蛋白质以及水溶性维生素、头孢菌素类、四环素类、磺胺类药物等。

## 15.1.4 离子色谱法

离子色谱法（ion chromatography，IC）是用于分析离子化合物的液相色谱法，一般是指使用电导检测器的离子交换色谱法，它包括抑制型和非抑制型两类。

抑制型离子色谱法以强电解质作流动相，通过抑制器将流动相中被测离子的反离子除去，以降低背景电导值，增强待测组分的响应值，改善信噪比，提高检测灵敏度。这也是目前最常用的分析方法。

在色谱柱中，离子交换剂固定相上可交换的离子基团与流动相中具有相同电荷的离子进行可逆交换，依据样品离子对离子交换剂亲和力的不同而得到分离。样品离子所带电荷数越多、水合离子半径越小、极化程度越高，则与离子交换剂之间的亲和力越大，保留值也越大。保留值与样品离子的性质、色谱柱、固定相的性质以及流动相的组成、浓度、pH值、流速、温度等因素有关。

分析阳离子时，要采用阳离子交换剂（如强酸型$R—SO_3^-\ H^+$、弱酸型$R—COO^-\ H^+$）作固定相，用硫酸、甲基磺酸等溶液作流动相。交换与洗脱反应为：

$$R—SO_3^-H^+(s) + M^+(m) \underset{洗脱}{\overset{交换}{\rightleftharpoons}} R—SO_3^-M^+(s) + H^+(m)$$

分析阴离子时，要采用阴离子交换剂［如强碱型$R—N(CH_3)_3^+\ OH^-$、弱碱型$R—NH_3^+\ OH$］作固定相，用KOH、NaOH、$Na_2CO_3$-$NaHCO_3$等溶液作流动相。交换与洗脱反应为：

$$R—N(CH_3)_3^+OH^-(s) + X^-(m) \underset{洗脱}{\overset{交换}{\rightleftharpoons}} R—N(CH_3)_3^+X^-(s) + OH^-(m)$$

目前，离子色谱法已经成为分析水中常见阴离子和碱金属离子、碱土金属离子的国家标准方法，也是分析过渡金属离子的常规方法。

## 15.1.5 空间排阻色谱法

空间排阻色谱（size exclusion chromatography，SEC）又叫凝胶色谱，以表面惰性、具有一定孔径分布的多孔凝胶为固定相，根据凝胶孔径对不同溶质分子的立体排阻作用不同进行分离，各组分按分子尺寸由大到小的顺序依次流出色谱柱。SEC主要用于大分子的分离、分级、研究聚合机理、测定高聚物的分子量分布等。

液相色谱在实际应用中具体选用哪种分离方式，一般是根据待测组分的分子量大小、在水中和有机溶剂中的溶解度、分子结构、极性和稳定性等物理与化学性质及个人经验等确定。

# 15.2　仪器结构及原理

## 15.2.1　高效液相色谱仪结构及原理

一般的高效液相色谱仪由高压输液系统、进样系统、分离系统、检测系统、数据处理系统五大部分组成，如图15-1所示。

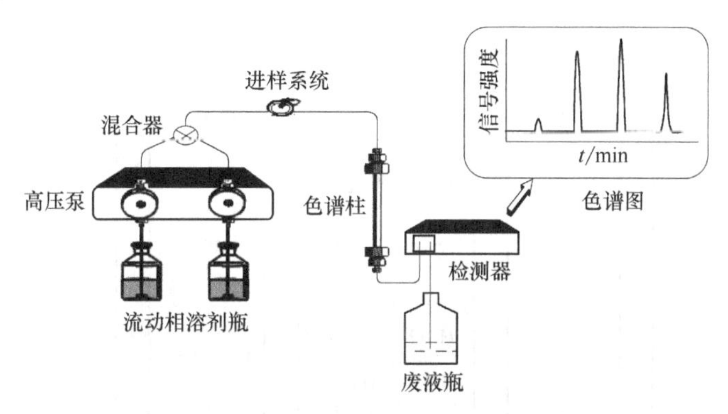


**图15-1　高效液相色谱仪的结构示意**

选择合适的色谱柱和流动相溶液，先开泵冲洗柱子，待基线平直后进样分析。流动相把试样带入色谱柱中进行分离，分离后的各组分随流动相依次进入检测器，检测器把组分浓度转变成电信号，经过放大处理后得到色谱图。色谱图是进行定性分析、定量分析和评价柱效高低的依据。

高压输液系统由溶剂贮存器、高压泵和压力表等组成；分离系统包括色谱柱、恒温器等；进样器可采用旋转六通阀或自动进样装置。

液相色谱最常用的检测器是紫外吸收检测器，其他还有荧光检测器、电化学检测器以及通用型的示差折光检测器等。示差折光检测器灵敏度不高，且对温度变化敏感，不适合于梯度淋洗。

## 15.2.2　抑制型离子色谱仪结构及原理

抑制型离子色谱仪的结构及工作流程和一般的HPLC相似，只是在分离柱和检测器之间串联了一个抑制器，如图15-2所示。

抑制器的种类较多，以连续自动再生阴离子抑制器为例，其构造及工作原理如图15-3所示。

两张阳离子交换膜将抑制器分为三个室：两膜之间的抑制室和膜两侧的阳极再生室、阴极再生室。当在阳极和阴极之间施加恒定的直流电压时，水被电解，在阳极产生$H^+$和$O_2$，在阴极产生$OH^-$和$H_2$。

从分离柱后面流出来的NaOH淋洗液和待测组分进入两片阳离子交换膜之间的通道，在电场

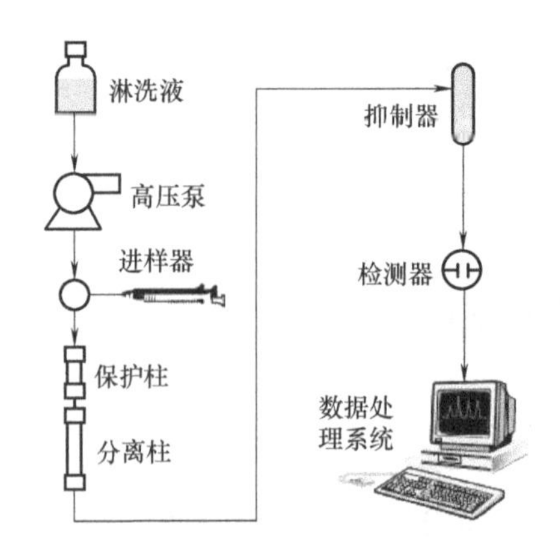


图15-2　离子色谱仪结构示意

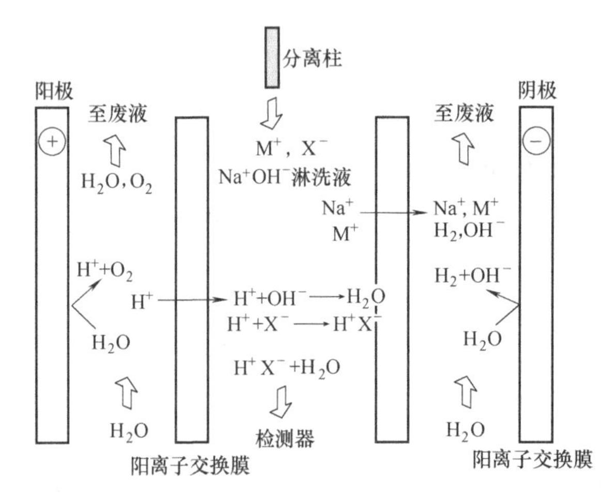


图15-3　连续自动再生阴离子抑制器中的电化学反应和离子移动

作用下，阳极电解水产生的$H^+$通过阳离子交换膜进入含有样品离子的淋洗液流，发生如下反应：

$$Na^+OH^-+H^+\longrightarrow H_2O+Na^+$$

$$M^+X^-+H^+\longrightarrow H^+X^-+M^+$$

阳离子$Na^+$、$M^+$通过阳离子交换膜进入废液，淋洗液由高电导的$Na^+OH^-$变成低电导的水，降低了背景电导值；样品中的待测阴离子则由盐$M^+X^-$变成更高电导值的酸$H^+X^-$，从而改善了信噪比，提高了测定灵敏度。图15-4为无抑制器和有抑制器时的色谱图。

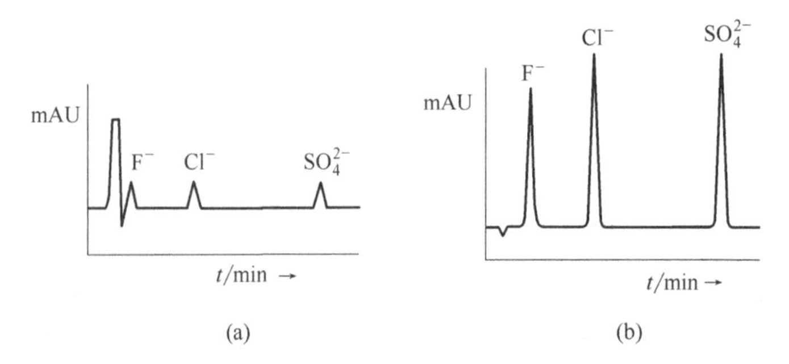


图15-4　无抑制器（a）和有抑制器（b）时的色谱

抑制型离子色谱仪，由于使用了抑制器而使灵敏度和选择性大大提高，可使用梯度淋洗。

# 15.3　方法特点及应用

## 15.3.1　液相色谱法的特点

（1）分离效率高

由于新型微粒固定相的使用，液相色谱填充柱的柱效每米可达到$10^4$~$10^5$理论塔板数，远远高于气相色谱填充柱的柱效。

（2）分析速度快

分析时间一般少于1h，有些体系能在数分钟内完成数百种物质的分离。

（3）高压

液相色谱以液体做流动相，流动相流经色谱柱时受到的阻力较大，必须通过高压输送。一般压力可达到（50~500）×$10^5$ Pa。

（4）选择性高，重复性好

（5）检测灵敏度高

采用紫外检测器灵敏度可达到$10^{-9}$g/mL，采用荧光检测器灵敏度可达到$10^{-12}$g/mL。

（6）应用范围广

（7）样品用量少，容易回收

液体样品进样量一般为几微升到20μL。液相色谱仪常用的检测器都不破坏样品，样品被分析后，在大多数的情况下可以除去流动相，实现色谱纯物质的回收或制备。

液相色谱法的缺点是有“柱外效应”影响柱效，尚缺乏灵敏度高的通用型检测器。因此液相色谱与气相色谱各有所长，相互补充。

## 15.3.2　液相色谱法的应用

液相色谱流动相可供选择的范围宽，固定相的种类多，柱温较低，因此不受样品挥发度和热稳定性的限制，能分析多组分复杂混合物或性质极为相近的同分异构体，特别适合于分析沸点高、极性强、热稳定性差的化合物、离子化合物、高聚物等。自然界中有75%~80%的有机化合物可采用高效液相色谱分析。

① 在生命科学领域。可利用HPLC分析和纯化蛋白质、氨基酸、多肽、核苷、核酸（RNA、DNA）等重要的生命物质。

② 在医药领域。可用于药物分析、药物的纯化和质量控制、药代动力学研究等。

③ 在食品领域。可用于分析食品中的营养成分、食品添加剂、农药残留和黄曲霉素等物质。

④ 在环境监测领域。可用于分析大气、土壤和水中的有害物质，如多环芳烃、酚类、多氯联苯、邻苯二甲酸酯类、联苯胺类、表面活性剂、有机农药等。

⑤ 在精细化工领域。可用于分析一些具有较高分子量和较高沸点的有机化合物，如高碳数脂肪族或芳香族的醇、醛、酮、醚、酸、酯等化工原料，以及各种表面活性剂、农药、染料等化工产品。

⑥ 制备或提取一些高纯化合物。

# 15.4　实验技术和分析条件

影响液相色谱分离效率的因素主要有色谱柱、固定相、流动相的组成、浓度、pH值以及流速、进样量和仪器的工作状态等。为快速获得准确的分析结果，需要注意以下几点。

## 15.4.1 样品溶液的制备

要选择合适的样品前处理方法，制备满足分析要求的样品溶液，避免将基质复杂的样品尤其是生物样品直接注入色谱柱内。同时，要选择合适的溶剂配制准确浓度的标准溶液或内标溶液。

## 15.4.2 色谱条件的选择

(1) 色谱柱和固定相

根据样品组成和待测组分的性质选择合适的色谱分析方法、色谱柱和固定相。在不影响分离的情况下尽可能选择较短的色谱柱，最常用的是150mm×4.6mm、填料粒径为5μm的色谱柱。分析非极性、弱极性组分时，宜选用非极性固定相，如十八烷基键合硅胶（$C_{18}$）；分析极性组分时，宜选用极性固定相，如硅胶-氰基、硅胶-氨基等。

(2) 流动相

① 选择流动相的原则。a. 流动相对分析物有足够的溶解能力，且化学稳定性好，不与样品发生化学反应，与固定相互溶也不发生可逆反应；b. 黏度要小，以提高渗透性和柱效；c. 流动相试剂纯度高，不含有干扰检测的组分，必要时要进行纯化；d. 沸点低，以利于制备时样品的回收；e. 在使用紫外检测器时，流动相溶剂的截止波长要小于测定波长。

② 流动相的配制。要配制足够量分析用的流动相，用相应的微孔滤膜（0.45μm或0.22μm）过滤后脱气。可使用超声波清洗机脱气半小时并冷却到室温后使用。

③ 流动相的浓度、pH值和流速。流动相的流速高，则分析速度快，但会降低分离度。对极性分布比较宽的复杂样品的分析可采用梯度淋洗，即在分离过程中，使用两种或两种以上不同极性的溶剂，按一定程序连续改变它们之间的比例，从而使流动相的强度、极性、pH值或离子强度相应地变化，使样品中各组分都能在最佳分配比时出峰，并能缩短分析时间。

在离子色谱中，增加流动相的浓度，能加快分析速度，但会降低分离度。通过控制流动相的pH值使待测组分与离子交换剂所带电荷相反，才能有效分离。

(3) 检测器

要求检测器对待测组分有灵敏响应。使用光化学检测器时，应在待测组分的最大吸收波长处测定，以提高检测灵敏度。

(4) 柱温和进样量

柱温一般为室温或接近室温；进样量要合适且进样准确。使用自动进样器进样时，要保证样品的液面足够高。对于黏度大的样品，要降低自动进样器的吸取速度。进样时要注意进样针的清洗，以避免交叉污染。

在色谱分析时，一般是通过实验优化色谱条件，在最佳色谱条件下进样分析可获得理想的分析结果。

另外，进行色谱分析时还应注意：

① 在用外标法定量时，标准溶液要按照浓度由低到高的顺序进行测量，以消除记忆效应。

② 实验所用试剂为色谱纯或优级纯，以防止试剂中的杂质对分析结果产生影响。

③ 实验用水纯度要高，一般使用超纯水。离子色谱实验用水的电导率应小于0.06μS/cm，以减小背景电导值。

## 15.4.3 液相色谱仪的维护

要精心维护好色谱仪器。在色谱实验中一定要严格按照仪器操作规程开机、排气泡、运行、冲洗和关机，注意保护好色谱仪器。同时，也要做好仪器的日常维护和保养，这样才能大大降低故障率。

① 禁止使用对仪器有损害的化学试剂。

② 要勤更换溶剂瓶中的水和流动相，避免滋生细菌和微生物；要勤清洗或及时更换溶剂瓶中的过滤头，并防止灰尘落入溶剂瓶中。

在实验过程中需要替换流动相时，要注意对泵及整个分析流路的清洗。

Ⅰ. 替换能互溶的流动相时，要先将原溶剂瓶中的吸滤器部分放入烧杯中，用新流动相振荡清洗。倒掉洗涤液，重新加入新流动相清洗直至干净，然后将吸滤器放入新流动相的溶剂瓶中。用新流动相清洗泵和整个分析流路。

Ⅱ. 替换不能互溶的流动相时，必须先用与新、旧流动相皆具有兼容性的中间清洗液（如异丙醇）彻底冲洗吸滤器、泵和整个流路，保证管路里所有的原有溶剂都被中间清洗液替换掉。然后把中间清洗液换成新流动相，用新流动相清洗吸滤器、泵和整个分析流路。

Ⅲ. 替换含有缓冲溶液的流动相（新、旧流动相之一或二者皆含有缓冲溶液）时，可先用超纯水冲洗整个流路，再用新流动相清洗吸滤器、泵和整个分析流路，以防止缓冲溶液中的盐析出。

③ 色谱用的溶液或溶剂，必须用微孔滤膜过滤后才能使用，以防堵塞管道和污染色谱柱。

④ 开机分析前一定要先排除流路中的气泡，待基线平稳后再进样分析，否则会造成系统内的压力波动，损害输液泵。

⑤ 在进行离子色谱分析时，一般用较稀的样品溶液进行测定。高浓度样品、高浓度基体特别是颗粒物易损伤色谱柱。在样品分析之前，要先除去试液中的颗粒物和高浓度基体，对高浓度样品要进行适当稀释。样品中悬浮的杂质可用微孔滤膜过滤除去，有机物质可用活性炭吸附或固相萃取柱除去。

⑥ 色谱柱要轻拿轻放，调节流速要缓慢，避免压力和温度的急剧变化以及任何机械振动。温度的突然变化或者使色谱柱从高处掉下，都会影响色谱柱内的填充状况，柱压的突然升高或降低，也会冲动柱内填料。因此，在调节流速时应该缓慢进行。

⑦ 实验结束后，要选择合适的溶剂或溶液将进样口、进样器、泵头、管路、色谱柱、检测器等冲洗干净，以保证后续分析能顺利进行，并能延长色谱柱的使用寿命，防止堵塞管路和检测器。

Ⅰ. 不含盐的流动相的冲洗方法。如果色谱用的流动相不含盐，仅为乙腈-水或甲醇-水，则实验结束后要继续用流动相运行30min，再用色谱纯甲醇冲洗20~30min。不能直接用纯水长时间冲洗色谱纯，以免引起固定相流失和相塌陷现象。

Ⅱ. 含盐的流动相的冲洗方法。如果色谱用的流动相中含有无机盐、表面活性剂或三乙胺、高氯酸等物质，实验结束后要先用含有5%~20%甲醇的水溶液冲洗20~30min，再用色谱纯甲醇冲洗30~60min。不能直接用有机溶剂冲洗，否则盐类物质会析出堵塞色谱柱，造成永久性损坏。

Ⅲ. 对于离子色谱仪，实验结束后用超纯水代替试样进样分析2~3次，即可将系统冲洗干净。如果离子色谱仪长时间不用，需要用超纯水代替流动相冲洗系统30min。

Ⅳ. 较长时间不使用色谱仪时，应将色谱柱清洗干净并卸下。与色谱柱连接的出入管道，用连接器进行短路连接，清洗流路。为防止流路内部发霉或产生细菌，建议用异丙醇、甲醇等清洗流路后进行封存。流路清洗后，要将进液过滤器和检测器出口管道浸泡在装有清洗液的容器中，以防干燥。

⑧ 实验室环境要干净，温度要适宜。

# 实验三十七　超声提取-高效液相色谱-外标法测定金银花中绿原酸的含量

## 一、实验目的

1. 能够描述高效液相色谱仪的基本结构和工作原理，初步学会仪器操作。
2. 学会用超声波辅助提取金银花中绿原酸的操作方法。
3. 能够解释反相高效液相色谱法的原理和定性、定量分析方法。
4. 能够说出金银花的药理作用和用途，能概述高效液相色谱法在药物分析中的应用。

## 二、实验原理

金银花是忍冬科植物忍冬的干燥花蕾，是一种药食同源的传统中药材。金银花中含有绿原酸和木犀草苷等活性成分，具有显著的清热解毒、抗菌消炎、抗肿瘤、降血脂、抗氧化等药理作用，其临床用途非常广泛，可与其他药物配伍用于治疗呼吸道感染、SARS病毒、菌痢、急性泌尿系统感染、高血压等数十种病症。

绿原酸是植物体在有氧呼吸过程中经莽草酸途径产生的一种苯丙素类化合物，属于酚类化合物，其结构式如图1所示。

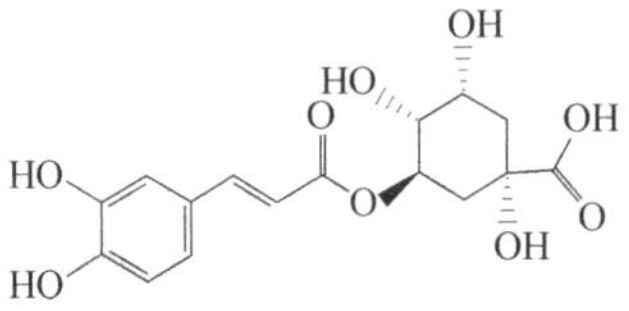

图1　绿原酸的结构式

绿原酸抗氧化能力强，具有广泛的抗菌作用，还具有抗艾滋病毒、抗肿瘤、抗致畸、降血脂、提高中枢神经兴奋、利胆、清除自由基及调节细胞色素P450连接酶的活性等功能。2020年版《中国药典》规定，金银花中的绿原酸用高效液相色谱法测定，绿原酸的含量不得少于1.5%（按干燥品计算）。

绿原酸对光和热敏感，易溶于甲醇、乙醇及丙酮，难溶于三氯甲烷等亲脂性溶剂，在25℃的水中溶解度为4%。本实验以50%甲醇水溶液作溶剂，用超声波辅助提取金银花中的绿原酸，用反相高效液相色谱法测定绿原酸的含量。

## 三、仪器与试剂

1. 仪器

P1201型高效液相色谱仪+DAD 230二极管阵列检测器（大连依利特分析仪器有限公司）；300Extend-$C_{18}$色谱柱（4.6mm×250mm，5μm）；KQ-200KDE台式高功率数控超声波清洗器（昆山市超声仪器有限公司）；电子天平（感量为0.001mg，0.1mg）；电热鼓风干燥箱；高速多功能粉碎机。

2. 试剂、材料

绿原酸对照品；乙腈（色谱纯）；甲醇（色谱纯）；磷酸（优级纯）；0.45μm的尼龙微孔滤膜；超纯水。

金银花样品：将市售金银花于60℃干燥后粉碎，过60目筛，备用。

## 四、实验步骤

1. 流动相的准备

量取3.48mL优级纯磷酸和130.0mL色谱纯乙腈于1000mL容量瓶中，用超纯水定容至刻度，摇匀，得到体积比为13∶87（乙腈∶0.4%磷酸）的流动相溶液。用微孔滤膜过滤后，转移到1000mL的溶剂瓶中，超声脱气30min。

2. 标准溶液的配制

准确称取绿原酸对照品10.000mg，置于100mL棕色容量瓶中，用50%甲醇溶液溶解并定容至刻度，摇匀，得到浓度为100mg/L的标准贮备液。10℃以下保存。

移取不同体积的上述贮备液，用50%甲醇溶液配制成浓度分别为10mg/L、20mg/L、30mg/L、40mg/L、50mg/L的系列标准溶液。

3. 供试品溶液的制备

精密称定60℃干燥后的金银花粉末约0.5g（精确至±0.0001g），置于100mL具塞锥形瓶中，精密加入50%甲醇溶液50.00mL，称重。于40℃超声提取30min，放冷。再次称重，用50%甲醇补足减失的重量，摇匀、静置。精密量取上清液10.00mL，置于25mL棕色量瓶中，加50%甲醇定容，摇匀。

4. 启动仪器，设置测定方法和色谱参数（表1）

**表1　色谱条件**

| 色谱柱 | 柱温/℃ | 流速/(mL/min) | 流动相 | 检测波长/nm | 进样量/μL |
| --- | --- | --- | --- | --- | --- |
| 300Extend-$C_{18}$（250mm×4.6mm，5μm） | 25 | 1 | 乙腈:0.4%磷酸（13:87） | 327 | 20 |

5. 制作标准曲线

待基线稳定后，在设定的色谱条下，取标准溶液经微孔滤膜过滤后按浓度由小到大的顺序进样分析，建立标准曲线方程。

6. 样品分析

在相同色谱条下，取供试品溶液经微孔滤膜过滤后进样分析。

7. 实验结束

先关闭检测器，再依次用含5%甲醇的水溶液、甲醇冲洗30min、30min，将色谱柱、泵头和进样阀等冲洗干净，然后点停止，待系统内压力降为零后，再关闭高压泵和主机电源开关。

**五、数据处理与结果**

1. 根据绿原酸标准溶液的浓度和峰面积，通过Excel软件绘制标准曲线，求出标准曲线方程和线性相关系数。

2. 计算金银花中绿原酸的含量

根据金银花提取液的色谱图中绿原酸的峰面积，通过标准曲线方程计算绿原酸的浓度，再根据所称取金银花的质量计算金银花中绿原酸的含量。对数据做分析讨论，得出合理的结论。

3. 打印相关色谱图

将实验数据和结果填入表2中。

**表2　实验数据及分析结果**

| 编号 | 1 | 2 | 3 | 4 | 5 |
| --- | --- | --- | --- | --- | --- |
| 绿原酸标准溶液的浓度$c$/(mg/L) | | | | | |
| 绿原酸的峰面积$A$ | | | | | |
| 标准曲线方程及线性相关系数$r$ | | | | | |
| 金银花质量$m_{试样}$/g | | | | | |
| 金银花提取液中绿原酸的峰面积 | | | | | |
| 提取液中绿原酸的浓度$c_x$/(mg/L) | | | | | |
| 金银花中绿原酸的含量/(mg/g) | | | | | |

**六、注意事项**

1. 因流动相中有酸，因此，色谱柱应充分平衡后再使用。

2. 流动相、标准溶液和试样溶液在使用之前均必须用微孔滤膜过滤。

3. 实验前应先排除流路中的气泡，待基线平稳后再进样分析。实验完毕，要先用乙腈：水（13：87）冲洗流路30min，再用甲醇冲洗10min，以避免盐的析出。

**七、思考题**

1. 影响金银花中绿原酸提取效率的因素有哪些?

2. 如何选择检测波长?

# 实验三十八　柱层析-高效液相色谱法测定辣椒油中的苏丹红

**一、实验目的**

1. 学会用氧化铝柱层析分离辣椒油中苏丹红的基本操作。

2. 能够用反相高效液相色谱-外标法准确测定辣椒油中痕量苏丹红的含量。

3. 能够说出苏丹红的危害，能概述高效液相色谱法在食品分析中的应用。

**二、实验原理**

苏丹红，学名苏丹（sudan)，包括苏丹红Ⅰ、苏丹红Ⅱ、苏丹红Ⅲ和苏丹红Ⅳ。苏丹红Ⅰ为1-苯基偶氮-2-萘酚，苏丹红Ⅱ为1-[(2，4-二甲基苯）偶氮]-2-萘酚，苏丹红Ⅲ为1-[4-(苯基偶氮）苯基]偶氮-2-萘酚，苏丹红Ⅳ为1-{2-甲基-4-[(2-甲基苯）偶氮]苯基}偶氮-2-萘酚。

苏丹红为亲脂性偶氮染料，具有致癌、致畸作用，对人体的肝肾器官具有明显的毒性作用，主要用于油彩、地板蜡、香皂和鞋油等化工产品的染色，其颜色鲜艳且不易褪色。一些不法分子将其作为食品染色剂添加到辣椒粉、辣椒油、红豆腐、禽蛋等食品中，危害人们的健康。

苏丹红不溶于水，易溶于正己烷、丙酮等溶剂。本实验用正己烷提取辣椒油中的苏丹红，用中性氧化铝柱分离除去样品中的辣椒色素和番茄色素，然后用反相高效液相色谱-外标法测定辣椒油中的苏丹红。

**三、仪器与试剂**

1. 仪器

高效液相色谱仪（配有二极管阵列检测器DAD，大连依利特分析仪器有限公司)；色谱柱：Phenomenex Kinetex $C_{18}$（100mm×4.6mm，2.6μm)；电子天平（感量0.1mg，0.001mg)；数控超声波清洗机；旋转蒸发仪；具塞锥形瓶（50mL)；容量瓶；层析柱管：注射器管（1cm×5cm)。

2. 试剂、材料

乙腈；丙酮；正己烷；乙醚；甲酸。以上试剂为色谱纯或优级纯。标准物质：苏丹红Ⅰ，苏丹红Ⅱ，苏丹红Ⅲ，苏丹红Ⅳ，纯度≥95%；市售红辣椒油；0.22μm有机系滤膜；超纯水。

5%丙酮的正己烷溶液：吸取50.00mL丙酮于1000mL容量瓶中，用正己烷定容至刻度，摇匀。

层析用氧化铝（中性，100~200目)：110℃干燥2h后置于干燥器中保存。每100g中加入2.20mL水降活，混合均匀后密封，放置12h后使用。

**四、实验步骤**

1. 配制标准溶液

(1) 配制苏丹红标准贮备溶液

分别称取苏丹红Ⅰ、苏丹红Ⅱ、苏丹红Ⅲ及苏丹红Ⅳ各1mg（精确至±0.001mg)，放入

4个50mL容量瓶中，加入适量乙醚使之溶解，再用正己烷定容至刻度，摇匀。得到20mg/L的各苏丹红的标准贮备液。

（2）配制苏丹红混合标准溶液

分别移取浓度为20mg/L的苏丹红Ⅰ、苏丹红Ⅱ、苏丹红Ⅲ、苏丹红Ⅳ标准贮备液0.00mL、0.20mL、0.40mL、0.80mL、1.60mL、3.20mL于6个25.00mL容量瓶中，皆用正己烷定容至刻度，摇匀。此标准系列浓度为0.00mg/L、0.16mg/L、0.32mg/L、0.64mg/L、1.28mg/L、2.56mg/L。

2. 制备样品溶液

准确称取2g左右（精确至±0.0001g）红辣椒油样品于具塞锥形瓶中，加入10.0mL正己烷，超声5min使之溶解。

在层析柱管底部塞入一薄层脱脂棉，干法装入活化过的氧化铝至3cm高，轻轻敲实，上部再加一薄层脱脂棉。用10mL正己烷淋洗，洗净柱中杂质。当柱中的正己烷液面剩余约2mm时，用滴管将辣椒油-正己烷溶液慢慢加入柱子中（注意：为保证层析效果，层析过程中柱子不能干涸）。再视样品中含油类杂质的多少，用10~30mL正己烷少量多次淋洗滴管和小烧杯，一并注入层析柱中，直至流出液为无色。待样液完全流出后，弃去全部正己烷淋洗液。用含5%丙酮的正己烷溶液60mL洗脱苏丹红，收集洗脱液，旋转蒸发至干，用丙酮转移并定容至5mL容量瓶中，摇匀。

3. 配制流动相溶液

0.1%甲酸的水溶液：移取0.82mL甲酸于1000mL容量瓶中，用超纯水定容至刻度，摇匀。

0.1%甲酸的乙腈溶液：移取0.82mL甲酸于1000mL容量瓶中，用乙腈定容至刻度，摇匀。

溶剂A：量取150.0mL乙腈于1000mL容量瓶中，用0.1%甲酸的水溶液稀释至刻度，摇匀。用微孔滤膜过滤后，转移到1000mL溶剂瓶中，超声脱气30min。

溶剂B：量取200.0mL丙酮于1000mL容量瓶中，用0.1%甲酸的乙腈溶液稀释至刻度，摇匀，得到体积比为80：20（0.1%甲酸的乙腈溶液：丙酮）的流动相溶剂B。用微孔滤膜过滤后，转移到1000mL溶剂瓶中，超声脱气30min。

4. 按仪器操作规程启动仪器，设置测定方法

色谱条件。色谱柱：Phenomenex Kinetex $C_{18}$柱（100mm×4.6mm，2.6μm）；柱温：35℃；流速：1.0mL/min；进样量：10μL。

检测波长。苏丹红Ⅰ：478nm，苏丹红Ⅱ、苏丹红Ⅲ、苏丹红Ⅳ：520nm，于苏丹红Ⅰ出峰后切换。

流动相。溶剂A：0.1%甲酸的水溶液：乙腈=85：15（体积比）；

溶剂B：0.1%甲酸的乙腈溶液：丙酮=80：20（体积比）；

溶剂C：丙酮。

梯度洗脱程序见表1。

**表1　梯度洗脱程序**

| 时间/min | 流动相 | | | 曲线 |
|---|---|---|---|---|
| | A/% | B/% | C/% | |
| 0 | 25 | 75 | 0 | 线性 |
| 2 | 25 | 75 | 0 | 线性 |
| 2.5 | 0 | 100 | 0 | 线性 |
| 4.5 | 0 | 100 | 0 | 线性 |
| 4.6 | 0 | 0 | 100 | 线性 |

续表

| 时间/min | 流动相 | | | 曲线 |
|---|---|---|---|---|
| | A/% | B/% | C/% | |
| 5 | 0 | 0 | 100 | 线性 |
| 6 | 25 | 75 | 0 | 线性 |

5. 制作标准曲线

取苏丹红混合标准溶液用微孔滤膜过滤后，按照浓度由小到大的顺序进样分析，记录各组分峰面积。

6. 样品分析

取样品溶液用微孔滤膜过滤后进样分析。对照标准溶液色谱图上的保留时间，对样品中的4种苏丹红物质进行定性。记录各组分的峰面积。

7. 实验结束

先关闭检测器，再依次用15%的乙腈水溶液、甲醇运行30min、30min，将色谱柱、泵头和进样阀等冲洗干净，然后点停止，待系统内压力降为零，再关闭高压泵和主机电源开关。

**五、数据处理与结果**

1. 根据4种苏丹红标准溶液的浓度和峰面积，通过Excel绘制标准曲线，求出各自的标准曲线方程和线性相关系数。

2. 计算辣椒油中4种苏丹红的含量。

根据处理后的辣椒油样品溶液中4种苏丹红的峰面积，通过各自的标准曲线方程计算4种苏丹红的浓度，再根据所称取辣椒油的质量，计算辣椒油中4种苏丹红的含量（mg/kg）。对数据做分析讨论，得出合理的结论。

3. 打印相关图谱，列表填入实验数据和结果。

**六、注意事项**

不同厂家和不同批号氧化铝的活度有差异，需视情况略做调整。若苏丹红Ⅱ、苏丹红Ⅳ的回收率较低，表明氧化铝的活性偏低；若苏丹红Ⅲ的回收率偏低，表明活性偏高。

**七、思考题**

1. 让辣椒油正己烷提取液过氧化铝层析柱可除去哪些杂质？

2. 本实验如何选择检测波长？

# 实验三十九　超临界二氧化碳流体萃取-高效液相色谱法测定紫草中的紫草素和乙酰紫草素

**一、实验目的**

1. 能够描述超临界流体萃取仪的结构和工作原理，学会基本操作。

2. 能够用超临界二氧化碳流体萃取-高效液相色谱法测定紫草中的紫草素和乙酰紫草素的含量。

3. 能够概述中药有效成分的提取分离方法和高效液相色谱法在中药有效成分分析中的应用。

**二、实验原理**

紫草是紫草科植物新疆紫草或内蒙紫草的干燥根，是皮肤科常用的中药，具有清热凉血、活血、解毒、消肿、祛斑、透疹、抗肿瘤等功效。主要用于治疗血热毒盛、斑疹紫黑、麻疹不透、疮疡、水火烫伤等症，由紫草制备成的紫草油能够预防及治疗婴儿尿布疹、皮肤溃烂、湿疹等多种皮肤疾患。

紫草的主要活性成分是萘醌类化合物，包括紫草素、乙酰紫草素、$\beta,\beta$-二甲基丙烯酰紫草素等。紫草素和乙酰紫草素的极性较小，皆不溶于水，可溶于甲醇、乙醇等有机溶剂，其结构式如图1所示。

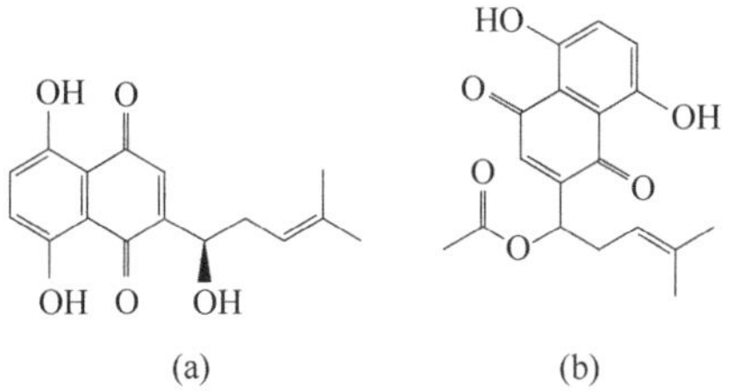

(a)　　(b)

**图1　紫草素（a）和乙酰紫草素（b）的结构式**

本实验使用超临界二氧化碳流体萃取紫草中的紫草素和乙酰紫草素，并采用高效液相色谱法测定提取物中二者的含量。超临界流体萃取仪的结构如图2所示。

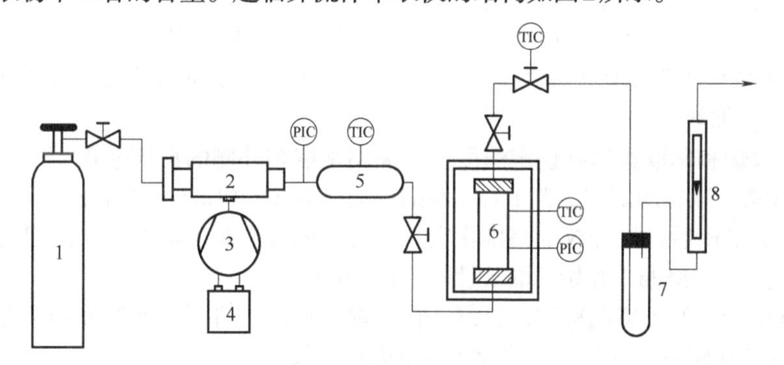


**图2　超临界二氧化碳流体萃取仪结构示意**

1—$CO_2$钢瓶；2—$CO_2$加压泵；3—空气压缩机；4—冷却器；5—$CO_2$预热器；6—萃取釜；7—产品收集器；8—数显流量计；PIC—压力显示控制器；TIC—温度显示控制器

超临界流体的密度越大，对物质的溶解能力就越强。通过控制温度和压力来改变超临界二氧化碳的密度，从而有选择性地从紫草中萃取出紫草素和乙酰紫草素。萃取结束后，减压，使超临界二氧化碳变成普通气体而与紫草样品分离，收集被萃取出来的物质。

超临界二氧化碳适用于分离样品中的非极性和弱极性化合物，特别是挥发性强、热稳定性差、易被氧化的物质，具有萃取温度低、萃取效率高、溶剂和萃取物容易分离、成本低、产品无污染、绿色环保等优点。

**三、仪器与试剂**

1. 仪器

Spe-ed SFE-2型超临界流体萃取仪（美国Applied Separations公司）；萃取釜容积为500mL；LD-1000型超速粉碎机；P1201型高效液相色谱仪+DAD 230二极管阵列检测器（大连依利特分析仪器有限公司）；Angilent $C_{18}$色谱柱（4.6mm×250mm×5μm）；数控超声波清洗仪；电子天平（感量0.001mg，0.1mg）；电热鼓风干燥箱。

2. 试剂、材料

乙腈（色谱纯）；甲酰胺（优级纯）；甲酸（优级纯）；紫草素标准品（纯度≥99.0%）；乙

酰紫草素标准品（纯度≥99.0%）；二氧化碳（纯度≥99.99%）；0.45μm有机系滤膜；超纯水。

0.1%甲酸的乙腈溶液：移取0.82mL甲酸于1000mL容量瓶中，用乙腈定容至刻度，摇匀。

含5mmol/L甲酸铵的0.1%甲酸水溶液：称取0.3153g甲酸铵于1000mL容量瓶中，用水溶解，再加入0.82mL甲酸，用水定容至刻度，摇匀。

流动相溶液：移取750.0mL 0.1%甲酸的乙腈溶液于1000mL容量瓶中，用含5mmol/L甲酸铵的0.1%甲酸水溶液定容至刻度，摇匀。得到含0.1%甲酸的乙腈-含5mmol/L甲酸铵的0.1%甲酸水溶液（75：25，体积比）。用0.45μm有机系滤膜过滤后超声30min。

新疆紫草样品：将紫草样品置于烘箱内于40℃烘干12h，然后放入超速粉碎机中粉碎，过80目筛，备用。

**四、实验步骤**

1. 萃取

萃取条件。萃取压力：23MPa；萃取釜温度：40℃；萃取炉温度：100℃；$CO_2$流量：50kg/h；紫草样品粒径：0.6~0.8mm；萃取时间：2h。

① 准确称取约250g（精确至±0.0001g）紫草样品粉末，放入萃取釜中，把热电偶捆在萃取釜上，安装在相应的管路上，关好萃取炉门。

② 打开制冷开关和水循环开关，调至读数为8℃；打开空气压缩机开关。

③ 打开$CO_2$泵及萃取炉和萃取釜开关（包括总开关），设定萃取炉温度为100℃、萃取釜温度为40℃，加热。

④ 待萃取炉和萃取釜达到设定温度后，关闭萃取炉外侧的6个旋钮，打开$CO_2$ 钢瓶旋钮，打开所连接萃取釜的旋钮，调节$CO_2$泵的压力为70bar（1bar=0.1MPa）。

⑤ 等压力平衡后，打开放空阀排除空气，再关闭放空阀。将电极点拨到23MPa，调节$CO_2$泵旋钮加压到23MPa，开始萃取（计时，120min）。

⑥ 将承接产物的收集瓶称重，放好。待萃取完成后，打开萃取炉外侧上方对应釜的旋钮，打开萃取炉外侧稍下方对应釜的旋钮将萃取产物放出。

⑦ 关闭萃取炉和萃取釜的加热开关，关闭$CO_2$泵和$CO_2$钢瓶，关闭空气压缩机、制冷开关和水循环开关。

为加快放气速度，可打开萃取炉左侧的分离物放空阀。待萃取炉中没有压力时，打开萃取炉盖，取出萃取釜。

⑧ 将萃取产物冷却至室温后称重。

2. 溶液的制备

（1）配制标准溶液

精密称取紫草素和乙酰紫草素标准品适量，分别用乙腈-水（75：25，体积比）溶液溶解并定容于2个10mL容量瓶中，配制成浓度皆为1mg/L的标准贮备液，于4℃避光保存。

精密吸取各贮备液适量混合后，用乙腈：水（75：25，体积比）稀释成含紫草素和乙酰紫草素分别为10μg/L，50μg/L；20μg/L，100μg/L；30μg/L，150μg/L；40μg/L，200μg/L；50μg/L，250μg/L的系列混合标准溶液。

（2）制备样品溶液

称取紫草超临界流体萃取产物1.000mg于10mL小烧杯中，加入1.00mL乙腈-水（75：25，体积比）溶液，超声1min混匀。用微孔滤膜过滤后，置于样品瓶中。

3. 色谱分析

（1）启动仪器，设置测定方法和色谱参数

色谱条件。色谱柱：Angilent $C_{18}$ 柱（4.6mm×250mm×5μm）；流动相：含0.1%甲酸的乙腈-含5mmol/L 甲酸铵的0.1%甲酸水溶液（75∶25，体积比）；等浓度洗脱；流速：1.0mL/min；进样量：15μL；柱温：25℃；检测波长：275nm；分析时间：30min。

（2）制作标准曲线

取紫草素和乙酰紫草素的系列混合标准溶液用微孔滤膜过滤后，按照浓度由小到大的顺序进样分析。记录紫草素和乙酰紫草素的峰面积，绘制各组分浓度和峰面积间的标准曲线*A*-*c*。

（3）样品分析

取微孔滤膜过滤后的样品溶液进样分析，记录紫草素和乙酰紫草素的峰面积，平行测定3次。

**五、数据处理与结果**

1. 计算萃取产物的质量。
2. 打印或绘制标准曲线，计算紫草素和乙酰紫草素的标准曲线方程及线性相关系数。
3. 计算紫草样品中紫草素和乙酰紫草素的含量（μg/g）。
4. 列表填入实验数据和结果。

**六、注意事项**

1. 样品必须粉碎后才能装入萃取釜中。
2. 停止实验后，必须待萃取炉中没有压力时才能打开萃取炉盖取出萃取釜，以确保安全。

**七、思考题**

影响超临界二氧化碳流体萃取紫草中的紫草素和乙酰紫草素的因素有哪些?

# 实验四十　固相萃取-高效液相色谱法测定水体中的三嗪类除草剂

**一、实验目的**

1. 能够描述固相萃取法的基本原理，学会用固相萃取柱分离富集水体中三嗪类除草剂的操作方法。
2. 能够用反相高效液相色谱法准确测定水体中微量三嗪类除草剂的含量。
3. 能说出三嗪类除草剂的危害和高效液相色谱法在农药残留分析中的应用。

**二、实验原理**

三嗪类除草剂，如莠去津（2-氯-4-乙氨基-6-异丙氨基-1,3,5-三嗪）和莠灭净（*N*-2-乙氨基-*N*-4-异丙氨基-6-甲硫基-1,3,5-三嗪），结构式如图1所示，是常用的内吸性除草剂，可有效去除马唐、稗草、狗尾草、藜等一年生的田间杂草，广泛应用于玉米、甘蔗等阔叶作物的除草。但是，莠去津具有很强的致癌性、致突变性和神经毒性，尤其在生物放大之后。莠灭净对水生生物有极高的毒性，可能对水体环境产生长期不良影响。长时间使用三嗪类除草剂，会引起其在环境中的残留和积累，威胁着人类健康和水体环境。

由于三嗪类除草剂在环境中分布广泛、浓度较低，分析检测过程较为复杂，需要高选择性的高效浓缩富集和高灵敏度的分析检测方法。本实验采用HLB固相萃取柱分离富集环境水中的莠去津和莠灭净，并采用$C_{18}$反相高效液相色谱法测定它们的含量，定量分析采用标准曲线法。

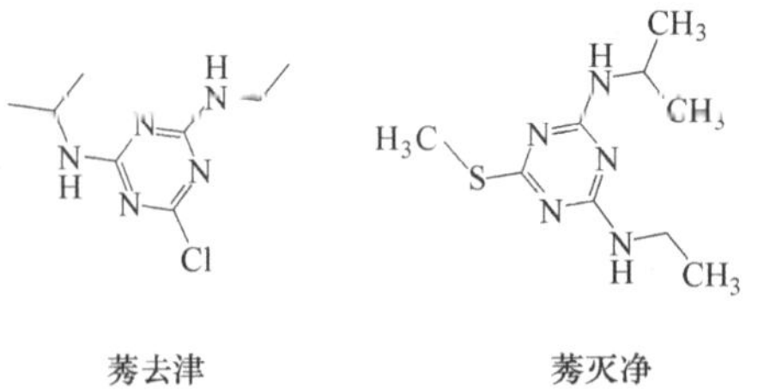

莠去津　　莠灭净

**图1　莠去津和莠灭净的结构式**

## 三、仪器与试剂

1. 仪器

P1201型高效液相色谱仪+DAD230二极管阵列检测器（大连依利特分析仪器有限公司）；300Extend-$C_{18}$色谱柱（4.6mm×250mm，5μm）；电子天平（感量为0.001mg）；超声波清洗仪；Waters Oasis HLB柱（天津得祥茂隆科技有限公司）。

2. 试剂、材料

莠去津（色谱标准品）；莠灭净（色谱标准品）；乙腈（色谱纯）；甲醇（色谱纯）；河水；0.45μm的尼龙微孔滤膜；0.22μm的有机系滤膜；超纯水（电阻率≥18.2MΩ·cm，25℃）。

## 四、实验步骤

1. 流动相的准备

量取700mL色谱纯乙腈和300mL超纯水，混合后用0.45μm的尼龙微孔滤膜过滤，然后转移到1000mL的溶剂瓶中，超声脱气30min，得到体积比为70∶30（乙腈∶水）的流动相溶液。

2. 标准溶液的制备

准确称取莠去津和莠灭净标准品各5mg（精确至±0.001mg），分别用乙腈溶解并定容于2个50mL容量瓶中，得到浓度为100mg/L的标准贮备液，于4℃时保存。

取不同体积的标准贮备液，分别用乙腈配制成含莠去津和莠灭净皆为10.00mg/L、20.00mg/L、30.00mg/L、40.00mg/L、50.00mg/L的系列标准溶液，用微孔滤膜过滤、超声脱气后备用。

3. 样品溶液的制备

向Waters Oasis HLB小柱中依次加入10mL甲醇和10mL超纯水进行活化，然后以1~2mL/min的流速加入50mL待测河水水样。用5mL超纯水洗涤柱子，让柱子在空气氛围中脱水至干（约5min），再用10mL乙腈洗脱柱子中的除草剂，流出液用高纯$N_2$流吹干，用乙腈定容至2.00mL。

4. 启动仪器，设置测定方法和色谱参数（表1）

**表1　色谱条件**

| 色谱柱 | 柱温/℃ | 流速/(mL/min) | 流动相 | 检测波长/nm | 进样量/μL |
|---|---|---|---|---|---|
| $C_{18}$(4.6mm×250mm，5μm)不锈钢柱 | 25 | 1 | 乙腈∶水(70∶30，体积比) | 220 | 20 |

5. 制作标准曲线

待基线平直后，取莠去津和莠灭净的混合标准溶液按浓度由小到大的顺序进样分析，建立各自的浓度-峰面积标准曲线方程。

6. 样品分析

取样品溶液经0.22μm有机系滤膜过滤后进样分析。

7. 实验结束

先关闭检测器，再用工作流动相运行30min将色谱柱、泵头和进样阀等冲洗干净，然后点停止，待系统内压力降为零，再关闭高压泵和主机电源开关。

**五、数据处理与结果**

1. 提取并保存系列标准溶液和样品溶液在指定波长下的色谱图。

2. 定性分析。将样品溶液的色谱图与莠去津和莠灭净的标准溶液的色谱图比较，根据保留时间相同确定样品溶液的色谱图中莠去津和莠灭净的峰。

3. 定量分析。根据莠去津和莠灭净标准溶液的浓度及峰面积拟合各自的标准曲线，然后根据样品溶液中莠去津和莠灭净的峰面积，由标准曲线方程计算样品溶液中莠去津和莠灭净的浓度。再根据待测水样的体积，计算水样中莠去津和莠灭净的含量。

拟合的标准曲线方程为：________________________________，线性相关系数$r$=______________。

4. 打印色谱图，列表填入实验数据和结果。对数据做分析讨论，得出合理的结论。

**六、注意事项**

1. 流动相必须事先脱气，所有溶液或试剂在进入色谱仪之前，都必须用微孔滤膜过滤。

2. 实验前应先排除流路中的气泡，待基线平稳后再进样分析。

3. 用外标法定量分析时，每次进样量要完全相同。

4. 大多数反相色谱柱的pH值范围是2~7.5，应尽量使测试溶液不超过该pH值范围。

**七、思考题**

1. 高效液相色谱仪主要包括哪几个部分？各起什么作用？

2. 简要阐述常用的色谱定量分析方法，并比较优缺点。

3. 液相色谱法提高柱效的主要措施是什么？

## 实验四十一　固相萃取-正相HPLC法测定大豆中的磷酸甘油酯

**一、实验目的**

1. 能够描述用氨基固相萃取小柱纯化大豆提取液中磷酸甘油酯的原理和操作方法。

2. 能够解释正相HPLC法的原理和特点，能够用正相HPLC法测定大豆提取液中磷酸甘油酯的含量。

3. 知道大豆磷酸甘油酯的保健作用和液相色谱法在食品分析中的应用。

**二、实验原理**

大豆磷酸甘油酯为混合磷酸甘油酯，其中最典型的成分有磷脂酰胆碱（卵磷脂，PC）、磷脂酰乙醇胺（脑磷脂，PE）和磷脂酰肌醇（PI），化学结构式如图1所示。

图中，$R_1$、$R_2$代表脂肪酸残基。大豆磷酸甘油酯的碳原子数一般为12~18，具有很高的营养价值和医用价值，能抑制肠内胆固醇的吸收，降低血液胆固醇和脂肪酸，被誉为“血管清道夫”，还能促进细胞增殖，增强机体活力。

本实验以氯仿-甲醇（2∶1，体积比）混合溶液作溶剂，用超声波辅助提取大豆中的磷酸甘油酯，提取液经氨基硅胶固相萃取柱纯化后，利用磷酸甘油酯各组分离子性和极性的差异，用正相高效液相色谱分离测定其中的PC、PE和PI含量。

由于磷酸甘油酯的紫外光谱最大吸收在200~210nm处，甲醇、乙腈等常用的流动相溶剂在此波长区有吸收，影响测量的准确度。采用正相色谱柱，以正己烷-异丙醇-1% HAc为流动相，极大地提高了方法的抗干扰能力。

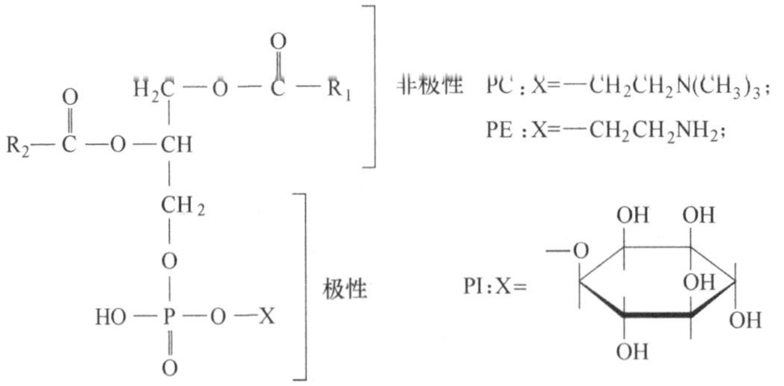

$R_2—C(=O)—O—CH(CH_2—O—C(=O)—R_1)—CH_2—O—P(=O)(OH)—O—X$

非极性　PC：X=—$CH_2CH_2N(CH_3)_3$；

PE：X=—$CH_2CH_2NH_2$；

极性　PI：X= （肌醇基，—O 连接，含 OH、OH、OH、OH、OH）

**图1　大豆磷酸甘油酯的化学结构式**

## 三、仪器与试剂

1. 仪器

高效液相色谱仪（紫外检测器，大连依利特分析仪器有限公司）；氨基SPE柱（100mg/mL）；粉碎机；电子天平；真空旋转蒸发仪；超声波提取仪；离心机；氮吹仪；Si 60-5正相硅胶色谱柱（4.6mm×250mm，5μm）。

2. 试剂、材料

甲醇；氯仿；正己烷；异丙醇；乙醚；乙酸铵；氯化钠；氯化钙。以上试剂为优级纯或色谱纯。磷脂酰胆碱标准品；磷脂酰乙醇胺标准品；磷脂酰肌醇标准品；超纯水（电阻率≥18.2MΩ·cm，25℃）；0.22μm的有机系滤膜；大豆样品。

生理盐水：14.6g/L氯化钠溶液和1.0g/L氯化钙溶液等体积混合。

## 四、实验步骤

1. 标准溶液的配制

贮备液：分别准确称取PC、PE和PI各0.2g（精确至±0.1mg）于3个10mL容量瓶中，用正己烷-异丙醇（1：1，体积比）混合溶液溶解并定容至标线，摇匀。得到PC、PE和PI均为20.0g/L的标准贮备液。于4℃下保存，可稳定保存3个月。

混合标准溶液：分别移取PC、PE和PI贮备液各0.25mL、0.50mL、1.00mL、3.00mL、4.00mL于5个10mL容量瓶中，用正己烷-异丙醇（1：1，体积比）混合溶液定容，摇匀，得到含PC、PE和PI各0.50g/L、1.00g/L、2.00g/L、6.00g/L、8.00g/L的系列混合标准溶液。

2. 样品溶液的制备

取成熟的大豆样品，粉碎后过30目筛，准确称取6.0g（精确至±0.1mg）粉末样品，加入30.0mL氯仿-甲醇（2：1，体积比）混合溶液，旋涡混匀，于1500W下30℃超声提取30min。用滤纸过滤后，加入6.0mL生理盐水，旋涡混匀，以3000r/min离心15min，静置分层。将下层液体转移至接收瓶中，用旋转蒸发仪45℃水浴真空蒸干，制成脂质。

用2.0mL氯仿溶解接收瓶中的脂质，配成脂质氯仿溶液，并将其全部移入经2.0mL氯仿活化的氨基硅胶固相萃取柱中，依次用2.0mL氯仿-异丙醇（2：1，体积比）混合溶液和3.0mL乙酸-乙醚（2：144，体积比）混合溶液洗脱小柱，弃去洗脱液，最后用3.0mL甲醇洗出磷酸甘油酯并收集。用氮气吹干溶剂，加入0.30mL正己烷-异丙醇（1：1，体积比）混合液溶解，以4000r/min离心15min，保留上清液。

3. 启动仪器，设置测定方法和色谱参数

色谱条件。色谱柱：Si 60-5正相硅胶色谱柱（4.6mm×250mm，5μm）；检测波长：205nm；流动相：正己烷-异丙醇-1% HAc（8：8：1，体积比）；流速：1mL/min；柱温：35℃；进样量：20μL；分析时间：30min。

4. 制作标准曲线

待基线平直后，取PC、PE和PI的系列混合标准溶液按浓度由小到大的顺序进样分析，建立各自的浓度-峰面积标准曲线方程。

5. 样品分析

取步骤2中的样品上清液经0.22μm有机系滤膜过滤后进样分析，记录三种磷酸甘油酯的峰面积，平行测定3次。

**五、数据记录与处理**

1. 根据PC、PE和PI标准溶液的浓度和峰面积，通过Excel绘制标准曲线，求出各自的标准曲线方程和线性相关系数。

2. 计算大豆样品中三种磷酸甘油酯的含量。

根据大豆提取液中PC、PE和PI的峰面积，通过各自的标准曲线方程计算PC、PE和PI的浓度，再根据所称取的大豆质量，计算大豆中PC、PE和PI的含量（mg/kg）。对数据做分析讨论，得出合理的实验结论。

3. 打印相关图谱，列表填写实验数据和结果。

**六、注意事项**

1. 色谱分离分析条件在整个测试中要维持不变。

2. 固相萃取小柱使用前要充分活化，萃取过程中避免柱子流干。

**七、思考题**

1. 正相色谱在流动相和色谱柱的选择上与反相色谱有何不同？

2. 正相色谱适合分析的对象有哪些？

# 实验四十二　离子色谱法测定生活饮用水中的无机阴离子

**一、实验目的**

1. 能够描述离子色谱仪的结构和工作原理，学会仪器基本操作。

2. 能够解释离子色谱法分析阴离子的原理和定性、定量分析方法。

3. 能够说出离子色谱法在水质分析中的应用，增强健康意识。

**二、实验原理**

生活饮用水的水质对人们的生活和健康有重要影响，我国规定生活饮用水以及水源水中的$K^+$、$Na^+$、$Ca^{2+}$、$Mg^{2+}$、$Li^+$阳离子和$F^-$、$Cl^-$、$Br^-$、$NO_3^-$、$SO_4^{2-}$、$BrO_3^-$、$ClO_3^-$、$ClO_2^-$等阴离子，可以用离子色谱法测定。其中，氯化物（以$Cl^-$计）应≤250mg/L，硫酸盐（以$SO_4^{2-}$计）应≤250mg/L。

本实验以氢氧化钠溶液作淋洗液，采用自动再生电化学抑制器和电导检测器，在阴离子交换色谱柱上分析自来水中的$Cl^-$和$SO_4^{2-}$。

分析原理：在高压泵的作用下，淋洗液将样品载到阴离子交换色谱柱中，水样中的阴离子与离子交换剂固定相上可交换的离子基团进行可逆交换，依据各离子对离子交换剂亲和力的不同进行分离，亲和力小的离子先流出柱子。交换与洗脱反应为：

$$R—N(CH_3)_3^+OH^-(s) + X^-(m) \underset{洗脱}{\overset{交换}{\rightleftharpoons}} R—N(CH_3)_3^+X^-(s) + OH^-(m)$$

被色谱柱分离开的$Cl^-$和$SO_4^{2-}$随淋洗液依次进入抑制器，淋洗液由高电导值的NaOH变成低电导的水，水样中的$Cl^-$和$SO_4^{2-}$则由相应的盐变成更高电导值的酸，从而提高了测定灵敏度。

从抑制器中流出的$Cl^-$和$SO_4^{2-}$依次进入电导检测器被检测，经数据处理系统处理后得到色谱图。通过与标准溶液的色谱图对照，根据保留时间相同定性，根据峰面积定量，用外标法计算出自来水中$Cl^-$和$SO_4^{2-}$的浓度。

## 三、仪器与试剂

1. 仪器

DIONEX ICS-90离子色谱仪（美国戴安公司），配以ASRS^R^-ULTRA114-mm型自动再生电化学抑制器、MODEL DS5电导检测器、IonPac AS11-HC（4mm×250mm）阴离子分析柱和IonPac AG11-HC（4mm×50mm）阴离子保护柱；数控超声波清洗器；电子天平（感量为0.1mg）；聚乙烯容量瓶；进样注射器（2mL）。

2. 试剂、材料

氢氧化钠（优级纯）；硫酸钠（优级纯）；氯化钠（优级纯）；氮气（纯度>99.99%）；0.45μm水系滤膜；超纯水（电阻率≥18.2MΩ·cm，25℃）。

氢氧化钠淋洗液（18mmol/L）：称取1.44g氢氧化钠，用超纯水溶解并稀释至2000mL，用微孔滤膜过滤，转移至聚四氟乙烯溶剂瓶中，超声脱气30min。

$Cl^-$和$SO_4^{2-}$的标准贮备液（1000mg/L）：准确称取于105~110℃干燥过的氯化钠0.3297g和硫酸钠0.2957g，分别用超纯水溶解并定容于2个200mL聚乙烯容量瓶中，摇匀，于4℃保存。

混合阴离子标准贮备液：分别移取50.00mL $Cl^-$贮备液和50.00mL $SO_4^{2-}$贮备液于100mL聚乙烯容量瓶中，用超纯水定容至标线，摇匀，得到含500mg/L $Cl^-$和500mg/L $SO_4^{2-}$的混合阴离子标准贮备液。

## 四、实验步骤

1. 配制单个阴离子标准溶液

取单个阴离子标准贮备液，用超纯水配制50mL浓度为20mg/L $Cl^-$和30mg/L $SO_4^{2-}$的单个阴离子标准溶液。

2. 配制混合阴离子标准溶液

分别移取0.50mL、1.00mL、5.00mL、8.00mL、10.00mL混合阴离子标准贮备液于5个50mL容量瓶中，用超纯水定容至刻度，摇匀，得到$Cl^-$和$SO_4^{2-}$的浓度皆为5.00mg/L、10.00mg/L、50.00mg/L、80.00mg/L、100.00mg/L的混合阴离子标准溶液。

3. 打开氮气气源

调节钢瓶分压约为0.25MPa，将进入淋洗液的气压调节为3~6psi。再打开离子色谱主机电源开关和色谱工作站，单击“Connected”联机，旋开泵头废液阀排除管路里的气泡，然后关闭废液阀。开泵，待系统压力超过1000psi后，打开抑制器后面板上的主电源开关和AES/SRS电源，采集基线。

4. 按照实验要求编辑程序文件、方法文件和样品表，设置色谱条件

色谱条件。色谱柱：IonPac AS11-HC柱（4mm×250mm）；流动相：18mmol/L NaOH；流速：1.0mL/min；ASRS^R^-ULTRA 114-mm型自动再生电化学抑制器；抑制电流50mA；MODEL DS5电导检测器；分析时间：10min；进样量：10μL。

5. 制作标准曲线

待基线平稳后，打开样品表，取混合阴离子标准溶液经微孔滤膜过滤后，按浓度由小到大的顺序进样分析，建立各自的标准曲线方程。再取单个阴离子标准溶液经微孔滤膜过滤后进样分析。

6. 样品分析

打开自来水管放流约1min，用干净的试剂瓶取自来水，经微孔滤膜过滤后进样分析，平行测定3次，记录峰面积。

7. 实验结束

用超纯水进样分析2~3次，将流路冲洗干净。再依次关闭抑制器前面板的“AES/SRS”电源、后面板的电源、关泵、关闭工作站、主机电源，然后关闭$N_2$钢瓶总阀并将减压表卸压。关闭计算机、打印机的电源开关。

## 五、数据处理与结果

1. $Cl^-$和$SO_4^{2-}$的定性分析

打印相关图谱，确定混合标准溶液和自来水样品中$Cl^-$和$SO_4^{2-}$的色谱峰，并说明理由。

2. 绘制标准曲线

根据$Cl^-$和$SO_4^{2-}$标准溶液的浓度和峰面积，通过Excel绘制标准曲线，求出各自的标准曲线方程和线性相关系数。

3. 计算自来水中$Cl^-$和$SO_4^{2-}$的浓度。

根据自来水中$Cl^-$和$SO_4^{2-}$的峰面积以及$Cl^-$和$SO_4^{2-}$的标准曲线方程，计算自来水中$Cl^-$和$SO_4^{2-}$的浓度。对数据做分析讨论，得出合理的结论。

4. 将实验数据和结果填入表1中。

**表1　实验数据及分析结果**

<table>
<tr><td colspan="2" rowspan="2">项目</td><td colspan="4">$Cl^-$</td><td colspan="2">$SO_4^{2-}$</td></tr>
<tr><td colspan="2">浓度$c$/(mg/L)</td><td colspan="2">峰面积$A$</td><td>浓度$c$/(mg/L)</td><td>峰面积$A$</td></tr>
<tr><td colspan="2" rowspan="5">标准溶液</td><td colspan="2">5.00</td><td colspan="2"></td><td>5.00</td><td></td></tr>
<tr><td colspan="2">10.00</td><td colspan="2"></td><td>10.00</td><td></td></tr>
<tr><td colspan="2">50.00</td><td colspan="2"></td><td>50.00</td><td></td></tr>
<tr><td colspan="2">80.00</td><td colspan="2"></td><td>80.00</td><td></td></tr>
<tr><td colspan="2">100.00</td><td colspan="2"></td><td>100.00</td><td></td></tr>
<tr><td colspan="2">标准曲线方程及线性相关系数$r$</td><td colspan="4"></td><td colspan="2"></td></tr>
<tr><td rowspan="3">水样</td><td>阴离子</td><td colspan="4">各次测定峰面积</td><td>峰面积平均值</td><td>浓度$c_x$/(mg/L)</td></tr>
<tr><td>$Cl^-$</td><td></td><td colspan="2"></td><td></td><td></td><td></td></tr>
<tr><td>$SO_4^{2-}$</td><td colspan="4"></td><td></td><td></td></tr>
</table>

## 六、注意事项

1. 试剂及分析用水必须纯净，水的电导率应小于0.06μS/cm，以减小背景电导值。

2. 标准溶液、样品溶液和流动相最好现用现配，并保存在聚乙烯瓶中，经微孔滤膜过滤后使用。

3. 样品浓度不宜太大。高浓度样品、高浓度基体和颗粒物极易损伤色谱柱。

4. 更换淋洗液时，应先将淋洗液超声半小时以上脱气。

5. 分析前要对管路系统排气，并注意开机和关机顺序，以保护好抑制器。

## 七、思考题

1. 抑制型离子色谱图中为什么会出现水的负峰？

2. 流动相、标准溶液和样品溶液未经微孔滤膜过滤即进入色谱柱分析，会产生什么后果？

3. 影响离子交换色谱法保留值的因素有哪些？如何选择淋洗条件？

# 实验四十三　离子色谱法检测药品处方中的柠檬酸盐和磷酸盐

## 一、实验目的

1. 能够解释用离子色谱法测定药品处方中柠檬酸盐和磷酸盐的方法原理。

2. 能够说出离子色谱法在药物分析中的应用。

## 二、实验原理

柠檬酸盐和磷酸盐是药品处方中常见的组分。如临床上用柠檬酸钠（别名枸橼酸钠）作抗凝血剂，用柠檬酸钾作化痰药、利尿药和治疗低钾血症，用磷酸氢钙作补钙剂等。柠檬酸钠用量太多，会引起代谢性碱中毒、高钠血症、低镁血症等并发症。

柠檬酸盐和磷酸盐在一定条件下能解离为柠檬酸根（简写为$Ci^{3-}$）和磷酸根（$PO_4^{3-}$）离子，本实验以氢氧化钾溶液作为淋洗液，采用自动再生电化学抑制器和电导检测器，在阴离子交换色谱柱上，依据各组分对离子交换剂亲和力的不同，对药品处方中的柠檬酸盐和磷酸盐进行分析。色谱柱内的交换与洗脱反应为：

$$3R—N(CH_3)_3^+OH^-(s)+X^{3-}(m)\underset{洗脱}{\overset{交换}{\rightleftharpoons}}[R—N(CH_3)_3^+]_3X^{3-}(s)+3OH^-(m)$$

从色谱柱流出的淋洗液和分离后的$PO_4^{3-}$与$Ci^{3-}$依次进入抑制器，使淋洗液氢氧化钾变成水，$PO_4^{3-}$和$Ci^{3-}$则变成相应的酸，从而提高了检测灵敏度。从抑制器中流出的$PO_4^{3-}$和$Ci^{3-}$依次进入电导检测器被检测，经系统处理后得到色谱图。由色谱图上各组分的信号响应值，通过标准曲线方程计算出各组分的浓度。

## 三、仪器与试剂

1. 仪器

DIONEX ICS-90离子色谱仪（美国戴安公司），配以ASRS$^R$-ULTRA114-mm型自动再生电化学抑制器、MODEL DS5电导检测器、IonPacAS11-HC（4mm×250mm）阴离子分析柱和IonPacAG11-HC（4mm×50mm）阴离子保护柱；数控超声波清洗器；电子天平；聚乙烯容量瓶；一次性注射器（2mL）。

2. 试剂、材料

氢氧化钾（KOH，优级纯）；二水合柠檬酸三钠（$Na_3C_6H_5O_7·2H_2O$，优级纯）；磷酸氢二钠（$Na_2HPO_4·12H_2O$，优级纯）；氮气（纯度≥99.99%）；药用柠檬酸（枸橼酸）；口服磷酸钠盐溶液；0.45μm水系滤膜；超纯水（电阻率≥18.2MΩ·cm，25℃）。

氢氧化钾淋洗液（35mmol/L）：称取3.9g氢氧化钾，用超纯水溶解并稀释至2000mL，用微孔滤膜过滤，转移至聚四氟乙烯溶剂瓶中，超声脱气30min。

$PO_4^{3-}$和$Ci^{3-}$标准贮备液（500mg/L）：准确称取0.1555g二水合柠檬酸三钠和0.3771g磷酸氢二钠于2个小烧杯中，各加入适量超纯水超声溶解，定量转移至2个200mL聚丙烯容量瓶中，皆用超纯水定容，摇匀，于4℃冰箱中保存。

混合阴离子标准贮备液：移取20.00mL $PO_4^{3-}$和20.00mL $Ci^{3-}$贮备液于100mL聚丙烯容量瓶中，用超纯水定容，摇匀，得到含$PO_4^{3-}$和$Ci^{3-}$各100mg/L的混合阴离子标准贮备液。

## 四、实验步骤

1. 配制单个阴离子标准溶液

移取$PO_4^{3-}$和$Ci^{3-}$标准贮备液0.50mL于2个50mL容量瓶中，皆用超纯水定容，摇匀，得到浓度为5mg/L的$PO_4^{3-}$和$Ci^{3-}$的单个阴离子标准溶液。

2. 配制混合阴离子标准溶液

分别移取含$PO_4^{3-}$和$Ci^{3-}$各100mg/L的混合阴离子标准贮备液0.25mL、0.50mL、1.00mL、2.00mL、2.50mL于5个50mL容量瓶中，用超纯水定容至刻度，摇匀，得到$PO_4^{3-}$和$Ci^{3-}$皆为0.5mg/L、1.0mg/L、2.0mg/L、4.0mg/L、5.0mg/L的混合阴离子标准溶液。

3. 配制样品溶液

（1）药用柠檬酸样品溶液

准确称取0.1g（精确至±0.0001g）药用柠檬酸于小烧杯中，加入100mL超纯水，超声溶解，取出，冷却，将溶液定量转入500mL容量瓶中，用超纯水定容至刻度，摇匀，得到药用柠檬酸样品贮备液（含柠檬酸根离子约为200mg/L）。

取药用柠檬酸样品贮备液0.50mL于25mL容量瓶中，用超纯水定容，摇匀，得到含柠檬酸根离子约为4mg/L的药用柠檬酸样品溶液。

（2）口服磷酸钠盐样品溶液

移取口服磷酸钠盐溶液0.20mL于25mL容量瓶中，用超纯水定容，摇匀。

4. 打开氮气气源

调节钢瓶分压约为0.25MPa，将进入淋洗液的气压调为3~6psi。

5. 打开离子色谱主机电源开关和色谱工作站

旋开泵头废液阀排除管路里的气泡，然后关闭废液阀。开泵，待系统压力超过1000psi后，打开抑制器后面板上的主电源开关和AES/SRS电源，采集基线。

6. 按照实验要求编辑程序、方法和样品表，设置色谱条件

色谱条件。色谱柱：IonPacAS11-HC柱（4mm×250mm）；流动相：35mmol/L KOH；流速：1.2mL/min；抑制电流：50mA；MODEL DS5电导检测器；进样量10μL；分析时间：8min。

7. 制作标准曲线

待基线平稳后，打开样品表，取混合阴离子标准溶液经微孔滤膜过滤后，按浓度由小到大的顺序进样分析。再取单个阴离子标准溶液经微孔滤膜过滤后进样分析。

8. 样品分析

将样品溶液经0.45μm水系针头过滤膜过滤后进样分析，平行测定3次。

9. 实验结束

用超纯水进样分析2~3次，将流路冲洗干净。按仪器操作要求关机。

## 五、数据处理与结果

1. $PO_4^{3-}$ 和 $Ci^{3-}$的定性分析

打印相关图谱，确定混合阴离子标准溶液和药品溶液色谱图中$PO_4^{3-}$和$Ci^{3-}$的峰，并说明理由。

2. 药品中柠檬酸根和磷酸根含量的分析

① 根据$PO_4^{3-}$ 和$Ci^{3-}$混合阴离子标准溶液的浓度及峰面积，通过Excel绘制标准曲线，求出各自的标准曲线方程和线性相关系数。

② 计算药品中$PO_4^{3-}$ 和$Ci^{3-}$的含量或浓度。

将样品溶液色谱图中$PO_4^{3-}$ 和$Ci^{3-}$的峰面积的平均值代入标准曲线方程，计算样品溶液中柠檬酸根和磷酸根的浓度，再根据所称取药品的质量或体积，计算药品中$PO_4^{3-}$ 和$Ci^{3-}$的含量或浓度。对数据做分析讨论，得出合理的结论。

③ 将实验数据和结果填入表1中。

**表1　实验数据及分析结果**

| 项目 | $PO_4^{3-}$ | | 柠檬酸根（$Ci^{3-}$） | |
|---|---|---|---|---|
| | 浓度/(mg/L) | 峰面积$A$ | 浓度/(mg/L) | 峰面积$A$ |
| 混合标准溶液 | 0.5 | | 0.5 | |
| | 1.0 | | 1.0 | |
| | 2.0 | | 2.0 | |
| | 4.0 | | 4.0 | |
| | 5.0 | | 5.0 | |
| 柠檬酸样品溶液 | | | | |
| 口服磷酸钠盐样品溶液 | | | | |
| 标准曲线方程及线性相关系数$r$ | | | | |
| 药品中柠檬酸含量/% | | | | |
| 口服磷酸钠盐溶液中$PO_4^{3-}$的浓度/(mg/L) | | | | |

**六、注意事项**

1. 试剂及分析用水必须纯净，标准溶液、样品溶液和流动相都要经微孔滤膜过滤后才能使用。

2. 分析高价离子如柠檬酸根和磷酸根时，样品溶液必须用超纯水或去离子水稀释成较低浓度的溶液后才能进样分析。高浓度的样品溶液极易损伤色谱柱。

**七、思考题**

1. 本实验为什么要使用较高浓度的KOH溶液做流动相并适当增大流动相的流速？

2. 如果试样中除了含有柠檬酸盐和磷酸盐外，还含有硫酸盐等其他阴离子盐，能否采用本实验的色谱条件分析其中的柠檬酸盐和磷酸盐？

# 实验四十四　石膏及石膏制品中形态硫的分析方法

**一、实验目的**

1. 能够解释离子色谱法测定石膏及石膏制品中亚硫酸盐和硫化物形式的硫的含量的原理和定量分析方法。

2. 学会石膏及石膏制品中亚硫酸盐和硫化物样品溶液的制备方法。

**二、实验原理**

石膏的主要化学成分是硫酸钙（$CaSO_4$），它是一种用途广泛的工业材料和建筑材料，可用作药物、医用食品添加剂、水泥缓凝剂、石膏建筑制品、模型制作、硫酸生产、烟气脱硫等。

石膏及石膏制品中硫的形态主要有亚硫酸盐、硫化物、单质硫和硫酸盐。在国家标准测定方法中，亚硫酸盐、硫化物和单质硫可采用离子色谱法测定。

本实验采用离子色谱法测定石膏及石膏制品中亚硫酸盐和硫化物形式的硫。将样品与盐酸和氯化亚锡溶液在密闭容器中溶解，释放出的二氧化硫和硫化氢由高纯氮气流带出，被含有丙三醇的氢氧化钠溶液吸收后，用离子色谱测定吸收液中生成的亚硫酸根离子浓度，即可计算出亚硫酸盐的含量。然后过氧化氢将吸收液中的亚硫酸盐和硫化物氧化为硫酸盐，用离子色谱测定硫酸根离子的浓度，再用差减法计算出硫化物的含量。方法的检出限为：亚硫酸盐3mg/kg，硫化物15mg/kg。

**三、仪器与试剂**

1. 仪器

Dionex ICS-5000型离子色谱仪（美国戴安公司），配以ASRS-300 4mm型阴离子抑制器、Dionex ICS-5000+CD电导检测器；AS9-HC型色谱柱（250mm×4mm）；AG9-HC型保护柱（50mm×4mm）；数控超声波清洗器；电子天平；电热恒温鼓风干燥箱；聚乙烯容量瓶；碘量瓶；聚四氟乙烯研钵；方孔样品筛（$\Phi$150μm）。

2. 试剂、材料

优级纯试剂：碳酸钠；碳酸氢钠；无水亚硫酸钠；碘酸钾（120℃烘干2h）；硫酸钠（105~110℃烘干）；丙三醇。分析纯试剂：盐酸；二水氯化亚锡；氢氧化钠；30%过氧化氢；碘化钾。

氮气（纯度>99.99%）；盐酸溶液（1：1）；淀粉溶液（10g/L）；超纯水（电阻率≥18.2MΩ·cm，25℃）；0.22μm尼龙微孔滤膜。

吸收液：含5g/L丙三醇的80mmol/L氢氧化钠溶液。

石膏试样：将石膏破碎并研磨至全部通过150μm的方孔筛，在45℃±3℃烘干至恒重后充分混匀，密封保存。

$SO_4^{2-}$ 标准贮备液（500mg/L）：准确称取0.7394g烘干后的硫酸钠于小烧杯中，用水溶解，定量转入1000mL容量瓶中，用水稀释至标线，摇匀。

氯化亚锡溶液（200g/L）：称取200.0g二水氯化亚锡于磨口试剂瓶中，用300mL盐酸溶解，再用水稀释至1000mL，混匀。

$SO_3^{2-}$ 标准贮备液（约1mg/mL）：称取无水亚硫酸钠0.79g于500mL聚乙烯试剂瓶中，加入2.5mL丙三醇，用水溶解并稀释至500mL，摇匀。

**四、实验步骤**

1. $SO_3^{2-}$ 标准贮备液浓度的标定

准确称取0.1g左右（精确至±0.0001g）烘干后的碘酸钾于碘量瓶中，加入2.0g碘化钾和50.0mL水，摇动溶解后，加入1：1盐酸20.0mL，盖好瓶塞，摇匀，置于暗处5min。立即用 $SO_3^{2-}$ 贮备液滴定至淡黄色，加入2.00mL淀粉溶液，继续滴定至蓝色刚好消失，记录消耗 $SO_3^{2-}$ 溶液的体积 $V_1$mL，平行滴定3份，计算 $SO_3^{2-}$ 贮备液的浓度（mg/L）。

$$c(SO_3^{2-}) = \frac{m_{KIO_3} \times 80.06 \times 10^6}{(V_1 - V_0) \times 71.33} \qquad (1)$$

式中，$V_0$ 为空白实验消耗 $SO_3^{2-}$ 标准溶液的体积，mL；80.06为 $SO_3^{2-}$ 的摩尔质量，g/mol；71.33为1/3 $KIO_3$ 的摩尔质量，g/mol。

2. 配制 $SO_3^{2-}$ 标准溶液

移取100.0mL $SO_3^{2-}$ 标准贮备液于1000mL聚乙烯容量瓶中，加入4.5mL丙三醇，用水稀释至标线，摇匀。根据标定结果计算其准确浓度（约为100mg/L）。准确移取该标准溶液0.50mL、5.00mL、10.00mL、25.00mL、50.00mL于5个100mL聚乙烯容量瓶中，各加入0.50mL丙三醇，用水稀释至标线，摇匀。得到 $SO_3^{2-}$ 浓度为0.50mg/L、5.00mg/L、10.00mg/L、25.00mg/L、50.00mg/L的系列标准溶液。

3. 配制 $SO_4^{2-}$ 标准溶液

准确移取 $SO_4^{2-}$ 标准贮备液0.20mL、1.00mL、2.00mL、5.00mL、10.00mL于5个100mL聚乙烯容量瓶中，用水稀释至标线，摇匀。得到 $SO_4^{2-}$ 浓度为1.0mg/L、5.0mg/L、10.0mg/L、25.0mg/L、50.0mg/L的系列标准溶液。

4. 制备样品溶液和空白溶液

如图1所示，在洗气瓶中准确加入50.00mL含有丙三醇的氢氧化钠吸收液。准确称取已处理好的石膏试样1g左右（精确至±0.0001g）于100mL双口圆底烧瓶中，轻轻摇动使样品均匀分散在烧瓶底部，在烧瓶颈部装入一个带玻璃管的单孔塞，以50mL/min速度向仪器内通入氮气。拧开分液漏斗的旋钮，向烧瓶中加入10.0mL分析纯盐酸和15.0mL氯化亚锡溶液，微沸60min（反应生成的 $SO_2$ 和 $H_2S$ 由氮气流带出后被NaOH溶液吸收）。取下洗气瓶，用磨口塞密封，此吸收液记为A（$V_A$=50.00mL）。同时做空白实验。

5. 样品中亚硫酸盐含量的测定

① 依次打开打印机、计算机，打开氮气钢瓶总阀，调节钢瓶分压约为0.25MPa，进入淋洗液的气压调为5psi左右；打开离子色谱主机电源和色谱工作站，开泵，打开AS-DV电源，采集基线。

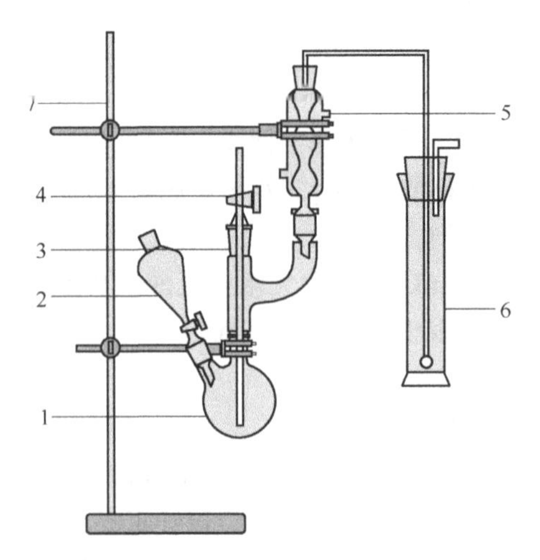


**图1　样品前处理装置示意**

1—圆底烧瓶；2—分液漏斗；3—转接头；4—通气管；5—冷凝管；6—洗气瓶；7—支撑架

② 按照实验要求编辑程序、方法和样品表，设置色谱分析条件。

色谱条件。色谱柱：AS9-HC柱（250mm×4mm）；柱温：30℃；ASRS-300 4mm型阴离子抑制器；抑制电流：45mA；Dionex ICS-5000+CD电导检测器温度：35℃；淋洗液：8mmol/L $Na_2CO_3$-2mmol/L $NaHCO_3$溶液；流速：1mL/min；进样量：25μL；分析时间：18min。

③ 制作$SO_3^{2-}$的标准曲线。待基线平稳后，打开样品表，取$SO_3^{2-}$系列标准溶液经微孔滤膜过滤后，按浓度由小到大的顺序进样分析，建立$SO_3^{2-}$的标准曲线方程。

④ 样品分析。依次取空白对照吸收液和样品吸收液A经微孔滤膜过滤后进样分析，记录$SO_3^{2-}$的峰面积。

6. 石膏样品中硫化物含量的测定

（1）制作$SO_4^{2-}$的标准曲线

取$SO_4^{2-}$系列标准溶液经微孔滤膜过滤后，按浓度由小到大的顺序进样分析，建立$SO_4^{2-}$的标准曲线方程。

（2）样品分析

移取25.00mL样品吸收液A于25mL容量瓶中，加入1.00mL 30%过氧化氢，摇匀，静置30min，该溶液记为溶液B（$V_B$=26.00mL）。依次取空白对照吸收液和溶液B经微孔滤膜过滤后进样分析，记录$SO_4^{2-}$的峰面积。

7. 实验结束

用超纯水进样分析2~3次，将流路冲洗干净。按仪器操作要求关机，清洗相关玻璃仪器。

**五、数据处理与结果**

1. 计算样品中亚硫酸盐的含量

根据$SO_3^{2-}$标准溶液的浓度和峰面积，通过Excel绘制标准曲线，求出标准曲线方程和线性相关系数。

用步骤5中④样品吸收液色谱图中$SO_3^{2-}$的峰面积减去空白对照吸收液中$SO_3^{2-}$的峰面积，再根据$SO_3^{2-}$标准曲线方程计算吸收液A中$SO_3^{2-}$的浓度$c$（$SO_3^{2-}$）。结合试样质量和试样溶液的体积，计算样品中亚硫酸盐的含量（mg/kg）。

$$\omega(SO_3^{2-}) = \frac{c(SO_3^{2-}) \times V_A}{m_{试样}} \qquad (2)$$

式中，$V_A$为样品吸收液A的体积，$V_A$=50.00mL；$c(SO_3^{2-})$ 为吸收液A中$SO_3^{2-}$的浓度，mg/L；$m_{试样}$为试样质量，g。

2. 打印亚硫酸盐相关谱图

将有关测定$SO_3^{2-}$的实验数据和结果填入表1中。

表1　样品中亚硫酸盐含量的测定

| 编号 | 1 | 2 | 3 | 4 | 5 |
|---|---|---|---|---|---|
| $SO_3^{2-}$标准溶液的浓度$c$/(mg/L) | | | | | |
| $SO_3^{2-}$的峰面积$A$ | | | | | |
| $SO_3^{2-}$的标准曲线方程及线性相关系数$r$ | | | | | |
| $m_{试样}$ /g | | | | | |
| 样品吸收液A中$SO_3^{2-}$的峰面积 | | | | | |
| 空白吸收液A中$SO_3^{2-}$的峰面积 | | | | | |
| 样品吸收液A中$SO_3^{2-}$的浓度$c(SO_3^{2-})$/(mg/L) | | | | | |
| 样品中$SO_3^{2-}$的含量$\omega(SO_3^{2-})$/(mg/kg) | | | | | |

3. 计算样品中硫化物的含量

用步骤6中（2）样品吸收液色谱图中$SO_4^{2-}$的峰面积减去空白对照的峰面积，再根据$SO_4^{2-}$标准曲线方程计算吸收液A中$SO_4^{2-}$的浓度。结合试样质量和试样溶液的体积，用差减法计算样品中硫化物的含量（mg/kg）。

$$\omega(S^{2-}) = \frac{c(SO_4^{2-}) \times V_B}{m_{试样}} \times 2 \times 0.334 - \omega(SO_3^{2-}) \times 0.401 \qquad (3)$$

式中，$\omega(S^{2-})$ 为试样中硫化物含量（以S计），mg/kg；$\omega(SO_3^{2-})$ 为试样中亚硫酸盐含量，mg/kg；$c(SO_4^{2-})$ 为样品吸收液B中$SO_4^{2-}$的浓度，mg/L；$V_B$为样品吸收液B的体积，$V_B$=26.00mL；$m_{试样}$为试样质量，g；0.334为$SO_4^{2-}$换算为S的系数；0.401为$SO_3^{2-}$换算为S的系数。

4. 打印硫化物相关图谱

将有关测定硫化物的实验数据和结果填入表2中。

表2　样品中硫化物含量的测定

| 编号 | 1 | 2 | 3 | 4 | 5 |
|---|---|---|---|---|---|
| $SO_4^{2-}$标准溶液的浓度$c$/(mg/L) | | | | | |
| $SO_4^{2-}$的峰面积$A$ | | | | | |
| 标准曲线方程及线性相关系数$r$ | | | | | |
| $m_{试样}$/g | | | | | |
| 样品吸收液B中$SO_4^{2-}$的峰面积 | | | | | |
| 空白吸收液B中$SO_4^{2-}$的峰面积 | | | | | |
| 样品吸收液B中$SO_4^{2-}$的浓度$c(SO_4^{2-})$/(mg/L) | | | | | |
| 样品中$S^{2-}$的含量$\omega(S^{2-})$/(mg/kg) | | | | | |

## 六、注意事项

1. 由于亚硫酸盐易被氧化，需要在其标准溶液和样品吸收液中加入丙三醇稳定剂，以防止亚硫酸盐的浓度发生变化。

2. 在取石膏样品于盐酸介质中加热蒸馏制备亚硫酸盐样品溶液和空白溶液时，必须将装置密封好，不能漏气。

**七、思考题**

1. 在取石膏样品制备亚硫酸盐样品溶液和空白溶液时，为什么要在烧瓶中加入氯化亚锡溶液？在蒸馏过程中为什么要向烧瓶中通入高纯氮气？

2. 能否用抑制型离子色谱法同时测定样品溶液中$S^{2-}$和$SO_3^{2-}$的含量？

3. 写出本实验石膏及石膏制品中亚硫酸盐和硫化物样品溶液的制备过程中的有关化学反应式。

# 实验四十五　固相萃取-离子色谱法快速测定烟草中的钾、钠、钙、镁和氨的含量

**一、实验目的**

1. 能够用固相萃取-抑制型离子色谱法同时测定烟草中微量钾、钠、钙、镁、氨的含量。

2. 能够概述离子色谱法在烟草分析中的应用，增强质量保证意识。

**二、实验原理**

钾、钠、钙、镁、氨是烟草生长发育过程中所必需的营养元素，其含量大小影响烟叶品质。本实验用5%盐酸溶液超声提取烟草中的无机阳离子，提取液用石墨化炭黑球固相萃取净化，除去烟草提取液中可能存在的部分色素、多酚、脂肪类物质等疏水性有机物，在抑制型离子色谱仪上，以甲基磺酸（HMSA）作流动相，用阳离子交换色谱柱同时分离和测定烟草中钾、钠、钙、镁、氨的含量。

分析原理是：甲基磺酸流动相将样品载带到阳离子交换色谱柱中，样品中的阳离子与离子交换剂固定相上可交换的离子基团进行可逆交换，依据各离子对离子交换剂亲和力的不同进行分离，亲和力小的离子先流出色谱柱。交换与洗脱反应为：

$$R—SO_3^-H^+(s) + M^+(m) \underset{洗脱}{\overset{交换}{\rightleftharpoons}} R—SO_3^-M + (s) + H^+(m)$$

被色谱柱分离开的$K^+$、$Na^+$、$Mg^{2+}$、$Ca^{2+}$、$NH_4^+$随流动相依次进入抑制器，发生以下反应：

$$H^+MSA^- + OH^- \longrightarrow H_2O + MSA^-$$

$$M^+X^- + OH^- \longrightarrow M^+OH^- + X^-$$

$MSA^-$及样品中的阴离子$X^-$通过阴离子交换膜进入废液，流动相由高电导的甲基磺酸（$H^+MSA^-$）变成低电导的水，降低了背景电导值；试液中的$K^+$、$Na^+$、$Mg^{2+}$、$Ca^{2+}$、$NH_4^+$则由相应的盐（$M^+X^-$）变成更高电导值的碱（$M^+OH^-$），提高了测定灵敏度。

从抑制器中流出的各阳离子依次进入电导检测器被检测，经数据处理系统处理后得到色谱图。通过与标准溶液的色谱图对照，根据保留时间定性，根据峰面积用外标法定量，求出烟草中$K^+$、$Na^+$、$Mg^{2+}$、$Ca^{2+}$、$NH_4^+$的含量。

**三、仪器与试剂**

1. 仪器

Dionex ICS 900型离子色谱仪（美国戴安公司），配以CSRS-Ⅱ阳离子抑制器、电导检测器、自动进样器；IonPac CS12A 阳离子交换色谱柱（3mm×150mm，5μm）；IonPac CS12A阳离子保护柱（3mm×50mm）；数控超声波清洗器；超速粉碎机；电子天平；电热恒温鼓风干燥箱；聚乙烯容量瓶；石墨化炭黑球固相萃取柱（500mg/3mL）；尼龙筛（40目）。

2. 试剂、材料

$K^+$、$Na^+$、$Mg^{2+}$、$Ca^{2+}$、$NH_4^+$标准溶液（1.0mg/mL）：购于国家标准物质研究中心，或用相应的优级纯硝酸盐（$NH_4^+$用氯化铵）配制；5%（体积分数）盐酸；0.45μm水系滤膜；氮气（纯度>99.99%）；超纯水，电阻率不低于18MΩ·cm；烘烤调制后的烟草叶样品（40℃烘干）。

甲基磺酸淋洗液（30mmol/L）：称取5.767g优级纯甲基磺酸，用超纯水溶解并稀释至2000mL，用微孔滤膜过滤，超声脱气30min，转移至聚四氟乙烯溶剂瓶中。

**四、实验步骤**

1. 制备样品溶液

将烘干后的烟叶样品粉碎，过40目筛。准确称取0.2g左右的烟草粉末（精确至±0.1mg）置于50mL具塞锥形瓶中，加入5%盐酸50.00mL，超声30min，取出，冷却至室温，静置分层。

取上清液经微孔滤膜过滤后，加入固相萃取柱中。弃去最初的2~3mL，收集后面的萃取液备用。

2. 配制单个阳离子标准溶液

取单个阳离子标准贮备液（1.0mg/mL），用5%盐酸配制50mL浓度为20mg/L的单个阳离子标准溶液。

3. 配制混合阳离子标准溶液

准确移取各阳离子标准贮备液（1.0mg/mL）5.00mL于100mL容量瓶中，用5%盐酸定容至刻度，摇匀。此溶液含各阳离子50.00mg/L。

准确移取50.00mg/L混合阳离子标准溶液，用5%盐酸逐级稀释成含钾、钠、钙、镁、氨各0.50mg/L、1.00mg/L、5.00mg/L、10.00mg/L、20.00mg/L的混合阳离子标准工作溶液。

4. 打开色谱仪

打开氮气气源，调节钢瓶分压为0.22MPa，进入淋洗液的气压约为5psi。打开主机电源开关和色谱工作站，打开泵头废液阀排除系统内的气泡，然后关闭废液阀。开泵，待系统压力超过1000psi后，打开抑制器电源开关，采集基线。

5. 按照实验要求编辑分析方法，设置色谱条件

色谱条件。色谱柱：IonPac CS12A阳离子柱（3mm×150mm，5μm）；柱温：40℃；CSRS-Ⅱ阳离子抑制器电流：50mA；MODEL DS5电导检测器；流动相：30mmol/L甲基磺酸；流速0.8mL/min；进样体积10μL；运行时间5min。

6. 制作标准曲线

待基线平稳后，打开样品表，取混合阳离子标准溶液经微孔滤膜过滤后，按浓度由小到大的顺序进样分析，建立各自的标准曲线方程。再取单个阳离子标准溶液经微孔滤膜过滤后进样分析。

$K^+$、$Na^+$、$Mg^{2+}$、$Ca^{2+}$、$NH_4^+$各通过与其单个阳离子标准溶液的色谱图中的保留时间相比较进行定性。

7. 样品分析

取样品萃取溶液进样分析，平行测定3次。

8. 实验结束

用超纯水进样分析2~3次，将流路冲洗干净。再依次关闭抑制器的电源开关、关泵、关主机电源，最后关闭气源和计算机。

**五、数据处理与结果**

1. $K^+$、$Na^+$、$Mg^{2+}$、$Ca^{2+}$、$NH_4^+$的定性分析。

打印相关图谱，确定烟草萃取液色谱图中$K^+$、$Na^+$、$Mg^{2+}$、$Ca^{2+}$、$NH_4^+$的峰，并说明理由。

2. 根据$K^+$、$Na^+$、$Mg^{2+}$、$Ca^{2+}$、$NH_4^+$标准溶液的浓度和峰面积，通过Excel计算各自的标准曲线方程和线性相关系数。

3. 计算烟草中$K^+$、$Na^+$、$Mg^{2+}$、$Ca^{2+}$、$NH_4^+$的含量。

根据烟草萃取液色谱图中$K^+$、$Na^+$、$Mg^{2+}$、$Ca^{2+}$、$NH_4^+$的峰面积及其标准曲线方程，计算萃取液中$K^+$、$Na^+$、$Mg^{2+}$、$Ca^{2+}$、$NH_4^+$的浓度。再根据烟草样品的质量和相关溶液的体积，计算烟草中$K^+$、$Na^+$、$Mg^{2+}$、$Ca^{2+}$、$NH_4^+$的含量。对数据做分析讨论，得出合理的结论。

4. 列表填入实验数据和结果。

## 六、注意事项

1. 注意离子色谱仪开机、关机的顺序。

2. 所有溶液都要经过微孔滤膜过滤后再使用。

## 七、思考题

1. 试样中存在的疏水性有机物对离子色谱分析结果有什么影响？如何去除这些有机物？

2. 分析阳离子和阴离子所用的固定相、流动相和抑制器是否相同？

# 第16章 毛细管电泳法

高效毛细管电泳（capillary electrophoresis，CE）是一种液相分离分析技术，其电泳图谱及定性分析、定量分析方法与色谱法基本相同。高效毛细管电泳已广泛应用于生物、医药、材料、环境、食品等领域的分析测试和研究中。CE特别适合大分子物质的分析，如糖和蛋白质的分析、DNA测序等。其中微流控芯片毛细管电泳目前已成为分离分析生物大分子的重要手段。

## 16.1 方法原理

毛细管电泳是以毛细管为分离通道，以高压直流电场为驱动力，以电解质溶液为电泳介质，依据样品中各组分之间淌度和分配行为上的差异进行分离的一类液相分离分析技术。

在高压电场作用下，毛细管中出现电泳现象和电渗流现象。电泳是带电粒子在电场作用下向着与其电性相反的电极移动的现象。电泳速度$\nu_{ep}$与带电粒子的有效电荷$q$和电场强度$E$成正比，与其有效半径$r$和介质黏度系数$\eta$成反比。

$$\nu_{ep}=\frac{qE}{6\pi\eta r}=\mu_{ep}E \quad \text{（球形粒子）} \tag{16-1}$$

式中，$q=\varepsilon\zeta_{w}r$，$\varepsilon$是介质的介电常数；$\zeta_{w}$是毛细管内壁的zeta电势，近似地正比于$z/M^{2/3}$；$\mu_{ep}$、$z$、$M$分别是带电粒子的电泳淌度、静电荷和分子量。各组分荷质比$z/M$的差异是电泳分离的基础。

电渗流是毛细管中液体的定向流动。石英毛细管在管内缓冲溶液的pH>3时，管内壁表面会发生电离生成—$SiO^{-}$，由于静电作用而吸附缓冲溶液中的阳离子形成双电层，双电层由于带电量不同而产生电势差$\zeta_{w}$。在电场作用下，双电层中溶剂化的阳离子向负极移动，并带动毛细管中的液体整体向负极移动，形成电渗流，电渗流速度$\nu_{eo}$与真空介电常数$\varepsilon_{0}$及溶液的介电常数$\varepsilon$、毛细管内壁的zeta电势$\zeta_{w}$和电场强度$E$成正比，与介质的黏度系数$\eta$成反比。

$$\nu_{eo}=\frac{\varepsilon_{0}\varepsilon\zeta_{w}E}{\eta}=\mu_{eo}E \tag{16-2}$$

溶质在毛细管缓冲溶液中的迁移速度等于电泳和电渗流速度的矢量和，电渗流的速度为一般离子电泳速度的5~7倍。当从毛细管的正极端进样时，样品各组分在电渗流的驱动下依次向负极移动。阳离子的电泳方向和电渗流一致，在负极最先流出；中性物质的电泳速度为零，其迁移速度与电渗流同速，在阳离子之后流出；阴离子最后流出。不同物质因其所带电荷性质、带电荷多少不同，质量、大小、形状各异，从而在电场力的作用下产生差速迁移而实现分离。

在毛细管电泳分析中，电渗流是样品各组分运动的推动力，改变电渗流的大小和方向，可改变分离效率和选择性，电渗流的微小变化会影响分析结果的重现性。因此，在高效毛细管电泳中控制电渗流非常重要。可通过实验优化电泳条件，在最佳电泳条件下测量，能使待测组分与试样中其他组分的电泳峰完全分离，消除干扰，达到快速而又准确测量的目的。

毛细管电泳的分离模式主要有以下几种。

### 16.1.1 毛细管区带电泳

毛细管区带电泳（capillary zone electrophoresis，CZE）应用最广泛，其分离原理如上所述，它只能分离带电物质。如无机阴离子和阳离子、有机酸、有机碱、胺类、蛋白质、氨基酸、多肽、对映体等。荷质比越大的阳离子从毛细管中流出越快，而荷质比越大的阴离子流出越慢，中性物质彼此不能分离。

### 16.1.2 胶束电动毛细管色谱

胶束电动毛细管色谱（micellar electrokinetic capillary chromatography，MECC）是在缓冲溶液中加入离子型表面活性剂，当其浓度超过临界胶束浓度时，就形成一个疏水内核、外部带电的胶束，在电场作用下，带电胶束通常会以一定的速度向负极移动，样品各组分因其本身的疏水性不同，在水相和胶束相之间的分配系数不同，从而得到分离；没有疏水基团的离子不能进入胶束，其分离原理同毛细管区带电泳法。胶束电动毛细管色谱以胶束为准固定相，既能分离带电物质，又能分离中性物质。物质的出峰顺序一般取决于其疏水性的大小，对于由阴离子表面活性剂所形成的负电胶束，疏水性越强的组分，与胶束中心的尾基作用越强，则出峰越晚；反之，疏水性越小的组分出峰越早。

### 16.1.3 毛细管凝胶电泳

毛细管凝胶电泳（capillary gel electrophoresis，CGE）是指在毛细管中装入多孔性凝胶作为支持物进行的电泳。多孔性凝胶起到类似分子筛的作用，溶质按分子体积由大到小的顺序进行分离，大分子迁移速度快，首先被分离出来，小分子出峰晚。

凝胶黏度大，能减少溶质的扩散，所得峰形尖锐，能达到CE中最高的柱效。蛋白质、DNA等物质的荷质比与分子大小无关，用毛细管区带电泳模式很难分离，而CGE能将其有效地分离。CGE主要用于DNA、RNA片段分离和排序、PCR产物分析和蛋白质、核苷酸等生物大分子物质的检测，可以分离荷质比相同但分子大小不同的蛋白质。

### 16.1.4 毛细管等电聚焦

毛细管等电聚焦（capillary isoelectric focusing，CIEF）是依据样品各组分等电点pI（是指两性物质净电荷为零时该溶液的pH值）的不同进行分离的。通过毛细管内壁的涂层使电渗流减到最小，在两个电极槽中分别装入酸和碱，加高电压后，在毛细管内壁建立pH梯度。溶质在毛细管中迁移至各自的等电点，形成明显区带，聚焦后使溶质通过检测器。CIEF能分离等电点差异小于0.01 pH单位的两种蛋白质，可用于单克隆抗体分析、测定蛋白质的等电点、分离异构体或用其他方法难以分离的蛋白质和多肽等。

### 16.1.5 毛细管电色谱

毛细管电色谱（capillary electro chromatography，CEC）是将HPLC中的固定相填充或键合到毛细管中进行的电泳，CEC将CE的高分离效能与HPLC的高选择性有机结合，既能准确分离带电物质，又能分离中性物质。

### 16.1.6　亲和毛细管电泳

亲和毛细管电泳（affinity capillary electrophoresis，ACE）是在毛细管内壁涂布或在凝胶中加入亲和配体，利用组分分子和其配体之间亲和力的不同实现分离，可用于研究抗原-抗体、配体-受体等特异性相互作用。

## 16.2　仪器结构及原理

毛细管电泳仪的主要部件有稳压稳流电源、毛细管、电极、进样系统、温度控制系统、缓冲溶液/样品瓶、检测器、记录与数据处理系统。如图16-1所示。

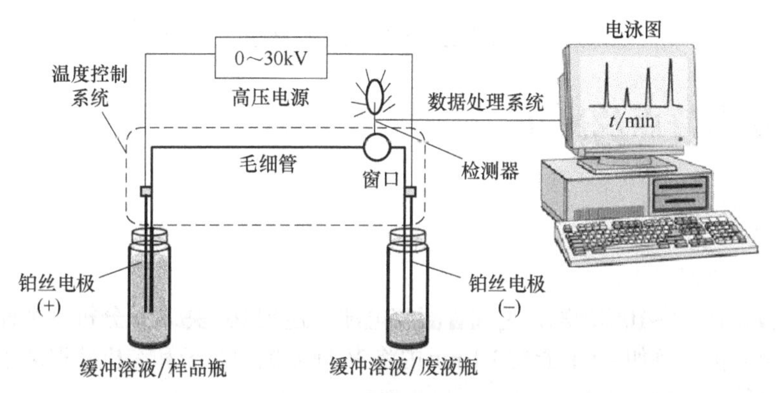


**图16-1　毛细管电泳仪示意**

在两端缓冲溶液瓶中装满缓冲溶液并盖好瓶帽，将冲洗毛细管用的溶液和样品溶液置于进样端。按照设定的程序将毛细管冲洗后插入样品瓶中取样，然后将毛细管两端及连接高压电源的铂丝电极同时插入两端缓冲溶液瓶中进行分离，分离后的各组分依次迁移到检测器位置被检测，并从毛细管另一端流出。

（1）高压电源和电极

高压直流电源在0~±30kV内连续可调，具有恒压、恒流、恒功率和任意梯度电压等输出方式。铂丝电极的直径一般为0.5~1mm，正负极可切换。

（2）进样系统

CE进样量为$10^{-9}$L级。进样方式主要有压力进样、电动进样和浓差扩散法进样，前两种方法应用较多。

电动进样通过控制进样电压与时间来控制进样量，适合各种黏度的样品分析，但淌度大的组分进入毛细管内的量比淌度小的组分多，会影响分析结果的准确性。压力进样通过控制进样压力和时间来控制进样量，要求电泳介质有流动性。浓差扩散进样通过控制扩散时间来控制进样量，对电泳介质没有限制，该法能抑制背景干扰，有较好的定量特性，但进样时间较长（10~60s）。

（3）毛细管及其温度控制

CE一般使用长30~100cm、内径为25~100μm（常用50μm和75μm）的熔融石英毛细管，毛细管外面有聚酰亚胺涂层，以增加弹性。进样端至检测器之间的长度称为毛细管的有效长度。毛细管被固定在管架上并控制一定温度进行电泳。

（4）检测系统

CE常用的检测器有紫外-可见光检测器、荧光检测器、激光诱导荧光检测器、电化学检测器、质谱检测器等，如表16-1所列。

表16-1 毛细管电泳中常用的检测器和检出限

| 检测方法 | 检出限/mol | 特点 | 是否柱上检测 |
|---|---|---|---|
| 紫外-可见光 | $10^{-16}$~$10^{-13}$ | 通用性好，二极管阵列可获得具有三维空间的立体色谱光谱图 | 是 |
| 荧光 | $10^{-17}$~$10^{-15}$ | 灵敏度和选择性高，样品通常需要衍生化 | 是 |
| 激光诱导荧光 | $10^{-21}$~$10^{-20}$ | 灵敏度极高，选择性好，通常需要衍生化 | 是 |
| 电导 | $10^{-16}$~$10^{-15}$ | 对含有卤、硫、氮的化合物具有高选择性和高灵敏度，可使用细毛细管 | 否 |
| 安培 | $10^{-21}$~$10^{-19}$ | 灵敏度高，只适合于电活性物质，可使用细毛细管 | 否 |

## 16.3 方法特点及应用

### 16.3.1 方法特点

（1）高效、快速

理论塔板数达$10^5$~$10^6$块/米，毛细管凝胶电泳可达到$10^7$块/米；分析一个样品一般需要数分钟到几十分钟。例如，CE能在3.1min内将36种无机阴离子和有机酸根离子分离开，在20min内将23种碱基对分离开。

（2）经济、环保

CE进样量极少（纳升级），试剂和样品消耗量少，而且多为水相分离，对人和环境危害很小。

（3）分离模式多，应用范围广

可以在同一台仪器上实现多种分离模式，从小分子物质到大分子物质，从离子到中性物质，从无机物到有机物、手性化合物、生化物质、药物、毒物等，都可以用CE进行分析。如果配置高灵敏度的检测器，可以用CE分析试样中的痕量组分。

CE的主要缺点是：a.由于进样量少，光路短，使检测灵敏度相对较低；b.电渗流的大小会因样品组成以及pH值的变化而变化，进而影响分析结果的重现性；c.制备能力差。

### 16.3.2 应用

CE的测定范围和应用领域很广，但由于CE自身的一些缺点，在实际工作中，对一些分子量不是很大的物质，一般采用色谱法进行分析；而对于蛋白质、糖、DNA等大分子物质，可采用毛细管电泳法进行分析。

微流控芯片毛细管电泳技术将常规毛细管电泳操作集中在芯片上进行，利用玻璃、石英或聚合物材料加工成微米级通道，以高压直流电场为驱动力，对样品进行进样、分离及检测。与常规毛细管电泳相比，它具有分离效率更高、更快、系统体积小且易实现不同操作单元的集成等优点；它与质谱联用进一步提高了对复杂样品的定性、定量分析能力，在生化分析、临床检验与诊断、蛋白质组学研究、DNA测序等领域发挥越来越重要的作用。

# 16.4　实验技术和分析条件

## 16.4.1　实验技术

（1）毛细管的截取和开窗

在实验过程中需要更换毛细管时，截取毛细管的截面要平整、光滑，否则会影响进样量和分析结果。

若使用光学检测器，则需要在毛细管连接检测器的位置开窗，即将毛细管外部的聚亚酰胺涂层去掉。方法是，在一片锡纸上剪出一个直径为0.5~0.6cm的圆洞，将圆洞对折包住毛细管，使毛细管开窗位置在圆洞处露出，然后在酒精灯上灼烧至发红，取出毛细管，冷却后将涂层轻轻刮掉即可。

（2）毛细管的冲洗

石英毛细管在使用之前要依次用0.1mol/L氢氧化钠、水、电泳缓冲溶液冲洗10min、2min、10min。新的毛细管在使用之前要依次用甲醇、1mol/L盐酸、水、0.1mol/L氢氧化钠、水、电泳缓冲溶液冲洗5min、5min、2min、10min、2min、10min。

每分析一个样品之前，必须用合适的溶剂或溶液将毛细管冲洗干净，并用电泳缓冲溶液平衡毛细管。

实验结束后，要依次用0.1mol/L氢氧化钠、超纯水冲洗毛细管5min、5min。毛细管长时间不用时，还需要用空气冲洗约30min，以防止盐析作用堵塞毛细管。

（3）溶液的配制

要制备符合测量要求的样品溶液，配制准确浓度的标准溶液或内标溶液。

（4）溶液的过滤

标准溶液或内标溶液、样品溶液以及冲洗毛细管用的所有溶液，在使用之前都必须用微孔滤膜过滤，以防堵塞毛细管。

（5）其他

① 安全。仪器在高电压下运行时，严禁打开仪器盖门，更不允许将手伸到电极附近。

② 盖好样品瓶盖。放入电泳仪内盛放各种溶液的瓶子的瓶盖不能倾斜，以防折断毛细管和打弯或折断电极。

③ 测量顺序。在用外标法定量时，标准溶液要按照浓度由低到高的顺序进行测量，以消除记忆效应。

④ 在实验过程中要注意观察电渗流的大小，如果电渗流为零，说明毛细管已经断裂或被堵塞，应及时处理。

⑤ 要保持光纤插头和毛细管卡盒以及电极附近干净，以防电极吸尘漏电。如有灰尘，可用无水乙醇擦拭。

⑥ 要求实验室内环境卫生，温度适宜，湿度应小于50%。

## 16.4.2　电泳条件

为提高电泳分离效率，获得准确的分析结果，需要注意以下电泳分析条件。

（1）毛细管和电泳模式

要根据样品的组成、性质和分析要求，选择合适的毛细管和电泳模式。毛细管越长、越细，则柱效越高。毛细管的总长度和有效长度一般是固定的。

（2）电泳缓冲溶液

电泳缓冲溶液的组成、浓度、pH值和添加剂影响电泳分离效率。要求缓冲溶液在测定的pH值范围内有合适的缓冲容量，离子大而带电少，以减少本底响应值。常用的有硼砂-硼酸、磷酸盐、三羟甲基氨基甲烷等。

适当增加缓冲溶液的浓度，可提高柱效和分离度，但分析速度会减慢。pH值影响电渗流和样品组分的电泳。对石英毛细管，在缓冲溶液的pH<2.5时，电渗流接近零，因此，不能在pH<2.5的溶液中进行电泳分析；在pH=3~10之间，电渗流随pH值的升高而迅速增大。为改善分离，可以在缓冲溶液中加入适量的表面活性剂、手性试剂等添加剂。

对石英毛细管，电渗流的方向一般是由阳极流向阴极。当在电泳介质中加入低于临界胶束浓度的阴离子表面活性剂时，电渗流会增大，而加入低于临界胶束浓度的阳离子表面活性剂时，电渗流会减小，有时会减小为零甚至改变方向。

（3）分离电压和分离温度

在保证待测组分完全分离的条件下，适当增加分离电压或分离温度，可提高分析速度和柱效。

（4）进样量

在满足检测灵敏度的条件下，适当减小进样量，可提高柱效和分离度。

（5）检测器

检测器要对待测组分有灵敏的响应。在使用光化学检测器时，应在待测组分的最大吸收波长处测定，以提高检测灵敏度。

# 实验四十六　毛细管区带电泳法测定阿司匹林中水杨酸和乙酰水杨酸的含量

## 一、实验目的

1. 能够描述毛细管电泳仪的基本结构和工作原理，学会仪器操作方法。

2. 能够解释毛细管电泳法测定水杨酸和乙酰水杨酸的原理和定性、定量分析方法。

3. 能够概述毛细管电泳在药物分析中的应用，增强药品生产与使用安全意识和质量保证意识。

## 二、实验原理

阿司匹林是常用的解热镇痛药，也常用于预防和治疗心脑血管疾病，其主要成分为乙酰水杨酸。水杨酸是在阿司匹林生产过程中由于乙酰化不完全而带入，或在贮存期间由阿司匹林水解产生的，它对人体有害，能刺激肠胃道引起恶心、呕吐。2020版《中国药典》规定，阿司匹林肠溶片中含阿司匹林（$C_9H_8O_4$）应为标示量的93.0%~107.0%，含水杨酸不得超过阿司匹林标示量的1.5%。

水杨酸和乙酰水杨酸都易溶于乙醇，微溶于冷水，其结构式如图1所示。

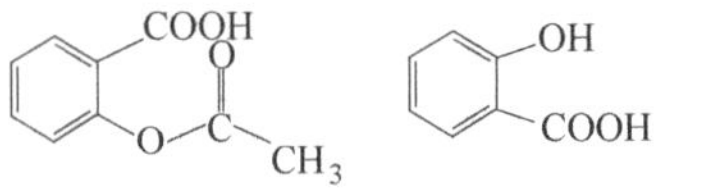

(a)　　(b)

**图1　乙酰水杨酸（a）和水杨酸（b）的结构式**

本实验使用无水乙醇配制标准溶液和制备样品溶液，用超声波强化提取阿司匹林片剂中的水杨酸和乙酰水杨酸，采用毛细管区带电泳法测定二者的含量。

在区带电泳模式下，水杨酸和乙酰水杨酸在弱碱性的硼酸盐缓冲溶液中都带有负电荷，但由于它们与试样中其他离子的大小、形状以及质量互不相同而具有不同的电泳淌度，从而引起差速迁移实现分离。在电渗流的驱动下，样品中荷质比越小的阴离子流出越快。通过测量各组分在一定电泳条件下的峰面积，即可以用外标法进行定量分析。

**三、仪器与试剂**

1. 仪器

Beckman P/ACE™MDQ毛细管电泳仪（美国贝克曼公司，压力进样，二极管阵列检测器）；未涂层石英毛细管（60cm×75μm，有效长度50cm）；数控超声波清洗器；酸度计；电子天平（感量为0.1mg，0.001mg）；高速离心机；研钵；容量瓶。

2. 试剂、材料

水杨酸标准品；乙酰水杨酸标准品；无水乙醇（优级纯）；十二烷基硫酸钠（SDS，优级纯）；氢氧化钠（0.1mol/L）；阿司匹林肠溶片或复方乙酰水杨酸片；超纯水；0.45μm有机系滤膜。

水杨酸贮备液（0.1mg/mL）：准确称取水杨酸标准品2.500mg于25mL容量瓶中，用无水乙醇溶解并定容至刻度，摇匀。

乙酰水杨酸贮备液（10mg/mL）：准确称取乙酰水杨酸标准品0.2500g于25mL容量瓶中，用无水乙醇溶解并定容至刻度，摇匀。

电泳缓冲溶液：30mmol/L $Na_2B_4O_7$-30mmol/L $H_3BO_3$-4mmol/L SDS水溶液（pH=8.75）。

**四、实验步骤**

1. 配制水杨酸和乙酰水杨酸标准溶液

取水杨酸和乙酰水杨酸贮备液，用无水乙醇逐级稀释成含水杨酸和乙酰水杨酸分别为2.0mg/L，500mg/L；5.0mg/L，1000mg/L；10mg/L，2000mg/L；20mg/L，3000mg/L；30mg/L，4000mg/L的混合标准溶液。

2. 检查冷却液在黑线以上，打开计算机和仪器主机电源，双击32karat7.0，打开仪器软件，预热仪器30min。

将0.1mol/L氢氧化钠、水、缓冲溶液、水杨酸和乙酰水杨酸混合标准溶液经微孔滤膜过滤后注入样品瓶中，盖好瓶盖，放入仪器内部托盘的适当位置上，做好记录。依次用0.1mol/L氢氧化钠、水、缓冲溶液冲洗毛细管10min、2min、10min。

3. 设置电泳条件

电泳缓冲溶液：30mmol/L $Na_2B_4O_7$-30mmol/L $H_3BO_3$ -4mmol/L SDS（pH=8.75）；进样压力：0.5psi；进样时间：5s；分离温度：25℃；分离电压：25kV；检测波长：214nm。每分析一个样品之前，依次用0.1mol/L氢氧化钠、水、缓冲溶液冲洗毛细管2min、2min、3min，以保证分析结果的重现性。

4. 绘制标准曲线

将水杨酸和乙酰水杨酸混合标准溶液按照浓度由低到高的顺序进样分析，记录电泳图上水杨酸和乙酰水杨酸的峰面积，绘制标准曲线。水杨酸和乙酰水杨酸通过与其单个溶液的电泳图中的迁移时间相比较进行定性。

5. 样品分析

将数片阿司匹林药片研成粉末，准确称取0.25g左右（精确至±0.0001g）置于25mL容量瓶中，用无水乙醇稀释至接近刻度，超声10min。取出容量瓶，冷却至室温，补加乙醇至刻度，摇匀。取溶液在10000r/min转速下离心3min，移取上清液5.00mL于另一25mL容量瓶中，用无水乙醇定容至刻度，摇匀，取该溶液经有机系微孔滤膜过滤后进样分析，平行测定3次。

6. 实验结束

先关闭氘灯，再依次用0.1mol/L氢氧化钠、水冲洗毛细管5min、5min。点控制界面中的Load，打开仪器盖子，让冷却液回流后关闭主机电源。取出样品瓶，做好仪器使用记录。将样品瓶等仪器清洗干净。

**五、数据处理与结果**

1. 水杨酸和乙酰水杨酸的定性分析

打印相关图谱，指出样品电泳图谱中水杨酸和乙酰水杨酸的峰，并说明理由。

2. 计算标准曲线方程

根据水杨酸、乙酰水杨酸标准溶液的浓度和峰面积，通过Excel绘制标准曲线，求出各自的标准曲线方程和线性相关系数。

3. 计算阿司匹林药片中水杨酸和乙酰水杨酸的含量

将样品提取液电泳图中水杨酸和乙酰水杨酸的峰面积的平均值代入标准曲线方程，计算溶液中水杨酸和乙酰水杨酸的浓度，再根据所称取样品的质量，计算药片中水杨酸和乙酰水杨酸的含量。

将相关实验数据和结果填入表1中。对分析结果进行评价，得出结论。

**表1 实验数据及分析结果**

<table>
<tr><td colspan="2">编号</td><td colspan="6">1</td><td colspan="6">2</td><td colspan="6">3</td><td colspan="6">4</td><td colspan="6">5</td></tr>
<tr><td rowspan="6">混合标准溶液</td><td>乙酰水杨酸的浓度 $c$/(mg/L)</td><td colspan="6">2.0</td><td colspan="6">5.0</td><td colspan="6">10</td><td colspan="6">20</td><td colspan="6">30</td></tr>
<tr><td>乙酰水杨酸的峰面积 $A$</td><td colspan="6"></td><td colspan="6"></td><td colspan="6"></td><td colspan="6"></td><td colspan="6"></td></tr>
<tr><td>乙酰水杨酸的标准曲线方程及线性相关系数</td><td colspan="30"></td></tr>
<tr><td>水杨酸的浓度 $c$/(mg/L)</td><td colspan="6">500</td><td colspan="6">1000</td><td colspan="6">2000</td><td colspan="6">3000</td><td colspan="6">4000</td></tr>
<tr><td>水杨酸的峰面积 $A$</td><td colspan="6"></td><td colspan="6"></td><td colspan="6"></td><td colspan="6"></td><td colspan="6"></td></tr>
<tr><td>水杨酸的标准曲线方程及线性相关系数</td><td colspan="30"></td></tr>
<tr><td colspan="2">样品质量 $m$/g</td><td colspan="30"></td></tr>
<tr><td rowspan="4">样品溶液</td><td>项目</td><td colspan="15">水杨酸</td><td colspan="15">乙酰水杨酸</td></tr>
<tr><td>各次测定峰面积</td><td colspan="5"></td><td colspan="5"></td><td colspan="5"></td><td colspan="5"></td><td colspan="5"></td><td colspan="5"></td></tr>
<tr><td>峰面积平均值</td><td colspan="15"></td><td colspan="15"></td></tr>
<tr><td>浓度/(mg/L)</td><td colspan="15"></td><td colspan="15"></td></tr>
<tr><td colspan="2">阿司匹林中各组分含量/(mg/g)</td><td colspan="15"></td><td colspan="15"></td></tr>
</table>

**六、注意事项**

1. 所有溶液都必须经过微孔滤膜过滤后再使用。实验结束后，要将毛细管冲洗干净，以防残留的溶液干结后堵塞毛细管。

2. 托盘要安放牢固，样品瓶帽不要盖倾斜，以防折断毛细管和打弯电极。

3. 仪器运行过程中产生高压，禁止用手触摸电极。

4. 在实验过程中，缓冲溶液不断被消耗，应注意及时补充或更换。

**七、思考题**

1. 本实验能否在pH=2的缓冲溶液中进行电泳分析？为什么？

2. 毛细管内壁冲洗不干净，对分析结果有什么影响？

3. 毛细管区带电泳能否分离不带电荷的物质？

# 实验四十七 胶束电动毛细管色谱法测定葛根中葛根素的含量

**一、实验目的**

1. 能够描述毛细管电泳仪的基本结构和工作原理，能熟练进行仪器操作。

2. 能够解释胶束电动毛细管色谱法的原理和定性、定量分析方法。

3. 能够概述葛根的用途和毛细管电泳法在药物分析中的应用，增强质量保证意识。

## 二、实验原理

葛根为豆科植物野葛的干燥根，药食同源，具有解表退热、生津止渴、降血压、降血糖、抗癌、提高免疫力、防治心脑血管疾病等作用，其主要有效成分为葛根素（其结构式如图1所示）、大豆苷和大豆苷元等异黄酮类化合物。2020年版《中国药典》规定，葛根（按干燥品计算）中的葛根素不得少于2.4%。

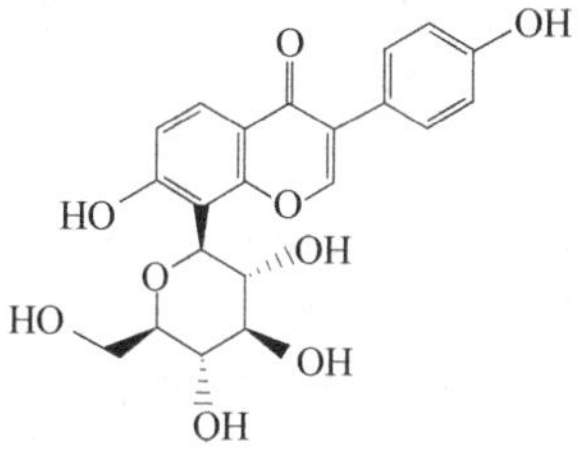

**图1 葛根素的结构式**

葛根素易溶于甲醇，略溶于乙醇，微溶于水。本实验以甲醇作溶剂配制标准溶液和制备样品溶液，利用超声波的空化效应、机械效应和热效应强化提取葛根中的葛根素，并用胶束电动毛细管色谱法测定葛根中葛根素的含量。

在$Na_2B_4O_7$-$H_3BO_3$缓冲溶液中，加入超过临界胶束浓度的阴离子表面活性剂十二烷基硫酸钠（SDS），则形成一个疏水内核、外部带负电的胶束（准固定相），以此溶液作为电泳介质，在高压直流电场作用下，于石英毛细管中进行电泳。在电渗流作用下，带负电的胶束以较低速度向阴极方向移动，依据样品各组分在水相中的淌度和在水相与胶束相中分配系数的差异实现分离。根据分离后测得的葛根素的峰面积，用外标法定量，计算出葛根中葛根素的含量。

## 三、仪器与试剂

1. 仪器

Beckman P/ACE™ MDQ型高效毛细管电泳仪（美国贝克曼公司，压力进样，二极管阵列检测器）；未涂层石英毛细管（60cm×75μm，有效长度50cm）；数控超声波清洗器；LD-1000型超速粉碎机；电子天平（感量为0.1mg，0.001mg）；精密pH计；电热恒温干燥箱；容量瓶。

2. 试剂、材料

硼砂（$Na_2B_4O_7 \cdot 10H_2O$）；硼酸（$H_3BO_3$）；十二烷基硫酸钠；甲醇；氢氧化钠溶液（0.1mol/L）。以上试剂为优级纯。葛根素标准品（纯度>98%）；超纯水；0.45μm有机系滤膜；0.45μm水系滤膜。

电泳缓冲溶液：30mmol/L $Na_2B_4O_7$-30mmol/L $H_3BO_3$-15mmol/L SDS（pH=8.65）。

葛根样品：市售葛根，粉碎后过60目筛，在60℃干燥5h后，置于干燥器中备用。

## 四、实验步骤

1. 配制葛根素标准溶液

葛根素标准贮备液（500mg/L）：精密称取葛根素标准品5.000mg，用甲醇溶解并定容到10mL容量瓶中，摇匀。

准确移取0.40mL、0.80mL、1.20mL、1.60mL、2.00mL葛根素标准贮备液于5个10mL容量瓶中，皆用甲醇稀释至刻度，摇匀，得到浓度为20mg/L、40mg/L、60mg/L、80mg/L、100mg/L的葛根素标准工作溶液。

2. 制备葛根样品溶液

称取葛根粉末0.1g（精确至±0.0001g）置于50mL具塞锥形瓶中，加入50.00mL甲醇，称重。于50℃时超声50min，取出，冷却至室温，再次称量，用甲醇补足失去的质量，摇匀。静置分层，取上清液用于电泳分析。

3. 打开电泳仪

检查电泳仪冷却液在黑线以上，打开主机电源开关，预热仪器30min，打开仪器操作软件。将0.1mol/L氢氧化钠、水用0.45μm水系针头滤膜过滤后注入2个样品瓶中，将缓冲溶液、葛根素标准工作溶液、葛根样品溶液用0.45μm有机系针头滤膜过滤后注入样品瓶中，盖好瓶盖，放入仪器内部托盘的适当位置上，其中，缓冲溶液在左右盘托中各放一瓶，做好记录。依次用0.1mol/L氢氧化钠、水、缓冲溶液冲洗毛细管10min、2min、10min。

4. 设置电泳条件

电泳缓冲溶液：30mmol/L $Na_2B_4O_7$-30mmol/L $H_3BO_3$-15mmol/L SDS（pH=8.65）；进样压力：0.5psi，进样时间：5s，分离温度：19℃，分离电压：19kV，检测波长：254nm。每分析一个样品前，依次用0.1mol/L氢氧化钠、水、缓冲溶液冲洗毛细管3min、2min、3min。

在碱性溶液中，硼酸能与葛根素中的邻二醇羟基形成配阴离子，既能增加葛根素的溶解度，又能减少因吸附而造成的峰拖尾现象。

5. 定量分析

在设置的电泳条件下，按浓度由低到高的顺序分析葛根素标准工作溶液，然后再分析葛根样品溶液。记录电泳图上葛根素峰的迁移时间和峰面积。

6. 实验结束

先关闭氘灯，再依次用0.1mol/L氢氧化钠、水冲洗毛细管5min、5min。点控制界面中的Load，打开仪器盖子，让冷却液回流后关闭主机电源。取出样品瓶，盖好仪器盖子，做好仪器使用记录。将样品瓶等玻璃仪器清洗干净。

## 五、数据处理与结果

1. 葛根中葛根素的定性分析。

打印相关电泳图谱，确定样品电泳图中葛根素的峰，并说明理由。

2. 根据葛根素标准溶液的浓度和所采集的葛根素的峰面积，通过计算机上的Excel绘制标准曲线，求出标准曲线方程和线性相关系数。

3. 计算葛根药材中葛根素的含量。

将葛根提取液电泳图中葛根素的峰面积代入标准曲线方程求出葛根素的浓度，再根据所称取的葛根药材的质量，计算葛根中葛根素的含量。

4. 列表填写实验数据和结果。结合《中国药典》根据葛根的质量规定对分析结果进行评价，得出合理的结论。

## 六、注意事项

1. 实验中由于使用了表面活性剂，在盖样品瓶帽之前，要把样品瓶口部上面的气泡赶尽，以免样品瓶帽被气泡顶歪。

2. 所有溶液都要先经微孔滤膜过滤后再使用。实验结束后，要将毛细管冲洗干净。

## 七、思考题

1. 毛细管电泳常用的分离模式有哪些？各有什么应用？

2. 在超声辅助提取中，如何提高葛根药材中葛根素的提取效率？

3. 影响毛细管电泳分离效率的因素有哪些？

# 第17章 其他仪器分析方法

## 17.1 核磁共振波谱法

核磁共振波谱法（nuclear magnetic resonance spectroscopy，NMR）是利用核磁共振现象获取物质的分子结构信息的技术，也可以用于定量分析。NMR已广泛应用于化学、生物、医药、食品、材料、环境、农业、矿业等领域，是对有机化合物的成分、结构进行分析的强有力的工具之一，是确定生物分子三维结构的重要手段。

核磁共振波谱是一种吸收光谱，但与紫外和红外吸收光谱不同之处在于要将待测物质置于强磁场中，研究具有磁性的原子核对射频辐射的吸收。NMR使用了能量很低、频率很小（4~600MHz）的无线电波照射物质，不会引起物质分子的电子能级跃迁和振动-转动能级跃迁。

核磁共振波谱包括氢核磁共振波谱（简称氢谱，$^{1}H$ NMR）、碳谱（$^{13}C$ NMR）和磷谱（$^{31}P$ NMR）等，目前研究和应用最多的是前两种。所用仪器有液体核磁共振波谱仪和固体核磁共振波谱仪。

### 17.1.1 方法原理

在外加高强静磁场中，具有核磁性质的原子核发生自旋能级分裂，产生两个或两个以上量子化的能级。该分裂能级差较小，当用频率（$\nu$）等于核自旋进动频率（$\nu_0$）的射频场照射原子核时，原子核就会吸收该频率的电磁辐射发生自旋能级跃迁，由低能态跃迁到高能态，产生核磁共振信号。以样品分子中不同化学环境磁性原子核的峰位置（化学位移$\delta$）为横坐标，以共振吸收峰的信号强度（峰面积$A$）为纵坐标作图，即得到核磁共振波谱。甲苯的$^{1}H$ NMR谱图如图17-1所示。

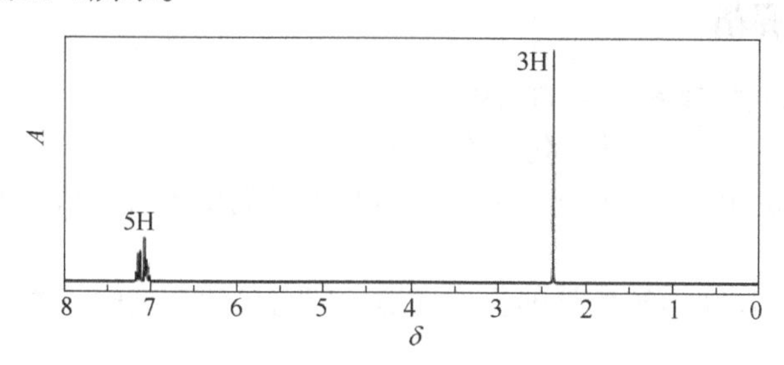


图17-1 甲苯的$^{1}H$ NMR谱图（$CDCl_3$中）

产生核磁共振波谱的必要条件有3条：

① 原子核必须具有核磁性质。即必须是磁性核（或称自旋核）。

② 必须有外加高强静磁场。磁性核在外磁场作用下发生核自旋能级的分裂，产生不同能量的核自旋能级，才能吸收能量发生能级的跃迁。

③ 只有那些能量与核自旋能级能量差相同的电磁辐射才能被共振吸收。

原则上，凡是自旋量子数（$I$）不等于零的原子核，都可以发生核磁共振，其共振频率为：

$$\nu = \nu_0 = \frac{\gamma B_0}{2\pi} \tag{17-1a}$$

式中，$B_0$为外磁场感应强度；$\gamma$为磁旋比，是原子核的重要属性。不同的原子核具有不同的磁旋比，磁旋比越大，原子核的吸收峰就越容易被检测到。

理论上，分子中的同一种原子核因具有相同的磁旋比，在外磁场$B_0$中的共振频率也会相同。但实际上处于不同化学环境中的同一种原子核的共振频率有微小差别。以$^1$H核为例，由于分子中的氢核外有电子云，当$^1$H核自旋时，核周围的电子云也随之转动，在外磁场$B_0$的作用下，会感应产生一个大小与$B_0$成正比而方向与$B_0$相反的次级磁场，对原子核产生屏蔽作用，使原子核实际受到的外磁场感应强度减弱。

在分子中处于不同化学环境的磁性原子核，由于其核外电子云密度不同，受到的屏蔽作用的大小亦不同，共振频率随之改变。若用屏蔽常数（$\sigma$）表示核外电子云屏蔽作用的大小，则原子核的实际共振频率为：

$$\nu = \frac{\gamma B_0 (1-\sigma)}{2\pi} \tag{17-1b}$$

核外电子云的密度越大，则$\sigma$值越大，核的共振频率就越小。

对于同种元素的原子核，如果处于不同的基团中，即化学环境不同，则核外电子云的密度也不同，由于屏蔽效应而使共振频率不同。这种因原子核所处的化学环境不同而引起的共振频率的变化称为化学位移（$\delta$）。

化学位移是磁性原子核所处化学环境的表征，可以通过测量原子核相对于某个标准物质（如四甲基硅烷，规定其化学位移值为零）共振频率的差值来求得。

$$\delta = \frac{\nu_{试样} - \nu_{标准物}}{\nu_{标准物}} \times 10^6 \tag{17-2}$$

影响化学位移的因素除了与自身的分子结构有关外，还与分子间氢键、溶剂效应等外部因素有关。

分子中相邻两个化学位移不同或核磁性不同的原子核之间可能会发生自旋耦合裂分，各裂分峰之间的间距即耦合常数主要与原子核的磁性、分子结构及构象有关。

## 17.1.2 谱图解析

### 17.1.2.1 核磁共振谱图提供的信息

以$^1$H NMR谱为例，可以获得化合物的以下特征信息：

① 共振吸收峰的组数。说明分子中化学环境不同的质子有几组，即有几种不同类型的质子。

② 化学位移$\delta$。反映质子所处的化学环境，即它是什么结构基团上的氢，该基团上可能有哪些取代基。

③ 各组峰的分裂个数和形状。反映了质子基团相邻碳原子上的质子数和质子类型，说明分子中各基团的连接关系。

各组峰的分裂符合$n$+1规律，即相邻碳原子上有$n$个H时，能裂分成$n$+1个峰。分裂后各组峰的强度比符合（$a$+$b$）$^n$的展开式各项系数比。

④ 耦合常数（$J$）。$J$的大小说明两质子在分子结构中的相对位置。

⑤ 积分曲线高度/峰面积。与产生该吸收峰的相应基团中的质子数目成正比，据此可以

推测化合物各基团中所含氢的个数和总的氢原子数。

#### 17.1.2.2 谱图解析的一般步骤

① 检查谱图是否符合规则。NMR基线应平直，内标物TMS的信号应在零点，峰形尖锐对称（个别较宽），能区别出溶剂峰、杂质峰、旋转边带等非待测物质的信号，杂质的峰面积较待测组分小很多且与待测组分的峰面积无简单的整数比关系。

② 了解试样的各种信息和基本数据，最好确定出分子式。

③ 根据化合物的分子式计算不饱和度，判断分子是否饱和以及不饱和键的数目。

④ 根据各组峰的化学位移值推测基团类型及所处的化学环境。

⑤ 根据裂分峰数目、耦合常数和峰形，推断基团本身及相邻碳原子上的质子数目和可能存在的基团以及各基团之间的连接顺序。

⑥ 根据各质子峰的面积确定各基团的质子比，再参考组分的分子式确定各组峰所代表的氢原子数目。

⑦ 综合分析NMR所提供的各种信息，确定化合物分子中官能团的数目和种类、各种基团所处的环境以及基团中所含氢的数目、各种基团之间如何连接等结构信息，进而推测出最可能的结构式。

对难解析的高级谱，必要时可用位移试剂、双共振等使谱图简化。

⑧ 结合UV、IR、MS的分析数据推导化合物的结构式，并与标准谱图对照确定。

### 17.1.3 方法特点及应用

#### 17.1.3.1 方法特点

（1）核磁共振谱提供的信息量大

一张$^{1}H$ NMR谱就可以提供吸收峰的化学位移值、原子的裂分峰数、耦合常数以及各峰的积分高度等化合物的特征信息，也可以通过测定碳谱（$^{13}C$ NMR）和磷谱（$^{31}P$ NMR）等来获取物质更多的信息。

（2）能深入物质内部而不破坏样品

#### 17.1.3.2 应用

核磁共振波谱法的应用极为广泛，主要用于化合物的定性分析和结构分析，在某些情况下也可以用于定量分析。还能用于化学动力学方面的研究，如研究分子内旋转、化学交换、氢键的形成、测定反应速度常数等，用于研究化学反应机理、测定化合物的分子量，进行活体研究、药理研究、疾病诊断等。

（1）定性分析、结构分析

对于结构简单的样品，根据核磁共振谱提供的化学位移、耦合裂分峰数、耦合常数以及各组峰的积分高度等信息，即可进行鉴定，或通过与文献值（图谱）比较确定物质的结构以及是否存在杂质。对于结构复杂或结构未知的样品，还应结合其他分析手段，如元素分析、紫外光谱、红外光谱、质谱等确定其结构。

在有机化学中，利用核磁共振谱可以区分混合物中不同的组分，测定物质的结构和区分异构体，进行立体化学、互变现象等的研究。

在聚合物领域，NMR已成为分析聚合物的微观序列结构、构象、弛豫现象等十分有效的手段，也能用于鉴别高分子化合物，进行材料表征。

在生命科学中，NMR是确定蛋白质、核酸、糖类等生物大分子三维结构的重要手段。

（2）定量分析

在化合物的核磁共振波谱中，共振峰的积分曲线高度（即峰面积）与该组峰的核数成正比，据此可对该化合物进行定量分析。用NMR进行定量分析时，一般只对待测化合物中某一指定基团上质子引起的峰面积与参比标准物中某一指定基团上质子引起的峰面积进行比较，即可求出化合物的绝对含量。

当分析混合物时，也可以将各组分指定基团上质子产生的吸收峰强度进行相对比较，求得相对含量。NMR常用的定量分析方法有以下2种。

① 内标法。在一定量的样品中精确加入一定量的内标物，用合适的溶剂配制成适宜浓度的溶液后进行测定，以抵消磁化率的差别。将样品指定基团上的质子引起的共振吸收峰的面积与由内标物指定基团上的质子引起的共振峰的面积进行比较，则样品的绝对质量（$m_x$）可由下式求得。

由内标物的分析峰求得每摩尔质子的相对峰面积为：

$$A_s^H = \frac{A_s}{m_s n_s / M_s} = \frac{A_s M_s}{m_s n_s} \tag{17-3a}$$

由试样待测物的分析峰求得每摩尔质子的相对峰面积为：

$$A_x^H = \frac{A_x M_x}{m_x n_x} \tag{17-3b}$$

因为$A_s^H = A_x^H$，所以试样中待测物的质量为：

$$m_x = \frac{A_x M_x m_s n_s}{A_s M_s n_x} \tag{17-4}$$

式中，$A_x$、$M_x$、$m_x$、$n_x$和$A_s$、$M_s$、$m_s$、$n_s$分别为待测物和内标物的峰面积、摩尔质量、质量和分子中指定基团上的质子数。

内标法准确性好，操作简便。对内标物的基本要求是：a.不与溶剂和待测样品发生化学反应；b.存在易于辨认的吸收峰，最好是尖锐的单峰；c.在扫描的磁场区域内，其共振峰与样品峰不重叠，不干扰测定；d.沸点低，纯度高，能溶于分析溶剂中；e.内标物弛豫时间与待测样品的弛豫时间相匹配，避免增加不必要的采样时间。

常用的内标物是四甲基硅烷（TMS），它的沸点低，易除去，不宜分解，一般不和样品反应，且只有一个尖锐的单峰，出现在高场，规定其化学位移$\delta$为零。如图17-2所示。TMS的甲基屏蔽效应强，一般化合物中氢核的共振峰都在它的左侧，$\delta$为正值；若化合物的谱峰出现在它的右边，则$\delta$为负值。

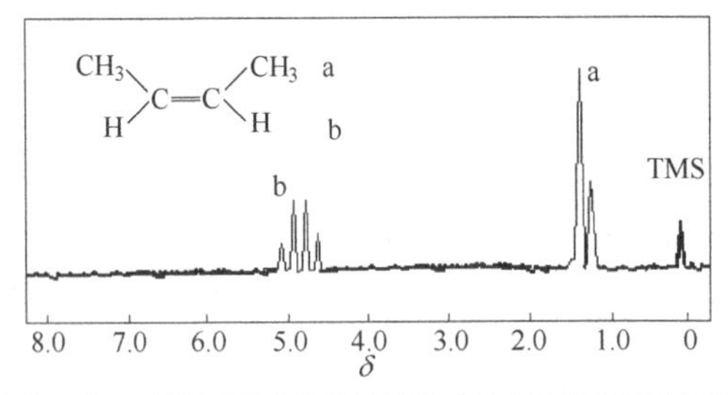


**图17-2 2-丁烯的$^1$H NMR谱图（含有TMS的$CDCl_3$中）**

用重水（$D_2O$）作溶剂测量时，可选用易溶于水的4,4-二甲基-4-硅代戊磺酸钠（DSS）为内标物；分析非芳香化合物时，可选用苯或苯甲酸苄酯为内标物。

② 外标法。当测定复杂样品中某一组分的含量时，若难以找到合适的内标物，可以用外标法进行测定。外标法是将标准参考物质（待测物质的纯物质）装于毛细管中，加封后再插入含被测试样的样品管内，同轴测定，分别绘制NMR谱。由于标准参考物质和待测物质相同，故$M_x$=$M_s$，$n_x$=$n_s$，上式简化为：

$$m_x = \frac{A_x m_s}{A_s} \tag{17-5}$$

## 17.1.4　实验技术和分析条件

### 17.1.4.1　样品的制备

① 样品纯度一般应大于95%。样品溶液中不能含有固体微粒、灰尘和顺磁性$Fe^{3+}$、$Cu^{2+}$等杂质，否则会扭曲磁场而导致谱线变宽，甚至失去应有的精细结构。因此在测试前必须将样品溶液过滤，以除去不溶物，必要时要通氮气以除去溶解在试液中的顺磁性氧气。

② 样品不能导电。

③ 试液要有较好的流动性。分析液体试样时，试液不宜过于黏稠，不能是悬浊液或乳浊液。

对固体样品，通常需要用合适的溶剂配制成均一、透明的溶液后测定。所用的溶剂应黏度小，纯度高，对样品溶解能力强，不与样品发生化学反应或缔合，不干扰样品信号（谱峰不与样品峰有重叠），成本合适。

做$^1$H NMR谱时常使用$CCl_4$作溶剂，因为$CCl_4$分子中不含氢核，不产生$^1$H的信号峰；在做精细测量时，常使用氘代溶剂，如$CDCl_3$、$D_2O$、DNSO-$d_6$、氘代丙酮、$CD_3CN$、$CD_3OD$、THF-$d_8$等。极性大的化合物可采用氘代丙酮、$D_2O$作溶剂，芳香化合物可采用氘代苯作溶剂。不同的溶剂由于极性、溶剂化作用等不同而具有不同的溶剂效应。

④ 试样用量。不同场强需要的样品量不同，$^1$H NMR谱一般为5~20mg，$^{13}$C NMR谱一般为15~50mg，对于聚合物样品用量应恰当增加。试样用0.5mL氘代溶剂溶解后进行分析。

⑤ 样品溶液的浓度要适当大一些，可减少测量时间，获得高质量谱图。浓度太小，信噪比差；但浓度太大，分辨率会降低。另外，离子强度不宜太大，溶液的pH值要合适（可使用缓冲溶液控制pH）。

⑥ 在做固体核磁时，需要将固体用玛瑙研钵研磨成很细的粉末，无颗粒感。

### 17.1.4.2　分析条件及注意事项

① 选择合适的实验参数。在定量分析中，要选择合适的激发脉冲、重复时间、采集时间、信噪比、接收器增益、数字分辨率、匀场、调谐和匹配、温度等参数。

对于某些化合物，要设置足够的谱宽。羧酸、有缔合的酚、烯醇等物质的化学位移范围均可超过10，若设置的谱宽不够大，—OH、—COOH的峰会折进来，给出错误的$\delta$值。

② 要严格按照仪器操作规程进行操作。实验场所不得有手机、银行卡、钥匙等可磁化物。

③ 核磁管长度要求至少16cm，且管壁无划痕、无破损，管内外壁干燥、洁净，以避免污染样品。样品放入转盘前应仔细检查核磁管，确保外壁干净。

④ 插入或取出样品管时务必小心谨慎。严禁样品管在仪器探头内发生断裂或碰碎而造成重大仪器故障。

⑤ 液体样品要密封测定。如果密封不严，会因蒸发而使样品数量不足或弛豫时间增加，造成共振信号减弱。

⑥ 测试前一定要拿掉探头上的盖子。以防自动进样器滑动装置碰到盖子。

⑦ 若怀疑样品中有活泼氢（杂原子上连接的氢），可在做完氢谱后滴加两滴重水，振荡，然后记谱，若原活泼氢的谱峰消失或减弱，就证明有活泼氢存在。当谱线重叠较严重时，可滴加少量磁各向异性溶剂（如氘代苯），重叠的谱峰有可能分开。也可以考虑用同核

去耦实验来简化谱图。

# 17.2 热分析法

热分析（thermal analysis）是指在程序控制温度和一定气氛下，测量物质的某种物理性质随温度或时间变化的关系而进行分析的方法。热分析技术能快速准确地测定物质在受热过程中所发生的晶型转变、熔融、升华、吸附等物理变化和脱水、分解等化学变化，据此可以确定物质的熔点、沸点等物理常数，对物质进行鉴别和纯度检查等。

热分析法可在宽广的温度范围内对样品进行研究，可使用各种温度程序，可分析固态、液态或浆状样品，样品用量少（0.1μg~10mg），灵敏度高，可与其他技术联用获取物质的多种信息，已广泛应用于物理、化学、化工、冶金、地质、材料、陶瓷、燃料、轻纺、食品、生物等领域。

热分析方法有很多种，常用的有差热分析（differential thermal analysis，DTA）法、热重（thermogravimetry，TG）法和差示扫描量热（differential scanning calorimetry，DSC）法等。

## 17.2.1 差热分析法

### 17.2.1.1 基本原理

将样品与等量的参比物质置于相同的温度环境中，等速升温或降温，由差热分析仪记录样品与参比物质之间的温度差（$\Delta T$），并对时间（$t$）或温度（$T$）作图，即得到差热图（或DTA曲线）。差热分析仪的结构如图17-3所示。

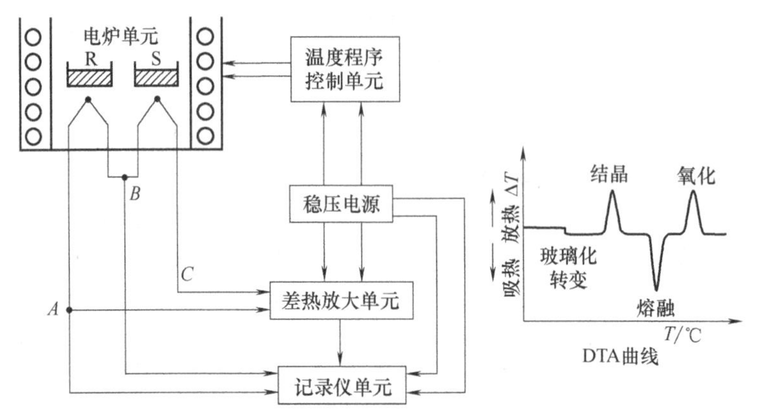


图17-3 差热分析仪结构示意（S为样品，R为参比物质）

要求参比物性质稳定，在一定的实验温度下不发生任何化学反应和物理变化，热导率、比热容、密度、粒度、装填方式等与试样一致或相近。DTA常用的参比物质有三氧化二铝（$\alpha$-$Al_2O_3$）、煅烧过的氧化镁（MgO）或石英粉。

当参比物和试样的热性质、质量、密度等完全相同，且在某一温度区间试样无热效应时，温差为零，DTA曲线为一平滑的直线，即基线。当在某一温度区间试样发生相转变（如熔化、结晶结构的转变、沸腾、升华、蒸发）或化学变化（如脱氢反应、断裂或分解反应、氧化或还原反应、晶格结构变化等）时，就会产生热效应而与参比物之间形成温差，在DTA曲线上有峰出现。其中峰顶向上（$\Delta T>0$）的为放热峰，峰顶向下的为吸热峰。

DTA曲线上峰的数目表示物质发生物理、化学变化的次数，峰位置的起始温度表示物质发生变化的转化温度，峰方向的上下体现了吸放热类型，峰的形状与过程动力学有关，峰面积说明热效应的大小。相同条件下，热效应越大，峰面积也就越大。

#### 17.2.1.2　影响差热分析的因素

① 试样用量、粒度和装填方式。试样用量不宜太大，用量少则峰小而尖锐，分辨率高，重视性好。用量大则分辨率下降，对粒度不够均匀的样品，可适当增加试样用量。

粒度大小对那些表面反应或受扩散控制的反应（例如氧化）影响较大，一般在100~200目为宜。粒度小可以改善导热条件，但太细可能会破坏样品的结晶度或使其分解。

装填方式影响试样的传热，最好采用薄膜或细粉状试样，并使试样铺满在平整的坩埚底部，加盖封紧。

② 参比物。要求在测定温度范围内保持热稳定，其粒度、用量、装填方式和紧密程度等应与试样一致。

③ 气氛和压力。影响样品化学反应和物理变化的平衡温度和峰形，对有易被氧化的物质参与的反应，要通入$N_2$、Ne等惰性气体。

④ 升温速率。影响峰的位置和峰面积，一般为10~15℃/min。一般升温速率快，分析时间短，得到高而尖锐的峰。但是升温速率太快，基线易漂移，分辨率下降；升温太慢，得到的峰宽而浅。

⑤ 其他因素。如样品管的材料、大小和形状，热电偶的材质，热电偶插在试样和参比物中的位置等。

在实验过程中，必须严格控制以上实验条件，才能获得良好的再现性结果。

#### 17.2.1.3　差热分析法的应用

在相同条件下，不同物质产生的DTA曲线具有其特征性，因此，利用差热峰的数目、方向、形状、位置与相应的温度，可对物质进行定性分析，利用峰面积可进行半定量分析。还可以研究物质在加热过程中的相态、结构、化学变化、动力学性质，测定物质的比热容、相变潜热以及其他反应热等。例如，硫黄相变研究，如图17-4所示。

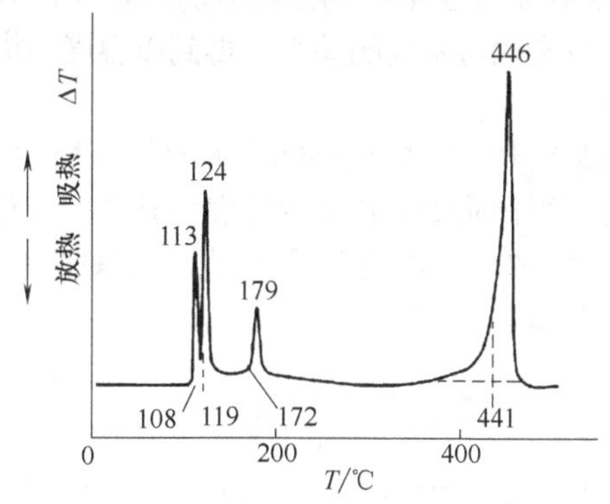


**图17-4　硫黄各种相变的DTA曲线**

4个吸热峰：113℃—正交晶形转变成单斜晶形；124℃—熔化峰；179℃—液液转变；446℃—汽化峰

### 17.2.2　差示扫描量热法

#### 17.2.2.1　基本原理

在相同的温度环境中，按一定的升温或降温速度对样品和参比物进行加热或冷却，记录样品及参比物之间在温差$\Delta T=0$时所需要的能量差$\Delta H$与时间或温度的变化关系。获得的能量差-时间（或温度）曲线称为差示扫描量热曲线（DSC曲线）。DSC曲线上的放热峰和吸热峰分别代表放出的热量和吸收的热量。图17-5为两种巧克力的DSC曲线。

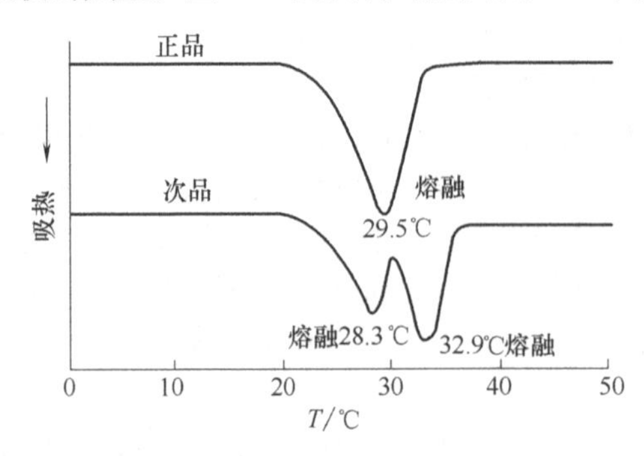


**图17-5　两种巧克力的DSC曲线**

差示扫描量热法（DSC）使用温度范围宽（-175~725℃），分辨率高，重复性好，试样用量少，灵敏度高，是一种快速和可靠的热分析方法。

#### 17.2.2.2　影响DSC分析的因素

主要有样品的性质、粒度、用量以及参比物的性质、升温速率、气氛等。

#### 17.2.2.3　应用

DSC应用范围很宽，既能对物质进行定性分析、定量分析，也能测定热力学和动力学参数，如比热容、反应热、转变热、相图、反应速率、结晶速率、结晶度等。适用于高分子、液晶、食品、医药、生物等许多领域中的无机物、有机物和药物分析。由于参比物质和待测物质之间没有热传递，因此在定量计算时精度比较高。

### 17.2.3　热重法

#### 17.2.3.1　基本原理

TG是在程序控制温度和一定气氛下，测量物质的质量变化与温度或时间的关系的一种技术。通常是测量试样的质量变化与温度的关系，得到以温度为横坐标，以失重百分率为纵坐标的热重曲线（TG曲线）。

如图17-6所示，TG曲线上质量基本不变的部分称为基线或平台，在此温度范围内，物质的性质稳定，不发生变化。当物质受热在某温度发生升华、汽化、氧化、还原、分解出气体或失去结晶水时，质量就会减少，热重曲线会下降。从TG曲线可以看出热稳定性温度区、反应区、反应所产生的中间体和最终产物。

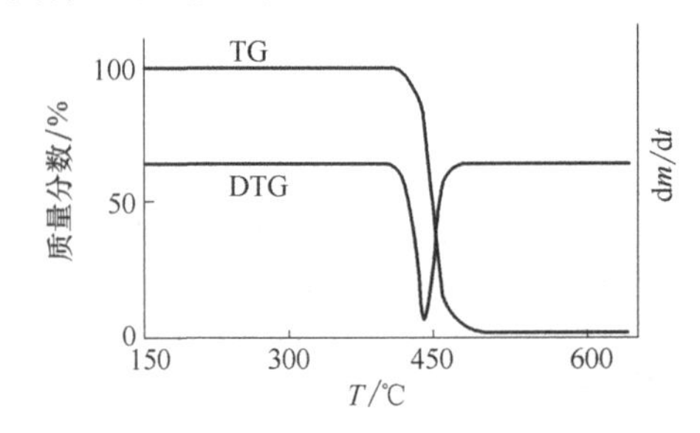


**图17-6　尼龙66的TG和DTG曲线**

若为多步失重，将会出现多个平台。由TG曲线可以知道物质在哪个温度时发生变化，根据各步失重前后物质的质量，可计算各步失重百分率或失去了多少物质，从而得到试样的热分解机理和判断各步分解产物。在计算各步失重百分率时，都要以试样的原始质量为基础。

若记录物质的质量随时间的变化速率（$\frac{dm}{dt}$）与温度的关系，即得到微商热重法（DTG）曲线。DTG曲线的峰顶（$d^2m/dt^2=0$）对应着失重速率的最大值，峰的数目和TG曲线的台阶数相等，峰面积与失重量成正比，根据峰面积可计算失重量和失重百分率。

#### 17.2.3.2　影响热重法分析的因素

主要有样品的性质、样品用量和升温速率。

#### 17.2.3.3　应用

物质在加热过程中发生质量变化的温度及失重百分率与物质的组成和结构有关，利用TG曲线可以研究试样的组成和物质的热变化过程，如热稳定性、热分解温度、热分解产物和热分解动力学、高分子材料失去低分子物的缩聚反应等，也可以研究物质的熔化、蒸发、升华和吸附等物理现象。

### 17.2.4　同步热分析法

将DSC（或DTA）与TG的样品室相连，在同样气氛中，控制同样的升温速率进行测试，一次实验可同时得到DSC（或DTA）和TG曲线，获得物质更多的信息，更全面地反映物质的物理转变或化学变化，可对照进行研究。

## 17.3　扫描电子显微镜

扫描电子显微镜（scanning electron microscope，SEM）是一种用于表征样品形貌、结构、成分的多功能高精密仪器，已广泛应用于化学、材料科学、医学、生物科学、冶金、地质勘探等领域。

### 17.3.1　方法原理

由电子枪发射的电子束经栅极聚焦后，在加速电压作用下，经电磁透镜被聚成非常细的高能电子束聚焦在样品表面。在扫描线圈的磁场作用下，入射电子束在样品表面上按照一定的空间和时间顺序做光栅式逐点扫描。样品在电子束的作用下被激发产生二次电子、俄歇电子、特征X射线和连续谱X射线、背散射电子、透射电子等物理信号，被接收放大后送到显像管（CRT）的栅极，调制显像管的亮度。样品表面任意点的发射信号与显像管荧光屏上的亮度一一对应，也就是说电子束打到样品上一点时，在显像管荧光屏上就出现一个亮点。扫描电镜就是采用这种逐点成像的方法，把样品表面不同的特征，转化成为放大的视频信号，完成扫描图像。

其中，二次电子信号成像可用于观察样品的表面形态，X射线信号成像可用于样品的成分分析，背散射电子信号成像可显示样品中元素的分布。图17-7是聚乙二醇2000（PEG2000）/纤维素微球的扫描电子显微镜图片。

### 17.3.2　仪器结构及性能参数

#### 17.3.2.1　仪器结构

SEM属于二次成像。主要由电子光学系统、扫描系统、信号接收和图像显示系统、样品台及真空系统组成。

（1）电子光学系统

图17-7 PEG2000/纤维素微球的SEM图片

电子光学系统由电子枪、电磁透镜和扫描线圈（偏转线圈）组成，是SEM的核心部分。由电子枪发射的电子束，在高压电场作用下，被加速通过阳极轴心孔，进入电磁透镜系统。其中，聚光镜可以改变入射到样品上的电子束流的大小，物镜决定电子束束斑的直径。

（2）扫描系统

扫描系统主要包括扫描发生器、扫描线圈和放大倍率变换器。扫描电镜图像的放大倍率是通过改变电子束偏转角度来调节的。放大倍数等于阴极线管（CRT）面积与电子束在样品上的扫描面积之比，减小样品上扫描面积，可增加放大倍率。

（3）信号接收和显示系统

高能电子束与样品互相作用产生各种信号，SEM通过接收器收集各种电子信号，并转化为图像显示出样品的形貌、结构、成分等信息。

（4）样品台

样品台为拉出型的，操作时通过千分尺机构，使样品台沿$X$、$Y$两个方向位移，还可以让样品绕轴倾斜，在水平面上旋转。

（5）真空系统

真空系统为电子光学系统提供必需的高真空环境，防止因空气的存在导致电子发生散射，保证电子束的正常扫描，还能防止样品受到污染。

#### 17.3.2.2 性能参数

SEM的主要性能参数包括放大倍率、分辨率和景深。

SEM的分辨率与入射电子束直径、调制信号类型、样品原子序数、杂散磁场和机械振动等因素有关。入射电子束直径越小，分辨率越高。

景深是指在SEM中，位于焦平面上下的一小层区域内的样品点，都可以得到良好的会焦而成像。这一小层的厚度称为场深，通常为几纳米厚，所以SEM可以用于纳米级样品的三维成像。

## 17.3.3 扫描电子显微镜的优点

与透视电子显微镜、光学显微镜相比，SEM主要具有以下优点：

① 分辨率高，可达到1nm。

② 图像的放大倍数变化范围大，从几十倍到几十万倍，且连续可调。

③ 观察样品的景深大，视野大，图像富有立体感。可直接观察试样起伏较大的粗糙表面的细微结构和凹凸不平的金属断口等。

④ 试样制备简单，不用切成薄片。

⑤ 样品可以在样品室中做三度空间的平移和旋转，因此，可以从各种角度对样品进行观察。

⑥ 电子束对样品的损伤与污染程度较小。

⑦ 在观察三维形貌的同时，还能与其他分析仪器相结合做微区成分分析等。

但是，SEM只能对样品表面形貌进行定性观察，而无法直接获得样品表面定量的三维形貌信息。

## 17.3.4 样品制备及实验参数的选择

### 17.3.4.1 样品的制备

扫描电镜对样品的要求是：必须是固体，表面导电、清洁，且无毒、无放射性、无磁、无水，性质稳定，尺寸符合样品台的规定。

① 对于不符合尺寸要求的样品。需要根据样品种类和测试要求采用不同的方法进行分切；如果需要观测样品的内部结构，还需要将样品断开；当对断口的测试要求较高时，一般采用离子束蚀刻。

② 对于块状导电样品。制作成合适的尺寸后，用导电胶粘牢在样品台上，再用洗耳球吹去杂质即可进行测试。

对粉末状导电样品，先将导电胶带粘在样品台上，再均匀地把粉末样撒在上面，然后用洗耳球吹去未粘住的粉末后进行测试。

③ 对于导电性不好的样品。必须进行表面处理，形成导电膜，以防止样品放电和热损伤，否则会严重影响图像观察和图像质量。常用的处理方法有喷金镀膜法、喷碳镀膜法和组织导电法。

Ⅰ. 镀膜法：是采用特殊装置，将电阻率小的材料（如金、银、铂、钯、碳等）离子溅射或真空蒸发后覆盖在样品表面上。

金适合于中低分辨率的观测；铂适合于高分辨率图像的观测；碳膜材料最经济，不容易干扰图像，但不适合用于高倍观测。

Ⅱ. 组织导电法：是利用重金属盐溶液对生物体的蛋白质、脂肪及淀粉等成分的结合作用，使样品表面离子化或产生导电性能很好的金属化合物，从而提高样品耐受电子轰击的能力和导电率。

但对于具有微细结构的导电性不好的样品，如果样品材料对电子束敏感，表面导电处理势必会不同程度地遮盖表面上的精细结构。

④ 样品表面污染物的处理。当样品表面附着有污染物或腐蚀产物时，将掩盖样品的真实表面，影响测试结果的准确性。对有自生成物的样品，先不要急于清除，要先对表面覆盖物进行分析，确认对分析无价值后方可清除。清除样品表面的污染物可用超纯水冲洗、化学试剂清洗等方法。

### 17.3.4.2 实验参数的选择

（1）加速电压的选择

加速电压越高，则电子束能量越高，越容易聚焦变细，分辨率和放大倍数也越大，像散越大。但是，加速电压高，会损伤某些样品，如破坏生物样品的细胞结构。而加速电压低，扫描图像的信息仅限于样品表面。因此，加速电压的选择应视样品性质和倍率来决定。当样品不易受电子束损伤且导电性好时，适当增大电压，有利于提高图像的清晰度和获得更深区域样品的信息。

(2) 扫描速度的选择

扫描速度影响图像质量。扫描速度快，则信号弱，分辨率下降。适当降低扫描速度，能增加图像清晰度。但扫描速度太慢，分辨率也会下降甚至出现假象。特别是对生物样品和高分子样品，扫描速度不能太慢。

(3) 束流的选择

调节聚光镜电流可以改变束流大小。聚光镜电流越大，则电子束直径越小，图像分辨率越高。但同时束流变弱，导致信号变弱，信噪比降低。因此，在要求高分辨率工作时，要使用大的聚光镜电流。

(4) 物镜光阑和工作距离的选择

光阑孔径越小，则分辨率越高，景深越大。为获得高分辨率，应减小光阑孔径和采用小的工作距离。如果要观察高低不平的样品表面，则应采用较大的工作距离，但分辨率会明显下降。

(5) 像散校正

在电子光学系统中所形成的磁场或静电场不能满足轴对称的要求时，就会产生像散，使图像失真，清晰度也会明显下降。可通过调整消像散器进行像散校正使图像清晰。像散特别严重时，应该清洗镜筒和物镜光阑。

# 实验四十八　核磁共振波谱法测定乙酰乙酸乙酯的互变异构体的相对含量

## 一、实验目的

1. 能描述核磁共振波谱仪的基本结构、工作原理，初步学会仪器操作。

2. 能解释用核磁共振氢谱（$^1H$ NMR）对乙酰乙酸乙酯的互变异构体进行定量分析的原理和方法。

3. 学会核磁共振波谱样品的制备、测定方法及简单图谱的识别与解析方法。

## 二、实验原理

互变异构是有机化学中的常见现象，乙酰乙酸乙酯有酮式和烯醇式两种互变异构体，如图1所示。

$$\overset{d}{CH_3}CO\overset{c}{CH_2}COO\overset{b}{CH_2}\overset{a}{CH_3} \rightleftharpoons \overset{d}{CH_3}C\overset{e}{OH}=\overset{c}{CH}COO\overset{b}{CH_2}\overset{a}{CH_3}$$

(酮式)　　　　　　　　(烯醇式)

**图1　乙酰乙酸乙酯的互变异构体**

一般情况下，两种异构体以一定比例呈动态平衡存在。酮式和烯醇式的相对含量与分子结构、浓度、温度、溶剂有关，在浓度、温度、溶剂等条件不同的体系中，两种异构体的相对含量差别很大。乙酰乙酸乙酯在18℃时不同溶剂中的烯醇式含量见表1。

**表1　不同溶剂的稀溶液中乙酰乙酸乙酯的烯醇式的含量（18℃）**

| 溶剂 | 烯醇式含量/% | 溶剂 | 烯醇式含量/% |
|---|---|---|---|
| 水 | 0.4 | 乙酸乙酯 | 12.9 |
| 甲醇 | 6.9 | 苯 | 16.2 |
| 乙醇 | 10.52 | 乙醚 | 27.1 |
| 戊醇 | 15.33 | 二硫化碳 | 32.4 |
| 氯仿 | 8.2 | 正已烷 | 46.4 |

在极性溶剂（如水）中，酮式异构体中的碳氧双键易与溶剂分子形成分子间氢键，使其稳定性大大增加，含量很高，而烯醇式的含量则很低；在非极性溶剂中，烯醇式异构体能够形成分子内氢键，稳定性增强，相对含量增大。

在室温下，两种异构体之间的互变速度很快，不能将它们分离。只有在低温冷冻等特殊条件下才可以分离。

由于乙酰乙酸乙酯的酮式和烯醇式异构体的结构不同，它们的红外光谱、紫外吸收光谱和核磁共振波谱均有差异，因此可以用这三种波谱方法测定它们。核磁共振波谱是研究有机化合物互变异构体动态平衡的重要工具，测定异构体的相对含量具有简单快速的优点。本实验采用核磁共振氢谱测定乙酰乙酸乙酯的分子结构和互变异构体的相对含量。

在乙酰乙酸乙酯的酮式和烯醇式的 $^{1}$H NMR中，部分 $^{1}$H的化学环境完全不同，因此相应的 $^{1}$H的化学位移也不同，见表2。

表2　乙酰乙酸乙酯NMR中各种化学环境的$^{1}$H的化学位移（$\delta$）

| $^{1}$H的类型 | a | b | c | d | e |
|---|---|---|---|---|---|
| 酮式$^{1}$H的化学位移 | 1.3 | 4.2 | 3.3 | 2.2 | 无 |
| 烯醇式$^{1}$H的化学位移 | 1.3 | 4.2 | 4.9 | 2.0 | 12.2 |

若选择化学位移不同的分别代表酮式和烯醇式结构的特征 $^{1}$H，利用它们的峰面积与对应的H的数目成正比，就可以计算出一个确定体系中的酮式和烯醇式异构体的相对含量。

例如，选择c氢的峰面积来定量。在酮式结构中，c氢的化学位移为$\delta_c$=3.3（见图2），氢核的个数为2；在烯醇式结构中，$\delta_c$=4.9，氢核的个数为1。则烯醇式异构体的相对含量为：

式中，$A_{3.3}$和$A_{4.9}$分别表示化学位移在3.3和4.9处的峰面积。

$$\omega_{烯醇式}=\frac{A_{4.9}/1}{A_{3.3}/2+A_{4.9}/1} \tag{1}$$

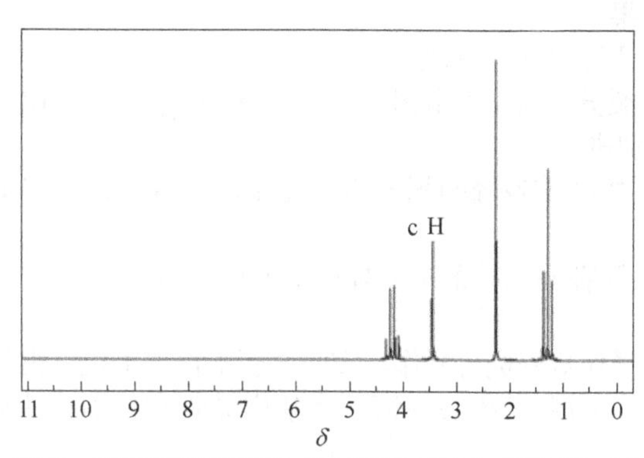


图2　乙酰乙酸乙酯的 $^{1}$H NMR谱图（$CDCl_3$中）

这种方法也可以用于二元或多元组分的定量分析，方法的关键是要找出分开的能代表各个组分的定量用吸收峰，并准确测量出它们的峰面积。

## 三、仪器与试剂

1. 仪器

Bruker AV Ⅲ HD 400MHz超导脉冲傅里叶变换核磁共振波谱仪（德国布鲁克公司）；核磁样品管（$\Phi$5mm）；微量进样器100μL、0.5mL。

2. 试剂

乙酰乙酸乙酯（优级纯）；氘代氯仿［氘代率99.8%，含0.03%（体积分数）TMS］；氘代苯［氘代率99.5%，含0.03%（体积分数）TMS］。

## 四、实验步骤

1．样品制备

（1）配制乙酰乙酸乙酯样品溶液

试样1：体积分数为5%乙酰乙酸乙酯的氘代氯仿（含0.03%TMS）溶液。

试样2：体积分数为5%乙酰乙酸乙酯的氘代苯（含0.03%TMS）溶液。

将各样品溶液放置24h以达到平衡。

2．测定

① 将试样1、试样2分别放入2根核磁样品管中，保持3.5~4cm高的量，盖上核磁帽，用蜡膜密封以减少挥发。将样品管的外壁擦拭干净，用量规调整好磁子位置。

② 开启空压机，拿掉探头上的防尘盖，启动NMR操作软件，输入icon，打开Icon NMR程序，点击Automation，选择heci用户名，点击OK，进入Automation窗口。

打开自动进样器，插上自动进样器电源，打开气路开关，拉起红色紧急开关，将样品依次放入转盘，记下其Holder。

③ 调整仪器工作状态，创建文件，设定 $^1$H NMR谱采样脉冲程序及实验参数。

包括通道的设定、锁场（溶剂为氘代氯仿）、探头的调谐与匹配（自动模式）、匀场（自动梯度匀场）、采集参数的设定、脉冲和参数的读取以及增益的自动计算。

实验参数。测试核种：$^1$H；样品管转速：25周/s；谱宽：20；扫描次数：16；脉冲序列(zg)：30；探头温度：297K；扫描范围：0~1200Hz；仪器要求的其他必要参数。

④ 测定，保存数据和图谱。

⑤ 测试完毕，点击stop停止运行，然后关闭Automation程序。关闭自动进样器，按下红色紧急开关，关闭气路开关，断开自动进样器电源。最后从探头中取出样品管并盖上探头上的盖子，关掉空压机。

⑥ 将样品管中的溶剂等倒入废液回收容器中，用易挥发溶剂（如丙酮或乙醇等）小心将样品管清洗干净，自然晾干。清洗和整理其他相关仪器，做好仪器使用记录。

## 五、数据处理与结果

1．打印相关图谱，列表填写实验数据。

根据化学位移、峰裂分情况对所测得的乙酰乙酸乙酯 $^1$H NMR中的各种吸收峰进行归属，按酮式和烯醇式分别进行。

2．分别测量酮式和烯醇式各峰的积分曲线高度，并转换成整数比，与理论值进行比较，讨论其误差情况。

3．计算乙酰乙酸乙酯在不同溶剂中的烯醇式的质量分数。

## 六、注意事项

1．要严格按照仪器操作规程进行操作。实验场所不得有手机、银行卡、钥匙等可磁化物。

2．插入或取出样品管时务必小心谨慎，严禁样品管在仪器探头内发生断裂或碰碎而造成重大仪器故障。

3．使用干燥、清洁的核磁管，避免污染样品。样品放入转盘前应仔细检查核磁管，确保无划痕、无破损，外壁干净。

4．样品纯度要高，不能混有磁性杂质，否则会扭曲磁场而降低谱峰的分辨率。

5．开始运行前，一定要拿掉探头上的盖子，以防自动进样器滑动装置碰到盖子。

## 七、思考题

1．产生核磁共振的必要条件是什么？

2．测定乙酰乙酸乙酯的 $^1$H NMR时，为什么要将谱宽设定为20？

3．试比较用氘代氯仿和氘代苯为溶剂测得的两张 $^1$H NMR谱图的差别，并说明原因。

4．从实验数据说明乙酰乙酸乙酯的烯醇式质量分数与溶剂极性的关系。

# 实验四十九　肉桂酸的核磁共振$^1$H NMR波谱测定及结构分析

## 一、实验目的

1. 学会核磁共振波谱仪的基本操作，能够测定和解析肉桂酸的$^1$H NMR谱。
2. 能够概述$^1$H NMR谱在有机化合物结构分析中的应用。

## 二、实验原理

核磁共振氢谱，是指处于外加高能静磁场中的磁性氢核发生自旋能级分裂，当用无线电波照射氢核时，它就会吸收与其自旋能级分裂的能量差相等射频辐射，从低能级跃迁到较高能级，产生核磁共振，并在某些特定的磁场强度处产生强弱不同的吸收信号，得到$^1$H NMR谱。

$^1$H NMR谱可用于化合物的结构分析。由于分子中处于不同化学环境的氢受到的电子云屏蔽作用不同，导致它们在磁场中的共振频率不同，从而在不同的频率位置出峰，因此可以根据出峰位置（化学位移）判断不同官能团的存在。另外，峰面积与产生该吸收峰的基团中氢的个数成正比，因此根据峰面积、裂分峰数目、耦合常数以及峰形，可推断基团本身及相邻碳上的质子数目和可能存在的基团，以及各基团之间的连接顺序。对于结构较简单的化合物，利用氢谱再结合其分子式，便可以推导出其化学结构。

肉桂酸是从肉桂皮或安息香中分离出来的有机酸，是合成治疗冠心病的重要药物乳酸可心定和心痛平以及局部麻醉剂、杀菌剂、止血药等的原料，在抗癌方面具有极大的应用价值，可作为生长促进剂和长效杀菌剂用于果蔬防腐，还能用于美容等。肉桂酸能溶于氯仿，其结构式如图1所示。

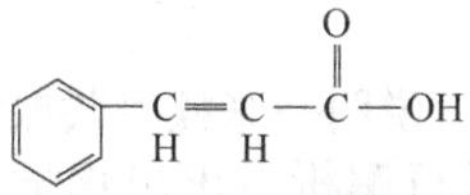

图1　肉桂酸的结构式

本实验以氘代氯仿作溶剂，以四甲基硅烷（TMS）为内标物，测试肉桂酸溶液的$^1$H NMR谱并进行解析。肉桂酸在$CDCl_3$中的$^1$H NMR如图2所示。

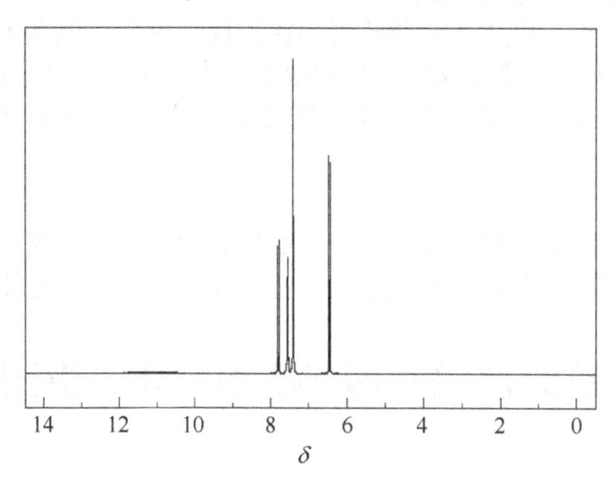


图2　肉桂酸的$^1$H NMR（400 MHz，$CDCl_3$中）

## 三、仪器与试剂

1. 仪器

Bruker AV Ⅲ HD 400MHz超导脉冲傅里叶变换核磁共振波谱仪（德国布鲁克公司）

及配套的操作软件；核磁样品管（直径5mm，长20cm）；移液管；电子天平。

2. 试剂

肉桂酸样品（纯度>99%）；氘代氯仿（氘代率99.8%，含0.03%TMS）。

**四、实验步骤**

1. 制备样品溶液

取10mg肉桂酸样品，加入0.5mL氘代氯仿溶剂（含0.03%TMS），轻轻摇匀，使之溶解。

2. 样品测试

① 将试样溶液装入直径为5mm的干燥、洁净的核磁样品管中，管内液面高度为3.5~4cm，盖上核磁帽，用蜡膜密封以减少挥发。将样品管的外壁擦拭干净，用量规调整好磁子位置。

② 开启空压机；拿掉探头上的防尘盖；启动NMR操作软件，输入icon，打开Icon NMR程序，点击Automation，选择heci用户名，点击OK，进入Automation窗口。

打开自动进样器，插上自动进样器电源，打开气路开关，拉起红色紧急开关，将样品依次放入转盘，记下其Holder。

③ 调整仪器工作状态，创建文件，设定$^{1}$H NMR谱采样脉冲程序及实验参数。

包括通道的设定、锁场（溶剂为氘代氯仿）、探头的调谐与匹配（自动模式）、匀场（自动梯度匀场）、采集参数的设定、脉冲和参数的读取以及增益的自动计算。

④ 测定，保存数据和谱图。

⑤ 测试完毕，点击stop停止运行，然后关闭Automation程序。关闭自动进样器，按下红色紧急开关，关闭气路开关，断开自动进样器电源。最后从探头中取出样品管并盖上探头上的盖子，关掉空压机。

⑥ 将样品管中的溶剂等倒入废液回收容器中，用易挥发溶剂（如丙酮或乙醇等）小心将样品管清洗干净，自然晾干。清洗和整理其他有关仪器，做好仪器使用记录。

**五、数据处理与结果**

1. 打印肉桂酸的$^{1}$H NMR谱图，说明一张核磁共振氢谱所包含的信息。

2. 对肉桂酸的$^{1}$H NMR谱图进行解析，求出化学位移值和耦合常数，列表填写相关数据。

**六、注意事项**

1. 要严格按照仪器操作规程进行操作。

2. 氘代溶剂纯度要高，样品必须全部溶解在氘代溶剂中。制备的样品溶液必须是均一、透明的溶液，如有不溶物，需要过滤后再装入核磁管中。不能测试悬浊液和乳浊液。

3. 插入或取出样品管时务必小心谨慎，严禁样品管在仪器探头内发生断裂或碰碎而造成重大仪器故障。

**七、思考题**

1. 在$^{1}$H NMR谱中化学位移是否随外加磁场强度的改变而改变？为什么？

2. 在$^{1}$H NMR谱中耦合常数是否随外加磁场的改变而改变？为什么？

# 实验五十　肉桂酸的核磁共振$^{13}$C NMR波谱测定及结构分析

**一、实验目的**

1. 学会肉桂酸的$^{13}$C NMR谱测定技术和谱图解析方法。

2. 能够概述$^{13}$C NMR谱在有机化合物结构分析中的应用。

**二、实验原理**

碳有两种稳定的同位素：$^{12}$C和$^{13}$C。只有$^{13}$C为磁性核，它和$^{1}$H核一样自旋量子数为1/2，可利用$^{13}$C NMR谱研究化合物中的碳骨架结构。但$^{13}$C原子核的天然丰度只有1.1%，并且磁旋比$\gamma$值小，所以$^{13}C$核的灵敏度较低，仅约为$^{1}H$核的1/5700。因此在测定$^{13}C$ NMR谱时，要求样品浓度远大于测定氢谱时的浓度。一般在0.5mL氘代试剂中需要溶解20mg以上的样品才能在较短时间内获得信噪比较好的谱图。普通$^{13}C$ NMR谱不能进行积分定量分析，其化学位移范围较宽，$\delta$一般为–20~240，也看不到$^{1}H$-$^{13}C$之间的耦合，一种化学环境的碳原子只出一条谱峰。

本实验将肉桂酸溶解于氘代氯仿中，以四甲基硅烷（TMS）为内标物测试其$^{13}C$ NMR谱并进行解析。肉桂酸在$CDCl_3$中的$^{13}C$ NMR如图1所示。

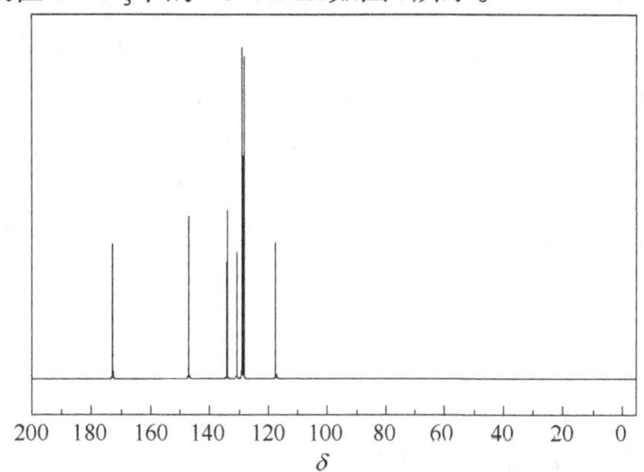


**图1 肉桂酸的$^{13}C$ NMR（$CDCl_3$中）**

**三、仪器与试剂**

1. 仪器

Bruker AV Ⅲ HD 400MHz超导脉冲傅里叶变换核磁共振波谱仪（德国布鲁克公司）及配套的操作软件；核磁样品管 （直径5mm，长20cm）；移液管；电子天平。

2. 试剂

肉桂酸样品（纯度>99%）；氘代氯仿（氘代率99.8%，含0.03%TMS）。

**四、实验步骤**

1. 制备样品溶液

取30mg样品，加入0.5mL氘代氯仿溶剂（含0.03%TMS），轻轻摇匀，使之溶解。

2. 样品测试

参考实验四十九测试步骤，设定$^{13}C$ NMR谱采样脉冲程序及参数，测定$^{13}C$ NMR谱。

**五、数据处理与结果**

1. 打印肉桂酸的$^{13}C$ NMR谱，说明一张$^{13}C$ NMR谱所包含的信息。
2. 对肉桂酸的$^{13}C$ NMR谱进行解析，列表填写相关数据。

**六、注意事项**

1. 要严格按照仪器操作规程进行操作。
2. 插入或取出样品管时务必小心谨慎，严禁样品管在仪器探头内发生断裂或碰碎。

**七、思考题**

1. 在$^{13}C$ NMR谱中，影响化学位移的因素有哪些？
2. 为什么$^{13}C$ NMR谱中氘代氯仿的溶剂峰是三重峰？如果使用氘代二甲基亚砜作溶剂，$^{13}C$ NMR谱中的氘代溶剂峰应该是几重峰？

# 实验五十一　差热-热重分析法研究$CuSO_4·5H_2O$的脱水过程

**一、实验目的**

1. 能够解释差热-热重分析法的基本原理。

2. 能够描述差热-热重联用仪的构造，学会仪器操作。

3. 能够用差热-热重分析法研究$CuSO_4·5H_2O$的脱水过程，并给予定性解释。

## 二、实验原理

许多物质在发生物理变化或化学变化时会伴随着热量的变化，还有的物质受热时会发生质量的变化，对于这些物质，可以采用差热-热重分析技术进行分析和定量描述。本实验采用差热-热重分析法研究$CuSO_4·5H_2O$的脱水过程。

$CuSO_4·5H_2O$晶体在不同温度下会逐步失水，随着含水量的降低，颜色由最初的蓝色变为浅蓝色，最后变为白色或灰白色。其失水的过程分三步进行：

$$CuSO_4·5H_2O \rightarrow CuSO_4·3H_2O \rightarrow CuSO_4·H_2O \rightarrow CuSO_4\text{（s）}$$

$CuSO_4·5H_2O$中的4个水分子与$Cu^{2+}$以配位键结合，第5个水分子以氢键与2个配位水分子和$SO_4^{2-}$结合。加热时先失去$Cu^{2+}$左边的2个非氢键水分子，再失去$Cu^{2+}$右边的2个水分子，最后失去以氢键连接在$SO_4^{2-}$上的水分子。

## 三、仪器与试剂

1. 仪器

DTG-60H差热-热重联用仪（日本岛津公司）；TA-60WS工作站；电子天平（感量为0.01mg）；SSC-30压样机；FC60A气体流量控制器，铝坩埚。

2. 试剂

$CuSO_4·5H_2O$样品（分析纯）：实验前碾成粉末，粒度为100~200目。参比物为$\alpha\text{-}Al_2O_3$。

## 四、实验步骤

1. 开机

打开计算机、仪器主机、TA-60WS工作站以及FC-60A气体控制器，接好气体管路。

2. 称样及样品放置

准确称取约10mg（精确至±0.00001g）参比物$\alpha\text{-}Al_2O_3$放入铝坩埚内，轻轻敲打颠实。按主机前面板的“OPEN/CLOSE”键，炉盖缓缓升起。用镊子将装有$\alpha\text{-}Al_2O_3$的坩埚轻轻放在炉子的左侧检测杆上，将另一同样质量的空铝坩埚放在右侧检测杆上，降下炉盖。TG基线（质量值）稳定后，按前面板的“DISPLAY”键，显示样品质量，按“ZERO”键归零。

升起炉盖，用镊子把右侧的坩埚取出，向其中放入约10mg $CuSO_4·5H_2O$晶体粉末（保证样品平铺于坩埚底部），再将坩埚放入右侧检测杆上，降下炉盖。当TG基线稳定后，按“DISPLAY”键，仪器内置的天平自动精确称出样品的质量并显示出来，记下$CuSO_4·5H_2O$样品的质量。

3. 设定测试参数

打开TA-60WS Acquisition软件，编辑起始温度和温度程序。升温速度为10℃/min，最高温度为300℃。

在Sampling Parameters窗口中，把Sampling Time设定为1sec。在“File Information”窗口中输入样品信息。

4. 样品测试

待基线稳定后，进行样品测试。样品分析完成后，等待样品腔温度降到室温左右，取出样品和参比坩埚，关机。

## 五、数据处理与结果

1. 打开数据分析软件中的样品测量文件，调出已做的DTG、DTA和TG曲线，对曲线进行分析并在图上标注。

2. 将峰的起始温度、峰值温度、$CuSO_4·H_2O$样品的热效应值、失重百分率填入表1和

表2中。

表1　$CuSO_4 \cdot 5H_2O$样品的DTA实验数据及分析结果

| 峰号 | 1 | 2 | 3 |
|---|---|---|---|
| 起始温度/℃ | | | |
| 峰值温度/℃ | | | |
| 热效应值/(J/g) | | | |
| 理论失水温度/℃ | 85 | 115 | 230 |

表2　$CuSO_4 \cdot 5H_2O$样品的失重百分率

| 峰号 | 1 | 2 | 3 |
|---|---|---|---|
| 失重百分率/% | | | |
| 理论失重百分率/% | 14.418 | 28.837 | 36.046 |

3. 根据分析结果，给出$CuSO_4 \cdot H_2O$的热分解机理，写出相应的反应式，推测$CuSO_4 \cdot 5H_2O$中5个$H_2O$的结构状态。

4. 将实验结果与$CuSO_4 \cdot 5H_2O$的理论失水温度及理论失重百分率对比，如有差异，讨论原因。

（1）DTA曲线分析

（2）DTG曲线分析

### 六、注意事项

1. 坩埚必须清洗干净，否则不仅影响导热，杂质在受热过程中也会发生物理化学变化，影响实验结果的准确性。

2. 样品用量要适宜。

3. 样品要碾成细粉末，粒度在100~200目之间。装样时，应在实验台上轻轻敲打颠实，保证样品平铺于坩埚底部，与坩埚接触良好。

4. 坩埚要轻拿轻放，要小心操作，不能让样品洒在检测杆上。镊子不能与检测杆托盘接触，坩埚必须与检测杆接触良好。

### 七、思考题

1. DTA实验中如何选择参比物，要注意哪些事项？

2. 为什么差热峰有时向上，有时向下？

3. 差热曲线的形状与哪些因素有关？影响差热分析结果的主要因素是什么？

## 实验五十二　扫描电子显微镜表征二氧化硅纳米材料的形貌

### 一、实验目的

1. 能够描述扫描电子显微镜的结构、图像成像原理和用途，学会仪器操作。

2. 能够用扫描电子显微镜表征二氧化硅纳米材料的形貌。

### 二、实验原理

扫描电子显微镜（SEM）常用于表征材料的形貌和成分。它是利用聚焦得非常细的高能电子束在材料表面逐点扫描，通过光束与材料分子间的相互作用，来激发材料中的各种物理信息，如二次电子、俄歇电子、特征X射线和连续谱X射线、背散射电子、透射电子等，对这些信息接受、放大和显示成像，以达到对材料微观形貌表征的目的。本实验用SEM对二氧化硅纳米材料进行表征。

对二氧化硅这类不导电或导电性差的样品，需要真空喷金镀膜，在表面形成导电膜。否则，测试时电子会在样品表面形成电荷堆积，影响入射电子束斑形状和影响二次电子的运动轨迹，使图像质量下降。

## 三、仪器与试剂

1. 仪器

Hitachi S-3400N型扫描电子显微镜（日本日立公司）；MC 1000离子溅射仪（日本）。

2. 试剂、材料

二氧化硅纳米材料（直径200nm±50nm）；导电胶。

## 四、实验步骤

1. 测试样品的制备

① 将导电胶带粘在样品台上，再将少量二氧化硅粉末撒在导电胶上，用手指轻弹样品台四周，使粉末均匀地平铺在导电胶上。倒置样品台，把多余的二氧化硅粉末抖掉，用纸片轻刮颗粒面，并轻压使其与胶面贴实，然后用洗耳球从不同方向吹去未粘住的粉末。

导电胶带要预留少量的长度，以便将荷电“牵引”到地线，同时要注意将预留的少量导电胶带上的高分子粘接剂除掉。

② 使用MC 1000离子溅射仪给二氧化硅纳米材料镀上一层银膜。

2. 样品表征

严格按照扫描电子显微镜的操作规程操作仪器，表征样品：

① 打开样品室，装样，关闭样品室，抽真空。

② 调节载物台，找到所放置的样品。

③ 调节对比度和亮度，使样品在显示屏上显示出来。

④ 双击自己感兴趣的部位，使其移动至显示屏中央。

⑤ 调整放大倍数并调焦。

⑥ 慢速扫描，照相，保存图像。

## 五、数据处理与结果

1. 获取图像后，观察二氧化硅纳米材料的尺寸与相貌，并通过软件分析得出结论。

2. 打印张贴图像，填写相关结论。

## 六、注意事项

1. 严禁测试磁性物质、有毒物质、潮湿样品和易挥发性样品。

2. 严格按照仪器操作规程操作仪器。

## 七、思考题

1. 用扫描电子显微镜对纳米材料进行表征时，如何获得最佳的电镜图像？

2. 简述扫描电子显微镜的组成及测试原理。

3. 扫描电子显微镜可以获得样品的哪些信息？

4. 怎样制备用于扫描电子显微镜分析的样品？

# 第18章 联用技术

色谱和毛细管电泳都是有效的分离分析技术，特别适合于组成复杂的混合物的分离和定量分析，但却难以提供物质结构方面的信息，定性分析主要是依靠与标准物的对比对组分进行鉴定，而对未知物或没有标准品的物质的定性分析难度很大。质谱（MS）、傅里叶变换红外光谱（FT-IR）、核磁共振波谱（NMR）均能够用于化合物的定性鉴定和结构分析，但不能进行分离，且MS和FT-IR要求被分析的样品必须是纯物质。如果将色谱、毛细管电泳与MS、FT-IR或NMR联用，就能实现混合物中各组分的分离与定性分析和结构分析，利用色谱-质谱联用技术也能进行混合物中各组分的定量分析。质谱-质谱联用（多级串联质谱）可使样品的预处理大大简化，可对复杂混合物进行定性分析和结构分析，可同时定量分析多个化合物。本章重点学习色谱-质谱联用技术。

## 18.1 色谱-质谱联用仪器结构及原理

色谱-质谱联用仪由进样系统、真空系统、离子源、质量分析器、检测器、采集数据和控制仪器的工作站组成。如图18-1所示。

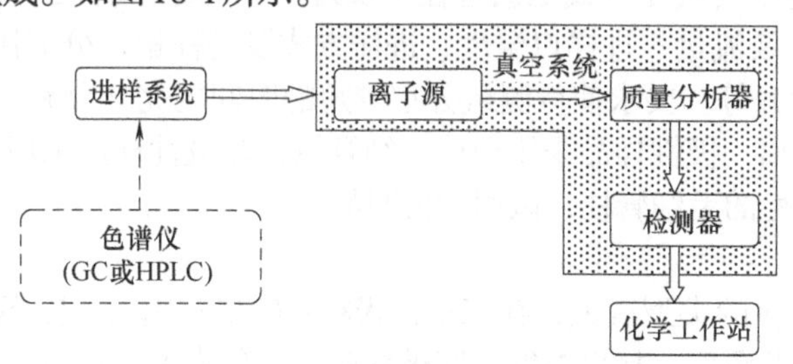


图18-1 色谱-质谱联用仪的结构示意

### 18.1.1 进样系统

在色谱-质谱联用仪中，进样系统由色谱仪和“接口”组成。色谱仪分离开的样品各组分经过“接口”依次进入质谱仪的离子源。

在GC-MS中，理想的接口是能够除去全部载气而不损失待测样品组分。

在LC-MS中，接口的主要作用是除去溶剂并使样品离子化。

### 18.1.2 离子源

不同的样品适合使用不同的离子源，电离后得到的信息也不同，因此，质谱图与电离方式密切相关。GC-MS最常用的离子源是电子轰击源（EI），有时也使用化学电离源（CI）；LC-MS常用的离子源是电喷雾离子源（ESI）、大气压化学电离离子源（APCI）、基质辅助激光解吸离子源（MALDI）和快原子轰击源（FAB）。

### 18.1.3 质量分析器

GC-MS和HPLC-MS最常用的质量分析器是四极杆质量分析器（QMF/QMA），此外还有飞行时间质量分析器（TOF）和离子阱质量分析器（IT）等。

离子源、质量分析器以及仪器的其他部件的作用分别在第10章、第14章和第15章中有详细叙述。

### 18.1.4 色谱-质谱联用仪的工作原理

样品各组分经过色谱仪中的色谱柱分离后，依次通过特殊系统的联机“接口”进入质谱仪高真空度的离子源中，被电离得到带有样品信息的离子，然后依次进入质量分析器。在质量分析器中，各离子按$m/z$大小顺序分开并排列成谱进入检测器，被检测器检测到的离子信号经计算机处理后得到样品混合物的总离子流色谱图（TIC）、单一组分的质谱图等信息。据此可对各组分进行分析和鉴定。

## 18.2 气相色谱-质谱联用

### 18.2.1 GC-MS分析条件的选择

在GC-MS分析过程中，色谱分离与质谱数据的采集同时进行，为了使待测组分得到理想的分离和分析结果，必须设置合适的色谱条件和质谱条件。

（1）色谱条件

包括色谱柱的类型（填充柱或毛细管柱）及规格、固定液种类、载气种类（通常为氦气，纯度≥99.995%）及流量、进样口温度、进样方式及进样量、分流比（分流进样时）、升温程序（程序升温时）等。要求使待测组分在较短的时间内完全分离。设置的一般原则是：优先使用毛细管柱分离，极性样品采用极性毛细管柱，非极性样品采用非极性毛细管柱。未知样品可先用中等极性的毛细管柱，试用后再调整。

（2）质谱条件

质谱条件与质谱仪的类型有关，在三重四极杆GC-MS中，以电子轰击源为例，主要包括：电离电压、离子源温度、接口温度、四极杆温度、分辨率、扫描方式及质量范围、扫描时间、溶剂延迟等，要根据实际样品情况和测试需求进行设定。

### 18.2.2 GC-MS的数据采集

有机样品经色谱柱分离后，各组分依次进入质谱仪的离子源，在离子源中被电离成离子。离子由离子源不断地进入质量分析器并不断地得到质谱信息。只要设定好分析器扫描的质量范围和扫描时间，计算机就可以采集到一个个的质谱。GC-MS的数据采集方式主要有以下2种。

#### 18.2.2.1 全扫描

全扫描是指对指定质量范围内的离子全部扫描并记录，得到某种组分的一张正常的质谱图。这种质谱图能提供未知物的分子量和结构信息，主要用来对未知化合物进行定性分析，可以进行质谱库检索，但精确度不够高。

（1）总离子流色谱图（TIC）

在GC-MS中，被色谱柱分离的样品各组分连续进入质谱仪，从而得到一张张连续不断变化的质谱图。计算机按保留时间点将其对应的一张质谱图中所有离子的强度加和起来作为该时间点的总离子强度。将各组分的总离子强度对时间作图，就得到总离子流色谱图。如图18-2所示。

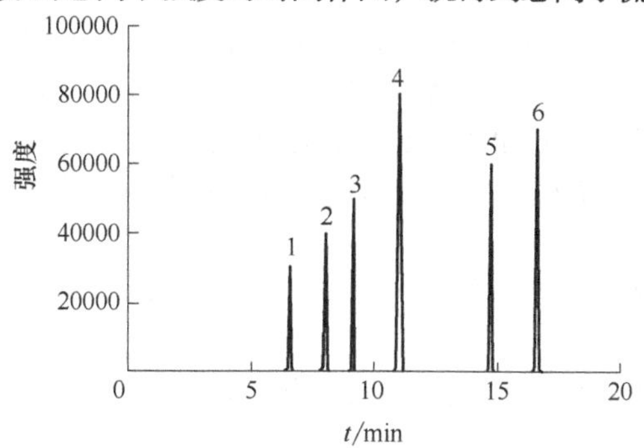


**图18-2 总离子流色谱图**

(2) 质谱图

由总离子流色谱图上的每个峰，可以得到相应化合物的质谱图，所以由总离子流色谱图可以得到任何一种组分的质谱图。只要色谱条件相同，则由GC-MS得到的总离子流色谱图与GC得到的色谱图出峰顺序就相同。

一般为了提高信噪比，通常由色谱峰峰顶处得到相应的质谱图。但是如果两个峰相互干扰，则应尽量选择不发生干扰的位置得到质谱图，或通过扣除本底以消除其他组分的影响。

(3) 质量色谱图（又称提取离子色谱图）

质量色谱图是指由全扫描质谱中提取任何一种质量的离子所得到的色谱图。

在总离子色谱图中，一个混合物样品可能只有一个或几个化合物出峰，利用该特点可识别具有某种特征的化合物。也可以通过选择不同质量的离子做质量色谱图，使正常色谱不能分开的两个峰实现分离，以便进行定性、定量分析。

#### 18.2.2.2 选择离子监测

选择离子监测（SIM）是对某一个或某一类目标化合物的一个或数个特征离子进行跳跃式扫描，得到这些离子的强度随色谱时间而变化的谱图。

SIM只对选定的离子进行选择性检测，其他离子（包括干扰离子）统统不被记录。其最大优点是选择性好，而且检测灵敏度大大提高，适用于量少且不易得到的样品分析。主要用于试样中目标化合物的定量分析和复杂体系中某一微量成分的定量分析。但不能进行库检索，一般也不能用来对未知物进行定性分析。

## 18.2.3 GC-MS定性分析

GC-MS最主要的定性方式是质谱库检索。

由总离子流色谱图得到未知化合物的质谱图后，通过计算机与质谱库中相同操作条件下的标准质谱图按一定程序进行比较。检索结果能给出几种最可能的化合物，并以匹配度大小顺序排列出这些化合物的名称、分子量、分子式、结构式、基峰、匹配度等。再结合样品的性质、色谱保留时间、红外光谱、核磁共振波谱等其他信息，对未知物进行定性。

目前比较常用的质谱数据库有美国国家科学技术研究所的NIST库、Wiley库和NIST/EPA/NIH库。此外还有药物库、毒品库、标准农药库、挥发油库等专用质谱库。

为了提高检索结果的可靠性，在进行库检索之前，应首先得到一张很好的质谱图（色谱峰分离好，本底和噪声小，没有杂质峰），检索时必须扣除本底的干扰，主要是扣除色谱柱流失造成的本底，本底的选择要凭经验。

## 18.2.4 GC-MS定量分析

GC-MS得到的总离子色谱图或质量色谱图中各色谱峰的面积与相应组分的含量成正比，据此可测定试样中某种组分的含量。GC-MS常用的定量分析方法有归一化法、外标法、内标法等。

值得注意的是，利用质量色谱图定量时，由于质量色谱图是用一种质量的离子做出的，它的峰面积与总离子色谱图有较大差别，因此，在定量分析过程中，峰面积和校正因子等都需要使用质量色谱图。

为提高检测灵敏度和减少其他组分的干扰，在GC-MS定量分析过程中，质谱数据采集常采用选择离子扫描方式。

例如，用GC-MS检测猪肉中的克伦特罗，质谱图及选择离子色谱如图18-3和图18-4所示。

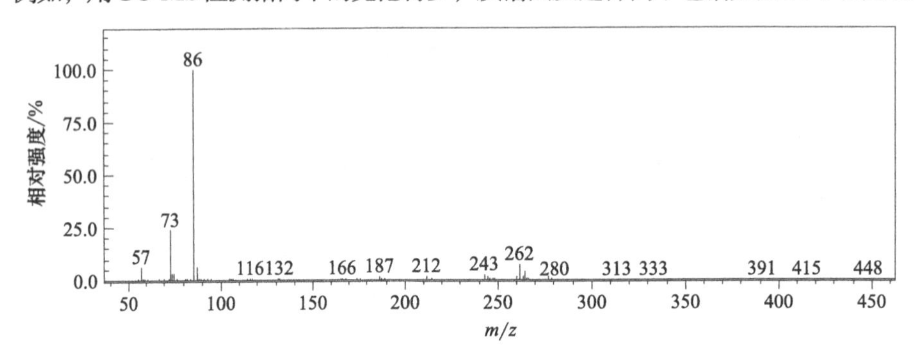


**图18-3 经N,O-双（三甲基硅烷基）三氟乙酰胺（BSTFA）衍生的克伦特罗质谱**

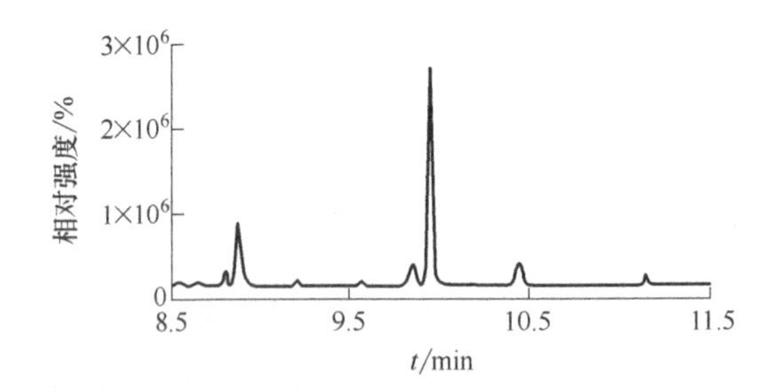


**图18-4 添加克伦特罗猪肉样品的选择离子（m/z=86）色谱**

# 18.3 液相色谱-质谱联用

## 18.3.1 LC-MS分析条件的选择

### 18.3.1.1 样品溶液的制备

要制备符合测量要求的样品溶液，避免将基质复杂的样品尤其是蛋白质、肽类等直接注入色谱柱内（这些物质在ESI上有很强的响应），同时，样品黏度不宜过大，以防止堵塞喷口及毛细管入口。

### 18.3.1.2 色谱条件和质谱条件

（1）色谱条件

要求样品组分在尽可能短的时间内获得最佳分离并有利于其电离。如果二者发生矛盾，则需要折中考虑。

色谱条件包括色谱柱类型及规格、固定液种类、柱温、流动相组成及流速、梯度洗脱程序（梯度洗脱时）、进样量等，还要考虑喷雾雾化和电离效果。

① 流动相。LC-MS常用的流动相溶剂有水、甲醇和乙腈。可用甲酸、乙酸、氢氧化铵和乙酸铵调节流动相溶液的pH值。

LC-MS中不能使用无机酸、难挥发的盐（如磷酸盐）和表面活性剂。难挥发性的盐会在离子源内析出结晶，而表面活性剂会抑制其他化合物的电离。

② 对于选定的溶剂体系，可以通过调整溶剂比例和流量来实现良好的分离。值得注意的是，对于LC分离的最佳流量，往往超过电喷雾允许的最佳流量，此时需要采取柱后分流，以达到好的雾化效果。

(2) 质谱条件

质谱条件的选择要根据样品情况而定，主要考虑改善雾化和电离状况，以提高检测灵敏度。

以四极杆串联轨道阱质谱、电喷雾离子源为例，主要包括：ESI的离子模式（正离子模式、负离子模式）、数据采集方式、质量扫描范围、辅助气流量、鞘气流量、电喷雾电压、干燥气温度等。

① 正、负离子模式的选择。正离子模式适合检测容易结合氢的物质，如碱性物质（仲胺、叔胺等）、含有组氨酸以及精氨酸的多肽等。可加入适量甲酸或乙酸来酸化样品改善离子化效果。负离子模式适合检测容易失去氢的物质（酸性物质）以及分子中含有较多氯、硝基等强负电性基团的物质。可加入适量氨水等弱碱性物质来改善离子化效果。对于酸碱性不能确定的化合物要兼顾两种模式。

② 辅助气流量和温度。雾化气（鞘气）影响喷雾效果，干燥气影响喷雾去溶剂效果，碰撞气影响二级质谱的产生。操作过程中，接口处干燥气温度的选择以及优化至关重要，一般应高于待测组分的沸点20℃。对于某些热稳定性极差的化合物，可选择更低的温度。当流动相中有机相成分较多时，应降低干燥气温度和流量。

调节雾化气流量和干燥气流量可以达到最佳雾化效果；改变电喷雾电压和聚焦透镜电压可以得到最佳灵敏度。

#### 18.3.1.3 系统背景的消除

LC-MS的系统噪声比GC-MS大很多，主要包括化学噪声和电噪声。

① 化学噪声：主要是由溶剂以及样品分子直接进入离子化室造成的；

② 电噪声：主要是由样品分子在高电场中的复杂行为造成的。

这两种噪声有时会淹没组分信号，消除系统噪声要从以下几个方面入手。

① 有机溶剂和水。实验用水要用超纯水；甲醇、乙腈等溶剂要用色谱纯试剂。若包装材料中的微量增塑剂（邻苯二甲酸酯）进入样品中，会产生很强的背景信号（$m/z$=149、$m/z$=315、$m/z$=391等）。

② 样品的纯化。血样、尿样、动物组织等样品中含有大量的生物基质，会产生噪声，可事先通过固相萃取、液-液萃取等方法除掉。

③ 系统的清洁。许多样品特别是蛋白质很容易污染质谱仪的进样管路、喷口、传输毛细管和金属环等元件，应控制进样量并经常清洗这些部件。

④ 要使用高纯氮气。

## 18.3.2 LC-MS的数据采集

LC-MS的数据采集方式主要有全扫描、选择离子监测、选择反应监测和多反应监测。

(1) 选择反应监测（SRM）

即选择一个特征的母离子做MS/MS，在其碎片中选择一个特征的子离子作为监测离子。SRM图非常简单，通常只包含一个峰，不仅灵敏度高，而且特异性强，能在非常复杂的基质中进行定量。

(2) 多反应监测（multiple reaction monitoring，MRM）

MRM是基于已知或假定的反应离子信息，有针对性地选择数据进行质谱信号采集，对符合规则的离子进行记录，去除不符合规则离子信号的干扰，通过对数据的统计分析来获取质谱的定量信息。MRM具有特异性强、灵敏度高、准确度高、重现性好、线性范围宽、自动化高通量等突出优点，对复杂混合物中的目标蛋白质进行准确定量时，可以采用多反应监测模式。

### 18.3.3 LC-MS定性分析和定量分析

(1) 定性分析

LC-MS分析得到的质谱过于简单，结构信息少，主要依靠标准样品定性。对于多数样品，只要保留时间相同，子离子谱也相同，即可定性。当缺乏标准样品时，为了对样品定性或获得其结构信息，必须使用串联质谱检测器，将准分子离子通过碰撞活化得到其子离子谱，然后解释子离子谱来推断结构。

(2) 定量分析

与HPLC相同，LC-MS可通过色谱峰面积和校正因子（或标样）进行定量。但不采用总离子流色谱图（TIC中的一个峰可能包含几种组分），而是采用与待测组分相对应的特征离子的质量色谱图或选择离子监测色谱图，可消除不相关组分的干扰。

## 18.4 色谱-质谱联用技术的特点

① 高效、快速。分离与鉴定为一个连续过程，可实现对多个化合物的同时快速分析。

② 灵敏度高，专属性强。利用高灵敏度质谱仪作为检测器，再利用提取离子色谱图或选择离子监测等模式，可实现化合物的选择性检测，可分析混合物中的痕量组分，还能测定色谱法未完全分离的流出组分。

③ 定性能力较强。质谱图能提供化合物较为丰富的结构信息。

④ 应用范围广。色谱-质谱联用技术能够分析的物质和应用领域比GC和HPLC更为广泛，既能进行定量分析，也能对混合物中的各未知组分进行定性分析和结构分析、测定物质的分子量、确定化合物的化学式、用于未知化学性风险筛查等。

# 实验五十三　气相色谱/质谱法测定苯系物的组成

#### 一、实验目的

1. 能够描述气相色谱-质谱联用仪的基本结构和工作原理，学会质谱检测器的调谐方法。

2. 能够说出色谱工作站的基本功能，初步学会利用GC-MS联用仪进行定性分析的基本操作。

#### 二、实验原理

气相色谱（GC）是一种应用非常广泛的分离技术，它以气体为流动相，基于样品各组分在固定相和流动相间分配系数的差异将各组分分离开。GC虽然能有效地分离混合物，但其定性能力较差。通常只是利用组分的保留时间来定性，这在欲定性未知组分或无待测组分的标准品时会十分困难。质谱（MS）则既是一种重要的定性分析和结构分析手段，也能进行定量分析，但不能直接分析混合物。将气相色谱与质谱联用，可以实现对沸点较低、热稳定性好的混合物中各组分的定性分析、定量分析和结构鉴定。

GC-MS联用仪由进样系统（包括气相色谱和“接口”）、真空系统、离子源、质量分析器、检测器、采集数据和控制仪器的工作站组成。

在一定条件下，样品各组分在气相色谱仪中的色谱柱内分离后，以气态分子形式依次通过联机“接口”进入质谱仪的离子源，在离子源中被电离形成具有特征质量的碎片离子或分子离子（有的掉了一个H，有的掉了一个基团，等等），然后依次进入质量分析器，将各离子按质荷比（$m/z$）大小的顺序分开，并将相同$m/z$的离子聚焦在一起排列成谱。这些离子束经检测器检测和计算机处理后即得到样品混合物的总离子流色谱图、各组分的质谱图等信息。根据质谱图中峰的位置和相对强度就可以得到化合物的分子量、元素组成、分子式和分子结构等信息。GC-MS具有定性专属性强、灵敏度高、检测速度快等特点。

本实验采用GC-MS对苯系物中的苯、甲苯和二甲苯进行定性分析。苯系物由总离子流色谱图得到三组分化合物的质谱图后，通过计算机与质谱库中相同操作条件下的标准质谱图比较，如果一致即认为是同一种物质。标准质谱图是采用70eV电子束轰击已知纯化合物时得到的质谱图。

为得到好的质谱数据，需要对质谱参数进行优化，这个过程就是调谐。一般先进行自动调谐，然后进行标准谱图调谐，以保证质谱库检索的可靠性。

甲醇和苯系物的沸点见表1。

**表1 甲醇和苯系物的沸点**

| 组分 | 甲醇 | 苯 | 甲苯 | 二甲苯 |
| --- | --- | --- | --- | --- |
| 沸点/℃ | 64.8 | 80 | 110.8 | 144 |

### 三、仪器与试剂

1. 仪器

GC-MS QP 2010四极杆气质联用系统（岛津公司）；GC-MS solution工作站；色谱柱：DB-5 MS（30m×0.32mm×0.25μm）；0~5mL移液器；进样针（10μL）；容量瓶。

2. 试剂、材料

苯（分析纯）；甲苯（分析纯）；邻二甲苯（分析纯）；甲醇（色谱纯）；高纯氦气（纯度为99.999%）；0.45μm有机系滤膜。

### 四、实验步骤

1. 开机，检查系统配置

依次打开氦气气源、GC电源、MS电源、计算机，确认每一步操作完成后，再执行下一步。双击GC-MS Real Time，联机进入主菜单窗口。

2. 启动真空泵

点击vacuum control图标，出现真空系统屏幕，单击Advanced，Vent valve的灯呈绿色时，启动机械泵（rotary pump）；当低压真空度<300Pa时，单击Auto startup启动真空控制，抽真空60min。

3. 调谐

单击Tuning图标，进入调谐子目录，单击Peak monitor view图标。若峰强$m/z$=18>$m/z$=28，则系统不漏气。建立调谐文件名，点击Start Auto Tuning图标，计算机自动进行调谐。

4. 方法编辑

点击主菜单Date Acquisition图标，编辑色谱条件和质谱条件。

色谱条件。色谱柱：DB-5 MS（30m×0.32mm×0.25μm）；进样口温度：250℃；载气流速：1.2mL/min；进样量：1μL；分流比：10∶1。

GC升温程序：60℃（2min）$\xrightarrow{20℃/min}$100℃$\xrightarrow{50℃/min}$120℃（3min）。

质谱条件：EI离子源，70eV电子轰击电离；离子源温度：200℃；接口温度：200℃；四极杆温度：150℃；溶剂延迟：1.5min。

5. 样品测定

用移液器分别取0.10mL苯、0.10mL甲苯、0.10mL邻二甲苯混合后，用甲醇稀释100倍。取2mL稀释液经微孔滤膜过滤后转移至标准样品瓶中。按Standby，待GC、MS字体均变绿色后，用10μL进样针准确吸取1μL样品溶液（不能有气泡）插入进样口底部，快速推出溶液并迅速拔出进样针，按下色谱仪操作面板上的“Start”按钮开始分析。

6. 数据处理

双击主菜单中GCMS Postrun Analysis图标，得到总离子流色谱图。扣除本底，搜索相似的质谱图。

7. 关机

按Auto shutdown，仪器自动降温，待小于100℃时自动停泵。依次关闭GC电源、MS电源、氦气气源、GC-MS Real Time软件、计算机和总电源。

**五、数据处理与结果**

1. 对得到的总离子流色谱图，在不同保留时间处双击鼠标右键得到相应的质谱图。

2. 在质谱图中，双击鼠标右键，得到相应的匹配物质，根据匹配度对各个峰进行定性。列出所有可能的物质，再结合其他信息确定各峰所对应的具体物质名称。

3. 打印样品的总离子流色谱图，写出色谱峰定性结果（含质谱检索结果、物质名称、保留时间）。

**六、注意事项**

1. 要严格按照规定操作仪器，防止因错误操作造成仪器损坏。

2. 清洗容量瓶、样品瓶时，不要使用清洁剂；如果是一天中的第一个样，请先把仪器跑一个空针。

3. 进样时不能有气泡；进样速度要快，不要使进样针在进样口里停留太久。

**七、思考题**

1. GC-MS有什么特点？它是如何得到总离子流色谱图的？

2. 绘制苯、甲苯的质谱图，分析它们主要产生了哪些离子峰？

3. 解释什么是溶剂延迟？什么是分流比？

4. 气相色谱-质谱仪适用于分析哪些样品？请举例说明。

# 实验五十四　气相色谱/质谱法测定PVC中邻苯二甲酸酯类增塑剂的含量

**一、实验目的**

1. 能够概述邻苯二甲酸酯类增塑剂的危害，增强健康意识。

2. 能够解释用GC-MS法测定PVC中邻苯二甲酸酯类增塑剂的原理和定性、定量分析方法。

3. 学会GC-MS仪器的基本操作。

**二、实验原理**

邻苯二甲酸酯类物质是常用的增塑剂，被广泛用于塑料制品中，它能提高塑料的柔韧性、耐寒性，并能改善加工性能。但邻苯二甲酸酯是一类环境雌激素，能严重污染生态环境和食品。存在于食品、药品包装材料（输液袋、塑瓶和胶管等）中的增塑剂随着时间增长会迁移到食品或药品中，从而进入人体，干扰人体内分泌，损害肝肾，并能致畸、致癌，严重影响人体健康。我国卫生部、药监局已发布公告，严禁在食品、保健食品中人为添加邻苯二甲酸酯类物质。

GC-MS对混合物各组分具有很强的定性、定量分析能力，本实验以正己烷为萃取溶剂，用超声波辅助萃取法提取聚氯乙烯（PVC）固体药用硬片中的邻苯二甲酸酯类增塑剂，再以GC-MS法进行分析，利用外标法定量。

**三、仪器与试剂**

1. 仪器

GC-MS QP 2010四极杆气质联用系统（岛津公司）；GC-MS solution工作站；色谱柱：DB-5MS（30m×0.25mm×0.25μm）；电子天平（感量为0.001mg，0.1mg）；超声波清洗机；容量瓶；具塞锥形瓶。

2. 试剂、材料

正己烷（色谱纯）；邻苯二甲酸二甲酯（DMP）；邻苯二甲酸二乙酯（DEP）；邻苯二甲酸二丁酯（DBP）。邻苯二甲酸酯类物质为优级纯。0.45μm有机系滤膜；高纯氦气（纯度为99.999%）；聚氯乙烯固体药用硬片样品。

**四、实验步骤**

1. 打开仪器

按照仪器操作规程开气、开机、抽真空、调谐，编辑分析方法。

色谱条件。色谱柱：DB-5MS石英毛细管柱（30m×0.25mm×0.25μm）；进样口温度：250℃；载气：氦气（纯度≥99.999），流速：1.0mL/min；不分流进样量：1.0μL。

GC升温程序：60℃（1min）$\xrightarrow{20℃/min}$220℃（1min）$\xrightarrow{5℃/min}$280℃（8min）。

质谱条件：EI离子源，电离能量70eV；离子源温度：280℃，激活电压0.7kV；接口温度：280℃；四极杆温度：150℃；数据采集模式为全扫描（SCAN）+选择离子监测（SIM），SIM采集7~28min；溶剂延迟：5min。

2. 标准溶液的配制

（1）标准贮备液

精密称取DMP、DEP和DBP增塑剂各1mg，分别置于3个10mL容量瓶中，用正己烷定容，摇匀，得到100μg/mL 的标准贮备液。

（2）混合标准溶液

分别吸取三种增塑剂标准贮备液（100μg/mL）各1.00mL，置于10mL容量瓶中，用正己烷定容，摇匀，得到浓度皆为10μg/mL 的混合标准溶液。

（3）混合标准工作溶液

分别吸取混合标准溶液（10μg/mL）0.20mL、0.50mL、2.00mL、5.00mL、8.00mL，各置于10mL容量瓶中，用正己烷定容，摇匀，得到含DMP、DEP和DBP各0.20μg/mL、0.50μg/mL、2.00μg/mL、5.00μg/mL、8.00μg/mL的混合标准工作溶液。

3. PVC样品中邻苯二甲酸酯类增塑剂的萃取

将PVC固体药用硬片样品剪成小于0.02g的小颗粒，精密称取2.000g置于50mL具塞锥形瓶中，加入正己烷20.0mL，超声提取30min，过滤；残渣再用正己烷提取（10.0mL×3次），合并提取液，用正己烷定容至50mL容量瓶中，摇匀。

4. 制作标准曲线

在上述色谱条件、质谱条件下，取3种增塑剂5个浓度的混合标准工作溶液经微孔滤膜过滤后，按浓度由小到大的顺序进样分析，记录峰面积，建立各自的标准曲线方程。

5. 样品分析

将PVC固体药用硬片提取液经微孔滤膜过滤后进样分析，记录相应的峰面积。平行测定3次，计算样品中各增塑剂的含量。采集离子及质谱条件见表1。

表1　三种增塑剂定性和定量选择离子

| 名称 | 定量离子($m/z$) | 辅助定量离子($m/z$) | 定性离子($m/z$) | 保留时间/min |
| --- | --- | --- | --- | --- |
| DMP | 163 | 77 | 135.194 | 8.4 |
| DEP | 149 | 177 | 121.222 | 9.3 |
| DBP | 149 | 223 | 205.121 | 12.5 |

6. 实验结束

按照仪器操作规程关机。

**五、数据处理与结果**

1. 对全扫描得到的总离子流色谱图，在不同保留时间处双击鼠标右键得到相应的质谱图。在质谱图中，双击鼠标右键，得到相应的匹配物质，根据匹配度再结合选择离子监测结果，确定DMP、DEP和DBP 3种增塑剂所对应的色谱峰。

2. 计算标准曲线方程

根据增塑剂混合标准工作溶液中3种增塑剂的浓度以及选择性离子色谱图上3种增塑剂的峰面积，通过Excel绘制峰面积和浓度之间的标准曲线，求出各自的标准曲线方程和线性相关系数。

3. 计算PVC样品中3种增塑剂的含量。

根据PVC固体药用硬片提取液色谱图上3种增塑剂的峰面积，通过各自的标准曲线方程计算3种增塑剂的浓度。再根据样品质量，计算PVC样品中DMP、DEP和DBP 3种增塑剂的含量（mg/kg）。对数据做分析讨论，得出合理的结论。

**六、注意事项**

严格按照规定操作仪器，防止因错误操作造成仪器损坏。

**七、思考题**

1. 选择离子扫描有什么优点和缺点？

2. 为什么色谱-质谱联用是对混合物中微量有机化合物进行定性和定量分析的一种强有力的手段？

# 实验五十五　高效液相色谱-质谱联用技术分离鉴定茶碱和咖啡因

**一、实验目的**

1. 能够描述液相色谱-质谱联用仪的基本结构、工作原理，学会仪器操作。

2. 学会利用液相色谱-质谱联用技术分离鉴定茶碱和咖啡因的方法。

3. 能说出茶碱和咖啡因的作用以及过量服用的危害，能够概述液相色谱-质谱联用技术的应用。

## 二、实验原理

液相色谱可有效地分离混合物，但定性能力较差，主要依靠与标准品对照进行定性。质谱能够提供物质的结构信息，但被分析的样品必须是纯物质。将液相色谱与质谱联用（LC-MS），以色谱为分离系统，以质谱为检测系统，可对样品中的各组分进行定性分析和结构分析或确定是否含有某物质。

样品混合物→液相色谱仪→各组分纯物质→离子源→带有样品信息的离子→质量分析器→碎片离子按*m*/*z*大小顺序分开→检测、处理→混合物的总离子流色谱图，单组分质谱图→解析碎片离子峰，结合其他信息确定样品中有关物质的组成和结构。

茶碱（theophylline）是一种甲基嘌呤类药物，具有强心、利尿、扩张冠状动脉、松弛支气管平滑肌和兴奋中枢神经系统等作用，主要用于治疗支气管哮喘、肺气肿、支气管炎、心脏性呼吸困难等症。但其有效血浓度安全范围很窄，如血浓度超过20μg/mL，即发生中毒。

若将茶碱嘌呤环7位氮上的氢换成甲基就是咖啡因（caffeine），也称咖啡碱，是一种黄嘌呤生物碱化合物，它存在于茶叶、咖啡和可可等饮品中，具有兴奋中枢神经系统作用，是世界上最普遍使用的精神药品，也是复方阿司匹林的成分之一。咖啡因非常容易被摄取，但长期服用会中毒。茶碱和咖啡因的结构式如图1所示。

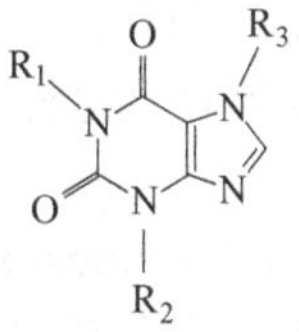

茶碱　$R_1=R_2=CH_3$　$R_3=H$

咖啡因　$R_1=R_2=R_3=CH_3$

**图1　茶碱和咖啡因的结构式**

茶碱和咖啡因能溶于甲醇、氯仿，微溶于水。本实验选用甲醇溶解茶碱和咖啡因，采用HPLC-MS联用技术对茶碱和咖啡因进行分离和鉴定。

## 三、仪器与试剂

1. 仪器

Q-Exactive型超快速液相色谱-高分辨串联质谱联用仪，配以ESI离子源（美国Thermo Fisher Scientific公司）；Allure PFPP 色谱柱（100mm×2.1mm，5μm）；超声波清洗仪；电子天平；溶剂过滤系统；抽滤泵。

2. 试剂、材料

甲醇；甲酸；乙酸铵；乙腈。以上试剂为优级纯或色谱纯。茶碱标准品；咖啡因标准品；氮气（纯度>99.99%）；超纯水；0.45μm有机系滤膜。

流动相A：5mmol/L 乙酸铵（含0.05%甲酸，5%甲醇）溶液；流动相B：甲醇。均用0.45μm有机系滤膜过滤，并超声脱气30min。

试样溶液：取适量茶碱和咖啡因混合后，用甲醇溶解，混匀。

## 四、实验步骤

1. 开机，检查和校正仪器

提前打开Mainpower，两个小时后打开Electronics开关，进行Bakeout处理，使仪器真空度$<10^{-10}$mbar。分别使用正离子和负离子校正液对仪器进行校正。

2. 建立LC-MS分析方法

在Tune软件中设置质谱条件，在Chromeleon软件中对液相色谱进行调试，平衡色谱柱（包括排气泡、设置柱温和柱压等）。打开Thermo Xcalibur软件，在Instrument Setup部分，对茶碱和咖啡因的分离和定性分析建立相应的色谱分离条件和质谱检测条件并保存。

色谱条件。色谱柱：Allure PFPP色谱柱（100mm×2.1mm，5μm）；流动相A：5mmol/L乙酸铵（含0.05%甲酸，5%甲醇）溶液；流动相B：甲醇；流速：0.50mL/min；柱温：50℃；样品盘温度：4℃；进样量：5μL。

梯度洗脱程序见表1。

表1　梯度洗脱程序

| 时间/min | 流动相B/% | 时间/min | 流动相B/% |
|---|---|---|---|
| 1 | 0 | 5 | 60 |
| 2 | 35 | 6 | 0 |
| 3 | 60 | 8 | 0 |

质谱条件。离子源：电喷雾离子源（$ESI^+$）；扫描方式：Full Mass；扫描范围：$m/z$=120~1000；离子喷雾电压：4.0kV；离子源温度：450℃；辅助气流速：15arb；鞘气流速：40arb。

3. 样品分析

样品溶液经0.45μm微孔滤膜过滤，将样品瓶放置在样品盘指定位置。调用上述分离检测方法，编辑进样序列，提交序列，仪器自动进样分析。

4. 数据采集和分析

激活质谱图，右击Display Options/Composition选项卡，勾选Element comp（元素组成）、Delta（质量偏差），进行定性分析，并生成分子式。

5. 关闭仪器

冲洗液相管路，依次关闭液相色谱电源和质谱电源，继续通气15min后关闭氮气。

## 五、数据处理与结果

1. 打印相关谱图。对得到的总离子流色谱图，分析在不同保留时间处的质谱图。

2. 在质谱图中，根据样品信息和匹配度，对茶碱和咖啡因的峰进行定性，写出定性结果（含物质名称、保留时间、质量偏差）。

## 六、注意事项

1. 质谱仪在使用之前应确保真空度达到使用要求。

2. 流动相在使用之前必须用微孔滤膜过滤，并进行脱气处理。

3. 液相色谱仪在使用之前应先排除气泡，并平衡好色谱柱。

## 七、思考题

1. 试说明液相色谱-质谱仪的基本组成及质谱检测器的功能原理。

2. 液相色谱-质谱联用技术适合分析哪些物质？

# 第19章 设计性实验

设计性实验是以学生为主体，在教师指导下由学生来完成整个实验过程。设计性实验是仪器分析实验教学的重要组成部分，是培养大学生创新能力，成为高素质应用型人才的重要手段和途径。

设计性实验是在学生系统地学习了各种仪器分析方法的原理、特点和应用范围，并完成常规的仪器分析实验，掌握了仪器分析实验的基础知识和基本操作技能的基础上，根据个人兴趣，独立或以小组为单位，自主选择教材中提供的某一个设计实验题目或自拟实验题目，然后查阅文献或调研，自主设计实验方案，经过与指导老师讨论、修改完善后，自主准备实验、优化实验条件、建立分析方法、完成样品分析、获得可靠的结果，或制得产品后进行表征与测定。再对实验结果进行分析、评价，给出合理的解释，完成实验报告。

## 19.1 设计性实验目的

仪器分析设计性实验的训练可使学生了解科学研究的基本过程和方法，进一步开阔视野，激发学习兴趣和探索精神，培养查阅文献、自我获取知识的能力，培养科学思维和发现问题、分析问题、解决实际问题的能力，培养创新意识、创新能力和团队合作能力，加深对相关理论知识的理解，进一步提高实验技能和仪器分析应用能力，为今后进行毕业设计、从事分析测试、技术开发、科学研究或教学等工作打下坚实的基础。

## 19.2 设计性实验要求

对设计性仪器分析实验的基本要求如下。

(1) 设计性实验的内容要有一定的研究意义和可行性

即设计性实验要有一定的实践意义或现实意义，其他人员对该问题没有进行研究或研究不够全面、不够深入；现有的技术和手段以及实验室仪器设备等能够支持该研究，实验药品等材料容易获得，且价格较低；实验步骤不宜太过烦琐，可操作性强。学生通过实验研究，确实能使自己的分析测试及研究能力、实验技能、综合素质等在短时间内有很大提高。

(2) 明确实验目的

(3) 了解研究现状

学生要根据所选实验题目和要求，认真查阅相关文献或调研，做好详细记录，进行归纳总结，了解研究现状。

(4) 设计合理的实验方案

学生结合实验目的和参考资料，综合考虑实验室仪器设备条件等因素，自主选择分析方法，设计实验方案，经指导老师审阅并与老师讨论、修改完善后，方可进行实验研究。

（5）充分准备实验

设计好实验方案后，要根据实验目的和要求准备好仪器、试剂材料、水、样品等。要求实验所用器皿洁净，试剂、材料等不会引起较大的实验误差。教师要提前教会和指导学生熟练正确地操作相关仪器，特别是大型仪器。

（6）认真进行实验研究

（7）实验完成后，及时、认真地写出详细的设计实验报告

## 19.2.1 设计性实验方案要求

### 19.2.1.1 实验方案组成

设计一个科学合理、严谨周密的实验方案，是保证实验成功的关键。实验方案主要包括：

（1）实验题目

（2）实验目的

（3）方法原理

（4）主要仪器（大型仪器要包含型号及主要功能配件）、试剂（含试剂纯度或浓度、体积及配制方法）和实验对象

（5）实验步骤

（6）实验现象与实验数据记录表格

（7）实验结果的假设和预期

（8）实验注意事项

（9）参考文献

### 19.2.1.2 设计原则

实验方案的设计一般应遵循以下原则：科学性、安全性、可行性、简约性。

（1）科学性

科学性是指实验方法原理、实验操作程序和仪器操作方法等必须正确。所选择的仪器分析方法必须可靠，能满足设计实验中的定量分析或定性分析、结构分析的要求，有较高的选择性、较高的灵敏度和较宽的线性范围，而且分析速度要尽量快。要使用精密度高的仪器和纯度高的试剂、水等材料，且尽量减小实验成本。在定量分析中，要适当增加平行测定次数（一般为6~10次），取平均值表示分析结果，以减小随机误差。

（2）安全性

安全性是指实验设计时应尽量避免使用毒害性较大的化学药品和进行具有危险性的实验操作。如果必须使用，应在实验方案中写明注意事项，实验中要注意安全，以防造成对人员、仪器的伤害和环境污染。

（3）可行性

可行性是指实验方案应切实可行。所选用的仪器设备在实验室能够获得，化学药品等材料容易买到，实验条件比较容易控制，实验操作可行，能够满足实验要求，达到实验目的。

（4）简约性

简约性是指实验方案应尽可能简单易行。最好能采用较少的仪器设备，用较少的实验步骤和化学药品，并能在较短的时间内完成实验，实验效果好，实验数据的采集和处理较为简单。

在实验步骤中要包含具体的研究问题、研究过程和研究顺序。要详细地写出样品的采集和处理方法，写出样品溶液的制备、相关溶液的配制与保存方法，写出仪器操作参数的设置、实验条件的控制、分析条件的优化、定性定量分析或结构分析方法等具体步骤和顺序，并写明实验注意事项。在定量分析中，还要写出标准曲线的制作（外标法）、线性范围和检出限的测定、分析方法的准确度（加标回收率）和精密度（相对标准偏差）的测定、获取分

析结果的方法或计算公式等，并列出填写实验数据的表格。

### 19.2.2　设计性实验操作要求

在科学研究中，正确控制实验条件和规范地进行实验操作是获得正确结果的重要保证。设计性实验要保证实验数据翔实可靠，实验结果有很高的精密度、准确度、可比性和完整性。

首先要按照实验方案正确地采集足够量的试样，保证所采集的试样能反映实际情况，即具有时间、地点、环境影响等的代表性；同时要科学保存试样，不使待测成分发生化学变化或损失。

另外，在进行实验之前，一定要认真思考一下实验步骤中还有哪些需要改进或注意的地方。例如，当实验室内对照品或标准品的量不是很多，或者有的试剂不够稳定时，应如何配制和保存溶液，才能保证实验研究顺利进行？当待测成分热稳定性或光稳定性不够好时，应如何处理样品及制备样品溶液和保存样品溶液，才能使待测成分不发生化学变化？实验过程中可能存在哪些干扰？应如何避免和消除干扰等？

在实验过程中，要避免或尽量减少样品处理、称样、配制溶液、移取溶液、测定等各步骤的操作误差。正确设置仪器操作参数、通过优化样品提取和分析条件，快速、准确地建立定性、定量分析方法。严格控制实验条件进行样品分析，严格按照仪器操作规程操作仪器，正确采集与记录实验数据或图谱。要树立安全意识，自觉维护好仪器设备，保证人身安全，不污染环境。遇到问题要积极思考和交流，根据实验现象和结果不断地对实验方案进行改进和进行更深入的实验研究，力争圆满完成实验任务。在学生进行实验的过程中，教师要认真观察，及时提醒和纠正学生的错误操作。

### 19.2.3　设计性实验报告书写要求

设计性实验报告最好以论文形式书写，一般包括：标题、实验目的、引言、实验部分、结果与讨论、结论、实验总结、参考文献等。

实验部分：包括实验原理、仪器与试剂、实验步骤（包括溶液配制、样品处理及样品提取条件的优化、样品溶液的制备、仪器工作参数或分析条件的优化、测定过程等）。

结果与讨论：张贴相关图谱，用表格形式列出原始实验数据和分析结果，对实验结果进行科学分析和评价，得出合理的结论。如果是定性分析或结构分析，要写明定性分析依据、分析过程和结论。如果是定量分析，要写明定量分析方法、计算公式、绘制标准曲线或求出标准曲线方程（外标法）、求出线性范围、检出限、精密度和加标回收率、样品分析结果。结合实验结果，对相关问题进行讨论。

书写设计性实验报告时，要求格式规范，条理清楚，文字表达简洁通顺、准确，这样才有利于研究成果的交流。另外，结果的报告要客观，分析要有根据，问题讨论要紧贴研究结果。

## 19.3　设计性实验备选题目

## 实验五十六　微波消解-原子发射光谱法测定头发中钙、镁、铁、锌、铜、铅、锰的含量

**一、实验目的**

1. 能够解释微波消解法从头发中提取金属元素的原理和操作要领。

2. 能够概述原子发射光谱法在金属元素分析中的应用，能够解释测定原理和定量分析方法。

3. 能够用微波消解-电感耦合等离子体发射光谱法同时测定头发中钙、镁、铁、锌、铜、铅、锰的含量。

**二、设计提示**

头发中微量元素的含量，在一定程度上反映了人体微量元素的营养状况和环境对生命活动的影响。对样品中微量或痕量金属元素的分析，可以采用原子吸收分光光度法、原子荧光分光光度法、电感耦合等离子体发射光谱法（ICP-OES）、电感耦合等离子体质谱法（ICP-MS）等仪器分析方法。其中ICP-OES和ICP-MS一次进样即可同时分析样品中的多种金属元素。

1. 了解常用的测定钙、镁、铁、锌、铜、铅、锰元素的方法。

2. 了解头发样品的采集和处理方法，了解钙、镁、铁、锌、铜、铅、锰的溶解性、稳定性等。

3. 实验方法原理是什么？定量分析方法是什么？

4. 测定中可能存在哪些干扰？如何消除干扰？

5. 实验需要哪些仪器和试剂材料？

6. 如何设计实验步骤进行实验研究？

本实验可以使用浓硝酸-30%过氧化氢（体积比为4：1）作提取溶剂，先加浓硝酸，后加30%过氧化氢。优化消解条件（温度、压力、时间、微波功率），消解后溶液应澄清透明，且没有待测元素的损失。

优化ICP-OES分析条件时，主要考察分析线、射频功率、等离子气流量、辅助气流量、雾化气压力、蠕动泵泵速、清洗时间等因素对分析结果的影响。

7. 如何采集和处理实验数据？如何计算和评价实验结果？

8. 实验注意事项有哪些？

# 实验五十七　电感耦合等离子体质谱法测定丹参中的铅、镉、铜、砷、汞

**一、实验目的**

1. 能够概述铅、镉、铜、砷、汞对人体的危害和电感耦合等离子体质谱法在元素分析中的应用。

2. 能够解释从丹参中提取重金属和类金属元素的方法原理以及用ICP-MS进行元素测定的原理和定量分析方法。

3. 能说出丹参的用途，能够用微波消解-ICP-MS法测定丹参中铅、镉、铜、砷、汞的含量。

**二、设计提示**

丹参为唇形科鼠尾草属植物丹参的干燥根和根茎，是临床使用最多的大宗中药材之一。丹参具有活血调经、祛瘀止痛、凉血消痈、除烦安神之功效，主治月经不调、痛经、产后瘀滞腹痛、血瘀心痛、跌打损伤、风湿痹证、心悸失眠、疮痈肿毒等病症。丹参能扩张冠状动脉，降低血液黏稠度，防止血栓形成，对治疗冠心病、心绞痛等心脑血管疾病有良好效果。此外，丹参还具有抗肿瘤、抗肺纤维化、保护肾功能、促进肝细胞再生、改善免疫功能、促进骨折愈合等作用。

为保障丹参药材的质量，2020版《中国药典》规定，丹参中的重金属及有害元素铅的含量不得超过5mg/kg，镉不得超过1mg/kg，砷不得超过2mg/kg，汞不得超过0.2mg/kg，铜不得超过20mg/kg。

对样品中微量或痕量重金属及类金属有害元素的分析，可以采用原子吸收分光光度法、原子

荧光分光光度法、电感耦合等离子体质谱法（ICP-MS）、电感耦合等离子体发射光谱法（ICP-OES）等仪器分析方法。其中ICP-OES和ICP-MS一次进样即可同时分析样品中的多种元素。

1. 了解重金属和类金属元素铅、镉、铜、砷、汞对人体的危害以及测定中药材中以上元素的意义。

2. 了解铅、镉、铜、砷、汞的溶解性、稳定性；了解丹参样品的处理方法。

3. 本实验方法原理是什么？定量分析方法是什么？

4. 实验需要哪些仪器和试剂材料？

5. 如何设计实验步骤进行实验研究？

本实验可参考使用浓硝酸-30%过氧化氢（体积比=5：1）作提取溶剂，先加硝酸，后加30%过氧化氢。优化消解条件（温度、压力、时间、微波功率），消解后溶液应澄清透明，且没有待测元素的损失。

优化ICP-MS定量分析条件时，主要考虑选择哪种内标元素、RF功率、等离子体气压、冷却气流速、辅助气流速、雾化气流速、蠕动泵转速、扫描模式、采样深度、进样时间、采集模式等。

6. 如何处理实验数据、计算和评价分析结果？

7. 实验注意事项有哪些？

## 实验五十八　镉离子印迹聚合物分离富集-火焰原子吸收光谱法测定痕量镉

### 一、实验目的

1. 认识印迹技术的优点，能够合成镉离子印迹聚合物并对其进行表征和性能测试。

2. 进一步熟练原子吸收光谱仪的操作，能够用印迹聚合物富集纯化废水中的镉离子、用火焰原子吸收光谱法测定水中的痕量镉。

### 二、设计提示

1. 自主学习印迹技术的发展、印迹聚合物的制备方法和应用情况。

2. 印迹技术的原理是什么？如何提高印迹聚合物的吸附性和选择性？

3. 实验需要哪些仪器和试剂材料？

4. 如何设计实验步骤进行实验研究？

本实验可参考将硝酸镉、水杨醛肟、甲基丙烯酸、丙烯酰胺置于三口烧瓶中，加入蒸馏水，混合搅拌；加入*N*,*N*-亚甲基双丙烯酰胺为交联剂，转移至油浴中，再加入过硫酸钾作引发剂，通氮气反应；静置冷却至室温，超声，再用水抽滤洗涤，除去未反应的试剂。将得到的白色固体产品依次用2mol/L盐酸和水洗涤，反复洗涤几次，用火焰原子吸收光谱法检测洗涤液至无$Cd^{2+}$检出，真空干燥，得到印迹聚合物。同法不加模板分子，按上述步骤得到空白聚合物。优化实验条件，提高印迹聚合物的吸附性和选择性。

采用红外光谱表征印迹聚合物的化学组成，用扫描电镜观测印迹聚合物的形貌，用平衡吸附实验检测印迹聚合物的吸附性能，用竞争吸附实验检测印迹聚合物的选择性能。

用印迹聚合物自制固相萃取柱，用于废水中$Cd^{2+}$的富集纯化，洗脱液中的$Cd^{2+}$用火焰原子吸收光谱法测定，注意选择合适的测定条件。

5. 如何评价印迹聚合物的吸附性能和选择性能？根据实验结果判断水体中重金属镉的污染情况。

6. 实验注意事项有哪些？

# 实验五十九　辉光放电等离子体处理染料废水及降解机理研究

**一、实验目的**

1. 认识常见染料的结构、分类、毒性及染料废水的排放情况。

2. 概述染料废水的常用处理方法及其原理，解释辉光放电等离子体的产生和处理染料废水的机理。

3. 能够利用辉光放电等离子体处理染料废水，能够选择合适的方法监测染料的降解过程。

**二、设计提示**

1. 总结染料的分子结构、分类、溶解性、稳定性和生理毒性。

2. 概述染料废水处理的方法。

3. 实验原理：什么是等离子体？辉光放电等离子体是怎么产生的？辉光放电等离子体处理染料废水的机理是怎样的？可采用哪些方法监测染料的降解过程？

4. 实验需要哪些仪器和试剂材料？

5. 如何设计实验步骤进行实验研究？

可参考：反应装置包括一个高压电源、反应器和磁力搅拌器。高压电源可以提供稳定的直流电压，阳极采用铂丝，封闭在石英玻璃管内；阴极采用石墨棒。选某种染料为目标分子，溶于已除去溶解氧的硫酸钠溶液中，调节溶液的pH，进行辉光放电电解。选择合适的分析方法，每隔一定时间取样监测染料浓度的变化和降解产物的生成情况。

脱色率的测定：在波长200~800nm范围内进行扫描，确定染料分子的最大吸收波长。在最大吸收波长处，测定降解前的吸光度值为$A_0$，降解后的吸光度值为$A$，计算脱色率$D$（%）：

$$D=[(A_0-A)/A_0]\times100\% \tag{1}$$

降解率的测定：用高效液相色谱法测定降解前染料分子的浓度为$c_0$，降解后染料分子的浓度为$c$，计算降解率$E$（%）：

$$E=[(c_0-c)/c_0]\times100\% \tag{2}$$

降解产物的测定：用高效液相色谱法测定降解产物，推断降解机理。

6. 实验注意事项有哪些？

# 实验六十　电化学传感器的制备和用于微囊藻毒素的检测

**一、实验目的**

1. 能够说明微囊藻毒素的结构、毒性及对水环境的危害，增强环保意识。

2. 能够解释片段印迹技术的原理，能够利用片段印迹技术制备修饰电极。

3. 进一步熟练电化学工作站的操作，利用制备的电化学传感器测定地表水中微囊藻毒素的含量。

**二、设计提示**

1. 查阅文献，自主学习片段印迹技术的原理、制备方法和优点。

2. 根据片段印迹技术的原理，如何选择合适的模板片段分子？

3. 实验需要哪些仪器和试剂材料？

4. 如何设计实验步骤进行实验研究？

本实验可参考聚邻氨基苯硫酚印迹电极的制备：用邻氨基苯硫酚作为单体，L-精氨酸作为片段模板，二者充分混合，通氮气除氧，采用循环伏安法进行电聚合。用甲醇和乙酸混合液洗脱除去模板，得到印迹聚合物修饰的电极。不加模板分子，制备非印迹电极。

以铂丝电极为辅助电极，饱和甘汞电极为参比电极，印迹膜电极为工作电极，构成三电极检测装置。将电极浸在含有微囊藻毒素的乙腈溶液中吸附一定时间，取出，用水清洗后将电极浸入铁氰化钾电解池中，测量电压为-0.3~0.7V，进行循环伏安扫描。测定吸附模板分子前和吸附模板分子后的印迹电极的电流差值$\Delta i$，考察电聚合条件对$\Delta i$的影响，确定最佳制备条件。用阻抗表征印迹电极，考察修饰的效果。

根据电流差$\Delta i$与微囊藻毒素浓度的关系，建立工作曲线，确定灵敏度和检出限。用工作曲线法测定河水中的微囊藻毒素，计算相对标准偏差和回收率。

5. 如何评价片段印迹技术制备的修饰电极的吸附性能和选择性能？根据实验结果判断水体中微囊藻毒素的污染情况。

6. 实验注意事项有哪些？

# 实验六十一　紫外分光光度法测定雪碧中苯甲酸钠的含量

## 一、实验目的

1. 能够概述紫外分光光度法在化合物鉴别和含量测定中的应用。
2. 能够用紫外分光光度法准确测定雪碧中苯甲酸钠的含量。
3. 能够说出苯甲酸钠在食品中的作用和过量服用的危害。

## 二、设计提示

1. 查阅文献，总结苯甲酸钠的分子结构、溶解性、稳定性、毒性、在食品中的作用和紫外光吸收特性，了解测定苯甲酸钠常用的方法。

2. 本实验的方法原理是什么？定性、定量分析方法是什么？

3. 在紫外区测定时可能存在哪些干扰？如何控制分析条件，减小测量误差？

4. 实验需要哪些仪器和试剂材料？

5. 如何设计实验步骤进行实验研究？

优化紫外分光光度分析条件时，主要考察溶剂、溶液的酸度、温度、体系稳定时间等因素对分析结果的影响。同时还要选择合适的测量波长、狭缝宽度、参比溶液和控制合适的吸光度读数范围。

6. 如何处理实验数据、图谱、计算和评价分析结果？

7. 实验注意事项有哪些？

# 实验六十二　分子荧光光度法测定环境水中的十二烷基苯磺酸钠

## 一、实验目的

1. 能够概述十二烷基苯磺酸钠的用途和对水生生物的危害。
2. 能够解释分子荧光光度法定量分析的原理。
3. 能够用分子荧光光度法准确测定环境水中十二烷基苯磺酸钠的含量。

## 二、设计提示

1. 查阅文献，了解十二烷基苯磺酸钠的分子结构、溶解性、稳定性、用途和对水生生物的危害；了解十二烷基苯磺酸钠常用的测定方法。

2. 本实验的方法原理是什么？定量分析方法是什么？

3. 在测定过程中可能存在哪些干扰？如何控制分析条件，减小测量误差？

4. 实验需要哪些仪器和试剂材料？

5. 如何设计实验步骤进行实验研究？

优化荧光光度分析条件时，主要考察溶剂、溶液的pH值、温度等因素对分析结果的影响。同时还要选择合适的激发波长、发射波长、激发与发射光的狭缝宽度，控制样品溶液的浓度较小，以增强十二烷基苯磺酸钠的荧光强度，减少荧光猝灭。并注意消除干扰离子的影响。

6. 如何处理实验数据、图谱、计算和评价分析结果？

7. 实验注意事项有哪些？

# 实验六十三　小麦面粉中过氧化苯甲酰含量的测定

## 一、实验目的

1. 能够解释用毛细管气相色谱法测定面粉中过氧化苯甲酰含量的原理和定量分析方法。

2. 能够概述过氧化苯甲酰增白剂对人体的危害以及气相色谱法在食品添加剂分析中的应用。

## 二、设计实验提示

过氧化苯甲酰是聚合反应中常用的引发剂，在化工生产中可用作漂白剂、氧化剂、交联剂、硫化剂。在2011年之前，过氧化苯甲酰普遍用作食品添加剂。它能够氧化小麦粉中的叶酸、叶黄素、胡萝卜素等微量营养素，进而起到面粉增白的作用，同时能加快面粉的后熟，而过氧化苯甲酰本身被还原为苯甲酸，对面粉起到防霉作用。由于过氧化苯甲酰和苯甲酸都具有一定的毒性，因此我国自2011年5月1日起，禁止在面粉中添加过氧化苯甲酰。

对于组成复杂的样品中有机物的分析，比较有效的方法是色谱法、毛细管电泳法和色谱-质谱联用技术。

1. 查阅文献，了解过氧化苯甲酰的分子结构、溶解性、氧化还原性、稳定性，了解常用的测定过氧化苯甲酰的方法。了解小麦面粉的处理方法。

2. 本实验的方法原理是什么？定量分析方法是什么？

3. 实验需要哪些仪器和试剂材料？

4. 如何设计实验步骤进行实验研究？

本实验可以考虑使用酸性石油醚将面粉中的过氧化苯甲酰全部还原为苯甲酸后，再通过GC测定苯甲酸而间接地求出过氧化苯甲酰的含量。

可参考以下方法制备样品溶液：准确称取5g左右的面粉（精确至±0.0001g）于250mL具塞三角烧瓶中，加入50.0mL酸性石油醚（60~90℃的色谱纯石油醚与优级纯冰乙酸按体积比100：3混合而成）和约10粒玻璃珠，振摇2min，在恒温水浴振荡器上于35℃、以150r/min的速度振荡2h。过滤，收集滤液于250mL梨形瓶中，用少量酸性石油醚洗涤样品溶液2次，合并滤液，于40℃减压浓缩至近干，用少量色谱纯丙酮溶解残渣并定容至5.00mL，供GC分析。

优化色谱条件时，主要考察色谱柱、载气及流速、进样方式及进样量、检测器及检测条件（如检测器温度）、进样口温度、柱温或程序升温程序等因素对分离效率和分析结果的影响。

5. 如何处理实验数据、计算和评价分析结果？

6. 实验注意事项有哪些？

# 实验六十四　金银花中异绿原酸和木犀草苷的含量分析

## 一、实验目的

1. 能够概述异绿原酸和木犀草苷的药理作用以及高效液相色谱法在中药有效成分分析中的应用。

2. 能够解释从金银花中提取异绿原酸和木犀草苷的方法原理和操作要领。

3. 能够用高效液相色谱法准确测定金银花中异绿原酸和木犀草苷的含量。

**二、设计实验提示**

金银花是我国大宗中药材之一，在我国分布广泛，其中山东省平邑县盛产的金银花是道地药材。金银花具有很好的抗菌消炎、解热、抗病毒、抗氧化、调节免疫力、保肝等药理作用。在《中国药典》中，金银花中的绿原酸和木犀草苷的含量大小是评价金银花品质的指标成分。2020版《中国药典》规定（按干燥品计算），金银花中绿原酸的含量不得少于1.5%，木犀草苷的含量不得少于0.050%。研究发现，金银花中还含有异绿原酸A、异绿原酸B和异绿原酸C，它们也具有多种药理作用。

对组成复杂的样品中几种有机物的同时分析，比较有效的方法是色谱法、色谱-质谱联用技术和毛细管电泳法。

1. 查阅文献，总结异绿原酸（A，B，C）和木犀草苷的药理作用、性质（溶解性、极性、稳定性等）和常用的测定方法，了解金银花样品的处理方法。

2. 本实验的方法原理是什么？定性、定量分析方法是什么？

3. 实验需要哪些仪器和试剂材料？

4. 如何设计实验步骤进行实验研究？

本实验可以考虑用超声波辅助提取法提取样品。优化提取条件时，主要考察提取溶剂、超声温度、超声时间、超声功率、金银花粒径和料液比等因素对提取效率的影响。

优化色谱条件时，主要考察色谱柱及固定相、流动相的组成及浓度、流速、梯度洗脱程序（梯度洗脱时）、进样量、检测器及检测条件、柱温等因素对绿原酸和木犀草苷的分离效率与分析结果的影响。

5. 如何处理实验数据、图谱、计算和评价分析结果？

将测量结果与药典规定值进行比较，得出结论。

6. 在实验过程中应注意哪些问题？

## 实验六十五 柱前衍生-高效液相色谱法测定大蒜皂苷提取物含量的研究

**一、实验目的**

1. 认识大蒜皂苷的结构、性质、生理活性、应用概况和常用的测定方法。

2. 能够说明柱前衍生的意义和方法。

3. 能够用柱前衍生-高效液相色谱法测定大蒜提取物中大蒜皂苷的含量。

**二、设计提示**

1. 查阅文献，概括大蒜皂苷的分子结构、溶解性、稳定性、生理活性、毒性和在保健中的作用，了解大蒜皂苷常用的测定方法。

2. 实验方法原理是什么？根据大蒜皂苷的结构特点和高效液相色谱的要求，如何进行衍生？

3. 影响高效液相色谱分离效果的因素有哪些？如何控制实验条件提高分离度？

4. 实验需要哪些仪器和试剂材料？

5. 如何设计实验步骤进行实验研究？

选择合适的衍生化方法和试剂，优化反应条件。洗涤纯化得到的衍生物，用高效液相色谱法测定大蒜提取物中大蒜皂苷的含量，考察色谱条件如流动相的种类、比例、流速、柱温对分离效果的影响。

6. 如何处理实验数据、图谱、计算和评价分析结果？

7. 实验注意事项有哪些？

# 实验六十六　利用生产废料制备碳量子点及在痕量汞（Ⅱ）检测中的应用

## 一、实验目的

1. 养成“变废为宝”、减少环境污染的节能环保意识，充分发挥生产生活废品的剩余价值。

2. 能够说明量子点的结构、发光原理、碳量子点的优点、制备方法及在分析检验中的应用。

3. 能够用生产废料制备碳量子点并利用碳量子点测定废水中痕量汞（Ⅱ）的含量。

## 二、设计提示

1. 查阅文献，了解汞的毒性及对环境的危害，总结量子点的结构、发光原理、碳量子点的优点、制备方法及在分析检验中的应用进展。

2. 实验方法原理和定量分析方法是什么？

3. 在测定过程中可能存在哪些干扰？如何控制分析条件，减小测量误差？

4. 实验需要哪些仪器和试剂材料？

5. 如何设计实验步骤进行实验研究？

选择合适碳源（如核桃壳、栗子壳、玉米秸秆等）和制备方法，优化制备条件，提高量子点的荧光强度。用红外光谱、透射电镜和荧光光谱对碳量子点进行表征。

用碳量子点测定废水中的汞（Ⅱ），优化分析条件，建立工作曲线，考查灵敏度和共存物质的干扰情况，测定实际水样中的汞（Ⅱ）。

6. 如何处理实验数据、图谱？如何计算回收率和相对标准偏差？

7. 实验注意事项有哪些？

# 实验六十七　苯酚的 $^{1}H$ NMR和 $^{13}C$ NMR谱图测试及结构解析

## 一、实验目的

1. 能够概述苯酚的危害和 $^{1}H$ NMR及 $^{13}C$ NMR谱在有机化合物结构分析中的应用。

2. 能够使用核磁共振波谱仪测定苯酚的 $^{1}H$ NMR和 $^{13}C$ NMR谱图，并对谱图进行解析。

## 二、设计提示

1. 查阅文献，了解苯酚的分子结构、溶解性、稳定性和毒性。

2. 实验方法原理是什么？

3. 实验需要哪些仪器和试剂材料？

4. 如何设计实验步骤进行实验研究？

5. 如何对苯酚的 $^{1}H$ NMR和 $^{13}C$ NMR谱图进行解析？

6. 实验注意事项有哪些？

# 参考文献

[1] 武汉大学. 分析化学（下册）[M]. 6版. 北京：高等教育出版社，2018.
[2] 郭明，吴荣晖，李铭慧，等. 仪器分析实验［M]. 北京：化学工业出版社，2019.
[3] 中国科学技术大学化学与材料科学学院实验中心. 仪器分析实验［M]. 合肥：中国科学技术大学出版社，2011.
[4] 胡坪，朱明华. 仪器分析［M]. 5版. 北京：高等教育出版社，2020.
[5] 北京大学化学与分子工程学院分析化学教学组. 基础分析化学实验［M]. 3版. 北京：北京大学出版社，2017.
[6] 武汉大学化学与分子科学学院实验中心. 仪器分析实验［M]. 武汉：武汉大学出版社，2005.
[7] 张剑荣，余晓冬，屠一锋，等. 仪器分析实验［M]. 2版. 北京：科学出版社，2009.
[8] 高向阳. 新编仪器分析实验［M]. 北京：科学出版社，2009.
[9] 李志富，干宁，颜军. 仪器分析实验［M]. 武汉：华中科技大学出版社，2012.
[10] 郁桂云，钱晓荣，吴静，等. 仪器分析实验教程［M]. 2版. 上海：华东理工大学出版社，2015.
[11] 胡坪. 仪器分析实验［M]. 3版. 北京：高等教育出版社，2018.
[12] 白玲，石国荣，王宇昕. 仪器分析实验［M]. 2版. 北京：化学工业出版社，2017.
[13] 蔺红桃，柳玉英，王平. 仪器分析实验［M]. 北京：化学工业出版社，2020.
[14] 李文友，丁飞. 仪器分析实验［M]. 2版. 北京：科学出版社，2021.
[15] 朱鹏飞，段明. 仪器分析实验［M]. 北京：化学工业出版社，2020.
[16] 孟哲，李红英，戴小军，等. 现代分析测试技术及实验［M]. 北京：化学工业出版社，2019.
[17] 贾琼，马玖彤，宋乃忠. 仪器分析实验［M]. 北京：科学出版社，2016.
[18] 于世林. 高效液相色谱方法及应用［M]. 北京：化学工业出版社，2019.
[19] 张景萍，尚庆坤. 仪器分析实验［M]. 北京：科学出版社，2017.
[20] 牟世芬，朱岩，刘克纳. 离子色谱方法及应用［M]. 3版. 北京：化学工业出版社，2018.
[21] 陈义. 毛细管电泳技术及应用［M]. 3版. 北京：化学工业出版社，2019.
[22] 国家药典委员会. 中华人民共和国药典（2020版一部）[M]. 北京：中国医药科技出版社，2020.
[23] 国家药典委员会. 中华人民共和国药典（2020版二部）[M]. 北京：中国医药科技出版社，2020.
[24] 李荻，李松梅. 电化学原理［M]. 4版. 北京：北京航空航天大学出版社，2021.
[25] 陆婉珍. 近红外光谱仪器［M]. 北京：化学工业出版社，2010.
[26] 宓捷波，许泓. 液相色谱与液质联用技术及应用［M]. 北京：化学工业出版社，2018.
[27] 王秀萍，刘世纯，常平. 实用分析化验工读本［M]. 4版. 北京：化学工业出版社，2016.
[28] （美）约瑟夫B. 兰伯特，尤金P. 马佐拉，克拉克D. 里奇. 核磁共振波谱学：原理、应用和实验方法导论（原著第二版）[M]. 向俊锋，周秋菊，译. 北京：化学工业出版社，2021.
[29] 潘峰，王英华，陈超. X射线衍射技术［M]. 北京：化学工业出版社，2016.
[30] 李丽华. 波谱原理及应用［M]. 北京：中国石化出版社，2016.
[31] 张树霖. 拉曼光谱仪的科技基础及其构建和应用［M]. 北京：北京大学出版社，2020.
[32] 丁明玉. 分析样品前处理技术与应用［M]. 北京：清华大学出版社，2017.
[33] 工业和信息化部电子第五研究所. 扫描电镜和能谱仪的原理与实用分析技术［M]. 2版. 北京：电子工业出版社，2022.
[34] 李月明，范青华，陈新滋. 分子印迹技术［M]. 北京：化学工业出版社，2022.
[35] 生活饮用水卫生标准：GB 5749—2006［S]. 北京：中华人民共和国卫生部，中国国家标准化管理委员会. 2006.
[36] 生活饮用水标准检验方法：GB/T 5750.1—2006~GB/T 5750.13—2006［S]. 北京：中华人民共和国卫生部，中国国家标准化管理委员会，2006.
[37] 食品安全国家标准 饮用天然矿泉水检验方法：GB 8538—2016［S]. 北京： 中华人民共和国国家卫生和计划

生育委员会，国家食品药品监督管理总局. 2016.
[38] 牙膏：GB 8372—2017 [S]. 北京：中华人民共和国国家市场监督管理总局，中国国家标准化管理委员会，2017-11-01发布，2018-05-01实施.
[39] 石膏及石膏制品中形态硫化学分析方法：GB/T 37321—2019 [S]. 北京：国家市场监督管理总局，中国国家标准化管理委员会，2019.
[40] 饲料中铅的测定 原子吸收光谱法：GB/T 13080—2018 [S]. 北京：国家标准化管理委员会，国家市场监督管理总局，中国国家标准化管理委员会，2018-09-17发布，2019-04-01实施.
[41] 纳米技术 硒化镉量子点纳米晶体表征 荧光发射光谱法：GB/T 36081—2018 [S]. 北京：中华人民共和国国家市场监督管理总局，中国国家标准化管理委员会，2018.
[42] 食品安全国家标准 食品中硒的测定：GB 5009.93—2017 [S]. 北京：国家卫计委、国家食药总局，2017.
[43] 食品安全国家标准 蒸馏酒及其配制酒：GB 2757—2012 [S]. 北京：中华人民共和国卫生部，2012.
[44] 钟仙文. 分子印迹聚合物分离植物活性成分及选择性脱除燃油中有机硫化物的研究 [D]. 南昌：南昌航空大学，2014.
[45] 王任，吴鸳鸯，程巧鸳，等. 优化毛细管气相色谱法测定保健品中维生素E的含量 [J]. 中国药师，2018，21 (09)：1686-1689.
[46] 李碧云，王艳霞. 双波长分光光度法同时测定铬铁矿中铝和铁 [J]. 分析化学，1982 (06)：351-353.
[47] 易其磊. 碳量子点的制备及其在荧光分析中的应用研究 [D]. 南宁：广西大学，2017.
[48] 冯彦婷，林沛纯，谢慧风，等. 基于纳米银颗粒团聚反应的表面增强拉曼光谱法测定牛奶中三聚氰胺的含量 [J]. 食品与发酵工业，2019，45 (15)：256-261.
[49] 梁述忠. 库仑滴定法测定工业废水中微量砷 [J]. 化工时刊，2003，17 (04)：31-33.
[50] 孙登明，田相星，马伟. 银掺杂聚L-酪氨酸修饰电极同时测定多巴胺、肾上腺素和抗坏血酸 [J]. 分析化学，2010，38 (12)：1742-1746.
[51] 化学试剂 阳极溶出伏安法通则：GB/T 3914—2008 [S]. 北京：中华人民共和国国家市场监督管理总局，中国国家标准化管理委员会，2008.
[52] 张建铎，向海英，曾婉俐，等. 固相萃取离子色谱法快速测定烟草中钾、钠、钙、镁和氨的研究 [J]. 中国农学通报，2019，35 (17)：112-116.
[53] 梁东，赵云杰. 矿山呼吸性粉尘中游离二氧化硅的X射线衍射仪测定法 [J]. 山东地质，2001，17 (05)：39-42.
[54] 方海仙，普娅丽，普家云，等. 气相色谱法测定白酒中甲醇、乙酸乙酯和己酸乙酯含量的优化 [J]. 食品安全质量检测学报，2021，12 (17)：6879-6886.
[55] 王秀嫔，李培武，张文，等. 超声提取正相高效液相色谱法测定大豆及大豆油中的磷酸甘油酯 [J]. 分析测试学报，2011，30 (05)：527-531.
[56] 顾浩琦，梅蕾，王坚，等. PVC塑料中16种邻苯二甲酸酯类增塑剂的测定 [J]. 中国医药工业杂志，2013，44 (4)：386-388.